HOBBY JAPAN
軍事選書

OPERATION
VENGEANCE

山本五十六撃墜作戦
オペレーション・ベンジェンス

ダン・ハンプトン
沼尻勲 訳

ロイ・グリネル作「任務完了」：山本五十六の乗る爆撃機（G4M1一式陸攻、機体番号323）がブーゲンビル島南部のジャングルに墜落する数秒前の状況を描いた秀麗なイラスト。レックス・バーバーの攻撃により左のエンジンが止まり、機体が大きく傾いている点に注目。バーバーが操縦するミス・バージニアの左垂直尾翼後方には、護衛のゼロ戦三機が見える。（イレーヌ・グリネル氏提供）

山本五十六提督
（アメリカ国立公文書館提供）

真珠湾攻撃作戦を指揮する山本五十六:個人的にはアメリカとの戦争に賛成していたわけではなかったが、アメリカ海軍の撃破に全力を尽くす考えだった。
(アメリカ国立公文書館提供)

一九四一年一二月七日、攻撃直後の真珠湾:この作戦は山本の発案であり、アメリカに対して勝利する可能性があると彼が考えていた唯一の方策だった。
(アメリカ国立公文書館提供)

ガダルカナル島のヘンダーソン飛行場：一九四二年撮影。この飛行場こそ、アメリカ軍がこの島に侵攻した最大の理由であり、数ヵ月にわたって展開された血みどろの戦いの原因だった。右上には戦闘機用の滑走路である「牧草地」も見える。
(国立太平洋戦争博物館提供)

ガダルカナル島の北海岸に面したファイターツー：P-38ライトニングはここを基地としており、一九四三年四月一八日には、ここから攻撃隊が発進した。
(国立太平洋戦争博物館提供)

山本五十六乗機撃墜作戦を立案し、指揮したジョン・ミッチェル少佐：驚嘆すべき航法技術を有していた彼は、地図、海軍から提供されたコンパス、腕時計のみを頼りに、目印となるものが何もない海上をおよそ四〇〇マイル（約644キロメートル）飛んで戦闘機隊を導き、予定通り正確に山本機を迎撃することに成功した。

レックス・T. バーバー中尉：一九四二年四月撮影。山本五十六提督を殺害した男。

双胴の悪魔：密集編隊で飛ぶ四機のP-38、一九四三年撮影。

ガダルカナル島のストラファー高原：一九四三年撮影。
（国立太平洋戦争博物館提供）

ガダルカナル島のストラファー高原にあったレックス・バーバーのテント：一九四三年撮影。
（レックス・バーバーJr.氏提供）

ラバウルのニューギニア・クラブ：ドイツの植民地だった時代に建てられたこの壮麗な建物は、日本海軍の南東方面艦隊司令部として使われており、山本も死亡する直前の数日間宿舎として使用していた。
（国立太平洋戦争博物館提供）

ベンジェンス作戦に参加したパイロットたち：一九四三年四月一九日、ガダルカナルで撮影。(ガイ・アセート氏提供)

後列左より
ロジャー・エイムズ中尉(第一二戦闘機隊)／ローレンス・グレブナー中尉(第一二戦闘機隊)トム・ランフィア大尉(第七〇戦闘機隊)／デルトン・ゲールケ中尉(第三三九戦闘機隊)／ジュリウス・ジャコブソン中尉(第三三九戦闘機隊)／エルドン・ストラットン中尉(第一二戦闘機隊)／アル・ロング中尉(第一二戦闘機隊)／エバレット・アングリン中尉(第一二戦闘機隊)

前列左より
ウィリアム・スミス中尉(第一二戦闘機隊)／ダグ・カニング中尉(第三三九戦闘機隊)／ベスビー・ホームズ中尉(第三三九戦闘機隊)／レックス・バーバー中尉(第三三九戦闘機隊)／ジョン・ミッチェル少佐(第三三九戦闘機隊)／ルー・キッテル少佐(第一二戦闘機隊)／ゴードン・ウィテカー中尉(第一二戦闘機隊)

なおレイ・ハイン中尉(第三三九戦闘機隊)は、一九四三年四月一八日、作戦行動中行方不明となったため写っていない。

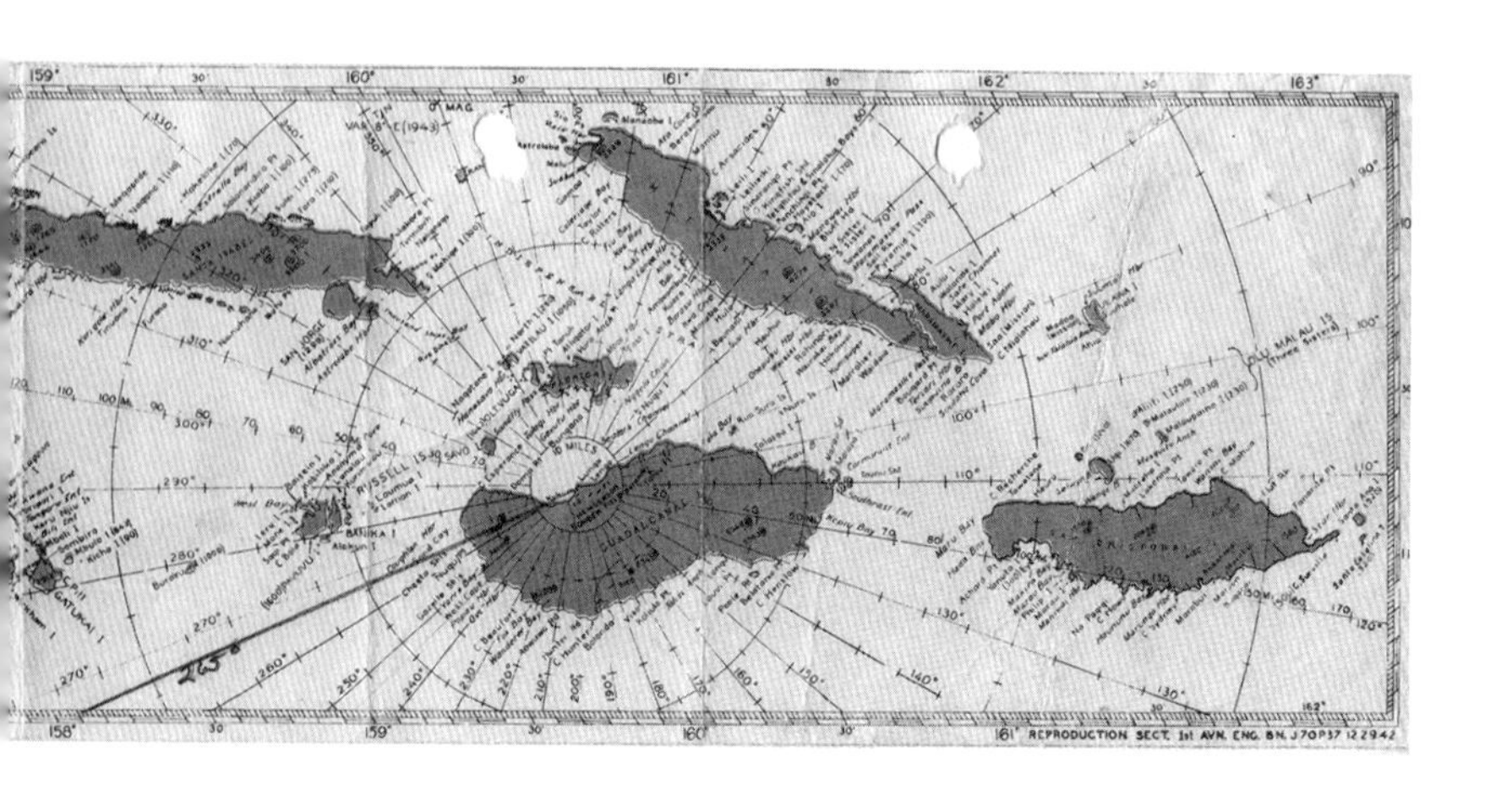

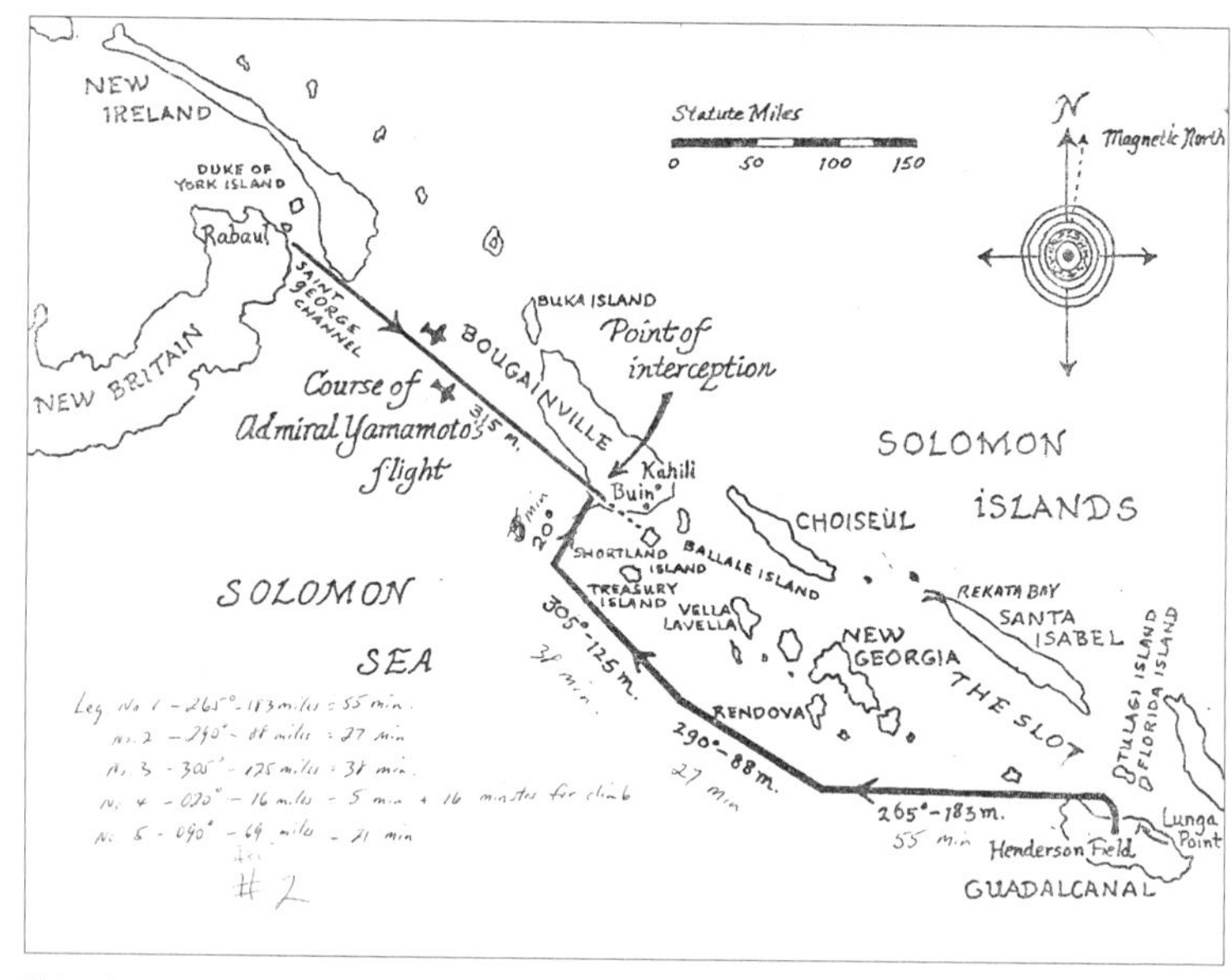

後日ジョン・ミッチェルが作成した飛行経路図。
（国立太平洋戦争博物館提供）

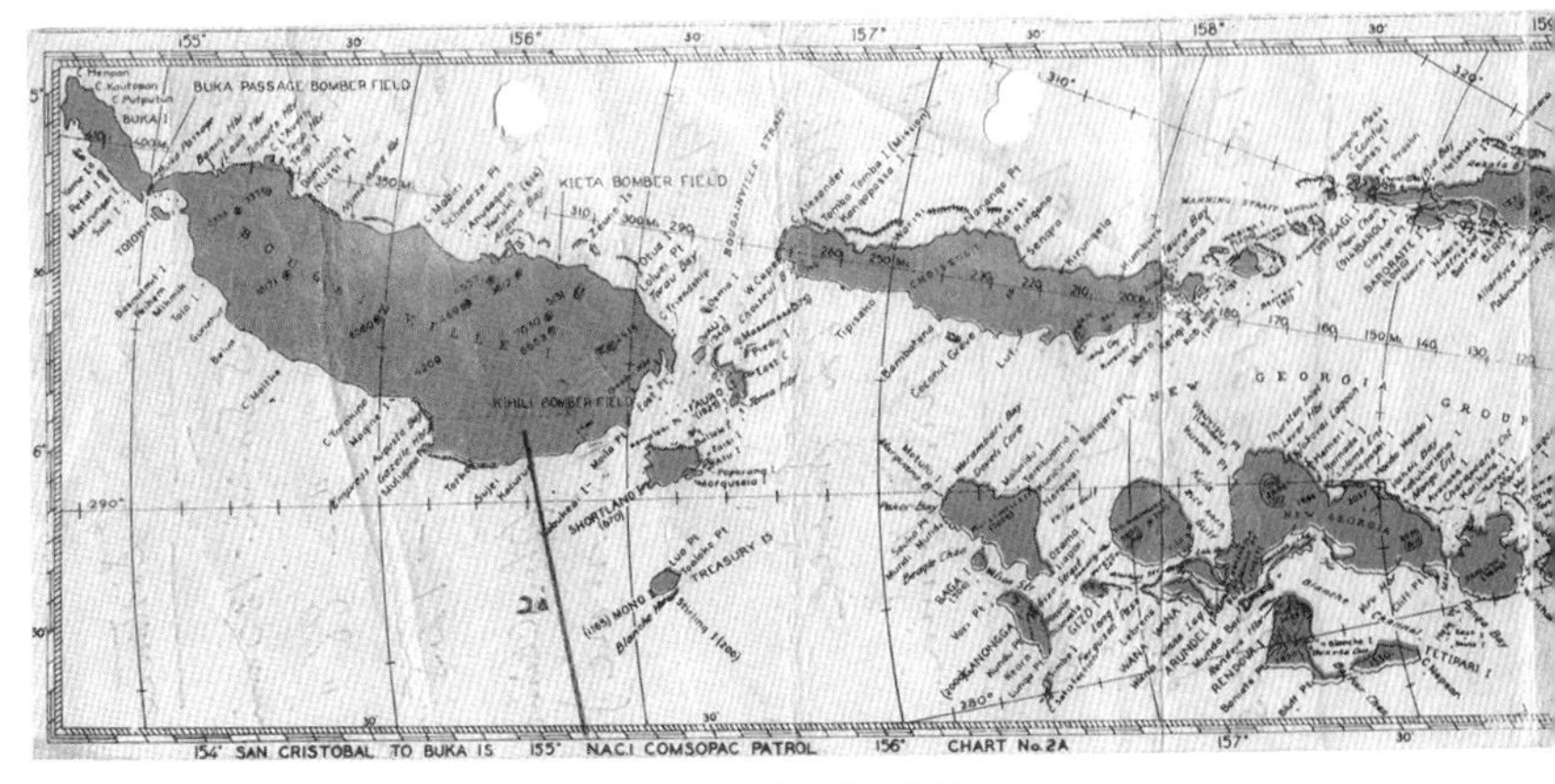

レックス・バーバーが使用した作戦地図：一九四三年四月一八日。
（国立太平洋戦争博物館提供）

P-38Gのコックピット：
一九四二年一二月撮影。

P-38Gのコックピット:計器盤中央部左に見えるのが機関銃の装填ハンドル。

山本五十六を殺害したP-38ライトニング:機体番号147、ミス・バージニア。
(レックス・バーバーJr.氏提供)

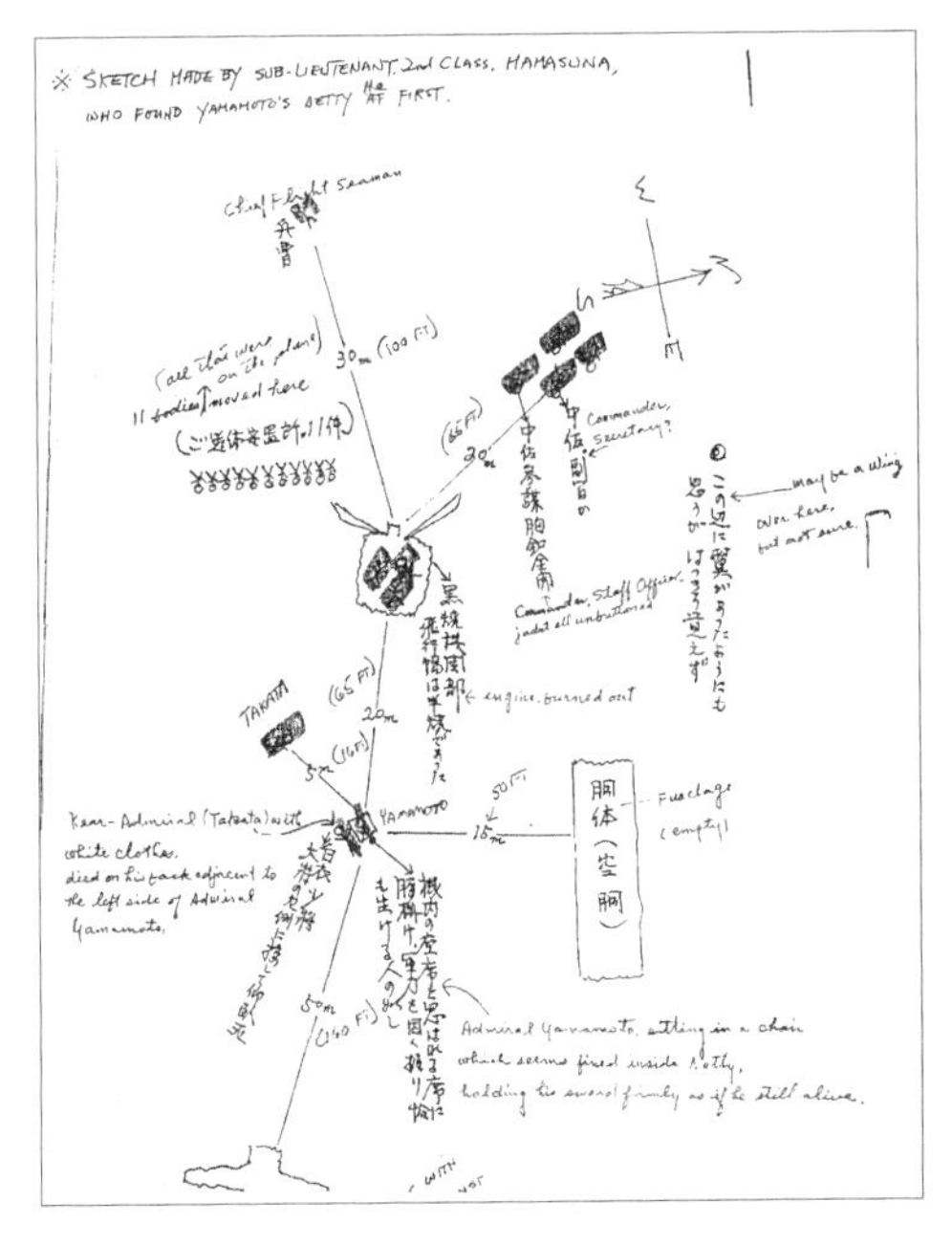

日本陸軍の浜砂中尉が作成した山本機墜落現場の手描きの見取り図：一九四三年四月。（レックス・バーバーJr.氏提供）

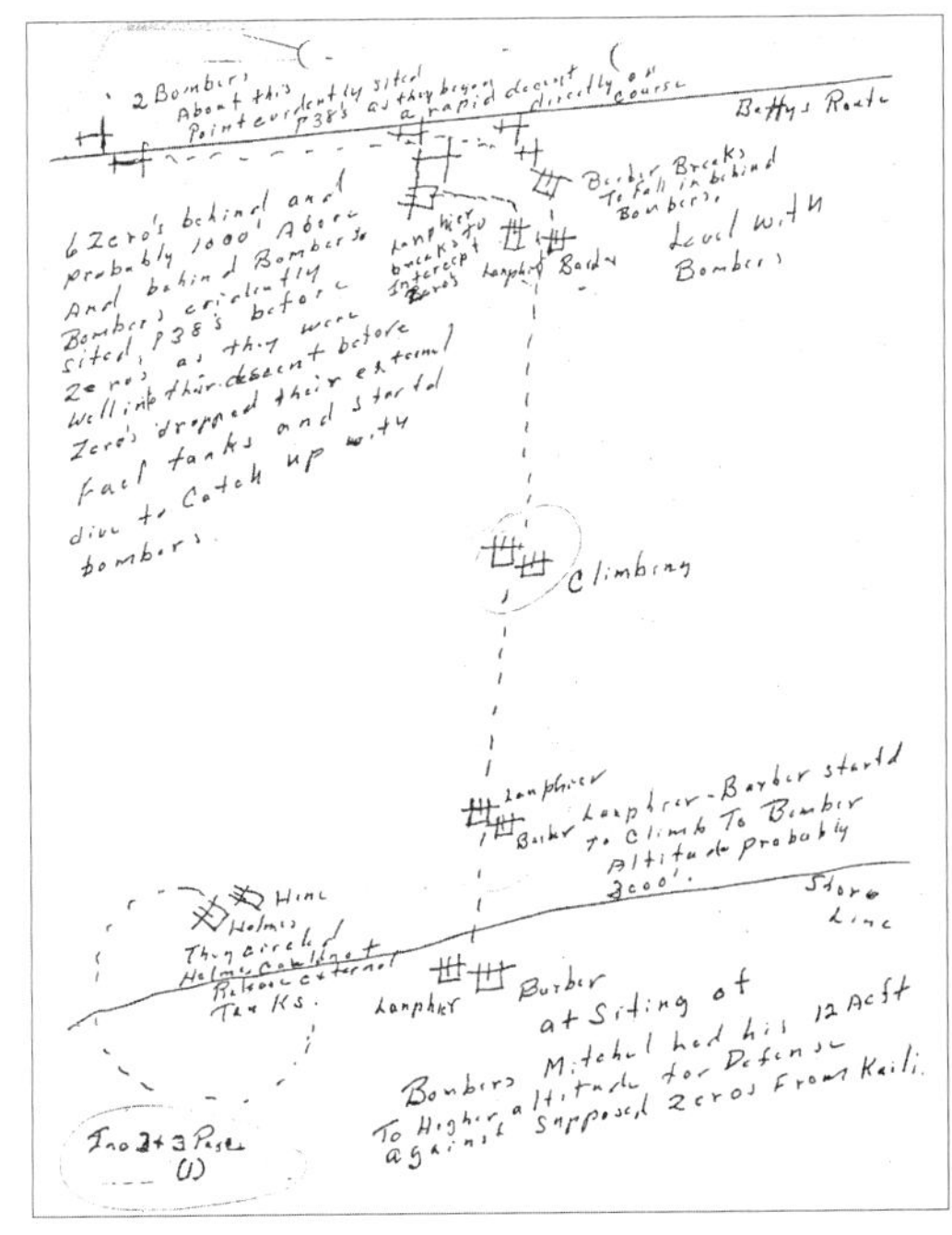

BARBER, REX T.

ASI-HS
WORLD WAR II
VICTORY CREDIT

NAME	BARBER, REX T.
RANK	1 Lt
SERIAL NR	A C C C 4 2 9 9 0 2
SERVICE	H H E
UNIT	0 3 3 9 F T R S Q
THEATER	S W P
CREDIT	*050
DATE	1 8 0 4 4 3

P-38

NOTES
S * XIII FTR Cm List gives credit for 1 MB.
Yamamoto Mission File ½ credit w/ B.F. Holmes

ASI FORM 0-2

（前ページより続く）この見取り図は、ジョン・ミッチェルがジョージ・T．チャンドラーのために作成したもので、一九八九年六月五日に出された山本機撃墜に関する彼の報告書に盛り込まれた。

第二〇四航空隊の柳谷謙治飛行兵長：戦争を生き延びた唯一の直掩隊パイロットだった。一九八八年四月一五日、国立太平洋戦争博物館において、彼は日本側の視点から戦闘に関する証言を口頭で行った。

レックス・バーバーが眠るオレゴン州のレドモンド記念墓地：彼の孫であるレックス・バーバーIII世（左）とその息子、レックス・バーバーJr.が守っている。

再会した戦友：一九九〇年代初頭、ジョン・ミッチェル（左）とレックス・バーバーの両大佐。

カリフォルニア州のゴールデンゲート国立墓地にあるジョン・ミッチェル大佐の墓地。

箱に納められ白い布に覆われた山本五十六提督の遺灰：一九四三年五月七日、戦艦武蔵に運び込まれた。

山本五十六が永遠の眠りについた東京の多磨霊園：遺灰の半分はここに納められ、残り半分の遺灰が入った骨壺は故郷の長岡市にある曹洞宗の長興寺に納められた。

日本海軍の偉大な提督を殺害した功績で海軍十字章を授与された直後に撮影されたレックス・バーバー：名誉勲章の推薦状は、一九四三年四月二〇日、ソロモン諸島戦域航空部隊司令官だったマーク・ミッチャー提督の承認を得た。しかし、一時の感情に流され腹を立てたウィリアム・F．ハルゼー大将により勲章の等級が不名誉な形で下げられてしまった。

はしがき

かつてマルセル・プルーストは、「時は流れ、虚偽の言葉で発せられたあらゆる事が少しずつ真実になっていく」と書いた。

この言葉は、一九四三年四月一八日、ベンジェンス作戦に参加した将兵にも当てはまるものだった。第二次世界大戦後の年月、戦争を生き抜いた兵士たちは、それぞれが自分たちの生活を再開し、日常の感覚を取り戻したいと望んだ。結果として、つらい記憶に満ちた少し前の過去、あるいは必ずしも明確な認識を伴って記憶されたわけではない出来事を思い出すことへの関心も薄れていった。またこの作戦に参加した将兵は、最悪の条件のもとで戦っており、日記を書きたいと思ってもその時間がほとんどなかった。彼らは、生き残ることに精いっぱいで後世の人々について考えをめぐらすことができなかったし、実のところ、戦闘中に将来のことをあれこれ考えるのは危険な行為だった。

歴史上、山本五十六提督の死が持つ意味は極めて大きく、一九四一年一二月に行われた真珠湾奇襲攻撃の作戦を立案し、第二次世界大戦へのアメリカの参戦を促した人物を誰が殺害したのかという厄介な論争は七七年にわたって続くことになった。山本の死により、その後の戦闘で死ぬかもしれなかった多くのアメリカ人の命が救われ、人類史上最も多くの死者を出した戦いの終結が大幅に早まった。もしもアメリカが第二次世界大戦で全面的な勝利を収めることができなかったとしたら、私たちが今いる世界は大きく変わっていたはずであり、一人の傑出したアメリカ人戦闘機パイロットがこの勝利に大きく貢献したと言うことができる。トム・ランフィア大尉とレックス・バーバー中尉の両名は、この偉業の一端を担ったと認められているが、両者の間には手柄をめぐる厳しい対立があり、それぞれの立場を支持する人々の間で今なお論争が続いている。とりわけランフィアは、自分の手柄を喧伝していた。「アメリカで最も憎まれている男」を自分一人で倒したという主張が、戦後政治家になりたいという野心を実現するための重要な基盤となっていたからだ。

残念ながら、当時作成された現存する軍の報告書は、簡潔な内容のものが多い。紙が不足している状況のなか、タイプライターが嫌いで、当然の事ながら文書作成よりも今日一日生き延びることに多くの神経を使わなければならなかった将兵が簡潔な文体を好むのも無理はない。このため私の手元に残されているのは、時間の調整、飛行ルート、およびこれらの事柄に関わった人物の名前や人物像など、議論の余地のない確かな事項だけだ。戦後何十年も経過するなか、さまざまな虚偽が「事実」になってしまっており、克服しなければならない課題は多い。しかし、近年この任務に加わった将兵、あるいは当時太平洋戦線に従軍していた将兵の多くが、真実を伝えるため当時の事を語るようになっている。彼らは、過去の亡霊と折り合いをつけ、正しい記録を残そうとしているのだ。残念なことに、こうした努力を続けている人々は政府や軍から支援を受けていない。どちらの組織も、公式の記録に異議を唱えたり、誤りを明らかにしたり、修正したりすることに消極的だからだ。

公式に認められた事実は、必ずしも真実そのものではなく、これは山本機撃墜任務にも当てはまる。嘆かわしいことだが、本書出版時点で、本来正当に評価されるべき二人の人物が埋もれたままであり、事の真相はほとんど明らかになっていない。戦場での名誉を特に重んじる国で、今後もこのような状態が続くのは好ましくない。私は、一次データ、生存者に対する未公開のインタビュー、そしてしっかりとした独自調査に基づいて歴史的背景を整理し、この任務と攻撃の状況を正確に再構成するとともに、作戦に参加したパイロットのなか誰が山本五十六を実際に殺害したのか厳密に実証した。

私がこの作戦について詳しく調べることになったのは、大きな危険に身をさらし、その行為によって実質的に太平洋戦争の終結を早めたパイロットたちが、遅まきながら認知され、その勇気ある行動が公式の場で称賛されるようになってほしいと考えたからだ。「計り知れないほど長い時の鼓動がすべてを動かす。たとえ今明らかにすることができなくても、隠し通せるものなど何もない」というソポクレスの言葉が私の想いを最も良く表現している。

私も心からそうなってほしいと願っている。

ダン・ハンプトン　コロラド州ヴェイルにて

序

レックス・バーバーJr.、レックス・バーバー三世

父あるいは祖父として見知っており、世界の歴史を変えるような偉業に加わった人物でもある人について適切に表現するにはどうすればよいのだろう。オレゴン州カルバーの農家に生まれたレックス・バーバーは、グレーテスト・ジェネレーション（第二次世界大戦を戦った世代）に属する多くの若者たちと同様に振舞った。軍隊に志願し、戦闘に参加し、与えられた任務を遂行したのだ。

その任務は、どう見ても命がけのものだった。私はしばしば、爆撃機を攻撃するためP-38の機首をめぐらせたとき、彼の脳裏にはどのような思いが去来したのだろうかと考えた。その時、頭上や背後には六機のゼロ戦がいて、敵機を撃退し、山本五十六を助けようと必死になっていた。レックスが煙を吐きながら飛行する爆撃機の上を飛び越えたとき、三機のゼロ戦が背後に食らいつき、五二発の弾丸を彼の乗機に撃ち込んでいた。彼の行為は確かに無謀だった。戦うよりも逃げる方を選ぶべきだったのだ。同時に彼が、自分の受けた訓練、乗機、技量、母の祈りを信じていたということも確かだった。その時コックピット内は、罰当たりな言葉にあふれ、時折祈りの言葉も混じっ

ていたことだろう。戦闘を経験したことのない人には、奇妙なことに思えるかもしれないが。レックスは、幼少期から空を飛ぶことに憧れており、叔父のエドガーから第一次世界大戦中にフランスの空を飛んだときの話をよく聞かされていた。エドガー叔父は、話に尾ひれを付けることで有名だったが、それでも彼の話は、レックスの心にしっかりと刻み付けられており、少年時代には、ありあわせの材料で作ったパラシュートを使って自宅の納屋から飛び降り、腕の骨を折ったりもした。パイロットとしての輝かしいキャリアは、このようにやや不運な形でスタートした。レックスが軍を退役した後、彼が操縦するビーチクラフト・ボナンザに乗せてもらったことがあったが、彼は飛行機と一体になり、自分の能力に自信を持っていて、操縦桿の操作も滑らかだったのを覚えている。

歴史というものは、奇妙な形で絡み合っていることが多い。真珠湾攻撃以後、アメリカでは、山本五十六とすべての日本人を憎しみの対象としていた。ところでレックスには、「ドク」アキヤマという日系アメリカ人のクラスメートがおり、一九四〇年に荒々しい岩場が続くクルックド川の渓谷で釣りをしていて、ドクが川に落ち、背骨を折ったときには救助に加わっている。それから三年後、ドクは家族とともに収容所に送られ、レックスは、ブーゲンビル島のジャングルから煙が上がるのを機上で後ろを振り返りながら見ることになる。もしも別の場所で別の時代に出会っていたら、山本とレックスは友人になったかもしれない。二人が興味を抱いていたもののなかには、ブリッジやポーカー、高額の賭け金、祖国への愛など重なり合う部分が少なからずあった。山本がレックスのような相手とブリッジで勝負したら、巧妙な駆け引きが必要になるようなルールでの対戦を選ぶかもしれない。

　もしもあなたが五歳の子供のとき、その膝の上に座ってこの歴史物語を本人から直接聞くという幸運に恵まれたとしたらどうだろう。レックス大佐殿と呼ばれ、コーチで友人、そしてヒーローだったこの人物は、確かにグレーテスト・ジェネレーションの一人だった。父であり祖父であるあなたに感謝する。

目次

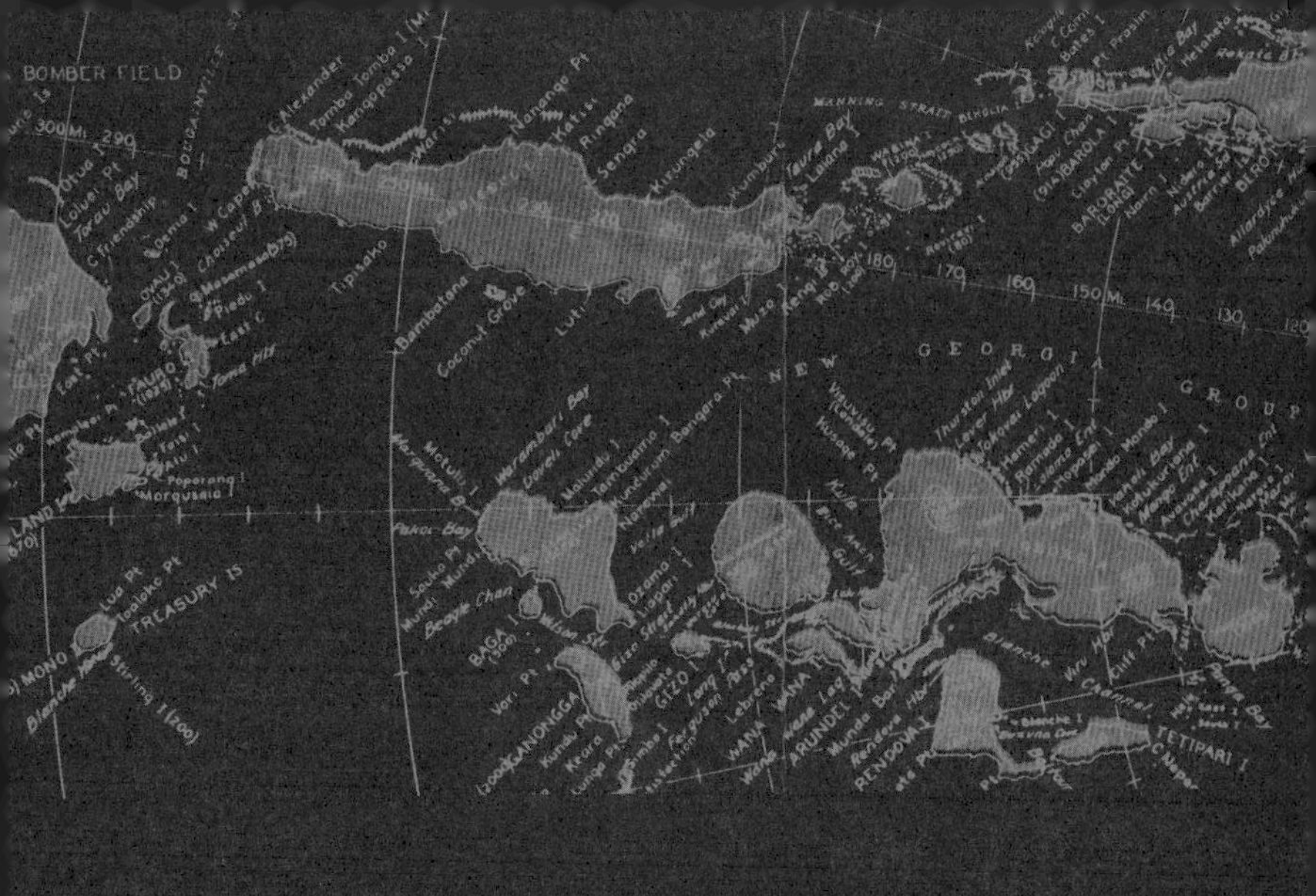
BOMBER FIELD
NEW GEORGIA GROUP
TREASURY IS
MONO I
RENDOVA I
TETIPARI I
ARUNDEL
GIZO
KOLOMBANGARA
BARORAITE I
MANNING STRAIT
Blanche Channel
Coconut Grove

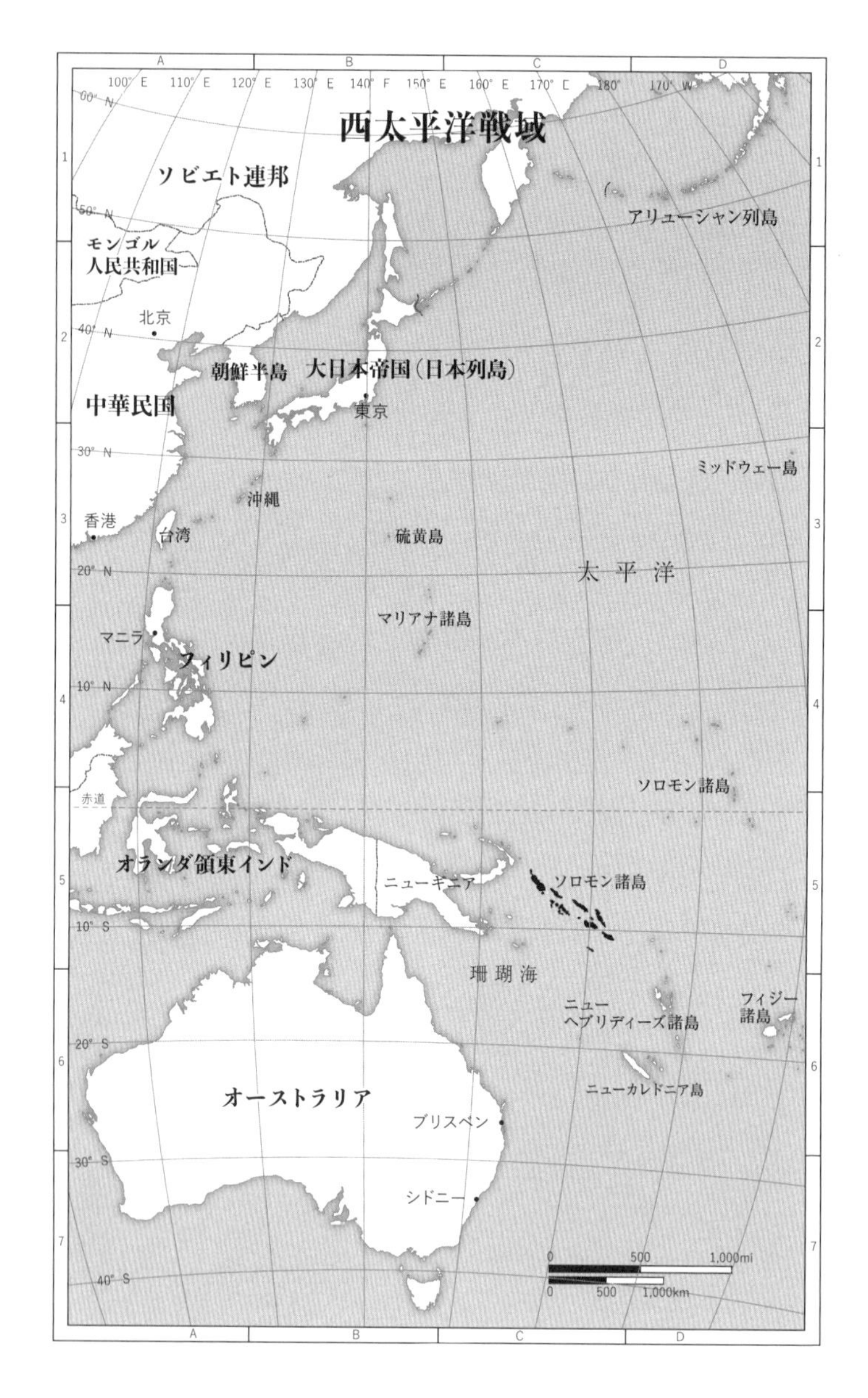
西太平洋戦域
ソビエト連邦
モンゴル
人民共和国
北京
朝鮮半島
大日本帝国(日本列島)
中華民国
東京
アリューシャン列島
ミッドウェー島
沖縄
香港
台湾
硫黄島
太平洋
マリアナ諸島
マニラ
フィリピン
ソロモン諸島
赤道
オランダ領東インド
ニューギニア
ソロモン諸島
珊瑚海
ニュー
ヘブリディーズ諸島
フィジー
諸島
ニューカレドニア島
オーストラリア
ブリスベン
シドニー
0 500 1,000mi
0 500 1,000km

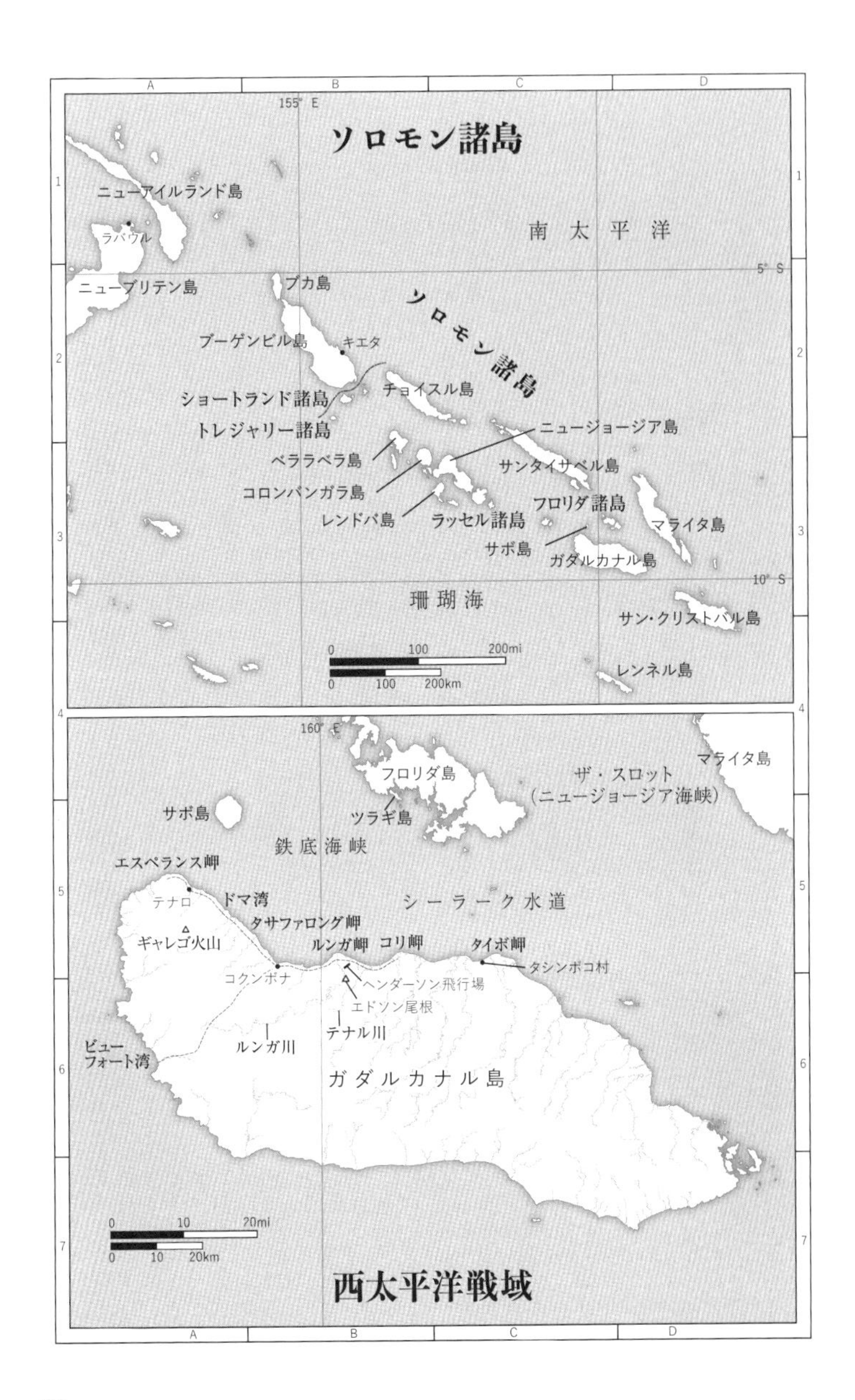
ソロモン諸島
155° E
ニューアイルランド島
ラバウル
南太平洋
5° S
ニューブリテン島
ブカ島
ソロモン諸島
ブーゲンビル島
キエタ
ショートランド諸島
チョイスル島
トレジャリー諸島
ニュージョージア島
ベララベラ島
サンタイサベル島
コロンバンガラ島
フロリダ諸島
レンドバ島
ラッセル諸島
マライタ島
サボ島
ガダルカナル島
10° S
珊瑚海
サン・クリストバル島
レンネル島
0 100 200mi
0 100 200km
160° E
マライタ島
フロリダ島
ザ・スロット
(ニュージョージア海峡)
サボ島
ツラギ島
鉄底海峡
エスペランス岬
テナロ
ドマ湾
シーラーク水道
タサファロング岬
ギャレゴ火山
ルンガ岬
コリ岬
タイボ岬
タシンボコ村
コクンボナ
ヘンダーソン飛行場
エドソン尾根
テナル川
ルンガ川
ビュー
フォート湾
ガダルカナル島
0 10 20mi
0 10 20km
西太平洋戦域

カバーイラスト
佐竹政夫

カバーデザイン
金井久幸［TwoThree］

本文デザイン
川添和香［TwoThree］

編集協力
アルタープレス合同会社

・各章での著者注は章末にそれぞれまとめて記載し、
本文中で著者注が付された語句・文は（＊各章ごとの通し番号）で示した。
・本文中、または章末において［］で記載した注は訳者によるもの。

山本五十六撃墜作戦

オペレーション・ベンジェンス

序章

一九四三年四月一八日　南太平洋

一筋の汗が戦闘機パイロットの顔を流れ落ちた。

汗のしずくは勢いを増し、パイロットのほお骨をまっすぐに滑り落ちて、口の横を通過し、無精ひげの伸びたあごの先端に達してそれ以上進めなくなった。しずくは、そこでしばらく宙ぶらりんになっていたが、ほどなく重力に負けて左の太腿の上にある細く折りたたまれた地図の上に落ち、「ソロモン海」と書かれた青い海のところに飛び散った。まだ午前七時前だったが、パイロットと乗機は、湿気を含んだ熱い空気の分厚い層に包まれていた。じっとりとした濡れたコックピット表面の金属はひんやりしていて、操縦輪も湿り気を帯びていた。

裂けた部分にテープを貼って補修された皮のシートクッションは、何カ月も前からペラペラの状態になっており、今ではカビが生えて悪臭を放ち、ジャングル生活の憂鬱な気分を増幅していた。そこでは、あらゆるものが悪臭を放っていた。炊事場から上がる煙と腐敗した植物の臭い、飛行機の金属が放つ臭い、時には野外のトイレからも悪臭が漂ってきた。しかし、それでもまだましな方だった。四カ月前、レックス・バーバー中尉がここに着任した時に島を覆っていた死肉の鼻をつく悪臭や焦げた毛髪の放つ刺激臭が消えていたからだ。

地元の人々は、この場所をイサタブと呼んでおり、アメリカで出回っている数少ない地図にはガダルカナルと書かれていた。米軍では、一般に「肥溜め（シットホール）」と呼ばれており、平穏な時期には単に「カナル」と呼ばれていたこともあった。一九四三年四月一八日、今日はイースターサンデーだが、レックスは、ここにいる他のすべての将兵と同様、この島をひどく嫌っており、宗教的な思いは全く浮かんでこなかった。彼は、方向舵ペダルを踏んで尻をクッションから少し浮かせ、小さなレバーを引いてシートを少し上昇させた。そして左右の翼に目をやり、後ろを振り返って尾部を確認し、操縦系統を一通りチェックしてすべてが機能しているのを確認した。機体の状態に満足した彼は、慣れた手つきで肩の上のシートベルトを胸の前で交差させ、キャンバス製の輪にシート下部のベルトを通してから体の中央部辺りで緩めに固定した。

使い慣れたスイッチ類を一通りチェックし、バッテリーとマスタースイッチがオフになっていることを確認してから、混合比制御ノブを調節し、赤い把手のついた二つのスロットルレバーを○・五インチ前に倒してエンジンを始動させるための準備を整えた。歴戦の中尉である彼は、自分が操作したいと思うどのトグルやレバー、ボタンにも目を閉じたまま触ることができるようになっており、機体とのこうした一体感は、絶え間ない戦闘によって作り上げられたものだった。空中戦ともなれば、コックピット内を手探りしている時間などないからだ。早朝にもかかわらず、汗が肩甲骨の間を流れ落ち、ベルトのところにたまっていく感じがしていた。シートに触れているカーキ色のズボンも湿っていたが、彼はこうしたことすべてを気に留めないようにした。

この日の朝はとても重要だった。

少し前かがみになって操縦輪を後ろに引くと、操縦輪の下の支柱が右足ふくらはぎの外側を擦った。レックスが飛ばした戦闘機のなかで操縦桿ではなく、扱いにくい操縦輪が使われていたのはロッキードP-38だけであり、これ以外の点は素晴らしかったが、戦闘機には不釣り合いだった。とはいえ、この世に完璧なものなど存在しない。レックス・バーバーは、いつも機体番号一二五に乗っており、ディアブロという名前を付けていたが、整備に回されてしまったため、今日はロブ・ペティット中尉が提供してくれた機体番号一四七、ミス・バージニアに乗っていた。彼は、大きな操縦輪を胸の前に引き寄せ、前かがみになってメインスイッチボックスの上部をチェックし、表示灯、スターター、始動用燃料注入装置のスイッチがすべてオフになっているのを確認した。最後にバッテリーのスイッチをチェックし、確かにオフにはなっていたが、とりあえず軽く叩いてみた。

計器盤の左端には、左右それぞれのエンジンのマグネトーに対応する二インチのレバーが二本突き出た円形のプレートがあり、レックスはそちらに体をひねってどちらもオフの位置になっていることを確認した。プレートの上部、マグネトーレバーの真上には、長方形のマスタースイッチがあり、バッテリーからすべての電気系統に電力を供給するようになっていた。マスタースイッチもオフの位置になっていたが、彼はそのスイッチにも触ってみた。パネルの前面に右手を下すと、ずらりと並んだ別のスイッチにも指を這わせ、二つのジェネレータースイッチの保護カバーをトントンと叩いた。それから操縦輪の背後に取り付けられた五つのスイッチにも触れ、機関砲、機関銃、そして最も重要な武装のマスタースイッチがすべてオフになっていることを確認した。操縦輪を前に押して胸から離し、左腕を少し捩じって時計を見た。ほとんどのパイロットと同様、彼も手首の内側に腕時計を着けている。

六時五〇分、作戦開始の時間だ。

押し下げられた左側の風防から身を乗り出すと、地上整備主任が期待に満ちた目でこちらを見上げているのが見えた。今日の任務が通常の戦闘空中哨戒ではないことはパイロット以外誰も知らないはずだったが、もうみんなに知れ渡っていた。周囲には多くの野次馬が集まっていて、地上整備員はいつもよりもきびきびと動き回っており、その目は輝いていたが、それは島内で蔓延している熱病のせいではなかった。彼らにとっても、この任務は、戦争の流れを大きく変えたということを実感できるチャンスであり、レックス・バーバーもそのことを理解していた。彼が知る限り、地上整備員たちは日頃からてきぱきと作業していたが、この日は特別だった。パイロットたちは、日々日本軍に反撃しようとしていて、敵機を撃墜し、時には撃墜されるが、とにかく戦い続けている。レックスは、一九四二年一二月からこの島で暮らしており、地上整備員が感じている欲求不満も良く理解できた。

地上整備主任が左側のプロペラに両手を置き、パイロットの方を見た。パイロットは左腕を上げ、親指を立てた後、人差し指で大きく円を描いた。地上整備員は、両手でプロペラのブレードを押し下げ、さらに次のブレードを押し下げると、一〇フィート（約三メートル）ほど後ろに下がった。レックスは、頷いてからバッテリーのスイッチとマスタースイッチを前に倒してオンの位置に入れ、燃料油量計の針が跳ね上がるのを見て、機体に十分な出力があることを確認した。それからシート左側の床に目をやり、両方の燃料タンクセレクターがメインの位置になっていることを確認して、その後ろにある燃料昇圧ポンプのスイッチを回した。次に混合比制御ノブ前方のパネルに体を傾けながら、二つの小さなブレーカーを押し下げてエレクトリックプロペラをリセットし、左のジェネレータースイッチを保護している赤いカバーを跳ね上げた。すぐさまその真上にある電流計の針が右に振れ、電気系統が正しく機能していることが分かった。昇圧ポンプのスイッチを入れて時計を見ると、秒針が定刻に近づいているのが見えた。エンジン始動の時間だ。

レックスは、両足の間の床に手を伸ばして始動注射装置の黒い楕円形のノブを押し、九〇度左に回した。ノブを掴んで二回上下に動かしてから、操縦輪を計器盤の方に倒し、左エンジンのスタータースイッチに指をかけた。体を横に傾け、機体の下に目をやると、地上整備主任が頷いて親指を立てた。くたびれたカーキ色の軍服を着たこの若い軍曹は、左エンジンの前に立ち、期待に満ちた目で待っていた。彼の鋭く注意深い視線はパイロットに向けられていたが、レックスは、届いたばかりの三一〇ガロン（約一一七四リットル）の増槽を一方の翼下に、一六五ガロン（六二四・六リットル）の通常の増槽をもう一方の翼下に取り付けるため彼らが徹夜で作業していたのを知っていた。これらの増槽は、今日の任務に欠かせないものだった。

レックスは頷き返し、再び左手を頭上で回してからスタータースイッチを操作した。三枚のブレードが付いたカーチスエレクトリックプロペラは、一、二度止まった後、回り始めた。一二気筒の強力なアリソンエンジンが命を吹き込まれて爆音を立てるようになると、機体が振動し、青黒い排気ガスの塊が吐き出されてゆっくりと後方に流れ、燃焼した燃料の臭いで島を覆っていた悪臭が一瞬かき消された。エンジン関係の計器類の針が小刻みに震えるのをじっと見ていたレックスは、左エンジンのスロットルを調整してから、同じ手順で右エンジンを始動させた。左右のエンジンが毎分一〇〇〇回転で正常にアイドリングし始めたので、彼は駐機ブレーキをかけ、地上整備主任に向かってもう一度親指を立てて合図した。

左エンジンの混合比制御ノブを滑らかに動かしてオートリッチ〔訳注：自動空燃比濃縮比〕の位置に合わせると、エンジンの回転が安定した。スロットルを〇・五インチ前進させ、毎分一〇〇〇回転を維持するようにすると振動が止まり、レックスはほっと息を吐いた。今日は幸先が良い。ミス・バージニアは、しっかりと動いている。同じ手順で右のエンジンも素早く調整すると、レックスは、あごひもをぐいと引き、飛行帽を耳の近くまで降ろした。無線機のスイッチを入れると、突如静寂を破ってイヤホンが雑音を発し、彼は一瞬たじろいだが、すぐに音量を下げ、事前に指定されていた共通の周波数に合わせた。この周波数は、本日の作戦中各機のパイロットが使えるようになっていたが、およそ四〇〇マイル（約六四四キロメートル）先の目標地点に到達するまで言葉を発することは禁止されていた。レックスは、コックピット内での作業を几帳面にこなしながら、燃料警告灯をテストし、メーターをチェックした。それから姿勢水平儀に目を向け、コンパスを軽くたたいて針が自由に動くことを確認した。いつの間にか地上整備主任の姿は消えていた。彼は、液漏れがないかどうかチェックし、パネルを閉める作業を行っているはずだ。左右を見回すと、僚機から吐き出された青い煙の塊が頭上を流れていくのが見え、三六基のエンジンが発する鈍いうなり声が周囲に満ち溢れていた。

作戦にはP-38ライトニングが一八機参加することになっていた。

機上にいたのは陸軍航空隊の一八人のパイロットたちで、ほとんどが若い中尉、一人が大尉だった。作戦に参加する佐官クラスの将校は二人だけで、その一人は第一二戦闘機隊指揮官のルー・キッテル少佐、もう一人は第三三九戦闘機隊指揮官のジョン・ミッチェル少佐で、二人はこの作戦のためそれぞれの部隊のパイロットと戦闘機を出し合うことで合意していた。小柄だが戦闘経験豊富なミッチェル少佐は、この時点で八機の撃墜記録を有するガダルカナルで最高のエースパイロットであり、この任務の指揮官だった。作戦の基幹となるのは一六機であり、二機が予備として加わっていた。隊は二つのグループに分かれており、一方のグループは四機ずつ三つの編隊を組んで日本軍の戦闘機を防ぐ役割を担い、もう一方はトム・ランフィア大尉指揮のもと四機のライトニングが一つの編隊を組みハンティングを行うことになっていた。レックスは、後者のグループに属しており、本日の任務は、敵のいかなる抵抗があろうとも（実際厳しいものになることは確実だった）、それを打ち破って標的を撃墜するというものだった。標的は、今回の作戦における唯一の重要な目標であり、一六人の士官が喜んで自分の命を懸け、あらゆる犠牲を払ってでも撃破したいと望むだけの重要性を有していた。

レックス・バーバーは、コックピット内で両目と両手を素早く動かした。燃料、冷却液、整流器などすべてが正常に機能していた。シートの傍らの床にある二つの四方向セレクターにも手を伸ばし、それぞれのトグルに触れてＲＥＳ（予備タンク）の位置に設定されていることを確認した。通常彼は、離陸してから一五分間は予備タンクの燃料を使っていた。予備タンクがきちんと機能していることを確認するためだが、今回は少し違っていた。今日は、離陸後すぐに翼下の増槽の燃料に切り替え、それが正しく機能していることを確認することになっていた。最初の五分間は一六五ガロン（六二四・六リットル）の小さい増槽を使い、その後三一〇ガロン（一一七四リットル）の増槽を空になるまで使って残りのルートを飛ぶ予定になっていたのだ。この方法は、目標地点に到達した後増槽を切り離し、戦闘後ガダルカナルに戻ってくるための十分な燃料を機体内のタンクに残しておくため考えられたものだった。

最後にレックスは、照準器のスイッチを入れ、加減抵抗器を調整して明るさを最大にしてからスイッチを切った。その時、地上整備主任が右の翼端の下から姿を現し、回転しているプロペラを避けるため機体から遠ざかり機首の前で足を止めた。それからレックスの目を見て頷き、親指を立てて合図し、彼が同じ合図を返すまでその姿勢を保った。レックスは、計器盤の右下に目をやって油圧をチェックしてから両腕をコックピットの外に出し、手をひらひらと動かした。地上整備主任はもう一度頷いて滑走路に敷き詰められた鉄板の上に腰を下ろし、レックスが操縦系統をチェックするのを観察していた。左右の補助翼の動きを確認した後、後ろを振り向いて二つの方向舵をチェックしたレックスは、その結果に満足してシートに座りなおした。それから右脚の上に置いた地図を伸ばすと、左脚の上にあるニーボードの位置を直した。戦闘機のコックピットで、ニーボードを置くのに最適な場所がどこかということを彼は良く知っていた。左右のエンジンの強力な鼓動は心地良く、すべてが彼の望む通りになっていた。出撃の準備は整った。

その時数台のジープが激しく揺れながら走ってきた。なかには、ボンネットの上にパイロットを乗せているジープもいたが、ほとんどはあちこちに分散して駐機している戦闘機の地上整備員を乗せていた。この基地には、第三三九戦闘機隊のライトニングのほか、第六八戦闘機隊のP-40ウォーホーク、第六七戦闘機隊のP-39エアラコブラが配備されていた。パイロットたちの服装はさまざまで、つなぎの作業服を着ている者もいれば、カーキ色の軍服を切り詰めたもの（どれも薄い生地だった）を着ている者もおり、靴には泥がこびりついていた。泥だらけの場所は今も至る所にあったが、この基地に初めて飛行機が着陸した一九四二年八月の状態は今よりもはるかにひどかった。

当時ガダルカナル島には、一本の滑走路があり、米軍がこの島に侵攻した主な理由もここにあった。占領後すぐにヘンダーソン飛行場と名付けられたこの基地は、イギリスの企業であるレバー・ブラザーズのプランテーションがあった比較的平らな土地を東に二マイル（約三・二キロメートル）ほど拡張したものだった（＊1）。レックスがいたファイターツーは、ククム飛行場とも呼ばれており、ガダルカナルにあった三つの仮設滑走路の最も北に位置していた。ルンガ岬の西で直接海岸に接するこの滑走路の北東端にはルンガ川が、南西端にはイル川が流れており、北はシーラーク水道になっていた。名前の通り、ファイターツーは、戦闘機用に作られた滑走路であり、地上戦が続くなか、艦砲射撃や狙撃兵の攻撃にさらされながらも建設が続けられた。

一九四二年のクリスマスの四日前、レックスがガダルカナル島に降り立った時、この飛行場は完成間近の状態で、翌年一月には、航空機の運用が始まった。全長四〇〇〇フィート（約一二一九メートル）、幅一五〇フィート（約四五・七メートル）の滑走路を建設したのは海軍の第六建設大隊で、金属製の板の上に砕いたサンゴを積み上げ、その上に砂利を蒔いてから、マーストンマットと呼ばれる穴の開いた鋼板を敷き詰めてある。マーストンマットは、長さ一〇フィート（約三メートル）、幅一五インチ（約三八・一センチメートル）、重さ六六ポンド（約二九・九キログラム）の鋼板で、軽量化のための穴が開いており、マット側面のフックと溝を組み合わせることで簡単に連結させることができた。パイロットたちは、マーストンマットを高く評価しており、レックスも例外ではなかった。これがなければ、ぬかるみ状態か、それより多少ましな砂利の滑走路を使わなければならない。一九四二年秋のヘンダーソン飛行場はずっとそのような状態であり、至る所水浸しで、穴も開いている滑走路を使って海軍のF4Fワイルドキャットのおよそ二倍の重量がある陸軍のP-38を運用するのは問題が多かった。

周囲のエンジン音が高まり、機首に消えかけの機体番号「一一〇」が描かれているライトニングが擁壁の間からゆっくりと前進し、前後に少し揺れるのが見えた。パイロットがブレーキをテストしたのだ。ジョン・ミッチェル少佐は、一九四二年一〇月初めからこの島で任務に就いており、ガダルカナル島攻防戦序盤の最悪の状況のなか日々戦い続けてきた。陰でミッチと呼ばれていた少佐も、多くのパイロットと同様自分の機体に名前を付けており、その機体がレックスの前をゆっくりと通過する際、機体番号の上にスキンチと書かれているのがはっきり見えた。滑走路にはマーストンマットが敷き詰められていたが、誘導路にはマットが敷かれていない部分もあり、石やサンゴのかけらを巻き上げないためエンジンの回転数を抑えて走行するのが彼の癖になっていた。他の三機もミッチェル少佐が事前の打ち合わせで指示した通り、少佐の僚機であるジュリウス・ジェイク・ジャコブソン中尉、三番機のダグ・カニング中尉、四番機のデルトン・ゲールケ中尉の順に一機また一機と進み始めた。

レックスが両腕を真っすぐ上に伸ばし、両手の親指を上に向けて車輪止めを外すよう指示すると、地上整備主任は、主脚のタイヤを止めていた木製の大きなブロックを引き抜き、左翼の下を通って機体から離れた。その間彼は足でブレーキを踏んだまま、隣のP-38が前進し、トム・ランフィア大尉の乗る機体番号一二二、フィービーがブレーキをかけられて機首を少し上下に揺らした後、ゲールケ機に続いて進むのを見ていた。

レックスは、左手をスロットルレバーに乗せたまま右手の人差し指を頭上でくるくる回した。地上整備主任は、ゆっくりと後ずさりしながら頷き、両腕で前に進むよう合図した。スロットルレバーをゆっくり動かすと、ミス・バージニアは静かに前進し始め、鋼鉄のマットの下でサンゴが少しずつ砕けるのを感じた。ブレーキをチェックしてから、ランフィア機の後に続いて前進し、誘導路を西に向かって動き始めると、キラー編隊に加わっている残りの二機、ジム・マクラナハン中尉とジョー・ムーア中尉のライトニングも前進し、後に続いた。レックスの位置からは見えなかったが、事前の打ち合わせでは、ベスビー・ホームズ中尉とレイ・ハイン中尉が乗る二機のライトニングが予備機として編隊の最後尾に付くことになっていた。

ファイターツーと海岸の間にはココナッツの木があり、滑走路の西端へと進んでいくP‐38の編隊が絶え間なく起こす風に揺れていた。この時点で天候は晴れだったが、午後には急変することをレックス・バーバーは良く知っていた。滑走路の南の端にはジャングルへと続く丘陵があり、彼は他のパイロットとともにここで寝起きしていた。彼らがストラファー〔訳注：敵を機銃掃射する戦闘機パイロットの意味〕高原と呼ぶこの場所は、いち早く島に進出し、ルンガ川近辺の日本兵に低空で機銃掃射を行って多くの海兵隊員の命を救った陸軍のP‐400戦闘機〔訳注：イギリスが受け取りを拒否したレンドリースのP‐39を逆輸入の形で引き取った機体〕のパイロットに敬意を表して付けられた。この戦いに加わっていたダグ・カニングは、何度も機銃掃射を行ったため、50口径機銃の施条がすり減ってしまい、銃弾が照準線の周囲に円を描いてばらばらに着弾するようになってしまったと話していた。

前輪式の降着装置を有するP‐38は、他の「尾輪式」の機体に比べ地上走行が楽だ。地上から一〇フィート（約三メートル）の高さにあるコックピットは視界が良く、前方を見るため機体をS字ターンさせたりする必要がない。レックス・バーバーは、今朝作戦の打ち合わせを行った際ミッチェル少佐の時計に合わせておいた腕時計を見ながら機上の時計を設定した。それから操縦輪の上端にある補助翼のトリムスイッチをニュートラルに合わせ、左側のパネルに手を伸ばして昇降舵のトリムをゼロにした。前方では、ジョン・ミッチェル少佐の乗機が滑走路に接する横道を曲がって海岸に背を向けようとしており、他の機体が後に続いていた。

レックスは、編隊長機の隣に並び、ブレーキをかけて右を見た。ランフィア大尉の乗るフィービーがライトニングならではの美しい姿で停まっており、機首の機銃の下には、日本軍の旗が四つ描かれていた。全長およそ三八フィート（約一一・六メートル）、後方に向かって細くなる二本の胴体の間から優美な曲線の機首が覗くこの機体はトンボを連想させる姿で見間違えようがない。必殺の力を秘めたトンボは、機首に五〇口径（一二・七ミリ）機銃四挺と二〇ミリ機関砲一門を搭載している。レックス・バーバーが普段乗っているディアブロには、三つの日本軍旗が誇らしげに描き込まれており、それらはこれまでに遭遇した多くの敵の末路を示していた。ミス・バージニアには二つの旗が描かれており、ロブ・ペティット中尉の空中戦での戦果を示しているが、このほかに彼が撃沈した日本軍の艦船のシルエットも書き込まれていた。

ランフィアが最終チェックのためエンジンの回転を上げると、突如としてリズミカルな鼓動が力強い咆哮へと変わった。滑走路に整列したすべての戦闘機が同じように咆哮を上げ、両翼を引っ張ろうとする合計三〇〇〇馬力近いエンジンの力で機首が押しつぶされそうになっていた。レックスは、前方に体を傾け、右腕の肘をまげて操縦輪を保持したまま、エンジン回転計の白い針が計器の上方を指し、毎分二三〇〇回転に達するまで左のスロットルを前に倒した。マニホールドの圧力とオイルの温度は、どちらもグリーンゾーンに留まっており、電気系統も正常であることが確認できたので、スロットルをそのままの状態にしてマグネトーのスイッチに手を伸ばした。BOTH［訳注：二個のマグネトーが両方作動］の位置でスイッチが羽のように突き出ていた。レックスは、左のスイッチを押し上げて右のマグネトーをオフにした。すると、意図した通り左エンジンの回転数が少し落ちたので、もう一つのマグネトーに対しても同じ操作を行ってから慎重にスイッチをBOTHの位置に戻した。その後プロペラ調速器をチェックし、左のスロットルを戻してから、右のエンジンに対しても同じ操作を繰り返した。

レックスは、コックピット内でせわしなく視線を動かしながら、すべての準備が整っていることに満足していた。彼は、左右の風防を引っ張り上げて所定の位置でロックされることを確認し、左側にいるジム・マクラナハン中尉のライトニングに目を向けた。彼も左を向き、編隊最後尾の機体から離陸準備完了の合図が来るのを待っていた。突然マクラナハンがこちらに顔を向け、こぶしを突き上げたので、レックスも頷いて首を右に回し、トム・ランフィアに合図を送った。その合図がミッチェル少佐のところまで届くと、少佐機を先頭に四機のP-38が北東方向に向かって伸びるランウェイ〇六へと入り、管制塔から合図が出るのを待った。一八機の戦闘機がすべて出撃準備を整え、それぞれのパイロットは狭く閉ざされた空間で束の間物思いにふけった。過ぎ去った時は二度と戻らず、また新たな時が刻まれる。戦闘機パイロットは、空を飛び、戦い、一人で死んでいく。戦友と肩を並べて戦うことができる歩兵小隊や何百人もの仲間がいる艦船の乗組員のような贅沢は許されない。空中戦であろうと、地上攻撃であろうと、戦うのは一人であり、敵の刃は個々のパイロットと戦闘機に向けられる。

七時一〇分ちょうどに飛行場の中央にある管制塔で緑のライトが点滅し始めた。平時には信号弾がごく一般的に用いられるが、日本軍の地上部隊が攻撃の合図に信号弾を打ち上げるため、この島では使われていない。また通常は、無線でのやり取りもあるが、今日は行われない。ミッチェル少佐は、出撃前の打ち合わせで無線の使用を厳禁しており、その理由は明白だった。無線通信は、至る所で傍受されていたのだ。ブレーキを解除された少佐機が滑らかに前進し、スピードを上げながら滑走路を走り始めたのを見て、レックスは、フラップが上がっていて、冷却液とオイルのシャッタが開いていることを確認した後、長年の習慣に従って武器のスイッチを入れた。ここから先は、誰もが日本軍のパイロットに撃ち落とされパラシュートで脱出する羽目になる可能性がある。ランフィア機の後ろについて、滑走路に入る直前、レックスが最後に行ったのは、キャノピーを閉めてロックすることだった。彼は、シートに体を沈めて機体を左に旋回させてから、編隊長機が増速しながら滑走路を走るのを見て、静かに機体を前進させた。二基のアリソンエンジンがうなりを上げ、離陸のたびに湧きあがる興奮とプライド、そして一抹の恐れが混じったいつもの感覚が蘇った。レックスは、両足を反射的に動かしてミス・バージニアが滑走路をまっすぐ走るよう調整した。日常的に行われる他のさまざまな任務でも同様の操作を行うが、今度の任務は全く違う。今日は、アメリカで最も憎まれている一人の男を殺しに行くのだ。

＊1　ヘンダーソン飛行場の名称は、海兵隊第二四一偵察爆撃隊の指揮官であったラッセル・ロフトン・ヘンダーソン少佐の栄誉を称えてつけられた。少佐は、一九四二年六月四日、ミッドウェイ海戦で日本海軍の航空母艦飛龍を攻撃し、戦死した。

第一部

「グアムとフィリピンを占領し、さらにハワイとサンフランシスコを占領しても十分ではない。勝利を確かなものとするには、ワシントンへと行軍し、ホワイトハウスでこちらの講和条件を呑ませる必要がある」

海軍大将　山本五十六

第一章　深まる危機

一九二八年夏のある暑い日、一一歳にしては体格の良い黒髪の少年が、自宅納屋の屋根の上で慎重にバランスを取りながら立ち上がり、屋根の向こうを注意深く観察した。レックス・セオドア・バーバーが、ポプラの木に囲まれ、母屋と向かい合っていない納屋の後ろをわざわざ選んだのは、母や姉妹に見つけられるのを防ぐためだった。聳え立つカスケード山脈の東、ゆるやかに流れるデシューツ川の両岸に開けた谷は、あたかもコロンビア台地を背に浮かび上がる緑の親指のようだ。南から北へと流れ、ザ・ダルズ市の東で流れの速いコロンビア川と合流するこの川の両岸には、いくつもの小さな村落が点在している。

今レックス少年が屋根の上に登っている納屋は、オレゴン州中部の小さな町、カルバーの郊外にある一〇〇エーカーの農場のなかに建っている。デシューツ川東岸の谷底から少し上ったところにあるカルバーの町は、北はラウンドビュート、南はジュニパービュート、東は広大なコロンビア台地に接している。美しく広大なこの大地を穿つ清流にはマスやニジマス、サケが数多く生息しており、冒険心溢れる若者たちが、川でカモやガンを捕えたり、マージナルズと呼ばれる東の荒野（＊1）でキジやウズラを狩ったりしている。ネイティブアメリカンであるパイユート族やモドック族、ユーマティラ族が何世代にもわたって暮らしを営んできた広大な空の下、渓谷を歩き、ヤマヨモギの茂る平原や遠くの山々を眺めることで、レックスやこの土地の少年たちは優れた視力を培うことができた。またデシューツ川東岸の起伏に富む丘と鬱蒼とした森は、探検やキャンプにうってつけであり、知る人ぞ知るヘラジカやシカ、オオツノヒツジの猟場になっていた。

レックスは、友人たちと一緒に、自宅の西にある平原を馬で走ったり、狭く危険な渓谷に分け入ったりしていた。クルックド川の渓谷は、流れが速くて水深も深く、水は冷たかったが、レックス少年はしり込みしなかった。川を渡る術を知り尽くしていた彼は、澄み切った水に飛び込んで泳ぎ渡り、対岸の岩場にたどり着くことができた。向こう岸は急な崖になっていたが、傾斜の緩やかな場所を登れば難なくデシューツ川を望む土手の上に立つことができた。夏は、来る日も来る日も川の西側にある荒野に一人で分け入り、キャンプや猟、探検をして過ごした。このような日々を送ることで、彼は持久力と自立心、大胆さを身に付けることができ、それは終生失われることがなかった。

少年にとって、ここは最高の場所だった。

オレゴン州全体が熱く乾燥した空気に覆われていた一九二八年夏のこの日は、家の麦畑で作物の世話をするのに最適であり、レックスも手伝いをすることになっていたが、いたずらっ子としての強固な意志を貫いて手伝いをさぼったのだった。しかし今この瞬間は、目の前の作業に集中していた。彼は空を飛ぼうとしていたのだ。納屋の屋根の上から三〇フィート（約九・一メートル）先の草地に向かって飛び上がり、空中を移動するというのが彼の目論見だった。複葉機の操縦と第一次世界大戦に関する叔父エドガーのもったいぶった話に少年はいつもスリルを味わっていたが、今この時、たとえ数秒であろうとも、大地から浮き上がり空を飛ぶチャンスが来たのだ。母のシーツを二枚引っ張り出し、角と角を縫い合わせて慎重に補強することで、彼はパラシュートを作り上げていた。

ありがたいことに、彼の父ウィリアム・チャウンシーは、近代的な農業機械の使用を拒絶しており、トラクターに対しても特別な憎悪の感情を抱いていたため、納屋には馬に鋤を取り付けるための皮紐を巻いたものが何本も置いてあった。レックスは、同年代の少年と同様、紐を上手に結び合わせることができたので、その技能をフルに活かしてシーツの角と角を革ひもでしっかりと結び、完璧に機能すると思われるパラシュートを完成させた。そして四隅の紐を左右二本ずつ自分のベルトに結び付け、パラシュートを肩に担いで屋根裏の干し草置き場に上がった。しかし干し草置き場では十分な高さではないと判断し、通風孔を潜り抜けて屋根の上に出た。大胆だが几帳面な性格でもあった彼は、結び目をもう一度すべてチェックした。そして傍らの丸屋根のてっぺんにある風見鶏を一瞥し、深く息を吸い込んで風のなかに飛び出した。

しかし、現実は思い描いた通りにならなかった。

シーツが風にあおられると、丈夫な革紐に体を引っ張られ、切り妻屋根から転げ落ちてしまったのだ。彼は滑空するどころか、浮き上がることもできずに落下し、その過程で引力に関する簡潔で有益な教訓を得た。腕の骨を折っても、空を飛ぶことへの情熱は衰えなかったが、もう一度空を飛ぶチャンスが巡って来たのは一二年後のことで、状況は前回と全く異なっていた。この一二年間に第二次世界大戦へとつながるさまざまな出来事があり、世界規模での大きな変化がレックス・バーバーを含む多くの人々の人生を変えながら、現在私たちが知っている人類史の道筋を描き出したのだった。

第二次世界大戦は、一九三九年九月一日にポーランドで始まったが、少なくともヨーロッパでは、ベルサイユ条約が調印された一九一九年六月末の数日間こそより正確な戦争開始時期だったと言えるのかもしれない。この条約により第一次世界大戦は正式に終結したものの、敗戦国ドイツは領土の割譲を迫られたうえ、一三二〇億マルクという莫大な賠償金を戦勝国に支払う義務を負うことになった。

おそらく誇り高いドイツ国民にとってそれ以上に問題だったのは、二三一条のいわゆる戦争責任条項だろう。そこには、「連合国と関係国政府は、ドイツとその同盟国の侵略によって仕掛けられた戦争の結果として、連合国と関係国政府、およびそれらの国民が受けたすべての損失と損害の原因に対するドイツとその同盟国の責任を確認し、ドイツもそれを認める」と書かれていた。

この屈辱的で近視眼的な条項は、賠償金の減額を受け入れたフランスをなだめるためのものだった。しかし、ドイツで自国への侮辱と受け取られたこの条項は、多大な損害をもたらす賠償金の支払い、軍備の縮小、悪化する経済などと相まって、ナチズムとアドルフ・ヒトラーの台頭に大きく貢献した。

同様の不満は日本でも蓄積していた。一九一二年から一九二六年までの短い間だったものの、大正時代の大日本帝国では民主主義を根付かせようとする努力が続けられていた。この種のシステムが大英帝国、フランス第三共和政、アメリカ合衆国などの国々を生み出したのだとすれば、日本でも有効に機能する可能性はあった。日本人のなかに自国の文化が優れているという意識が存在することは間違いないが、技術面で西欧と肩を並べる水準に到達するための取り組みは、軍が主導的な役割を担いつつ、この時点で少なくとも半世紀にわたって続けられてきた。日本人の生活、政治、社会は、何世紀にもわたって軍事と緊密に絡み合っており、彼らについて理解するには、帝国文化のこうした側面を把握しておく必要がある。

日本では、一二〇〇年にわたって侍階級とその君主である大名たちの多様な勢力が果てしない争いを続けながら、西欧との接触に抗いつつ、自分たちの望むような形で日本を支配してきた。西欧社会における侯爵や伯爵に相当する大名は、自分の土地を得る代わりに軍役を提供し、忠義を尽くす侍（騎士）たちの私的な軍隊を後ろ盾としながら「領地」と呼ばれる広大な土地を支配していた。封建社会の食物連鎖の頂点には征夷大将軍が君臨しており、その称号の意味するところは「野蛮人に対する遠征軍の最高司令官」である。最高の軍事的支配者である将軍の職は、平安時代初期の七九四年に創設されたが、その後は世襲の職となり、天皇の地位は名目的なものになった。

一八四六年、ジェームズ・ビドル提督が乗るアメリカの軍艦ビンセンスが江戸湾の入り口に錨を下ろした時、権力を握っていたのは徳川家一五代将軍だった。ビドルは、条約締結を求めたもののすげなく断られ、何ら成果をあげることなく帰国せざるを得なくなり、この一件で徳川幕府は、西欧への対応能力に関して国内の信頼感を高めることができた。しかし、一八五三年夏にビドルと全く異なるタイプの海軍軍人だったマシュー・ペリー提督が四隻の「黒船」を率いて江戸湾に姿を現すと、こうした認識の誤りがはっきりと露呈した（＊2）。ペリーは、八インチのペクサン砲を停泊地に近い浦賀の町に向け、驚異的に進歩した技術を背景とするアメリカンスタイルの砲艦外交がどのようなものなのかということを徳川幕府に初めて味あわせた。軍艦サスケハンナの大砲の背後に立ち、ごまかしなど一切許さない姿勢を示したペリーは、浦賀からの退去を拒否し、港や海岸線の調査をこれ見よがしに行った。長年にわたり武士階級は無敵の存在であると思っていた日本人は、ペリー艦隊のこうした行為を止めさせる術が全くないという事実に大きく動揺し、脅しに屈した幕府の役人は意気消沈して江戸に戻ると、ペリーの示した明確な条件に渋々ながら同意した。

この後日本国内では、幕府に対抗する勢力がこのチャンスをとらえて立ち上がり、天皇が国家を直接統治する体制を復活させようとした。かくして七カ月にわたる戊辰戦争が勃発し、日本の南西部を拠点とする天皇側の武士と北部を拠点とする幕府側の武士の間で内戦となったが、結局幕府側が破れ、一八六九年六月、天皇が国の指導者としての地位を取り戻した。ペリーの黒船艦隊が浦賀に来航する前の年に生まれた睦人（むつひと）皇太子は、明治天皇として即位し、大規模な改革に乗り出した。この改革には、侍階級の正式な解消、軍の近代化に向けたこれまでにない取り組み、とりわけ新たに創設された大日本帝国海軍（＊3）を強化するための改革などが含まれていた。

イギリスのビクトリア女王から譲渡された大砲四門搭載の帆船とオランダで建造された外輪式蒸気船からスタートした大日本帝国海軍は、初めての近代的な軍艦をアメリカから購入した。一八六九年にフランス海軍の技術者とともに日本に回航されたストーンウォールは、南北戦争で南軍が使用した装甲艦で、三〇〇ポンド・アームストロング砲を一門搭載していた。フランスの技術者たちは、横須賀に造船所を建設したほか、鋼鉄製の近代的な船を設計、建造する技術も教えており、その後二〇年にわたり、帝国海軍は、イギリスを除く世界のどの国の海軍よりも多くの軍艦を発注することになった（＊4）。このため、一般の水兵として多くの若者を確保すると同時に、士官も養成しなければならず、突如として深刻な人手不足になった。


明治維新後、武士の多くはより良い教育を受けていたため、軍に入って将校や管理職に就くことができた。しかし幕府側に付いた東北地方では、軍人として出世するチャンスが少なかったため、教師になる者が多かった。元越後長岡藩士で教師だった高野貞吉もそうした人々の一人であり、彼の妻峰子は、一八八四年春、新潟県の櫛笥（くしげ）という小村で六人目の男の子を生んだ。貞吉は、その子に五十六という名前を付けた。当時の自分の年齢が五六歳だったからだ。ほどなく一家は、より良いチャンスを求めて長岡市に引っ越した。

一家は非常に貧しかったため、五十六は一年を通じてわらじに木綿の着物で過ごしており、ロシアから日本海を渡って凍るような風と雪が吹き寄せる冬でもその恰好だった。五十六少年は、学校で使う教科書を買うことができなかったため、小さな火鉢で暖を取りながら教科書を手で書き写した。父の貞吉は、あまり子供と接することがなかったが、五十六に読み書きを教え、地元の子供たちに英語の基礎を教えていたキリスト教の宣教師のところに通えるよう後押しした。夏には、海岸でヨットやボートを動かしたり、サバやタコを採ったりしながら、海についての知識を吸収することができた。

男子生徒たちは、時に大規模な軍事演習に参加することもあった。こうした演習では、一万人を超える少年たちが二つの陣営に分かれ、正規軍の将校に率いられて模擬戦闘を展開することが多かった。数十年にわたった明治維新期の日本では、何世紀もの間止まっていた進歩を数年で成し遂げるため多大な努力が傾注され、実行されたことにより、かつてない規模で軍事力が増強された。一八九五年に日清戦争で日本が勝利すると、政府は、海軍に対する国民の熱狂的な支持を背景に、実戦に耐えうる軍艦で構成される艦隊をさらに拡充した。将来世界強国の一つになった場合、西欧列強の強力な海軍に対抗する必要があると考えた日本政府は、多額の資金を投入して六隻の近代的な戦艦と六隻の新たな装甲巡洋艦から成る「六六艦隊」を作り上げた。

一九〇〇年、一六歳になった高野五十六は、スポーツ、特に体操とアメリカンスタイルの野球に熱心に打ち込むようになり、その熱意は生涯変わらなかった。武士の家系に生まれ、釣りや水泳、舟遊びなどをして育った彼は、自然と海軍に引きつけられていった。一九〇一年一二月、高野五十六は広島湾内の江田島にある海軍兵学校に志願者三〇〇人中二番の成績で合格した。規律の厳しいイギリス海軍の士官学校をモデルとしていた海軍兵学校では、砲術や技術の学習に重点が置かれ、船舶よりも海に関する講義に多くの時間が割かれていた。士官学校の生徒は、女性、煙草、アルコールを禁じられ、毎年夏には一三時間ぶっ続けで泳ぐ教練もあった。このため例年各クラスの学生の一〇パーセント程度が脱落した。

五十六は、身長五フィート三インチ（約一五八センチメートル）と日本人男性のなかでも小柄な方だったが、極めて粘り強く、機知に富む学生だった。一九〇四年一一月、七番の席次で卒業した彼は、すぐさま装甲巡洋艦日進に配属され、東郷提督の指揮のもと、日露戦争における重要な決戦となった日本海海戦に参加した。一九〇四年二月、宣戦布告の前に、日本海軍は、中国の旅順にいたロシア極東艦隊を攻撃した。ロシア側は、アジアの成り上がり者を叩くため、戦艦一一隻を基幹とするバルチック艦隊の大部分を急いで極東に派遣した。四二隻の大艦隊を率いるジノヴィー・ロジェストヴェンスキー提督は、東シナ海から対馬海峡を通って日本海に入るルートを選び、東郷提督は対馬海峡でロシア艦隊を迎え撃った（＊5）。

海戦が終わったとき、ロシア艦隊は、一一隻の戦艦のうち九隻を失い、乗組員四四八〇人が戦死、五九一七人が捕虜になった。これに対し日本艦隊は、水雷艇三隻を失い、戦死者一一七人、戦傷者五八三人を出したが、このなかに高野少尉も含まれていた。戦闘中、日進の八インチ砲が過熱して脆くなった砲身が破裂し、その破片が五十六の左手の人差し指と中指を引きちぎったのだった（＊6）。

彼は、病院に二カ月入院した後、夏の間家族の元に帰って療養する許可を得た。その後の一〇年間は、アジアやオーストラリア、アメリカ西海岸など世界各地を練習航海で回っていた。ヨーロッパが第一次世界大戦へと向かっていた頃、父が死去し、五十六は伝統に則り、後継ぎとなる息子のいなかった山本家の養子となった。三〇歳で少佐に昇進、艦隊司令部に勤務することになったが、これ以後養子先の姓を名乗ることになり、山本五十六になった。

一九一四年八月二三日、日本政府はドイツに宣戦を布告した。ちょうどその頃、ベルギーのモンス近くでは、フランスとベルギーの国境沿いに展開していたイギリスの遠征軍とドイツ第一軍が激突していた。この時日本は、イギリスと同盟を結んでおり、アメリカやフランスとも比較的良好な関係を保っていたものの、第一次世界大戦への参戦は、ほとんど日和見主義的な動機に基づくものだった。絶えず資源不足に悩まされ、領土拡大を目指していた日本は、南太平洋のカロリン諸島、マーシャル諸島、マリアナ諸島にあったドイツの領土を奪取した。また日本は、ベルリン、ロンドン、ワシントンがいずれもアジアから遠く離れており、各国政府があえて介入するほどの関心も持ってないという的確な判断に基づき、中国の山東半島に地上部隊を上陸させた。確かにこれはギャンブルだったが、天皇への献身や文化的な優越性への絶対的な信念と同様、ギャンブル好きも日本人の国民性の一部と言えるかもしれない。

日和見主義的な動機に基づくものだったとはいえ、第一次世界大戦では日本も実質的な貢献をした。イギリス政府から要望に応えて、中国の近海に入ってくるドイツやオーストリア＝ハンガリーの艦船を攻撃しただけではなく、シンガポールに駐屯していたインド兵の反乱を鎮圧する際の支援も行った（＊7）。一九一七年二月には、巡洋艦三隻と駆逐艦一四隻から成る第二特務艦隊を地中海に派遣し、輸送船団の護衛や対潜哨戒の任務に当たらせた。こうした貢献によって、日本は国際連盟の常任理事国としての地位を獲得し、国内で西欧列強と肩を並べる強国になったことを疑問視する声はほとんど出なくなった。

しかし、イギリスやフランス、アメリカが同様の見方をしていたわけではなかった。封建社会から近代的な工業社会へと日本が急速に発展したことは否定し難かったが、日の出の勢いの日本に比べ他のアジア諸国は弱体で、ヨーロッパ諸国の植民地資産が脆弱な状態のままアジア地域に集中しているという点は大きな不安要素だった。マレー半島は、イギリスの支配下にあり、その先端にあるシンガポールはアジアにおける植民地経営の一大拠点となっていて、世界に供給される錫の半分以上、天然ゴムの半分近くが産出されていた。オランダ東インド会社は、マラリアの治療に欠かせないキニーネを大量にこの地域で産出するプランテーションを経営しており、世界の石油産出量の二〇パーセントを占める油田も有していた。これらは、日本が是非とも手に入れたい資源だったが、強大な力を持つ欧米列強に表立って挑戦することはできなかった。

少なくとも、第一次世界大戦終結まではそうだった。

ドイツと同様、日本が最終的に戦争というリスクを冒すに至った要因は、一九二〇年代の騒動と混乱のなかに見出すことができる。この頃、高等教育を受けたコスモポリタン的な意識を持つ日本人の多くはジャズや服装、映画などのアメリカ文化を熱心に受け入れたが、地方では伝統文化が根強く残っており、そこで暮らしていた人々の多くは伝統的な価値が浸食されていると受け止めた。こうした人々は、西欧の技術や文化的魅力に心を動かされはしたが、欧米、特にアメリカに対して不信感も抱いていた。また日本の帝国主義者たちは、アジアはアジア人、とりわけ日本人によって支配されるべきであるという固い信念を持っていた。

日本は、第一次世界大戦に参戦し、中世の封建社会から大きく進歩したことを印象付けたものの、軍人たちの多くは、欧米諸国が日本を対等なパートナーとは見ていないと考えていた。そのうえ、欧米と日本の間には長年にわたる人種間の緊張関係が確実に存在しており、特にアメリカではこの問題がより強く意識されていた。金鉱脈が発見されたことがきっかけとなり、一九世紀末のカリフォルニアと太平洋岸北西部には、アジア地域、特に中国から多くの移民が流入した。これが人種的な脅威と受け止められて、一八八二年にはアメリカ初の移民法が制定され、二〇世紀初頭には日本人と韓国人の排斥を目的とした組織も結成された。一九〇六年、事態はさらに極端な方向へと進んだ。サンフランシスコ市が公立の学校に通うアジア系の生徒全員を分離させる措置を取ったが、これが日本で大きな憤激を招くことになった。この時大統領だったセオドア・ルーズベルトは、緊張を和らげるため、カリフォルニア州がアジア系の生徒の分離政策を撤廃する代わりに日本政府が未熟練労働者へのパスポート発給を止めるという、いわゆる日米紳士協定を結んだ。

多くの先例と同様、外交上の解決を目指したこの策も根本的な問題解決にはつながらず、避けることのできない最終決着を引き延ばすだけの結果となった。一九一七年、アメリカはヨーロッパでの戦争に参戦したが、その際議会は、安全保障上の懸念を強調し、ウッドロー・ウィルソン大統領が発動した拒否権を覆して、移民に対し最も厳しい制限を課す法律を可決した。この法律には、母国語の文書を三〇文字以上読めないもの、犯罪者、売春婦、アナーキスト、感染症患者の入国を認めないなど、理にかなった条項もあった（＊8）。しかしその一方で、アジアの特定の地域を指定し、その地域や隣接する地域の出身者は、アメリカが領有する地域の出身者を除き排除するという条項も含まれていた。アジア人敵視の感情がこのような形で明らかになったことにより、自分たちが差別され、不当な扱いを受けていると感じていた日本人の間でそれまでくすぶっていた不満が燃え上がった。また不幸なことに、日本がアジア人の保護者としてふるまうことを正当化する根拠として、皮相な見解ではあったがこの法律が援用される可能性もあった（＊9）。

この頃山本五十六は海軍大学校を卒業し、少佐に昇進した。一九一七年、ドイツは無制限潜水艦作戦を開始し、同年四月にはアメリカが第一次世界大戦に参戦した。この年三三歳になった山本は結婚を考えるようになり、夏に結婚した。日本から太平洋を挟んで東に四九〇〇マイル（約七八八六キロメートル）離れたオレゴン州カルバーでは、五月六日にレックス・セオドア・バーバーがこの世に生を受けている。将来この少年と五十六の人生が交錯する時が来るとは、少年の両親も、この日本海軍将校も想像すらできなかっただろう。

しかし、その瞬間はやがて訪れる。

日本が西欧諸国と袂を分かち、戦争に向かって突き進むきっかけとなったのは、一九二二年のワシントン海軍軍縮条約だったのかもしれない。世界中の多くの人々が、第一次世界大戦後の平和を享受し、国際連盟がもたらす平和に素朴な期待を寄せるなか、戦争につながるような軍拡競争を制限する取り組みは、十分にその目標を達成できると思われた。当時は、空軍力が海軍力を凌駕する状況にはなっておらず、主力艦の数を制限するというのは、極めて筋の通った考えだった（＊10）。この条約では、戦艦の新造を一〇年間停止することが宣言されたほか、イギリス、アメリカ、日本、フランス、イタリアの間で主力艦の保有比率についても合意され、アメリカとイギリスの五に対し、日本は三となった。

日本政府がこの条約に同意した背景にはいくつかの理由がある。まず、第一次世界大戦後の大国間の問題に関与し続けることで、日本の国威を示すとともに、政治的に有利な立場を築くことができるという考えがあった。また、日本はヨーロッパやアメリカから遠く離れており、条約を逸脱するような行動を取ったとしても、欧米諸国にできることは限られているという見方もあった。さらに日本政府は、第一九条をたてに、アメリカとイギリスが太平洋に新たな基地を建設したり、既存の施設を要塞化したりすることはできなくなったと主張することも可能になった。第一次世界大戦で国力をすり減らしたうえ、特に太平洋では、将来対立が生じる可能性は低いと考えていた両国は、日本側と合意した。これは日本にとって大きな戦略的勝利であり、イギリスとアメリカは、これから二〇年もたたないうちに悲惨な結果を目にすることになった。

外交的な勝利はさておき、主力艦の保有比率がアメリカとイギリスの五に対し、自国は三とされたことについて、日本政府は意図的な差別と認識しており、力を増しつつあった軍国主義勢力もすぐさまこの条項を敵視するようになった。こうした認識を助長したのが、一九一七年の移民制限法の抜け穴をふさぐという目的を達成するため一九二四年に可決されたジョン・リード法だった。この法律は、一八九〇年にアメリカに住んでいた外国出身者の数を基準とし、移民の数をその二パーセント以下に制限するというものだった。二パーセントという数字は、外国出身者の数ではなく、アメリカの全人口を対象としたものであり、すべてのアジア系移民の受け入れを拒否するというのが最も重要なポイントだった。自分たちは他のアジア諸国の人々よりも人種的に優れているという意識を持っていた日本人は、この法律に腹を立て、セオドア・ルーズベルト大統領時代の紳士協定は反故になった（＊11）。ジョン・リード法に対する怒りは、自分たちが差別されているという意識と結びつき、一九二九年の世界恐慌とも相まって、日本の軍部が国家を支配し、西欧との亀裂を押し広げていくための梃子となった。

一方、山本五十六にとって一九二〇年代は良い時代だったと言える。結婚相手は農家の娘で、身長は五フィート四インチ（約一六〇センチメートル）あり、当時の日本人男性にとっては少し高すぎると思われたが、自信に満ちた彼が結婚相手の身長に思い悩むことはなかった。結婚後間もなく彼はアメリカに渡り、ハーバード大学で二年間学んで、英語を完璧に話せるようになった。アメリカでは、海軍のエリート士官として多くの友人を作り、各地を精力的に旅してアメリカとアメリカ人についての知識を可能な限り吸収した。またポーカーで生来のギャンブルの才能を発揮したほか、経済、とりわけアメリカの工業力についても多くのことを学んだ。

ハーバード大学在学中は、毎年夏にヒッチハイクしながら南西部を旅行し、テキサスとメキシコの油田地帯を回って、近代的な生産法についての知識を直に吸収した。彼は、第一次世界大戦における西欧諸国の戦訓から、空軍力が持つ可能性に大きな魅力を感じており、水上艦艇に関して豊富な知識と経験を有する士官ではあったが、海戦の様相が変わりつつあることも理解していた。一九一〇年、ユージン・バートン・エリーは、アメリカの巡洋艦バーミンガムの艦首から不格好なカーチス・プッシャー複葉機を発艦させ、翌年には、巡洋艦ペンシルベニアの甲板に航空機を着艦させるという史上初の試みも成功させた（＊12）。しかし、航空母艦の実用化で先行したのは、一九一四年に商船を改造して水上機母艦アークロイヤルを建造し、一九一八年九月に初の本格的な空母フューリアスを就役させたイギリス海軍だった。この頃中佐に昇進していた山本は、強い関心を持って航空分野でのこうした動きを注視していた。彼は、空母艦隊があれば、日本が自分たちの帝国を打ち建てたいと望む太平洋の広大な領域を支配できると確信していた。

アメリカから帰国した山本五十六は、海軍航空隊要員の操縦訓練を担う霞ケ浦航空隊の教頭兼副長に就任し、三九歳で飛行機の操縦を学んだ。一九二六年には再びアメリカに渡り、ワシントンで日本大使館の海軍武官を務めるとともに、次世代の進歩的な士官を指導する役割も担った。彼は、若い士官たちに対し「アメリカの学生とできるだけ多く交流しろ。日本語は話さず、地下鉄やバスを使って移動しろ。世界のどんな街に行っても、タクシーを乗り回すだけでは見聞を広めることができない」とアドバイスをした。憧れ、個人的な興味、あるいは単に仮想敵国に対する軍人としての職業意識（おそらくこれらすべての理由）から、山本は、あらゆるものに関心を向けており、ワシントンを離れる時点で戦艦が支配する時代の終焉を確信していた。また彼は、このようにして得た膨大な知識を基に、アメリカを打ち負かすよう命じられた場合、どうすれば良いのか考えをめぐらすようになった。レックス・バーバーが手製のパラシュートで納屋の屋根から飛び降りようとしていた頃、山本は、海軍軍令部に短期間勤務した後、再び海上勤務に戻って軽巡洋艦五十鈴の艦長となり、ほどなく空母赤城の艦長になった。一九三〇年、海軍軍縮会議がロンドンで開催されたが、日本が建造可能な主力艦の割り当ては、やはりアメリカとイギリスを下回った（＊13）。

一九三一年、軍部内の超国家主義者たちは業を煮やし、自分たちが思い描く正しい道に日本を戻す決意を固めた。軍事技術は別として、西欧化は伝統的な価値をないがしろにするというのが彼らの考えだった。また日本帝国陸軍は、ベルサイユ条約に違反して中国の満州地方に侵攻し、武力でこの地域を征服、占領した。

日本政府が満州での軍事行動を正当化する根拠としたのが、一九〇四年から一九〇五年の日露戦争後に締結されたポーツマス条約で認められた南満州鉄道の権利だった。その後三〇年にわたり、この権利の及ぶ範囲をめぐって論争が展開され、当の中国は論争に加わることができずにいたが、一九三一年以降、中国政府の指導者は、満州における自国の権利を再び主張するようになった。中国側のこうした主張は、日本政府にとって到底認められないものだった。満州および日本の傀儡国家である満州国は、戦争に勝利した結果得られたものだったからだ。日本は、中国東北部に学校や病院、発電所、鉄道を建設し、内陸部で生産されたガラス製品や砂糖、小麦粉、鉄鋼、そして最も重要な資源である石油を旅順港から日本へと運んでいた。日本本土だけでは、六〇〇〇万人の国民を養うだけの十分な食糧を生産することができず、近代的な工業社会を動かすだけの十分な天然資源も得られなかったため、これらの資源は極めて重要だった。日本にとって満州は、食糧、労働力、各種原料の供給源であり、イギリスにとってのインド亜大陸のようなものだった。このためあらゆる犠牲を払っても維持しなければならず、中国側がこの地域の支配権獲得に動き出すと、日本も即座に対応した。

一九三一年九月一八日の夜遅く、河本末守中尉は、奉天市近郊の南満州鉄道の線路近くで小型の爆弾を爆発させた。柳条湖事件と呼ばれるこの事件は、血気にはやる国家主義的な陸軍将校のグループが日本政府の意思とは関係なく事前に準備して起こしたものであり、日本側は「中国軍の部隊が線路を破壊した」と主張したが、爆発による被害は皆無だった。当時この路線を南下していた定期列車が定刻通り駅に到着したという事実も、帝国陸軍が満州に侵攻し、占領するのを思いとどまらせることはなかった。当時の首相犬養毅は、この事件が首相としての正当な権限を蔑ろにするものであると正しく認識しており、陸海軍の冒険主義的な動きを押しとどめようとしたが、一九三二年五月一五日に暗殺されてしまった。

その後日本は、軍が参謀本部を通じて政治、経済、対外政策を統制する体制への転換を加速させ、歴史家のイアン・トールが「暗い谷」と名付けた時代へと突入していく。しかし、この体制を支えるべき陸軍と海軍は互いに激しく対立し、不信感を募らせながら、自分たちの縄張りを守ることに全力を傾けており、ここから生み出された機能不全の統治機構が第二次世界大戦終結まで続くことになる。当時陸軍は、北進論を唱えて、日本の支配地域をシベリアと満州に拡大するよう主張しており、ソ連を最大の脅威と見ていた。これに対し海軍は、マレー半島と太平洋の島々の豊かな植民地を獲得することが成功への道であると確信していた。しかし、南方への勢力拡大を目指す南進論は、西欧列強を刺激する可能性が高いため危険が大きいと見られていた。一方、中国は比較的危険性が低く、イギリスとアメリカが自分たちの利権を守るため実際に介入してくる可能性はないというのが日本の指導者たちの判断だった。

柳条湖事件が起こると、アメリカは日本を強く批判して蒋介石総統の国民政府に対する支持を表明し、現地では国際連盟の理事会決議に基づきリットン伯爵による調査が行われた。一九三二年に作成されたリットン卿の報告書には、「(日本が)世界の趨勢に従うことに同意した場合にのみ、彼らが真に望んでいる物をすべて得ることができ、同時に平和も実現できる」と書かれていたが、自国の拡張主義的な政策を非難する他の大国の偽善的な姿勢に日本政府は激怒し、くすぶり続けるナショナリズムの炎に新たな燃料を投入する結果となった。翌年ジュネーブで開かれた国際連盟総会では、日本の満州占領が非難され、リットン報告書の内容を踏まえて部隊の撤退が勧告された。

日本の全権だった松岡洋右は、「日本は、満州の国際的な管理を目論むいかなる企てにも反対する。だからと言って、我が国が国際連盟を無視しているわけではない。なぜなら、満州が我が国に帰属するのは正当な権利に基づくからだ」と主張した（＊14）。そのうえで彼は、「アメリカ人がパナマ運河地域の国際管理に同意するだろうか。イギリスがエジプトの国際管理を許すだろうか」と的確な反論を展開した。西欧列強は、自分たちの影響下にある領域を自国のみで帝国主義的に支配し、植民地化することを目論んでおり、各国の偽善的な姿勢に対する批判は、現在と同様、当時の人々の心にも響いたのだった。また日本の台頭は、注目に値するものではあるが、いかなる潜在的な脅威にもなり得ないという見方が欧米諸国では依然として支配的だった。各国の軍幹部は、日本が中国、韓国、ロシアを破ったことは認めながらも、これらの国々の軍隊はいずれも標準以下の水準であり、西側諸国とは事情が大きく異なるため、恐れる必要はないと考えていた。

数年後、西欧諸国は、この見込み違いの大きなつけを支払うことになる。

松岡は、随員を従えて会議場を後にし、日本は国際連盟から完全に脱退した。当時のアメリカ駐日大使ジョセフ・グルーは後に、「国際連盟を脱退するという日本の判断が持つ政治的な重要性は、誰もが認識できた。連盟からの脱退は、西欧列強と明確に袂を分かつ姿勢を示すものであり、後の枢軸陣営支持に道を開くものだった」と述べている。国際的な制約から解き放たれ、軍部の強力な支配を受けるようになった日本政府は、アジア太平洋地域全体へと帝国を拡大する事業に乗り出した。日本のこうした動きに対する警戒感が深まるなか、一九二二年のワシントン海軍軍縮会議で合意された戦艦新造停止期間が終了するまで残り一年となった一九三五年、ロンドンで二度目の海軍軍縮会議が開かれることになった。

予備交渉の日本側首席代表に選ばれたのは、当時海軍中将に昇進していた山本五十六だった。彼個人は、一九三一年の満州侵攻に反対しており、その立場は政治的にも、肉体的にも危険なものだった。超国家主義者たちは、軍事力による領土獲得こそ帝国の経済問題を解決する唯一の方法であると信じており、黒龍会や天剣党、血盟団などの団体は、政治的な目的を達成するため暗殺などの手段も躊躇なく用いていた。山本は、いかなる形であれ弱さを見せることが西欧列強への屈従と受け止められ、殺害対象となる可能性が高いということを理解していた。

サウザンプトンのドックを訪れた山本は、イギリスの新聞記者に対し、「日本はこれ以上、条約で定められた主力艦の保有比率を守ることはできない。この点について、我が国の政府が妥協する可能性はない。私は、あなたよりも小柄だが、私の皿に盛る料理を自分の皿の五分の三にしろと言い張ることはしないだろう」と完璧な英語で語った。第二次ロンドン海軍軍縮会議は、日本にとって成功の見込みがない会議だったが、建造可能な潜水艦の数が欧米と同数になったことで山本自身の名声は高まり、日本の軍備拡張を制限しようとする欧米列強への強い対抗姿勢を示したことで一般国民の間でも大いに人気が高まった。

帰国した山本は、米内光正海軍大臣の下で海軍次官を務めるとともに、海軍将官会議にも加わった。興味深いことに、一九二二年のワシントン海軍軍縮会議での合意が崩れてしまったことを山本が悔やんでいたことを裏付ける資料は残っておらず、この点は極めて示唆的である。彼は、アメリカを深く理解しており、コスモポリタンとしての一面を持つ洗練された人物ではあったが、それ以上に侍階級の一員であり、日本帝国の体制が生み出した人物であったということだ。個人的に疑問を感じることはあっても、徹頭徹尾忠実で、献身的な第一線の士官であり、自分の国を守るためなら持てる力をすべて使う、山本五十六はそのような人物であった。

彼自身、「一死君国に報ずるは素より武人の本懐のみ、豈戦場と銃後とを問はむや。勇戦奮闘戦場の華と散らむは易し。誰か至誠一貫俗論を排し斃れて後已むの難きを知らむ。高遠なる哉君恩、悠久なるかな皇国。思はざるべからず君国百年の計。一身の栄辱生死、豈論ずる閑あらむや。（天皇と国の為に死ぬことは、軍人が最も熱望するところである。軍人は厳しい戦いにも敢然と立ち向かい戦場に花と散るのだ。生を全うしたいと望んではいても、戦士である以上、天皇と国のため悠久の大義に殉ずることになる。一人の人間の生死など重要なことではない。重要なのは帝国である）」［訳注：昭和一四年の述志］と書き残している。

一九三六年、海軍軍縮条約を破棄した日本は、軍国主義国家としての相貌を露わにした。帝国陸軍は、中国への侵攻を再開し、将来の軍事利用を見越して委任統治領となっている太平洋の島々に飛行場や港、道路を建設した。ドイツ国防軍を模範とすることが多かった帝国陸軍が、ヒトラーと同様、国家主義的な管理を徹底させることに全力で取り組んでいたのに対し、帝国海軍は、軍に対する文民統制という明治時代の考え方を守っていた。後知恵ながら、ドイツと日本が同時並行で戦争への道を辿ったのは興味深い。どちらの国も、西欧に対する不満を表明していて、人種偏見も根強く残しており、自分たちの主張の正当性についてゆるぎない信念を持っていた。そのうえ、ソビエト連邦という共通の敵も存在していた。日本は、以前から北方にある巨大な隣国を恐れており、ロシアこそアジアの支配権をめぐる闘争で最大の敵になると考えていた。このため日本とナチスドイツは、一九三六年に防共協定を締結し、両国の共通の利害を守るとともに、ソ連との間で個別に政治協定を結ばないという取り決めをした（＊15）。

軍部の強固な支配権が確立された日本がナチスドイツに接近するのは極めて自然な流れであり、陸軍もこれを熱望した。軍幹部によって組織化された政治体制の革命的な変革は幕府体制の現代版へと道を開くものであり、山本五十六はこれに強く反対した。海軍は、文民主導の政府に軍が従属するという明治時代の原則を守っており、このことが、当時の陸軍次官で、その後首相になる東条英機など強力な敵を作る原因になった。一九三七年半ばには、日本とドイツの間に横たわるソ連が脅威となっており、一九三三年に結ばれた日本軍と中国軍の停戦協定も依然として有効だったが、日本政府は、中国でのさらなる勢力圏拡大に自信を持っていた。日本は、ドイツと同様平和について何ら関心を持っておらず、武力による征服こそ国の未来を切り開く重要な手段であると認識していた。土地、食糧、地下資源は、国が生き残るために必要である以上、これらを手に入れるのは「正当」な行為であり、日本にとって、中国を屈服させることこそ問題解決の手段とみなされていた。

一九三七年七月七日夜、支那駐屯歩兵第一連隊に所属する一人の兵士が北京郊外で行われていた演習の最中に行方不明になった。この兵士が所属していた部隊の指揮官、一木清直少佐は、近くの小さな町である宛平での捜索を中国軍側に要求したが拒否された。かくして両軍の間で緊張が高まり、銃撃戦が始まった。この事件を別の側面からみると、日本は、自国の商業的な利害を守るという明白な目的のため、中国側の支配地域により深く入り込んで「鎮圧」活動を行うのに必要な口実を得たということになる。七月末に帝国陸軍第二〇師団が北京を攻撃し、八月初めに陥落させたことで、華北地方全域が無防備の状態となった。南の沿岸地域では、八月八日に日本軍の部隊が八字橋を渡って上海市内に入り、その九日後には増援の三個師団が上海市北方三〇マイル（約四八・三キロメートル）の地点に上陸した。上海の港は極めて重要であり、日本がここを手中に収めたことで、中国は長江下流側の半分を実質的に奪われることになった。

上海での血なまぐさい包囲戦は、三カ月にわたって続き、両軍合わせて一〇〇万人近い兵士が戦闘に参加した。一一月二六日、上海はようやく陥落したが、多くの死傷者が出たことで、日本軍の幹部は、広く流布していた自軍兵士の優越性について一旦立ち止まって考える必要に迫られた。この計算違いは、人種偏見が連合国側にもたらしたのと同程度の大きな損害を日本軍にもたらすことになり、上海は占領したものの、一一月のブリュッセル会議の場でも双方の対立は解決されず、日本軍は南京に向け西進を続けた。消耗戦を続けていた中国側は、自国の広大な領土という利点を活かすことで、西欧列強が介入してくるまでの時間を稼ぐことができると考えていた。こうした持久戦略では、通常正面切って敵と対峙するのを避けながら、補給ルートや後方連絡線を絶つという戦法が用いられる。一九三七年一二月、上海派遣軍麾下の第一〇軍は、中華民国の首都であった南京に近づきつつあり、日本とアメリカが初めて武力衝突する可能性が高まった。

この頃までにほとんどの外国人は南京から退避していたが、少数の実業家や宣教師は残ることを選び、一部の外交官も義務感から市内にとどまっていた。南京のアメリカ人は、フィリピンに基地を置く規模の小さなアメリカアジア艦隊の分遣隊である揚子江パトロールによって守られていた。一三二五マイル（約二一三二キロメートル）に及ぶ長江の沿岸に点在していたアメリカの資産、権益、国民の生命などを守るため一九二一年に創設されたこの艦隊は、一九三七年の段階で喫水の浅い平底の砲艦を八隻有しており、このうちの一隻であるパナイは、一二月初頭の時点で南京に停泊していた。全長約二〇〇フィート（約六一メートル）、排水量四七四トンのこの船は、九月二一日に南京へ派遣され、一五ノットで茶色く濁った揚子江の水をかき分けながら毎日数百マイルの水域をパトロールしていた。

一二月七日、日本軍は南京市の東二〇マイル（約三二・二キロメートル）の地点におり、急進撃を続けていた。アメリカ大使館では、大使のネルソン・T・ジョンソンが西の漢口に逃れたが、二等書記官だったジョージ・アチソンは、大使館の基幹要員と共に残っており、パナイは、南京に最後まで残っていたアメリカ人たちの後方再集結地、避難所、通信センターとしての役割を担っていた。一二月一一日土曜日、日本軍がアジア石油会社の施設に近い停泊地へと迫り、状況は危機的になった。このため、当時三九歳だったパナイ艦長のジェームズ・ジョセフ・ヒューズ少佐は、一二マイル（約一九・三キロメートル）上流へと艦を移動させ、複数のイギリス海軍の艦艇と共に投錨した。一二月一二日朝には、日本軍の砲兵隊が土手の上から砲撃を行うようになったため、さらに移動を余儀なくされ、南京市から上流へとおよそ二七マイル（約四三・五キロメートル）遡った和県捷水路に錨を下した。パナイが移動する際には、毎回上海の日本総領事に通知しており、和県捷水路に移動する途中でも、日本陸軍の中尉が乗船し、確認を行っていた。艦長のヒューズ少佐は、横一八フィート（約五・五メートル）、縦一四フィート（約四・三メートル）のアメリカ国旗を艦首と艦尾の日よけに貼り付け、空から明瞭に識別できるようにした。また二門の三インチ砲はカバーを外し、三〇口径のルイス機関銃八挺もすべて射撃可能な状態にしていた。

一三時三五分、見張り員から、航空機が上空を旋回しているとの報告があり、艦長が艦橋に行こうとしたその時、爆弾が落ち始めた。その爆弾は、双発の九六式陸上攻撃機三機が高度一万一〇〇〇フィート（約三三五三メートル）から投下したもので、複葉の九六式艦上爆撃機一二機も飛来して、停泊地に集結している船舶に対し急降下爆撃を行った。これらの日本軍機は、海軍の第一二航空隊と第一三航空隊に所属しており、第三艦隊司令部が陸軍の誤った情報に基づいて攻撃命令を出したのだった。パイロットは、予め伝えられていたもの、あるいは自分たちが見たいと思っていたもの――揚子江に浮かぶ船舶に市内から逃れようとする中国軍部隊の兵士が満載されているようだ――を発見し、面倒な確認作業を省略して攻撃を行ったが、これこそが陸軍から提供された情報の背後にある真の目的だったのかもしれない。

一発目の爆弾は、パナイの左舷側の水面で爆発して艦の前方に搭載されていた三インチ砲を破壊し、ウィスコンシン州シボイガン出身の航海士デニス・ハリー・ビウェセ少尉は文字通り腰を抜かしてしまった。その後、二五分間にわたり二〇発以上の爆弾が至近距離で爆発し、何発かは船体に命中した。ヒューズ艦長は重傷、副長のアーサー・〝テックス〟・アンダース大尉はじめほとんどの乗組員が負傷し、著名なイタリア人従軍記者サンドロ・サンディなど三名が死亡した。パナイもルイス機関銃で反撃したが、攻撃を止めさせることはできず、ヒューズ艦長は一四時五分、沈没しつつある艦からの退去を命令した。生存者は、一五時までに自力で泳ぐか、エンジン付きのサンパンに救出されて川岸に上がったが、日本軍機はサンパンに対しても機銃掃射を行った。さらに日本海軍の砲艦も二隻現れ、大破したパナイに機銃掃射を加えた後、乗船して臨検を行ったが、この時点でアメリカ国旗はマストから完全に吹き飛ばされていた。

　この「パナイ号事件」の影響は、日本政府が恐れた対米戦争へと直接つながるものではなかったが、事件に対する当事者たちの反応は、極めて興味深いものだった。山本五十六の腹心だった樋端久利雄は、最初の報道が目立たない形で遅れて出るよう画策したが、結局は表沙汰になってしまった。事件によって、日本の陸軍と海軍の間にあった深い亀裂があらわになり、双方が立ち止まって考えを巡らせる必要に迫られた。海軍は、陸軍よりも如才なく振舞って国際問題に対処することが可能であり、最終的には軽い処罰だったものの、この事件に関与した指揮官を譴責処分にすることで対応した。これに対し、伝統を守ることに熱心で狭量な陸軍は、自分たちは無関係であるとしてこの事件自体を無視した。陸軍が中国でさまざまな事件をでっちあげることに血道をあげてきたことを考えれば、アメリカを刺激して戦争に引きずり込もうと考え、海軍をそのための道具として利用しようとした可能性は大いにある。

一九三八年四月末、日本政府は、アメリカに対し二二一万四〇〇七ドル三六セントの賠償金を支払うことでこの事件を決着させ、当時海軍次官だった山本五十六は、日本側の謝罪を受け入れてくれたことに公式の謝意を表明した。アメリカ国内にはこの事件に憤慨する者もいたが、孤立主義を支持するアメリカ国民の間では、日本側の弁明は公正なものと受け止める声が支配的だった。国内の新聞はこぞって、交戦地域でアメリカの軍隊が中立を保つよう求められたときどのような態度をとるべきだったのかという問いかけを前提にした記事を書いた。実際この事件は、中国など国益が直接脅かされていない地域からアメリカは手を引くべきということを示す合図と受け止められた。ザ・シンシナティ・インクワイアラー紙は、少数の死者は出たものの、何十万という死者が出るよりはましと主張した。こうした姿勢は、一九三五年に制定された中立法とも相まって、少なくとも中国で日本の勢力圏拡大を阻止することにアメリカが関心を持っておらず、その能力もないという確信を日本側に抱かせる結果となった。

ノモンハン事件でのソ連への敗北を巧みに隠蔽し、アジア地域の征服を順調に進めていた帝国陸軍は、無敵という偽りのオーラをまとうようになり、このことが、最終的に西欧列強との全面戦争へとつながる大きな要因になった。日本国内には、枢軸陣営に加わるよう求める極めて大きな政治的圧力が存在し、こうした圧力に抵抗を続ける山本五十六は、超国家主義団体や東条英機など陸軍の幹部たちから命を狙われる危険があった。山本をはじめとする海軍の幹部たちは、枢軸陣営と何らかの協定を結ぶことで、イギリス、アメリカ、ソ連との戦争が避けられないものになると確信していた。山本は、自分の命が狙われていることにも怯まず、一人で長時間散歩し、公共交通機関を利用し、自宅を訪ねてきた相手にも自ら応対した。このように、その気になればいつでも殺害できる状態だったのだが、元々恐れ知らずで、優れたギャンブラーだった彼は一か八かの賭けに勝っていた。

とはいえ、何らかの対策を早急に講じる必要はあった。

当時海軍大臣だった米内光政は、「海上勤務に就けることが、山本五十六の命を救う唯一の方法だった」と述懐している。一九三九年八月、山本は、東京の海軍省から異動することになった。一九三九年九月、ドイツがポーランドに侵攻したまさにその時、彼は連合艦隊司令長官として和歌山県の和歌浦湾に停泊していた戦艦長門に着任した（*16）。

レックス・バーバーは、アジア太平洋地域における日本の傲慢な姿勢に警戒の目を向けていた。パーティと勉強に明け暮れる学生生活を送っていた彼は、実家の納屋を思い出しながら空を飛ぶことに思いを馳せており、航空分野での新たな政治的、技術的な動きにも強い関心を持っていた。まだ少年だった頃、彼はアメリカ海軍のアポロ・ソウセック大尉が操縦する開放型コックピットの複葉機ライト・アパッチに乗って四万三一六六フィート（約一万三一五七メートル）まで上昇するというスリルを味わい、一九三三年にウイリー・ポストが一週間で単独世界一周飛行を成し遂げたことに驚嘆していた(*17)。一九三七年夏、レックスは大学に入学した。この頃、赤道上世界一周飛行を行っていたアメリア・イアハートとフレッド・ヌーナンが太平洋上で行方不明となり、アメリカ陸軍は新型戦闘機の開発要求を各メーカーに出した。

陸軍航空隊は、かねてより次の戦争で勝利の鍵となるのは爆撃機であるという立場をとっており、この時点で新型戦闘機の開発要求が出されたのは注目に値する。「爆撃機は、いかなる時も任務を遂行する」という言葉は、軍のみならず、空軍力の強化を支持する市民の間でも極めて好意的に受け止められており、当時最も大きな影響力を有していた人物の一人で、イタリアの軍人だったジュリオ・ドゥーエが声高に唱えていた理論でもあった(*18)。追撃機と呼ばれていた初期の戦闘機は、到達可能な高度、速度、航続距離の点で爆撃機に及ばなかったため、この種の兵器にお金と資源を投入することに疑問を呈する声は強かった。敵対的な国々から二つの大洋で隔てられていたアメリカにとって、爆撃機の優越性に関する議論は極めて論理的に思えた。そのうえ大恐慌の後、国民の三分の一が貧困生活を送っている状況のなか、余分な防衛装備にお金を出す余裕はなかった。

こうしたなか、カリフォルニア州のとある小さな航空機メーカーは、シリウス、アルタイル、オリオンと名付けた一連の素晴らしい飛行機を開発することでかろうじてその命脈を保っていた。アラン・ヘインズ・ロッキードと彼の弟であるマルコムは、債権者が彼らの会社を管財人の手に押し付ける一九三二年一〇月まで、月に一機のペースで飛行機を製作して何とか食いつないでいたが、翌年、革新的な技術にほれ込んだ三人の楽観的な実業家に買収され、元々の社名も維持された。かくしてロッキードは、航空郵便の請負事業と定期航空事業が巣立つことを見越し、全金属製で双発の商用機を開発するという決断を下した（*19）。

一九三三年、クラレンス・〝ケリー〟・ジョンソンというミシガン大学出身の若い技術者がロッキードの開発チームに加わった。工具の設計者として採用されたこの若者は、航空工学の専門知識を有しており、入社後すぐにその才能を認められて主任研究技師に昇進した（*20）。豊かな創造性と優れた直感力を有していたジョンソンは、ライトパターソン空軍基地で戦闘機開発プロジェクトの責任者に任命されていた若いパイロット、ベン・ケルシー中尉が自分に足りない知識を持っていることに気づいた。ケルシーは、まだ若かったが、一五歳から空を飛んでいて、マサチューセッツ工科大学で工学分野の二つの学位を取っており、一九二九年にジミー・ドゥーリトルが計器飛行の実験を行った際には、エスコート機のパイロットを務めていた。

一九三〇年代の陸軍航空隊では、爆撃機の脅威に対処するため、第一次世界大戦の遺物のような複座の多発機を重視する考えが支配的だった。当時はブレリオ127のような鈍重な「爆撃駆逐機」が最先端とされ、フランス空軍が熱心に導入を勧めていたが、そのこと自体疑問を抱くべき十分な理由となっていた。ジョンソンと同様、先見の明があったケルシーは、このような独創性のない設計に対してあからさまな嫌悪感を示していた。複座戦闘機全般（特に機関銃手）を軽蔑していた彼は、単発または双発の単座戦闘機にこそ、戦術航空機の未来があると確信していた。しかし、単発、単座で、武器と弾薬の重量は五〇〇ポンド（約二二七キログラム）以下という「追撃機」に関する陸軍航空隊の平時の仕様が制約の一つとなっていた。飛行機の設計がこの制限に収まらない場合、わずかな開発資金すら得ることができず、構想は初めからボツになってしまう。そこでケルシーたち若手将校は、陸軍調達委員会に加わっていたゴードン・サヴィルと共謀し、自分たちの望む条件に合致する用語を発明した。「要撃機」の誕生である。

後に准将にまで昇進したベン・ケルシーは、「上昇速度は大きいが航続距離の短い要撃機に関連するヨーロッパの用語とは何の関係もない。我々がこの用語を生み出したのは、標準的な五〇〇ポンドではなく、一〇〇〇ポンド（約四五四キログラム）の武器弾薬を搭載できるようにするためだった」と率直に認めている。

しかしこの初手は有効だった。サヴィルとケルシーは、抜け目なく振舞うことで、上院軍事委員会にこの要求仕様を認めさせ、ケルシーは、二種類の実験機に関する暫定的な要求仕様を公式に発表することができた。実験機の仕様は、単発のものと双発のものがあり、どちらも生産時に入手可能な最も強力なエンジンである過給機付きのアリソンV‐1710Cを搭載することになっていた。

過給機（ターボ過給機とも呼ばれる）は、フランスの技術者オーギュスト・ラトゥーがルノーの航空機用エンジンに組み込んで実地試験を行った一九一七年以降実用化が進んでいた（＊21）。アメリカでは航空諮問委員会（NACA）がゼネラル・エレクトリックと契約して、陸軍航空隊の飛行機に搭載する過給機付きエンジンの開発を推進しており、一九一八年末には、サンフォード・モス博士がコロラド州のパイクスピーク山上空一万四一〇九フィート（約四三〇〇メートル）でリバティーV‐12エンジンを使用した実証試験を成功させた。ゼネラル・エレクトリックは、工学分野の優れた専門知識を注ぎ込んでこの技術の完成度を高めたが、最先端の革新的な技術だったため、イギリスなど緊密な関係にある同盟国にすら輸出が認められなかった。

ここで過給機の原理を説明する。通常のレシプロエンジンは、ピストンが上昇しきった位置から下降することでシリンダー内に空気を吸い込む。ピストンが再び上昇を始めると空気は圧縮され、そこに燃料が噴射されて混合気となり点火される。混合気の爆発によって生み出される力は、概ねシリンダー内の空気圧に左右される。しかし高度が上がり、平均海面よりも気圧が大幅に低くなると、シリンダーの外の空気圧は減少する(*22)。このためピストンの上昇によって生まれる圧力も減少し、エンジンの出力は低下する。この問題に対して最初に示された答えは、シリンダーを大きくするというものだったが、エンジンの大きさと重量を考慮した場合、この方法では限界がある。そこで解決策として考え出されたのが過給機だった。過給機とは、エンジンの排気ガスを使ってタービンを回し、キャブレターからシリンダーに多くの酸素を押し込むことで、高い高度を飛行していても平均海面と同じ空気圧を維持するというものだ。これによりエンジンの性能が高い状態のまま維持され、過給機を搭載していない飛行機では「到達不可能な領域」でも作戦行動が可能になる。戦術的な観点から見て、過給機はピストンエンジンを搭載した航空機にとって極めて大きな利点を有する技術であり、枢軸国側の航空機のなかにも過給機付きのエンジンを搭載したものは存在していたが、P-38やP-47で使われていたものほど効果的ではなかった。

ケルシーは、新型機の仕様を作成し、六分で二万フィート（約六〇九六メートル）まで上昇し、この高度で時速三六〇マイル（約五七九キロメートル）を維持しながら、フルスロットルで一時間飛行できるだけの十分な燃料を搭載するという条件を示した。また、二五ミリ機関砲（当時は実用化されていなかった）一門を含む一〇〇〇ポンド（約四五四キログラム）相当の武装を搭載し、外部燃料タンクを使用しなくても機体内に十分な量の燃料を積むことができるという要求仕様も盛り込まれた。さらに、完全引き込み可能な三車輪式降着装置を採用している点も、陸軍から極めて好意的な反応を得られるものと期待されていた。

ケリー・ジョンソンは、この要求仕様に応えた。

一九三六年三月、彼は、ロッキードの社内でモデル二二と呼ばれていた双発単座戦闘機の設計検討を完了した。パナイ号が攻撃を受ける数カ月前、米国陸軍は、X-608の要求仕様を正式発表し、ボーイング、コンソリデーテッド、カーチス・ライト、ダグラス、ロッキード、ヴァルティの各社に対し「重戦闘機」を開発するよう要請した。これに応え、ロッキードのケリー・ジョンソンと主任技術者のハル・ヒバードは、当時唯一の三車輪式降着装置を備えた単座双発戦闘機を開発した。

機体は大きく、重量もあった。

強力な武装を搭載し、内部に四〇〇ガロン（約一五一四リットル）の燃料タンクを持つこの機体は、自重が一万一〇〇〇ポンド（約四九九〇キログラム）を超えており、当時の一般的な戦闘機の二倍だった。

しかしジョンソンは、平滑で段差のない外板と全金属外皮の操縦翼面を有する機体に強力なエンジンを搭載したモデル二二なら高度二万フィートを時速四一七マイル（六七一キロメートル）で飛行可能であり、陸軍の要求仕様を六〇マイル（約九六・六キロメートル）近く上回ることができると計算していた。ドイツ空軍やイギリス空軍をはじめとする各国の空軍も、こうした重戦闘機の開発を積極的に推進していたが、ほとんどは二人乗りであり、ケリー・ジョンソンが考えたような洗練された空気力学的手法を取り入れてはいなかった。モデル二二に最も近い機体は、イギリスのウエストランドが開発した流麗なホワールウインドだろう。イギリス空軍も、アメリカ陸軍航空隊と同様、単座機の明らかな利点を認識しており、重武装の戦闘機を求めていたからだ。

ベン・ケルシーは、ロッキードが開発した新型戦闘機の能力とその設計が持つ可能性に心を動かされていた。一九三七年六月二三日、日本が中国への侵攻を開始し、アメリア・イアハートが太平洋上で行方不明になる数週間前、ロッキードは陸軍との間で新型機に関する契約AC-九九七四を締結した（＊23）。一六万三〇〇〇ドルという当時としては破格の金額で締結されたこの契約によってロッキードは財務面で一息つくことができ、モデル二二には軍用機としての名称XP-38が正式に付与された（＊24）。

この機体は、パイロットたちからライトニングと呼ばれることになる。

＊1 マージナルズという名前が付けられたのは、土地の利用価値が低いためだった。一九三〇年代の干ばつで大きな影響を受けたこの土地は、アメリカ政府に接収され、現在でも農業用地としての価値はほとんどない。

＊2 九七年後、ガダルカナル島の沖で日本軍と戦ったアメリカの重巡洋艦ビンセンスは、二代目である。またペリー艦隊に戦闘用スループのサラトガが加わっていたのも、歴史の皮肉と言えるかもしれない。その艦名を次に受け継いだのは、第二次世界大戦で活躍した空母サラトガ（CV-3）であり、日本でもよく知られている。

＊3 帝国というのは、天皇親政の体制を指し示す言葉であり、それを実体化した天皇の玉座は高御座（たかみくら）と呼ばれている。

＊4 ストーンウォールは、フランスのボルドーで建造され、日本に引き渡された後は甲鉄艦と改名された。

＊5 対馬海峡では、一二八一年に博多湾に侵攻してきたモンゴル軍の船団が台風に伴う「神の風」によって壊滅しており、カミカゼ（神風）の起源となった場所でもある。

＊6 この点に関しては、山本自身の記憶と異なる点がある。長年彼は、敵艦から発射された砲弾の破片が負傷の原因と考えていたが、山本の伝記作家で、自身も元帝国海軍の士官だった阿川弘之は、「日進に搭載されていた砲のうちの一門が破裂した」との見方を示している。

＊7 一九一五年に起きた第五軽歩兵連隊のインド人傭兵の反乱

＊8 入国を申請した者の母国語がリストに記載されていない場合も不適格とされ入国を拒否された。

＊9 入国拒否地域についての条項は、一九五二年の移民・帰化法が制定されるまで効力を失わず、受け入れる移民の定数は、一九六五年にハート・セラー移民法が可決されるまで削除されなかった。

＊10 主力艦とは、装甲を有する戦艦と巡洋艦であり、当初は排水量二万トン程度で、大口径の主砲を搭載した軍艦とされていた。

＊11 ジョン・リード法は、一九五二年に連邦議会により修正された。

＊12 一九二三年三月、吉良俊一大尉は、軽空母鳳翔に着艦し、日本人パイロットとして初めて空母への着艦を成功させた。

＊13 六インチの主砲を搭載するものが軽巡洋艦、八インチの主砲を搭載するものが重巡洋艦とされた。日本が保有できる重巡洋艦は一二隻だったが、イギリスは一五隻、アメリカは一八隻が認められた。

＊14 松岡洋右は、オレゴン州とカリフォルニア州に住んだ経験があり、オレゴン大学の法科大学院を卒業後日本に帰国した。

＊15 この協定には、イタリア、スペイン、デンマークなどの国々も加わっている。一九三九年、ヒトラーがポーランドへの侵攻に備えスターリンと独ソ不可侵条約を締結した時点で協定は破棄された。

＊16 戦艦長門は、一九四六年七月、ビキニ環礁付近で行われた原爆を水中爆発させる実験で標的となりその生涯を閉じた。

＊17 所要時間は、七日と一八時間四五分だった。

＊18　この言葉は、イギリスの下院議員スタンレー・ボールドウィンが、一九三二年一一月に行った「将来への不安」と題する演説の中で用いられ、広く知られるようになった。

＊19　「ロッキード（Lockheed）」は、本来の綴りである「Loughhead」の発音をそのまま文字で表記したもの。

＊20　ケリー・ジョンソンは、三〇以上の機体を設計しており、そのなかにはP-38ライトニングやマッハ3以上の速度で飛ぶブラックバードシリーズなども含まれている。

＊21　厳密には、離陸してから上昇するまでの間エンジンにより駆動され、主にマニホールドの圧力を高めるために使用されるのが過給機であり、排気ガスを使って駆動され、高高度で大きな出力を生み出すために使用されるのがターボ過給機である。しかしこれらの用語は、しばしば混同されており、二つのコンポーネントを組み合わせて使うことも多い。

＊22　平均海面の気圧は、一四・七ポンド／平方インチ（ｐｓｉ）だが、高度二万五〇〇〇フィートの気圧は五・四五ｐｓｉで、五五パーセント減少する。

＊23　イアハートは、ロッキードのモデル一〇、エレクトラで飛んでいた。

＊24　二〇二〇年時点の価値でおよそ二八七万ドルに相当する。

第二章　夜明け

一九四三年四月一八日　ガダルカナル

ライトニングは、時速七〇マイル（約一一三キロメートル）で滑走していた。操縦席の一〇フィート（約三メートル）下では大きなタイヤが穴あき鋼板のマットを踏みしめ、コックピット内は数フィート横にある二基のアリソンエンジンの咆哮で満たされていた。P-38の大きな機体が滑走路を疾走し始めると、左側に見えていたココナッツの木や駐機している航空機が視界から消え、右側に見えていたジープやトラック、見物人たちも後景に退いた。レックス・バーバーの視線は、キャノピーの支柱の間に見える前方の開けた空間へと移動したが、先行する五機のライトニングが巻き起こした埃が立ち込め、前方に並ぶ木々の先端すらはっきりと見えなかった。彼は、方向舵ペダルに両足を置いて、一方の目の端で滑走路に敷き詰められたマットを追い、大きな機体を操って滑走路の右側をまっすぐ走行させながら、いつものようにところどころ傷のある黒い計器盤に視線を戻した。

マニホールドの圧力計をチェックし、その下にあるエンジン回転計の針に視線を移す。左右二基のアリソンエンジンは、どちらもフルスロットルで動いており、計器類の針はどれも安定していた。

従来の尾輪式の戦闘機と異なり、ライトニングでは、飛行速度に近くなっても、尾輪が浮かび上がって操縦桿が軽くなるという現象は起きない。P-38は、前輪式のため尾部は最初から上がっており、重たい機体を文字通り地面から引っ張り上げる必要があった。

時速八〇マイル（約一二九キロメートル）。

レックスは、スロットルレバーの先端についている二つの赤い把手を左手で握って前方に押し続けていたため、振動でレバーが後ろに戻ることはないが、機体は激しく振動していた。二基のアリソンエンジンと滑走路に敷き詰められたマーストンマットが作り出す振動により、ほとんどの計器がはっきりと読み取れない状態になっていた。本当に重要な計器が大きくなっているのは多分このためなのだろう。目を細めて計器盤の中央にある大きな対気速度計に視線を戻すと、揺れ動く白い針を見分けることができた。速度計の外枠の金属部品には、二ヵ所にマークが付いており、針が最初のマークを超えたとき、右手でゆっくりと操縦輪を引き寄せた。

後ろに…後ろに…。

支柱が右足の膝から下の部分に軽く触れ、レックスは操縦輪をしっかりと握って保持した。機体が上昇し、機首の機銃が木立の先端の方に向くと、彼は少し前のめりになった。

鋼板のマットから上がる音や滑走路周辺のあらゆる動きに気を取られることなく、機首が地面から浮かび上がったところで方向舵ペダルを少し踏み、機体を真っすぐに保った。空に浮かび上がるこの大事な瞬間、彼は操縦に関係すること以外のあらゆる情報を遮断した。何か機械的な問題が発生するとすれば、大抵この瞬間だからだ。

時速一〇〇マイル（約一六一キロメートル）。

翼が少し動揺したが反射的に補正し、操縦輪をさらに引き寄せた。最後に一回小さくバウンドして機体の振動が止まると埃が晴れ、P‐38は澄み渡った空に向かって滑るように上昇しながら、悪臭と泥にまみれた島を後にした。レックスは、すぐ前の上方を飛ぶランフィア機を見上げながら、ココナッツの木の向こうで青緑色に輝く海面を左目の端でちらりと追った。それから左手を下げて太腿の脇にある黒い取っ手をつかみ、方向舵ペダルを二回軽く踏んでから降着装置を引き上げると、それが良い習慣であると確信しているかのように車輪にブレーキをかけ、引き上げられたタイヤが泥を跳ね飛ばして脚格納室が汚れるのを防いだ。シートの下から何かが弾けるような音が聞こえ、計器盤の下からかすかな煙が立ち上ってきたが、ルンガポイント上空で大きく左に旋回し始めた前方のP‐38から目をそらすことはなかった。

雑音と煙はパイロットが最も嫌うものだが、この音はシートの下の油圧調整装置が正常に機能していることを示すものであり、煙は前輪格納室の扉が閉まり、回転している前輪が扉と接触して擦れる際に発生したものだ。降着装置の車輪を格納したミス・バージニアは、対気速度を急速に上げ、どちらか一方のエンジンが止まった場合の最低限の飛行速度である時速一三〇マイル（約二〇九キロメートル）を超えた。油圧は一三〇〇ｐｓｉに戻り、すべてが良好に機能していた。

レックスは、左右両方のエンジンのスロットルを最大出力のまま保持しながら左に旋回し、機首を下げてランフィアの乗機であるフィービーが描く円弧の内側を回って素早く追いつこうとした。左の方に目を向けると、最初に離陸した四機のライトニングがすでに疎開編隊を組んでおり、ジョン・ミッチェル少佐の左には、ジュリウス・ジャコブソン中尉の二番機が、右側にはダグ・カニング中尉とデルトン・ゲールケ中尉の乗機が飛んでいた。これは四機編隊の基本的な形だったが、海の方に機首を転じると編隊が少し崩れた。レックスは少し多めに左旋回し、フィービーの機影がエンジンナセル上側の前部クォーターパネルと重なるよう調整した。これは「編隊長機が僚機を先導する」形の編隊であり、ラグビーでパスを出すような態勢、あるいは渡り鳥が前を飛ぶ鳥を翼の上に見るような態勢になる。レックスは振り返って左後方を見たが、海岸線の周辺にマクラナハンとムーアの乗機は見えなかった。

何かあったとしても、それは彼らが自分たちで対応すべき問題だ。

一〇〇〇フィート（約三〇五メートル）まで上昇してスロットルを少し戻し、左の方向舵ペダルを軽く踏んだ。編隊長機の翼弦線の上、およそ一〇〇フィート（約三〇・五メートル）後方の「航行」ポジションで機体を安定させるというのが彼の考えだった。編隊に入るのが遅れた場合、パイロットは出力を上げ、急角度で上昇や旋回を行う必要があり、編隊全体を組み直すのに時間がかかってしまう。また速度が上がりすぎると、編隊長機の上を飛び越えてしまったり、下を潜り抜けてしまったりするので、速度を落として所定の位置に戻る必要がある。この日は、三番機と四番機が遅れており、何か問題が起きているようだった。戦闘機パイロットは、些細な事柄にもプライドをかけて対応するのが常であり、何が起ころうと平静さと冷静さを保って無線連絡を行い、編隊を組みなおすなどの単純で基本的な飛行手順をそつなくこなすものだ。結局のところ、戦闘機パイロットの存在理由は飛ぶことにあり、輸送機や爆撃機の乗組員なら不安を感じてしまうような単純な飛行機でも飛ばせるのが当たり前なのだ。これこそ、戦闘機パイロットのあるべき姿であり、レックスもそう固く信じていた。

全長が五二フィート（約一五・八メートル）あるフィービーの主翼が右エンジンのクォーターパネルと同じサイズになり、やがてパネルより少し大きく見えるようになったところで、レックスはスロットルを静かに戻し、レバーが直立する位置に合わせた。ミス・バージニアはすぐに減速したが、ランフィアの乗機が前に進み、キャノピーの上に移動してきたので、出力を上げてそれ以上離されないようにするとともに、フィービーの左翼のおよそ一〇〇フィート（約三〇・五メートル）後方に機体を滑り込ませて疎開編隊を組んだ。これならランフィアからも十分に視認することができ、なおかつ時折周囲を見回したり、計器をチェックしたりすることができる。レックスは、体を動かして楽な姿勢になり、シートベルトを数インチ緩めて、脚の上の地図を伸ばした。それから機内に目を転じて電動燃料昇圧ポンプのスイッチを切り、マニホールドの圧力、油圧、温度などをチェックした。ランフィア機の翼の後ろの気流に入ると水平線がゆっくり回っているように感じられ、北東方向に機首を転じたところで、フィービーの胴体の下にツラギ島とフロリダ諸島の黒い島影が見えた。

その時突然、レックスの右目が何かの動きに反応し、尾翼の下で一機のP-38がきらりと光るのが見えた。このP-38は、機体を急に傾けたために減速したが、姿勢を立て直したパイロットがキャノピー越しに上方を凝視しているのが見え、巧みな操縦で編隊に滑り込みランフィア機の右側につけた。レックスは顔をしかめ、作戦参加機一覧表の機体番号を見た。ジョー・ムーア、キラー編隊の四番機だ。それで三番機はどうしたのだろう。これまでムーアが小隊長機を追い越して編隊に割り込むようなことはなかった。

ジム・マクラナハンはどこにいるのだろう。

〇・五マイル（約八〇〇メートル）先を飛んでいるジョン・ミッチェル少佐も同じことを考えていた。彼の乗機は、機首を上げ、手放し状態で水平飛行しており、スロットルも時速一五五マイル（約二四九キロメートル）の位置に合わせていたので、周囲を見回して各機が離陸する様子を眺めることができた。時折操縦輪をそっと動かして大きく左旋回を続けながら、地図裏面の一覧表に記載されたP-38が全機離陸するのを確認していた。P-38は、四機ずつ編隊を組み、各編隊は〇・五マイル（約八〇〇メートル）の間隔を保って飛ぶことになっていた。しかしキラー編隊で何か問題が起きたようで、一、二番機と、遅れて編隊に加わった三番機の間がかなり空いていた。

コックピットに差し込んだ太陽の光を右目に受けながら、ミッチェル少佐は、旋回半径をさらに広げて、フロリダ諸島のかなり左に機首を向けた。少し目を細めながら後方を見ると、問題が起きているのが分かった。滑走路を三分の二ほど進んだ場所で一機のライトニングが翼を斜めに傾けた状態で停まっており、その機体はジム・マクラナハンかジョー・ムーアの乗機だった。エンジンが故障したのなら、真っすぐ前を向いたまま止まっているはずなので、それ以外の問題が発生したのだろう。

ミッチェル少佐が、二機の予備機を最初から部隊に同行させるよう主張したのはこのためだった。予備機は、必要が無くなった時点で基地に帰還することになっていたが、少なくとも一機を部隊に加える必要があるということが明らかになった。そして今、レイ・ハイン中尉の乗る二番目の予備機が離陸した。

ミッチェルは、フロリダ諸島の島影が右の翼の下を通過したところで、ゆっくりと旋回しながら上昇を開始し、時速一五五マイル（約二四九キロメートル）を維持するためスロットルをそっと前に押した。それからシートの上で再び体をひねり、最後尾のP-38の機影が機体を傾けながら北に向かって急旋回し、自分の編隊の下を横切るのを確認した。最後尾の二機は低い高度を維持し、欠員を埋める必要性が生じない限り、ルー・キッテルの指揮する八機のライトニングの後ろにつくことになっていた。ミッチェルは、この後のことを考えていた。マクラナハン機が滑走路上で動けなくなったのなら、ホームズ機をキラー編隊に加えて穴を埋める必要がある。キラー編隊の三番機には、編隊長を務めることができるだけの技量を持つパイロットが必要だ。ミッチェルは、少し機体を旋回させてから二〇〇〇フィート（約六一〇メートル）で水平飛行に移り、スロットルを戻して所定の対気速度を維持しながら、機体を少し左に傾けた状態で飛び続けた。

首を伸ばすと、右翼の下にツラギ島が見え、左翼の延長線上には、一五マイル（約二四・一キロメートル）ほど西にあるサボ島のごつごつとした黒い島影が見えた。ミッチェルは、翼を少し下げ、最後に離陸した二機のライトニングが低高度で編隊の最後尾につく様子を眺めていた。多分ベスビー・ホームズは、今飛んでいるライトニングの数を数えながら、誰か他のパイロットの進路を遮っていないかどうか確認し、適切な場所に加わろうとしているはずだ。ミッチェルは、この種のプロ意識を高く評価しており、戦闘中に時折生じる切迫した場面は別にして、慎重さは優れた特性と言えた。部下の対応に満足した少佐は、前を向き、操縦輪をさらに少し左に切ると、鉄底海峡の上空で左旋回をやめ、サボ島北端に機首を向けた。

一六カ月前の一九四一年一二月、アメリカはクリスマスシーズンを迎えて華やいでいた。大恐慌は暗い思い出だったが、国内にその影響はほとんど残っていなかった。この年の三月、激しい議論の末にレンドリース法が可決されたことなどにより、三〇〇〇万人以上のアメリカ市民が再び職を得ることができ、今や四〇〇〇万人が安定的な職に就いていた。議会を通過した法案は、七〇億ドルの信用を供与するとともに、「その国の防衛が合衆国の防衛にとって重要な意味を持つと考える国の政府」に対して大統領が提供したいと望むあらゆる軍需物資を移転させる権利を認めるものとなっていた。端的に言ってこの法案は、一九三九年の中立法を無効化し、ヨーロッパでの戦争にアメリカを近づけるものだったが、同時に経済を急速に回復させる効果もあった。

レンドリース法案は多くの人々を仰天させたかもしれないが、人々がその結果に狼狽することはなかった。

親たちは、カタログに掲載されたデイジーのエアガン、ローラースケート、ギルバートのアメリカン・フライヤー鉄道模型セットなどを気前よく子供たちに買い与えた。この頃、高級エナメル革の婦人靴は二ドル九八セント、クロームメッキされたクラフトマンのレンチソケットセットは一五ドル九五セントだった。シアーズ・ローバックは、プレハブ住宅の販売事業を手掛けており、一〇部屋あるマグノリアと呼ばれる住宅を平均的なアメリカ人の年収の五倍近い六四八八ドルという目玉が飛び出すような価格で直接建て主宛てに発送していた。RCAは、画面のサイズが五インチ×一二インチ（約一二・七×三〇・五センチ）のテレビを一五〇ドルから五〇〇ドルで販売しており、これより少し安く、既存のラジオにつないで使用する「ピクチャー・レシーバー」も販売されていた。当時ニューヨークに住んでいた新しもの好きのアメリカ人は、CBSが毎日二回放送する一五分のニュース番組を視聴していた。

南北カロライナ両州のアイヴィーズやオレゴン州ポートランドのW.T.グラントなどのデパートのショーウィンドウには目をみはるような品々が陳列され、多くの子供たちを魅了していた。アイヴィーズのショーウィンドウ内には、鉄道模型の列車が降り積もった雪をかき分けて進む情景が再現されており、「アイヴィーズのおもちゃで子供たちは大喜び」というキャッチコピーに偽りはなかった。また、マルクストイズのゼンマイ動力で踊るネズミ、ヒューブレーの馬車や飛行機、オートバイに乗った警察官のおもちゃも子供たちの想像力と親たちの財布をわしづかみにした。子供たちの間では、現代と同様ミリタリー物のプレゼントが人気を集めており、この年のクリスマス商戦でも大ヒットしていた。特に売れ行きが好調だったのは、赤十字の制服を着た人形、飛行機や戦車、艦船の模型などであり、対空機関砲を搭載したトラックの模型も九八セントで売られていたが、幸せな時間を過ごしていた人々は、こうしたおもちゃの背後に忍び寄る本物の戦争の影から目を背けていた。

しかしレックス・バーバーは、多くの大人たちと同様、迫りくる戦争の影に気づいていた。バーバーは、ウォルター・ウィンチェルが国内外のニュースを伝えるラジオ番組を聞いており、激化し、拡大しつつあるヨーロッパでの戦争に関するエドワード・R・マローのレポートも聞いていた。一九三九年九月一日、ポーランドがドイツの侵攻を受け第二次世界大戦が始まったとき、レックスは、オレゴン州コーバリスのオレゴン州立大学で農業工学を学んでおり、どんな場面にも違和感なく溶け込むことができる誰からも好かれる好青年だった。声の大きい元気な学生というわけではなかったが、無口なタイプではなく、いたずら好きで、冒険心旺盛だった。優れた反射神経を持つスポーツマンであると同時に、知性豊かで、必要なら勉強にも全力で取り組む学生であり、特に興味のある学科については熱心に勉強していた。大恐慌の時代を経て大人になった多くの若者と同様、レックスも甘えたところがなく、肉体的にも、精神的にもタフだった。彼は、実家の農場を離れて学生生活を謳歌しており、オレゴン州立大学での勉強が特に厳しいということもなかったので、異性との交際や他の男子学生たちとのどちらかと言えばのんきな語らいに多くの時間を割くことができた。

　あくまでも、どちらかと言えばということだが。

　ヨーロッパでは、一九三九年末から一九四〇年にかけて「まやかし戦争」あるいは「座り込み戦争」と呼ばれる状況が続いており、レックスは本当の戦争が始まる前に終わってしまうのではないかと訝った。ソビエト連邦とフィンランドの戦争が一〇五日間にわたって展開されたときには再び緊張が高まったが、一九四〇年三月に停戦し、大半のアメリカ人の記憶にはほとんど残らなかった。融和のための取り組みは継続されており、アメリカでは孤立主義的な意識が支配的だったとはいえ、ヨーロッパでの戦争が激化しているのは明らかだった。レックスは、ドイツがノルウェーに侵攻し、次いでデンマークを六時間で降伏させたことに瞠目した。ドイツ国防軍と空軍は西に向かって進撃を続けており、一九四〇年五月には再び戦火が燃え広がることになった。

　五月九日夜、ドイツの空挺部隊がオランダのハーグやロッテルダム港に降下し、マース川のほとりにあるベルギーのエバン・エマール要塞を占領した。ドイツ第一八軍は、ベルギーの国境を越えて直進し、強力な防衛線が築かれていたフランスとの国境を迂回して、一九一四年と全く同じ対応をしたフランス軍を打ち負かそうと急進撃した。その二日後、ロンメルの第七装甲師団はアルデンヌの森を抜け、一九一四年と同様無防備だったウー島近くのダムを渡ってセダンの街を包囲した。このため抗戦の意思を失いつつあったフランス軍は急速に崩壊し、間もなくベルギーも降伏した。このため側面が無防備になったゴート卿のイギリス海外派遣軍は、海岸に向けて退却する以外選択の余地がなくなった。一九四〇年六月二二日、フランスとドイツは休戦協定に調印してフランスは「中立」化され、ヴィシーに樹立された傀儡政権が表面上統治する親枢軸国となった。

これは、遠く離れた場所にある良く知らない国への小規模な攻撃などではなく、西ヨーロッパの心臓に突き刺さったナイフのようなものだった。フランスでの戦闘が続いていた六月一四日、アメリカ議会は海軍拡張法を可決し、既存の艦船に加え新たに計一七万トンの艦船を建造するとともに、「有用な海軍機」四五〇〇機の配備を決めた。またダンケルクの戦いの後、ドイツがイギリスに侵攻する可能性が高まったのを受けて議会は財布のひもをさらに緩め、七月一九日に新たな海軍拡張法を可決した。その内容は、空母計二〇万トンを含む総計一三二万五〇〇〇トンの艦船建造を認めるとともに、関連施設やドック、道路、兵器製造に二億ドル以上を投じるというものだった。一九四〇年夏には、アメリカ陸軍の規模が三七万五〇〇〇人まで拡大されており、一九四一年一月までに少なくとも書類上は百万人の兵力を確保するという目標の達成に向け州兵の招集も拡大されることになった。

陸軍航空隊では、五四の戦闘飛行連隊を新たに設置することになり、レックス・バーバーも新たな可能性を見出すことができた。彼は、最終的にアメリカがヨーロッパかアジア、あるいはその両方で戦いに巻き込まれる可能性を認識しており、同世代のほとんどの若者と同様、自分の役割を果たすという深く根付いた義務感も有していた。レックスの叔父であるエドガーは、アメリカ陸軍航空隊のパイロットとして第一次世界大戦に従軍しており、叔父が語るフランスでの体験談は少年時代の彼を興奮させたし、この頃イギリス上空で行われていた激しい航空戦にも心を動かされていた。彼は、毎晩ラジオ番組を聞き、一九四〇年秋まで展開されたバトル・オブ・ブリテンで少数の戦闘機パイロットがイギリスを守ったニュースやイタリアがイギリスに宣戦布告してエジプトに侵攻したニュースに心を奪われた。

九月一六日月曜日、ドイツ帝国元帥で、第一次世界大戦中は戦闘機パイロットだったヘルマン・ゲーリングがＪｕ88爆撃機に乗ってロンドンを爆撃したという噂が広まった。この日アメリカ議会は、初めて平時の徴兵について規定したバーク・ワズワース法を可決し、歴史の新たなページを開いた。この法律は、二一歳から三六歳までのすべての男性に兵役登録を求めるもので、軍は理論上二〇〇〇万人の兵士を招集することが可能になった。そのうちおよそ一〇〇〇万人は、残っている歯の本数が最低限の基準に満たない、性病に罹っている、視力が弱いなどの理由で最初から不適格とされ、登録書類の署名欄にXと記入した三四万人は文字の読み書きができないという理由で同じく不適格とされた(＊1)。

一九四〇年九月一七日、ヒトラーは、アシカ作戦を延期してイギリス本土侵攻をあきらめ、この後の九日間、戦争は短い休止期間に入った。ヒトラーは、これ以上西に進めなくなったように思われた。イギリス空軍は敗れておらず、英仏海峡上空の制空権を確保できなければ、海を渡って侵攻することなどできない。フランスが一六日間の戦いで崩壊した後、多くの人々が戦争はもう終わったと確信した(＊2)。しかし、もちろんそうはならず、イギリスは、ヒトラーに対抗するため、武器、艦船、戦車、航空機を強く求めていた。これに対しアメリカ人の間では、「大西洋の向こう」で行われている戦争、とりわけイギリスとフランスを再び救うことが主な目的と思われるような戦争への参加に反対する声が圧倒的に多かった。ヨーロッパは、第一次世界大戦のときに発生した数十億ドルに及ぶ未払いの負債を抱えており、アメリカの世論は、植民地帝国を救うため自国民の血を流すことに断固として反対だった。

　この年の九月二七日、当時の駐ドイツ特命全権大使だった来栖三郎（くるすさぶろう）は、日本政府を代表し、ベルリンで日独伊三国軍事同盟に調印した。この条約の第二条には、「ドイツおよびイタリアは、日本のアジア地域における新秩序建設に関し、これを認め、かつこれを尊重する」と明記されていた。このためワシントンＤ．Ｃ．からオレゴン州コーバリスまで、アメリカで暮らしていた多くの人々が日本との戦争について真剣に考えるようになった。戦争が近づいていることをこれまで以上に強く確信し、徴兵登録の義務を負っていたレックス・バーバーは、一九四〇年九月三〇日に大学を卒業すると、当然のように陸軍航空隊へと向かった。

　新たな形態の戦争が起こるたびに従来の枠組みの転換を迫られるが、当時の軍用航空をめぐる状況も平坦なものではなかった。アメリカで軍用航空の技術的な歩みが始まったのは一九〇七年だが、当時は気球をどのように位置づけるのか明確になっていなかったため、この見慣れない部隊には「航空師団」という名称が与えられ、アメリカ陸軍通信部隊の傘下に加えられた。アメリカ軍が初めて固定翼機の導入契約を締結したのは一九〇九年だった。当初「ウィルバー・ライト・マシン」

と呼ばれ、その後「軍用飛行装置」と呼ばれるようになったこの固定翼機は、好天で順風なら時速およそ四〇マイル（約六四・四キロメートル）で飛ぶことができた（＊3）。その後この新設部隊は発展して「陸軍航空部」となり、第一次世界大戦に参戦した時点で大幅に拡充されていた。航空機が極めて大きな能力を有する武器であるということが実証されたことで、航空部は急速な発展を遂げ、一九一八年五月に通信部隊から分離した。

すべての戦争を終わらせるための戦争と言われた第一次世界大戦が終結すると、アメリカの世論は、大規模な軍を維持し続ける必要性を認識しなくなった。航空部は急速に縮小され、二二個の飛行隊から成る非常に小さな組織となった。アメリカは、大西洋と太平洋に挟まれているため、国防の第一線を担うのは依然として海軍であり、陸軍は大陸や領土の防衛を担当することになっていた。実際、戦間期のアメリカ陸軍は、メキシコやロシア、中国、フィリピンで少数の部隊が運用されただけであり、この頃世界各地で生じた事態は、この考え方を裏付けるものとなっていた。航空機には、航続距離が極めて限られているという問題があり、規模は縮小されていたものの、アメリカが世界各地に軍を展開させる際にその重責を担うのはやはり海軍だった。しかし航空技術は急速に進歩しつつあり、第一次世界大戦中の航空機の驚異的な戦果は無視できないものとなっていた。このため軍の保守派から絶えず圧力を受けてはいたが、戦争の手段としての航空機は一九二〇年の国防法で正式に承認されて陸軍の「戦闘部隊」として認められるようになっており、少将が航空部の司令官を務めることになった。

その後の一〇年間は、新聞の一面を飾るような出来事が相次ぎ、航空機はさらなる進歩を遂げた。海軍将校だったマーク・ミッチャーとアルバート・クッシング・リードは、カーチスの三発大型飛行艇で大西洋を横断し、ヘンリー・〝ハップ〟・アーノルドやジミー・ドゥーリトル、ビリー・ミッチェルなどの陸軍将校は、自分たちの名声と経歴に傷がつくリスクを冒してでも軍内に根強く残っていたガラスの天井を打ち破ろうとしていた。さらに、チャールズ・リンドバーグやウィリー・ポストなど民間の飛行家も航空機の新たな可能性を追求し続けており、さまざまなことに挑戦する過程で生じる工学分野や航空分野の問題解決に取り組んでいた。航空機のこうした進歩は、空軍力が本来持っている可能性を活かそうとする軍公認の試みにより、少なくとも陸軍にとっては立証済みのものとなっていた。この頃ラシター委員会は、陸軍で使用するための戦闘機と爆撃機で構成される軍を別個に創設するよう陸軍長官に勧告しており、優れた先見の明を有していたランパート委員会も、「国防総省」を創設して海外でのアメリカ軍の運用を管理するとともに、独立した「空軍」を設けるよう提言していた

一九二四年九月、当時のクーリッジ大統領は、航空分野の問題について調査し、「航空機を発展させて、国防に役立てるための最良の手段」を見つけ出すようリンドバーグの義理の父だったドワイト・W・モローに要請した。モローは「空軍」創設を求める意見を退けたが、陸軍内に航空隊を設立し、「補助的な任務ではなく、攻撃を行って敵に打撃を与える戦力としての軍用機という考え方を強固なものにする」よう勧告した。この結果、一九二六年に航空隊法が制定され、航空隊内で

独自の階級が定められたうえ、陸軍の他の兵科と別枠で予算が確保されるという極めて重要な進展があった。また組織拡大に向けた五カ年計画も盛り込まれ、航空機一八〇〇機、士官一六五〇人、兵員一万五〇〇〇人の陣容とすることが認められたが、資金不足のため計画は大幅な縮小を余儀なくされ、航空部隊は有望だが、あくまでも付け足しという軍の認識が極めて明瞭な形で示されることになった。

陸軍航空隊は、かろうじて三つの航空団と三〇の飛行隊を維持しながら、大恐慌時代の政治的な孤立と歳出削減を耐え抜いた（＊4）。しかし、ヨーロッパに戦争の影が迫り、日本がアジア地域で脅威となっていたにもかかわらず、一九三八年の時点で航空隊が保有していたB-17は一三機だけであり、戦闘機も、開発中のP-38を除けばどれも時代遅れなものばかりだった。疑似的な平和と国外の混乱との間で真空地帯に囚われていた陸軍航空隊は、戦力を拡充する必要性は認識していたものの、戦時の水準まで予算を増やすことができずにいた。軍備増強を進めていたルーズベルト大統領は、率直な言葉で空軍力の必要性を強調し、「ワイオミング州にあるいくつかの駐屯地に新しい兵舎を建設したところで、ほんのわずかでもヒトラーを怖れさせることはないだろう」と述べた。大恐慌時代が終わりに近づき、戦争の可能性が明瞭に認識されるようになったことで、予算獲得はある程度容易になったものの、多額の国防予算を承認するほどには議会の危機感も高まっていなかった。

航空機の開発と生産の拡充は、コインの片面でしかなく、新型機を飛ばすことができるパイロットがいなければ、航空隊も単なる張子の虎である。この問題は、一九二〇年代に顕在化し、国防法である程度の対策が講じられた。下士官以下の人員は、徴兵により迅速かつ容易に充足することが可能だが、将校となると話が別だ。将校の養成には、高度な教育とより良い訓練が必要なため、徴兵によって集めることはできず、平時にその機能を維持したまま多くの将校たちを支えるのも不可能だ。ウエスト・ポイント（アメリカ陸軍士官学校）は、平時の小規模な陸軍を維持するのに十分な数の士官を輩出してはいたが、第一次世界大戦で軍の大幅な拡張が行われた際には、世界規模での戦争に対応可能な軍隊を整備するのに十分な数の将校を供給するという点で、このシステムの持つ限界を劇的な形で露呈させた。

予備役将校部（ＯＲＣ）のリストには、第一次世界大戦を経験したおよそ一〇万人の将校が二〇年近くにわたって記載され続けていたが、その多くが死亡や病気、あるいは単に高齢化したという理由で徐々に入れ替えられていった。欠員は、主に予備役将校訓練課程（ＲＯＴＣ）を通じて埋められるが、レックス・バーバーやジョン・ミッチェルの場合のように、航空士官候補生プログラムを経て空軍将校になる道もあった。レックスは、このプログラムに直接出願した場合、実際に空を飛べるようになるのは少なくとも一〇カ月から一二カ月先になるが、今目の前にあるチャンスを生かして徴兵登録をすれば、この先戦争が始まった時点ですでに軍に入隊していることになるということに気づいた。彼には、多くの志願者を確保するため飛行訓練課程を早期に開始する措置の恩恵を受けられる可能性があったのだ。こうして彼は、二万人の若者たちに交じってミズーリ州セントルイス近郊にあるジェファーソンバラックに入営し、一九四〇年一一月より軍人として正規の訓練を受けることになった。

この月は、後知恵ながら不気味な予兆となる一つの出来事があった。一九四〇年九月にイタリアがエジプトに侵攻したことで、インドへと至るイギリスの生命線であるスエズ運河が切断され、枢軸国側が中東からの石油供給を実質的に無制限で受けられるようになる危険性が高まった。イギリスは、ドイツとの厳しい戦いを単独で継続しなければならないという事態に直面しており、エジプトを守るため多くの資源を割くことができる状態ではなかった。仮に増援を送ることができたとしても、アフリカ南端の喜望峰を回って東に向かい、スエズ運河を通って地中海に入る必要があった。またイタリア海軍の第一艦隊がジブラルタル海峡東側の制海権を保持し続けた場合、イギリスは極めて危険な状況に陥る可能性があった。

イタリアのタラント軍港は、水深が三九フィート（約一一・九メートル）と浅いため艦艇が魚雷攻撃を受ける心配はないと考えられており、イギリスの空母イラストリアスを飛び立った開放型コックピットの旧式複葉機フェアリー・ソードフィッシュが二六〇〇年前から使われているこの軍港を攻撃した一一月一一日夜、イタリア艦隊は完全に不意を突かれることになった。イギリス軍はソードフィッシュ二機を失ったのと引き換えにイタリアの戦艦三隻を大破させ、戦艦コンテ・ディ・カブールはその後沈没した。イタリア艦隊に与えた損害と同じくらい重要だったのは、フィンを改修することにより、水深の浅い停泊地でも魚雷を航空機から投下できることが実証されたという点だ。イギリス海軍は、標準的なマークXII魚雷に改修を施していた。このとき、浅い港湾内に停泊している艦艇に対する攻撃の重要性を即座に理解した航空専門家の一人が、日本で新たに連合艦隊司令長官に就任した山本五十六だった。

この頃、レックス・バーバーは、ミズーリ州で四週間の基礎訓練を受けており、身体的な訓練に加え、一九二時間に及ぶ講義を通じて儀礼、軍律、衛生など陸軍で必要とされる教科を学んでいた。大学時代に吸収した知識のおかげで、すぐさま航空士官候補生としての適格性を示すことができた彼は、新兵訓練課程修了とともに航空学校への入学を申請し、受理された。一九四一年春、レックスは民間－陸軍航空隊パイロット訓練プログラムに参加することになった。

戦争が近づくなか、軍のパイロットを養成するための訓練は大幅に拡充された。ドイツがポーランドに侵攻した頃、アメリカ陸軍航空隊が一年間に養成したパイロットはわずか五五〇人であり、これでは到底必要な数を確保することができなかった。ハップ・アーノルドは、「ランドルフ飛行場と同じ規模の飛行場を新たに建設し、毎年五〇〇人のパイロットを育てることができるようになるまでには五年かかる」と率直に認め、民間の航空学校という代替手段に目を付けた。民間航空学校の多くはすでに確かな実績をあげており、学校を運営している人物の大半は、スピリット・オブ・セントルイス号〔訳注：チャールズ・リンドバーグが大西洋横断単独飛行に使用した機体〕を製造したT・クロード・ライアンなどの退役軍人だった。陸軍幹部の多くは、民間の航空学校で軍のパイロットを養成できるとは考えていなかったが、アーノルドは、ワシントンD.C.にある軍需品ビルの一〇二五号室にこの分野の著名な人物八人を呼び出し、彼らの目を見ながら、「おそらく戦争になるだろうし、まさに戦争が始まろうとしている今、我々は空軍を創建しなければならない」と力説した。

懐疑論者は多かったものの、時間が限られている以上、他に選択肢はなかった。陸軍航空隊は、健康な肉体に軍の制服をまとい、公認の養成課程を終えて適正な選考を経た航空士官候補生を航空学校に送り込むことにした。また陸軍は、航空機、支援要員、訓練を監督する指揮官を各航空学校に提供し、民間の学校運営者は、政府との契約を通じて食堂施設、宿舎、輸送手段を整えると共に、格納庫、主に使用する飛行場、体育施設を整備する責任を担った。地上での学習と飛行訓練は、民間人の教官によって行われ、軍の担当者が教官を定期的に評価することになっていた。

この着想は優れたものだった。最終的に六二校まで増加したこれらの航空学校は、パイロット候補生の基本選抜という時間のかかる作業を担うことになった。候補生のなかで素質のない者は短期間でふるい落とされ、六〇時間の飛行訓練を終えた者は、軍が実施する基礎飛行課程や上級飛行課程へと進むようになっていた。民間航空学校は、実質的にパイロットの質を管理して、貴重な資金と時間が無駄になるのを防ぐ役割を果たしたのだった。レックスも飛行学校への入学を認められ、一九四一年三月一七日、カリフォルニア州トゥーレアリ郊外にあるジョン・ギルバート・ランキン航空学校に送られることになった。

〝テックス〟・ランキンは、第一次世界大戦中、陸軍通信部隊の航空隊に所属しており、戦後アメリカ西海岸に戻ってワシントン州ワラワラに最初の航空学校を開設した。その後ランキン・エア・

サーカスの一員となって各地を巡り、一九三一年には、ノースカロライナ州シャーロット上空で連続逆宙返り一三一回という記録を樹立した。ランキンは、ハリウッドでスタントパイロットやテクニカル・ディレクターとしても活躍し、エロール・フリンやジミー・スチュワートなどの映画スターに飛行機の操縦を教えた。民間パイロット訓練プログラム（CFTP）に積極的に参加していたランキンは、気候の温暖なサンホアキンバレーのトゥーレアリを候補地として選び、一九四一年二月に航空学校を開設した。しかし、レックス・バーバーが到着した時点でランキン飛行場はまだ完成していなかったため、当初の訓練はトゥーレアリの南数マイルのところにあるメフォード飛行場で行われた。

一九四一年三月には世界的に緊張が高まっており、戦争は予想以上のスピードで迫りつつあった。ロンドンのバッキンガム宮殿に爆弾が投下され、三月一一日には、アメリカ議会がレンドリース法を可決して、実質的に枢軸国と戦う側につくこととなった。ヒトラーは、不運な同盟者であるムッソリーニを助けるため、エルヴィン・ロンメル将軍が指揮する第五軽師団を二月にアフリカへ派遣した。レックスが航空機エンジンの理論や気象学、航空航法などについて学んでいるとき、ロンメルは、北アフリカを横切ってエルアゲイラへと到達し、イギリス第七機甲師団をエジプトに押し返していた。三月二七日、レックスがPT-17ステアマン練習機で初めて空を飛んだこの日、日本海軍の若い士官である吉川猛夫がハワイ諸島のオアフ島にやって来た。彼は、この後九カ月近く島内を歩き回り、メモを取りながらアメリカ軍の艦艇を観察した。吉川のレポートは、タラント軍港攻撃作戦で得られた戦訓に基づく技術的な修正とともに、山本五十六が真珠湾のアメリカ太平洋艦隊に対する攻撃作戦を練るうえで極めて重要な役割を果たした。

フランクリン・ルーズベルト大統領は、長年海軍を後押ししており、海軍専門家を自任していたが、四月末に艦隊をロングビーチやサンフランシスコの基地からオアフ島の真珠湾に移動させるよう命じたことで上を下への大騒ぎとなった。ルーズベルトは、移動を命じた理由について、太平洋艦隊が二五〇〇マイル（約四〇二三キロメートル）極東に近づけば、日本がイギリスやオランダ、フランスの資源豊かな植民地を奪いたいという誘惑にかられる可能性も低くなると説明した。裏を返せば、日本が版図を拡大しようと決心した場合、太平洋艦隊に対抗する以外の選択肢がなくなるということであり、軍もこの点を明確に認識していた。どちらの見解も正しかったが、政治的な意思決定の常として、実務がご都合主義の犠牲になった。武器、弾薬、補充要員など、艦隊が必要とするすべてのものをカリフォルニアからハワイに移さなければならなくなったからだ。新たに到着した数千人の軍人を収容する施設は用意されておらず、彼らの家族もほとんどがアメリカ本土に残っていたため、士気が低下する原因となった。

レックス・バーバーは、海軍とその問題にあまり関心がなかったが、多くの水兵が姿を消したことにより、軍服を着た者ならだれでもロサンゼルスのバーで歓迎されるということに気づいた。ドン・ザ・ビーチコマーでは、スマトラ・クルスやラム・ラプソディーズなどのカクテルをのむことができたし、サンボアンガ・サウス・シーズ・クラブでは、ギンザ・ダンシング・ガールによる本格的な日本のレビューを見ることができた（＊5）。しかし航空士官候補生には、ロサンゼルスでナイトライフを満喫するだけの時間とお金がなかったうえ、ヨーロッパでの戦争拡大に伴って航空学校での訓練期間も短縮され、一〇週間の訓練課程を三段階で行うようになった。初等段階あるいは基礎段階の訓練は、通常ＣＦＴＰプログラムの航空学校で完了し、基礎課程と上級課程の訓練は軍の飛行場で行われることになったのだ。

レックスたち航空士官候補生が七〇パーセントの最低合格ラインを通過するには、六〇時間の飛行訓練を受けるとともに、一四四時間の教養課程を修了する必要があった。縦列複座の開放型コックピットを有するステアマン（「ケイデット」と呼ばれていた）は、有視界飛行の基礎を学ぶのに適した簡素で優れた安定性を有する飛行機だった。レックスは、トゥーレアリでの一〇週間の訓練期間中、教官が同乗して一三時間二二分飛んだ後単独飛行へと進み、単独飛行を三三時間以上行った。基本的な曲技飛行と単純な緊急操作を習得した頃、一九四一年五月二三日にドイツの戦艦ビスマルクがイギリスの巡洋戦艦フッドを撃沈したというニュースが入ってきた。その復讐は、三日後にイギリスの空母アークロイヤルを飛び立った雷撃機のパイロットの手で果たされ、ビスマルクの乗組員二二〇〇人のうち生存者はわずか一一四人だった。タラント軍港で勝利を収めたのと同じ旧式のフェアリー・ソードフィッシュ雷撃機により「不沈」戦艦が撃沈されるに至ったという事実［訳注：ソードフィッシュは、ビスマルクの舵を破壊して足止めするという役割を担ったが、実際に撃沈したのはイギリス艦隊］は、将来の戦争では航空機が主役になると信じていた若者を喜ばせた。

一九四一年六月一日、トゥーレアリの航空学校を卒業したレックスは、一日かけて西海岸を北上し、サンフランシスコ湾を臨むモフェット飛行場に設けられた陸軍航空隊の基礎飛行学校に移った。ここでは、より難度の高い曲技飛行と計器飛行の訓練が行われ、夜間飛行訓練も始まった。またこれまでと同様、航空機のシステム、無線通信、気象学などに関する講義も行われた。基礎課程のすべての級を「良」の成績で終えたレックスは、一九四一年八月、サンフランシスコ郊外にあるマザー飛行場での上級課程へと進んだ。上級課程で新たに八〇時間の訓練を受け、経験を積んだ彼は、上位の成績で養成課程を修了して将校に任官し、一九四一年一〇月少尉として軍務に就くこととなった（＊6）。

ロンドンが空襲で焼け、フランスのヴィシー政権側のパイロットがジブラルタルを爆撃してはいたものの、イギリスは北アフリカで戦い続けており、アメリカ政府に支援を懇願しつつ、太平洋地域も油断なく見張っていた。これはアメリカも同様だった。レックス・バーバーが陸軍航空隊のパイロットになってから数日後、近衛文麿首相が辞職し、陸軍大将の東条英機が首相となった。陸軍将校として経歴を積み上げてきた東条は、強固な国家主義者であり、日本には、中国、東南アジア、太平洋地域を征服し、支配する権利があるという絶対的な信念を持っていた。ＡＢＣＤ（アメリカ、イギリス、中国、オランダ）包囲網による日本封じ込め政策は、中国から日本を排除するために実施された米国の輸出禁止措置と同様、日本側の攻撃を正当化する十分な理由になるというのが東条の認識だった。アメリカは、日本で使用される銅の九五パーセント、屑鉄の七四パーセントを供給しており、石油はほぼすべての需要をまかなっていた。アメリカは、日本の現金資産も凍結しており、石油の輸入代金を支払う方法が失われたことで、オランダとの交渉も無益なものとなった。一九四一年の時点で、帝国海軍は、燃料油の備蓄が戦争を一年間遂行可能な量しかないと見積もっており、状況は危機的だった。このため選択肢は、外交交渉による譲歩か攻撃のいずれかに絞られていた。

一一月二六日、一般に「ハル・ノート」として知られている「合衆国及び日本国間協定の基礎概略」が日本側に提示された。この文書は、緊張を緩和し、戦争を回避しようとする最後の試みだったが、第二項の三には、日本が「すべての陸軍、海軍、空軍、警察を中国およびインドシナから撤退させる」と明記されていた。日本に傀儡国家満州国をあきらめる意思はなく、アメリカが実施していた打撃の大きい輸出禁止措置のおかげで、経済的にもこれらの地域から撤退することは不可能だった。仮に日本政府の側でハル・ノートを検討することが可能だったとしても、東条首相がこの文書を考慮することは絶対になかった。最後通牒と解釈されたハル・ノートについて、日本政府関係者の多くは対米外交におけるルビコン川と受け止めており、この文書をめぐる外交交渉は日本の政策運営にとって極めて重大な意味を持つことになった。というのも、山本五十六は、一九四一年一月よりアメリカ太平洋艦隊の撃破を目的としたZ作戦の概要をまとめる作業に着手していたからだ。

一九四一年一一月二六日、六時〇〇分、千島列島択捉島の凍てついた単冠湾（ひとかっぷ）に集結していた帝国海軍の三二隻の艦艇が一斉に錨を上げた（＊7）。六隻の正規空母と二隻の戦艦、護衛艦艇、八隻の補給艦から成る艦隊は、寒々とした灰色の空の下、静かに湾を出て行った（＊8）。氷交じりの霧とみぞれが風に吹きはらわれ、雪で覆われた火山地形の海岸線の輪郭がゆっくりと姿を現すなか、艦隊は南東に向きを変え、三〇〇〇海里先の目的地、ハワイ、オアフ島にあるアメリカ太平洋艦隊の母港へと進んでいった。

同じ日、重巡洋艦ペンサコラに護衛された四〇〇二船団の七隻の輸送船がサンフランシスコを出発して真珠湾に向かった。火砲、航空燃料、弾薬を満載したこの船団は、八七人のパイロットと梱包された七〇機の航空機も運んでおり、その中には第三五戦闘航空群向けのP-40戦闘機一八機も含まれていた。ハワイに到着した船団は、一一月二九日、フィリピンのマニラに向けて出発し、数日後、プレジデント・ジョンソン、タスカー・H. ブリス、エトリンの三隻がハワイに到着した。レックス・バーバー少尉は、オレゴン州カルバーの家に立ち寄った後、一九四一年一二月五日、フィリピンの第三五戦闘航空群に赴任するため、サンフランシスコでプレジデント・ジョンソンに乗船した。当時アメリカ軍の関係者は一様に、もし日本が攻撃してくるとすれば、フィリピンにある基地が目標になると考えていた。

しかし実際に攻撃されたのは、マニラから五三〇〇マイル（約八五三〇キロメートル）東にある真珠湾だった。この攻撃を予測した者は非常に少なく、その予測すらほとんど無視された。一九四一年一二月七日の日曜日、北太平洋の空が白み始めた頃、アメリカ海軍はもちろん、世界中の誰もが海以外何もないと考えていたハワイ沖の外洋に三〇隻余りの日本海軍艦艇が出現した。水平線の上の空が明るさを増すなか、大型正規空母赤城と他の五隻の空母は、貿易風が吹いてくる方向に艦首を向け、戦闘機、爆撃機、雷撃機を発艦させ始めた。まず赤城の板谷茂少佐率いるゼロ戦四三機が飛び立った。他の空母の戦闘機がそれに続き、その後爆弾搭載の艦上攻撃機四九機、急降下爆撃機五一機、魚雷搭載の艦上攻撃機四〇機の総勢一八三機が発艦、一五分で編隊を組み直してから南に機首をめぐらせ真珠湾を目指した。

母艦を飛び立ってから二時間足らずで先頭のゼロ戦がオアフ島のカフク岬の沖合に現れ、攻撃隊を率いていた淵田美津雄は、モールス符号で「ト、ト、ト」（トは突撃の略）を連打、その四分後には艦隊に向けたメッセージ「トラ、トラ、トラ」を打電し、奇襲が完全に成功したことを知らせた。八時〇〇分、真珠湾は炎上していた。場所によっては六インチ（約一五・二センチメートル）の厚さで燃料油が海面を覆い、あらゆるものが燃えているように見えた。太平洋艦隊司令長官のハズバンド・E・キンメル提督の司令部から、以下の有名な電文がワシントンに送られた［訳注：Wikipediaでは、当時第二哨戒航空隊の司令官だったパトリック・ベリンジャー少将の署名付きでホノルル海軍航空基地からアメリカ海軍の全部隊に向け発信されたものとされている］。

“AIR RAID, PEARL HARBOR – THIS IS NO DRILL.”
（真珠湾に空襲－これは演習ではない。）

一一〇分で一八隻の船舶が破壊され、二四〇三人のアメリカ人が殺害された。瀬戸内海に停泊中の戦艦長門に座乗していた山本五十六は歓喜し、ほっとした表情を浮かべた。彼が打った究極の博打は成功し、アメリカの戦艦五隻を沈めることができた。山本長官と幕僚たちは、酒と干しイカで作戦成功を祝い、この輝ける勝利の報は、当時広く歌われていた軍歌「海行かば」とともに日本国内津々浦々に届けられた。

海行かば、水漬く屍
山行かば、草生す屍

ハワイからのニュースは、世界中に衝撃を与えた。真珠湾攻撃のニュースを最初に聞いたアメリカ市民は、ジャイアンツ対ドジャースの試合のラジオ中継を聞いていた野球ファンたちだった。ニューヨークのＷＯＲは中継を中断し、臨時ニュースを流した。目に見えない怒りの感情がアメリカ全体を覆い、熱心な孤立主義者でさえ日本との即時開戦を支持した。イギリスやフランスを助けるため参戦することに強く反対していたチャールズ・リンドバーグも、「我が国が武力による攻撃を受けた以上、武力による攻撃をもって報復しなければならない」と主張した。

ルーズベルト大統領もまさしくその通りに行動した。

一九四一年一二月八日、大統領は上下両院合同会議で議会に宣戦布告を求めるとともに、「恥辱の日」演説を行って以下のように語りかけた。

「昨日、一九四一年一二月七日、今後恥辱として記憶されるであろうこの日、アメリカ合衆国は、日本帝国海空軍により突如として計画的な攻撃を受けました。

合衆国は、同国と平和的な関係を維持しており、日本からの要請により、太平洋の平和維持に向け同国政府および天皇と交渉を続けていました。

この周到に準備された侵略に打ち勝つのにどれほど長い時間がかかろうとも、アメリカ国民は、その正義の力で完全な勝利を勝ち取ります。私は、我が国が全力で自らを守るだけではなく、このような形の背信行為が二度と我が国を危険にさらすことのないようにするにあたり、私が議会と国民の意思を正しく解釈しているものと確信します。

今や敵意がみなぎっています。我が国民、我が領土、我が権益が極めて危険な状態にあるという事実から目をそらすことはできません。我が軍への信頼、我が国民の不退転の決意により、我々は必ずや勝利するでしょう。神のご加護があらんことを」

議会は、一時間足らずで宣戦布告を決議し、アメリカは再び参戦することとなった。イギリス首相ウィンストン・チャーチルをはじめとする人々は安堵した。後にチャーチルは、「私はある言葉を思い出していた。アメリカは、巨大なボイラーのようなものだ。一度点火されれば、そこから生み出される力に限界はない」と語った。一方、レックス・バーバー達は危険な海域を航海中であり、戦争に行くに当たって多くの男たちが抱くであろう感慨に浸っていた。武者震い、誇り、そして少しの恐怖である。いずれにしても、自分たちの国が攻撃され、大切にしているものが脅かされたとしたら、多くの男たちは、自らの自由な意思で戦場に赴くことだろう。アメリカが宣戦布告したことで、武力衝突は世界戦争へと拡大し、すぐさま歴史上最も多くの犠牲者を出す激しい戦いが展開されることになった。『ライフ』誌の著名なジャーナリストだったレイモンド・クラッパーが書き記した「愛すべき静かな日々の夜明け前の夢見る時間は終わった」という言葉は、当時の雰囲気を最も的確に表現していたのではないか。どこに住んでいようと、何をしていようと、アメリカに住むすべての男女は、世界が永遠に変わってしまい、以前の姿に戻ることはないということを悟ったのだった。

＊1　一九四〇年の国勢調査で文字を読み書きできないアメリカ人の数は五二〇万人とされていたが、一五〇〇万人近くいたとする資料もある。
＊2　フランス崩壊までのこの日数は、一九四〇年五月二六日にダンケルクからの撤退が始まってから起算されたもので、パリが占領された六月一三日からの日数ではなく、フランスが正式に降伏した一九四〇年六月二五日までということでもない。
＊3　通信部隊一号機はライトモデルAを改良した派生型だった。
＊4　一九四一年の真珠湾の平均喫水は、四五フィートだった。イギリス軍がタラント軍港を攻撃するまで、アメリカ海軍士官の多くは、航空魚雷で攻撃するには水深が浅すぎると考えていた。
＊5　「ドン・ビーチ」はテキサス州出身で、本名はアーネスト・レイモンド・ビューモント・ガント。第二次世界大戦中は陸軍の戦闘機パイロットだった。

＊6 パイロットの訓練課程から脱落した者は、航空士や爆撃手を養成する学校に送られ、そこでの訓練からも脱落した者は爆撃機の機関銃手を養成する学校に送られた。また将校に任官できなかったパイロットは、空軍准尉の階級で卒業した。
＊7 アメリカ東部ワシントンD．C．の時間で一一月二六日、日本時間では一一月二五日だった。
＊8 駆逐艦漣（さざなみ）と潮は、南雲提督の空母機動艦隊から分かれ、ミッドウェー島に向かった。

第三章　倒れたが、負けはしない

一九四三年四月一八日　南太平洋

トム・ランフィア大尉の乗機であるフィービーの左後方にピタリとくっついて旋回しながらツラギ島の上空を通過していたレックス・バーバーは、左手首を少し曲げてスロットルを微調整し、ラダーペダル上の両足を反射的に動かしながらフィービーとの距離を保とうとしていた。ランフィア機は滑らかに飛んでおり、高度二〇〇〇フィート（約六一〇メートル）では海峡上空の低い高度を覆っている悪い気流の影響を受けることなく快調に飛ぶことができた。すぐ前方では、ミッチェル少佐以下四機のP-38が旋回を終えており、ランフィア機も円弧の外に向かってわずかに進路を変えようとしていた。フィービーの左翼が上がって水平線と重なりそうになったのを見たレックスは、長機よりも低い高度を維持するため操縦輪を少し前に倒し、ランフィア機の右側を飛ぶジョー・ムーアの機体と同じ高度になるようにした。ムーアは、四番機の位置を保っており、予備機のうちの一機が入れるよう三番機の位置が空けてあった。ちらりと後方を見ると、ルー・キッテル少佐以下八機のP-38が続いており、明るさを増しつつある東の水平線をバックに西に向かって飛ぶ各機の特徴あるH型のシルエットがくっきりと浮かび上がっていた。

　ミッチェル少佐は、事前の打ち合わせの際、全機が編隊を組み終わり、サボ島に向け進路を取った時点で小さい増槽から大きい増槽に切り替えるよう指示していた。レックスは、下を向くことなく床面近くの四方向タンクセレクターに左手を伸ばし、前方のセレクターの細長いスイッチに触れると、ノッチを一段左に回して三時の位置から一二時の位置に切り替え、二つある増槽の一方から燃料が供給されるようにした。その後ろにあるセレクターでも同じ操作を繰り返すと、素早く下に視線を落として、両方のスイッチがＲＥＳの位置になっていることを確認した。燃料は文字通り命に直結しているため、パイロットは、燃料がどこから供給されているのかどれだけ注意してもし過ぎることはない。セレクターの前には、二つの燃料昇圧ポンプスイッチがあり、レックスはそれらのスイッチをオフにしてから、計器盤左下の燃料計をチェックした。さらに、周囲に目を配って編隊を維持しながら、油圧計や油量計を素早くチェックし、エンジン回転計の針が安定していることや各種温度計の表示が本来あるべきグリーンのゾーンにとどまっていることを確認した。

　突然ミッチェル機が翼を揺らし、ランフィア機も同じ動きをした。前上方を飛んでいたミッチェルの僚機が静かに動いて密集編隊を組んだのを見て、レックスは、スロットルを少し前に倒し、操縦輪を右に傾けた。彼は、ランフィアの頭がフィービーの左エンジンナセル上にある過給機の上に見えるよう調整しながら機体を滑らせ、スロットルを前後に動かしてランフィア機から六フィート（約一・八メートル）離れた位置に付けた。この位置で機体を安定させたレックスは、ムーア機が位置を変えようとしていないことに気が付いた。ランフィアが再び翼を揺らし、今度は四番機がゆっくりと進路を変えた。ムーア機との距離が縮まると、ランフィア機の向こう側で、飛行帽をかぶったジョー・ムーアの頭が前後に揺れているのが見えた。

何やら良からぬ状況になっているようだ。

ムーア機の降着装置は完全に引っ込んでいたので、エンジン、あるいは燃料系統に何か問題が起きた可能性が高い。レックスが目を凝らすと、ムーアは、親指を口に当てたまま頭を後ろに傾け、手で喉を切る仕草をした。

この時点で燃料は、新たに取り付けられた増槽の一方から供給されていなければならない。ランフィアは頷くと、ラダーペダルを静かに踏み、機体後部を左右に揺らした。ジョー・ムーアは手を挙げて右に視線を向け、機体を少し傾けて編隊から離れながら、周囲に僚機がいないことを確認した。一〇〇ヤード（約九一・四メートル）離れたところで、彼のP‐38は突然急上昇し、編隊の上を優雅に横切って後方へと去り、ファイターツーへと戻っていくのが見えた。ランフィアがレックスの方に顔を向けたので、レックスが親指を立てて合図すると、頷き返した。フィービーの尾部が左右に揺れたので、レックスはそっと左に移動し、疎開編隊の位置に戻った。やがて空が急速に明るさを増し、島々にも光が差し始めて、サボ島周辺の海は黒から濃紺へと変わった。七時三〇分、レックスが左を見ると、ガダルカナル島の全景が広がっていた。二〇〇〇フィート上空から見る限り、彼らの乗っている飛行機をこの小さな島から飛ばすため、多くの命が失われ、夥しい血が流れたことを想像するのは困難だ。

しかし、すべてはこの島で起きたことだった。

真珠湾攻撃の後、六カ月で日本がアジア太平洋地域全体に勢力圏を拡大したのは驚異的だったが、山本五十六自身は、かつて首相の近衛文麿から対米戦争の見通しについて聞かれた際、「それは是非やれと云われれば、初め半年か一年の間は随分暴れてご覧に入れる。然しながら、二年三年となれば、全く確信は持てぬ」と答えている。実際、珊瑚海海戦とミッドウェー海戦では、「堕落した弱い」アメリカ軍により、日本側の持ち時間がなくなりつつあることを思い知らされることになった。

アメリカ軍の仮借ない反撃がすでに始まりつつあり、疾走する大日本帝国の列車がどこかで脱線する可能性は確実に高まっていた。この後アメリカ軍の反撃を受けた日本は驚き、大きなショックを受けることになる。一九四二年四月一八日、サンフランシスコのアラメダ海軍航空基地を出発してから一七日後、空母ホーネットは日本本土から六五〇マイル（約一〇四六キロメートル）東の海上を航行していた。途中で空母エンタープライズと合流し、護衛の艦艇と共にこの日の朝七時三八分まで極秘裏に太平洋を渡ってきたのだ。この第一六任務部隊を発見したのは、九〇トンの特設監視艇第二三日東丸で、すぐさま軽巡ナッシュヴィルに撃沈されてしまったが、無線で情報を発信する時間はあった。それから四〇分足らず後、マーク・ミッチャー艦長が指揮するホーネットは、風上に艦首を向け、陸軍のB-25B中型爆撃機一六機を飛行甲板から発進させた。

計画より一〇時間早く、予定されていた発進地点までまだ一七〇マイル（約二七四キロメートル）あることは十分認識していたものの、ジミー・ドゥーリトル中佐と七九人の「レイダース」が出撃をためらうことはなかった。六時間後、四月一八日午後の東京では、日本人にとって信じ難い事態が起きていた。首都東京に加え、横浜と他の四つの都市にも爆弾が投下されたのだ。作戦に参加したB-25は、それぞれ四発の五〇〇ポンド爆弾を搭載しており、そのうち一発には高性能爆薬が詰められ、二発は焼夷弾だった。この程度の爆弾では、あまり大きな物理的損害を与えることができなかったものの、昭和電工の施設や日本製鉄の倉庫など少なくとも一一二カ所の建物が大きく損傷した。しかし損害の程度は重要ではない。重要だったのは、アメリカが決して負けてはいないことを世界の人々、とりわけ日本人に対して示したことだった。真珠湾攻撃から数カ月しか経っていないのに、このような攻撃が可能ということは、翌年以降、あるいはその次の年以降どのような反撃が行われるのか推して知るべしというわけだ。

しかし空襲の余波は、即座に極めて幅広い範囲へと広がった。大本営は、日本本土の防衛という点で、中国が重大なアキレス腱になっていることを認識した。空母から爆撃機を飛び立たせて東京を空襲できるのだから、中国本土に爆撃機を配備すれば、さらに多くの戦果をあげることが可能になる。この脅威に対処するため、一〇万人を超える規模の日本軍部隊が中国東部に侵攻してこの地域を確保するとともに、ドゥーリトル隊の爆撃機搭乗員を助けた中国の人々に血なまぐさい復讐を行った。爆撃機の搭乗員を助けた者は、すべて捕らえられ、拷問された。なかには、排泄物を食べるよう強制されたうえ、一列に整列するよう命じられ銃殺された人々もいた。ハロルド・ワトソン中尉を助けたある中国人は、椅子に縛り付けられた状態で灯油に浸した毛布をかけられた。日本兵は彼の妻にマッチで火を着けるよう脅し、彼は生きながら焼き殺された。

中国で活動していた宣教師のフレデリック・マクガイアは、「日本兵は、八〇〇人の女性を駆り集め、東門の外にあった倉庫に押し込めた。その後彼らは一カ月ほど南城市に留まり、瓦礫で覆われた市街を褌(ふんどし)一丁の姿で歩き回ったり、酒に酔って女性を探し回ったりした。南城市から逃げることができなかった女性や子供は、この先長いこと彼らの事を忘れないだろう。女性や少女は、日本軍の兵士から何度もレイプされ、性病に罹ってしまった…」と書き残している。

また宜黄(ぎこう)県(けん)にいたウェンデリン・ダンカー牧師も、以下のように回想している。

日本兵は、男、女、子供、牛、豚など動くものならだれでも撃った。一〇歳から六五歳までのあらゆる女性をレイプし、町を徹底的に略奪してから焼き払った。撃ち殺された者が埋葬されることはなく、牛や豚とともに放置されて腐臭を放っていた。

征服と鎮定の対象となっている中国は細菌戦の実験を行うのに理想的な場所であると判断した日本軍は、中国東北部中馬城の収容所などを拠点とする極秘扱いの部隊に、捕らえた民間人を使って自由に実験を行うことを認めた。七三一部隊は、腺ペスト、腸チフス、炭疽、コレラなどに感染させた捕虜を釈放して一般の人々と接触させたり（＊1）、細菌に汚染された水、紙巻き煙草、ビスケットなどを放置して飢えた中国人が保菌者になるように仕向けたりした。日本軍の虐殺や細菌実験により、二五万人以上の中国人が殺害された。

連合艦隊司令長官の山本五十六にとって、ドゥーリトル隊の空襲は複雑な感情を呼び起こす事件だった。海軍軍令部にとって、また敵に対して当然のごとく警戒心を抱いていた先見の明のある将官たちにとって、この事件は明らかな警告となった。山本五十六もそのような将官の一人であり、時間を浪費するという贅沢は許されないということを理解していた。この事件は、多くの人々が考えているほど日本は難攻不落ではなく、アメリカが太平洋に反撃の足場を築くチャンスを手にする前に断固とした対応が必要になるということを裏付けた。

山本五十六が、かつて生活し、様々なことを学び、事情を良く知る国であるアメリカについて考えを巡らせ、恐怖感を強めていることは疑いなかった。その巨大な工業力は恐るべきものだったが、人々の気質も同様だった。山本は、アメリカ人が裏切り行為とみなすものに強い嫌悪感を抱くことを理解しており、外交上の失態により日本側の宣戦布告が遅れたことで、彼が立案し見事な成功を収めたハワイへの攻撃がどのように受け止められたのか認識していた。彼は、真珠湾攻撃がアメリカ国内で大きな憤激を巻き起こしており、十分な時間が与えられれば、やがては帝国を圧倒し、破壊し尽くすことになると理解していたし、造船所や工場からは、戦いへの参加を待ち望む怒れる何百万人もの若者たちに膨大な軍需品が供給され始めていることも知っていた。

　山本五十六は、ドゥーリトル空襲に込められたメッセージを認識しており、無謀で感情的な行為などではないことも分かっていた。この攻撃は、アメリカの憤激が実体化したものであり、それを理解したがゆえに優れたギャンブラーである彼は再度抜け目ないやり方でギャンブルを行おうと動き出したのだった。山本は、ミッドウェー島に侵攻することで、アメリカの空母が反撃のため出てくるように仕向けることにした。アメリカの空母が地上基地の援護がない状態で洋上に出てくれれば、二五〇機近い艦載機を積んだ四隻の空母で撃破することができる。これで、真珠湾攻撃から始まった彼の任務は完結し、アメリカ太平洋艦隊に致命的な打撃を与えることができる。ハワイやアメリカ西海岸を防衛するための戦力がなくなれば、ワシントンも和平交渉に応じざるを得なくなる。日本は戦争に勝利し、新たに獲得した領域から得られる膨大な資源により帝国の安寧は保たれる。これは大胆な計画であり、山本の性格とも完全に一致するものだったが、ドゥーリトル隊のB-25が東京上空に出現するまで承認を得ることができなかった。

　だが、一九四二年四月一八日を境に状況は大きく変わった。

　山本五十六の計画は、アメリカ側の行動についての大雑把な憶測に基づくかなり複雑なものだったが、突如として、アメリカ海軍に断固たる対応を行う絶好のチャンスと認識されるようになった。しかし、敵艦隊を罠に誘い出す作戦を実行に移す前に、かねてより計画されていたソロモン群島やニューギニア島など「南方への進出」を目的としたMO作戦を進めなければならなかった。この作戦は、三方向の計画として構想されており、東への攻撃では、ソロモン海を通ってフロリダ諸島と対岸のガダルカナル島を占領することになっていた。また西へと向かう攻撃では、ニューギニア島の東にあるルイジアード諸島からジョマード水道を抜けて珊瑚海を西に回り込み、ニューギニア南東部の要衝ポートモレスビーに侵攻することになっていた。これで日本帝国陸軍はオーストラリアを直接攻撃できる地点にまで進出し、南西太平洋は実質的に封鎖されることになる。この作戦の最も重要な目的は、太平洋上でのアメリカ艦隊の捕捉と撃破だった。日本軍がソロモン海とニューギニアを制圧すれば、珊瑚海の制海権を握ることができ、空母艦載機でオーストラリア北部やニューカレドニアを攻撃することにより、アメリカとオーストラリアの海上輸送ルートを切断することができる。

第五航空戦隊の空母瑞鶴と翔鶴は、五月三日にトラック島から珊瑚海に向けて出撃した。この艦隊は、軽空母祥鳳とポートモレスビー攻略部隊を支援することになっており、その後ミッドウェー作戦に参加することが可能であれば、針路を北に転じる予定だった。しかし、不十分な情報、組織内の面子争い、敵に対する人種的な蔑視などの要因が当初から作戦の妨げとなった。また情報を自分たちに都合よく解釈する傾向も、日本側が南西太平洋におけるアメリカの海軍戦力について過度に楽観的かつ単純化された危険極まりない評価を下す原因となった。間違っていることを示す証拠が絶えず示されていたにもかかわらず、驚くほど貧弱な情報収集活動は戦争が終わるまで改善されず、日本軍に多大な犠牲を強いることになった。

現実は、全く異なる様相を呈していた。アメリカ太平洋艦隊司令長官のチェスター・ニミッツと合衆国艦隊司令長官兼海軍作戦部長のアーネスト・キングは、日本軍の南方進出を食い止め、オーストラリアとアメリカ西海岸を結ぶ東部太平洋の海上ルートを維持することが太平洋戦域における戦略上の最優先課題であるという点で意見が一致していた。キングにとっては、日本軍の突進を鈍らせ、不敗神話を打ち砕くことが絶対条件だった。二人の提督は、これら二つの戦略的課題に対応するうえで有効なのが飛び石作戦であり、アメリカ軍がソロモン海を確保できれば、日本軍の勢力圏内にあるこの先の島々もいずれ占領することができると考えていた。海軍基地、およびそれ以上に重要な飛行場を確保することができれば、日本側の拠点であるラバウルへと至る今後の反転攻勢の足掛かりになる。また海上輸送ルートを確保し、オーストラリアを守ることができれば、日本を防戦一方の状況に追いやり、その勢力圏を本土周辺の狭い領域にまで縮めることも可能だ。

とはいえ、まずはソロモン海の制海権を確保することが第一の、そして最も重要な課題だった。大胆な行動も厭わない胆力を持ち合わせていたニミッツは、この目標を達成するため艦隊を派遣して、珊瑚海で日本海軍に対峙させるとともに、ポートモレスビーへの侵攻を妨害しようとした。当時太平洋艦隊には、戦艦を中心とした従来型の艦隊を動かすための十分な燃料とタンカーがなかったため、ニミッツは、戦艦七隻をカリフォルニアに送り返し、高速空母機動部隊を駆使して日本艦隊に対抗しようとした。これは、現代の海上戦闘に永続的な影響を及ぼす歴史的な判断であり、三世紀にわたって続いた海戦術における戦艦支配が終わったことを示すものだった。

オーブリー・フィッチ少将が指揮し、空母レキシントンを基幹とする第一一任務部隊は、一九四二年五月に南太平洋の海域に到着した。またフランク・ジャック・フレッチャー少将が指揮する空母ヨークタウンを基幹とする第一七任務部隊も、他の空母と共に珊瑚海へ向かうよう命じられ、五月四日にはガダルカナル島から数百マイル南西の海域に到着した（＊2）。戦闘は、その前日、日本軍がフロリダ諸島に侵攻し、ツラギ島を占領したのをきっかけに始まった。日本海軍の空母瑞鶴と翔鶴は、ソロモン諸島南端のサンクリストバル島（現マキラ島）を回って北側から珊瑚海に入り、アメリカ艦隊を待伏せしようとした。激しい雨のなか、双方の艦隊は、一〇〇マイル（約一六一キロメートル）足らずの距離まで接近しながら相手を見つけることができず、ヨークタウンはレキシントンと合流し、五月六日、針路を西に変えてニューギニア方面へと向かった。

ポートモレスビーへと向かう日本軍のルートの大半を把握していたフレッチャーは、ジョマード水道の南端で日本軍を待伏せし、敵艦隊が出現したら、分断して撃破しようと考えていた。フレッチャーは水道の北側に留まり、日本軍が別のルートを通った場合に備え巡洋艦隊を送って西側の出口を警戒させた。五月七日、一一時〇〇分、レキシントンのSBD-2ドーントレス艦上爆撃機とヨークタウンのTBD-1デバステーター雷撃機が水道の北端で搭載機を発艦させている日本の空母祥鳳を発見、アメリカ軍は九三機の航空機を発艦させて一万二〇〇〇トンの小型空母を瞬く間に撃沈した。祥鳳には少なくとも一〇〇〇ポンド爆弾一三発と魚雷七本が命中し、海上には油の帯しか残らなかった。レキシントンの空母航空群指揮官で、攻撃隊を率いていたビル・オールト中佐がこの時行った「空母一隻消去」という無線連絡は広く知られることになり、祥鳳は開戦後日本海軍が初めて喪失した主力艦となった。

しかし、翌五月八日の戦闘では様相が一変する。

五時三〇分、レキシントンが西風に向かって針路を取り、索敵機を発艦させた。ほぼ同時期、約二〇〇マイル（約三二二キロメートル）北では、原忠一少将が同様に索敵機を発艦させていた。数時間後、双方の艦隊がほぼ同時刻に相手の索敵領域に入り、どちらも慌ただしく準備を整えて攻撃隊を発進させた。レキシントンとヨークタウンからは、一五機のワイルドキャット戦闘機に護衛された三九機の急降下爆撃機と二一機の雷撃機が出撃し、日本艦隊からは、一八機のゼロ戦に護衛された三三機の急降下爆撃機と一八機の雷撃機が出撃した。日本の空母翔鶴と瑞鶴は、一〇時三二分に発見されたが、アメリカの攻撃隊は、二五分間待機して攻撃を調整したため、瑞鶴がスコールの中に隠れるのを許してしまった。アメリカ軍の攻撃は、一〇時五七分より翔鶴に対して行われ、魚雷はすべて外れたものの、一〇〇〇ポンド爆弾二発が命中、飛行甲板で火災が発生し左舷側が一〇〇フィート（約三〇・五メートル）にわたって燃えた。数分後さらにもう一発爆弾が命中して翔鶴は戦闘能力を失い、攻撃に参加したパイロットたちも撃沈を確信したが、何とか北方に退避し、後日戦列に復帰することができた。

短時間の戦闘で失われた四三機のアメリカ軍艦載機の搭乗員たちは二度と戦列に復帰することができず、ほぼ同時刻に攻撃を受けていた空母も大きな損害を受けていた。レキシントンよりも小型で敏捷だったヨークタウンは、日本軍が放った九一式魚雷をすべて回避したが、八〇〇ポンド爆弾一発が上部構造物の前方に命中、船体を五〇フィート（約一五・二メートル）突き破り、三層下のデッキで爆発した。また至近弾により、喫水線下のプレートが一部損傷したが、それまでと変わらず戦闘を継続した。

一方、レキシントンは幸運に恵まれなかった。左右両方の側面に二本の魚雷を受けたうえ、爆弾二発が命中し、下層のデッキで大規模な火災が発生した。アメリカ海軍では、開戦前からダメージコントロールが重視されており、レキシントンでもその成果が発揮されて、二五ノットの速度を維持しながら帰還する艦載機の収容を続けていた。ダメージコントロール担当士官のハワード・R・ヒーリー少佐は、魚雷による損傷に対処したことをフレデリック・シャーマン艦長に報告した際、「ところで艦長に提案ですが、今度魚雷攻撃を受けるなら、右舷側にしてください」と付け加え、持ち前のタフさと専門家ならではのユーモアを発揮している。

しかしこの数分後、下層のデッキで巨大な船体を揺るがす爆発が起きた。破損したタンクから漏れ出した燃料が気化して誰にも気づかれることなく上のデッキへと昇っていき、発電機の火花が引火して爆発したのだった。この時一部の艦載機はレキシントンに着艦し、他の艦載機は近くにいたヨークタウンに着艦していたが、祥鳳への攻撃を指揮したビル・オールト中佐は未帰還となった。負傷し、母艦に帰還する途中で燃料が切れたのだ。中佐からの最後の無線連絡は、「オーケー…、みんなお別れだ。俺たちは一〇〇〇ポンド爆弾を敵の空母に命中させたぜ」というものだった。一七時七分、フィッチ少将が総員退艦を命じた。シャーマン艦長は、コッカースパニエルの愛犬ワグスを連れて最後に退艦し、その後間もなく駆逐艦フェルプスが放った五発の魚雷によりレキシントンは一万四四〇〇フィート（約四三八九メートル）下の海底へと沈んでいった。

航空母艦同士が激突した史上初の海戦はこうして幕を閉じた。

珊瑚海海戦は、艦隊同士が互いに相手を視認することなく戦った史上初の海戦であり、パイロットたちが勝敗の鍵を握ることになった。戦いの後は、日米双方とも驚いて目をぱちくりさせているような状態であり、空母による戦いの様相をこれまで理解していなかった者も、このような形の戦いがもたらすであろう明白な特性を認識したのだった。とりわけアメリカ軍は、新たな可能性、すなわち空母艦載機の攻撃力を強襲上陸と組み合わせて用いた場合の可能性に注目していた。珊瑚海海戦については、日米双方とも自分たちが勝利したと考えていた。日本海軍は、レキシントンを撃沈したが、祥鳳を失った。さらに大きな損失となったのは、七七機の航空機と多くの熟練搭乗員で、こちらの方は終戦まで十分に埋め合わることができなかった。またアメリカ軍の攻撃によりポートモレスビー攻略部隊が呼び戻されたという点は、連合国側にとって決定的な勝利となった。海上から再度ポートモレスビーに侵攻するチャンスはこの後二度と訪れることはなく、南西太平洋地域における日本の戦略的な計画は頓挫した。このような形で日本側の勢いが削がれ、双方の側に心理な効果が生じたという事実は、この後数カ月間の動きのなかで極めて重要な意味を持つこととなり、ドゥーリトル空襲、珊瑚海海戦に続き、日本軍不敗神話の壁をさらに打ち砕く戦いが展開されていく。

翔鶴は、日本本土の基地に戻って九〇日間にわたる修理を受けることになり、艦載機の半数を失った瑞鶴も日本へ戻らざるを得なかった。このため山本五十六は、六隻ではなく、四隻の正規空母でミッドウェー作戦を行わなければならなくなり、二隻の空母に搭載されている航空部隊が使えないという状況はこの後極めて重大な結果を招くことになる。一方のアメリカ軍にとってレキシントンの喪失は打撃であり、ヨークタウンも大きく損傷した状態で真珠湾に向け自力航行を続けていた。この時、山本の命がけの大博打に対抗するため太平洋上で作戦行動が可能な空母は、エンタープライズとホーネットのみだった（＊3）。


ジョー・ロシュフォート中佐とエド・レイトン中佐が五桁の数字を使った日本海軍の新たな暗号を解読する作業に力を注いでいた頃、ひどく損傷した一隻の軍艦が真珠湾に戻ってきた。大型の空母が、一〇マイル（約一六・一キロメートル）に達する油の帯を引きずりながらカメハメハ要塞とヒッカム飛行場の横の水路を通ってのろのろと湾内に入ってくると、一斉にサイレンや汽笛が鳴らされ、各艦の水兵たちは甲板上に整列して迎えた。一九四二年五月二七日、湾内のホスピタルポイントを回ったヨークタウンは、タグボートに助けられながらフォード島の南の対岸にある一号乾ドックに入った（＊4）。

しかし、長期の休みを取ることはできなかった。

ニミッツ提督が自ら長靴と手袋を着けて損傷を受けたヨークタウンの船体を調査し、溶接された鋼板でも応急対策としては十分に役立つと判断して、七二時間後に再び出撃するよう命じたからだ。海軍工廠の工員と各分野の専門技術者一四〇〇人が蟻の群れのように動き回り、フレッチャー提督の旗艦を修理した。負傷者は外に運び出され、交代要員が乗り込んだ。太平洋軍最高司令官（CINCPAC）の司令部では、急遽作戦会議が開かれた。マカラパドライブにある三階建てコンクリートモーテルタイプのこの建物は、周囲を金網フェンスで囲まれていた。ロシュフォートが日本海軍の暗号を解読し、レイトンがそれを基に山本の計画を分析することで、数千人の命と戦争の当面の趨勢を左右する情報が得られた。ニミッツは、「彼らは、方位三二五度で北西からやってきて、ミッドウェー島のおよそ一七五マイル（約二八二キロメートル）沖に到達する。時間は、現地の時計で六時〇〇分頃になる」と発言した。彼も山本同様ギャンブルを行って、日本軍に仕返ししようとしていたが、リスクを伴う大胆な計画だったため、アメリカ政府は顔色を失い、残存兵力はハワイとアメリカ西海岸を守るために使うべきと考えていた多くの上級将校たちを仰天させた。

ニミッツは、残存兵力で守りを固めようとは考えなかった。一方日本側は、ヨークタウンが珊瑚海海戦で沈み、アメリカ軍の他の空母も南太平洋のはるか遠い海域にいると信じていた。山本五十六の計画には、アメリカにとって防衛すべき領土であるはずのアリューシャン列島に対する攻撃と侵攻も含まれていた。また、太平洋上の重要な拠点であるミッドウェー島も日本が手中に収めるべき目標とされていた。この島を占領できれば、ハワイを脅かし、アメリカ西海岸に侵攻する道も開ける、あるいは少なくともワシントンがこの脅威を認識するようになる（＊5）。アメリカ軍は、反撃せざるを得なくなり、ニミッツは脅威に対応するため太平洋艦隊を出撃させる必要に迫られる。アメリカ艦隊が出てくれば、三つの強力な艦隊で捕捉し、連合艦隊の戦艦群を中心とした古典的な金槌と金床の戦法を用いた急襲でこれを殲滅することができる。この戦術は、一九〇四年の日露戦争で有効に機能しており、直近ではイギリス東洋艦隊に対しても一定の成果を収めていた。

しかし、アメリカ人はロシア人とは異なっていた。アメリカ人は、従来の軍事的な常識では予測不可能であり、非論理的な反応を示すことも少なくないため、その動きを予想する作業には危険が伴っていた。アメリカに滞在し、多くの将校たちと親密に交流した経験のある山本は、こうした気質を良く知っているはずであり、おそらく理解していただろう。しかしチェスの名手である山本は、自分たちが「暴れる」ことのできる時間がなくなりつつあることも認識していた。アメリカ海軍は自分たちの練度と経験を踏まえて行動しており、当面守りを固める方向で手持ちの資源を展開するはずというのが彼の考えだった。こうした思い込みは、すでに十分複雑すぎる作戦計画の基本的な弱点となっていた。連合艦隊を分割する計画は無線封止による悪影響を受けていたうえ、珊瑚海海戦で損傷した二隻の空母が作戦に参加できなくなったのも痛手だった。

これらの問題を度外視しても、山本のギャンブルには、アメリカ側が作戦の詳細をすでに把握しているという極めて重大な弱点があった。日本に対する根強い怒り、復讐への渇望、そして急速に向上しつつあるパイロットたちの戦術的な技量といった要因が結びつき、アメリカ海軍は、山本の認識をはるかに上回る手ごわい敵となっていた。ニミッツは、これらの条件をすべて生かして自らに有利な状況を作り出し、日本側の攻撃を跳ね返して、彼らがアメリカ太平洋艦隊に対してやろうとしたことを日本艦隊にやり返してやろうと考えていた。

意外にも戦艦を中心に据えていた山本の計画とは異なり、アメリカ側の計画は、出撃可能な三隻の空母を中心にすべてが回るよう考えられており、エンタープライズとホーネットが真珠湾を出港し西に向かってから四八時間後の五月三〇日にヨークタウンがドックを出てミッドウェー島の北東二〇〇マイル（約三二二キロメートル）近辺の集結地点へと急行したのもこのためだった。日本帝国海軍は五月二八日に暗号を切り替えたが、すでにアメリカ軍の情報部門は作戦計画の内容を十分に解読し終えており、一九四二年六月三日朝、空母隼鷹と龍驤から飛び立った艦載機がアリューシャン列島アマクナック島のウラナスカ湾に面した港町ダッチ・ハーバーを攻撃しても惑わされることはなかった。

それから数時間後、およそ一四〇〇マイル（約二二五三キロメートル）南の洋上で、アメリカ海軍第四哨戒飛行隊のカタリナ飛行艇一機がミッドウェー環礁に西から迫る大規模な艦隊を発見した。機長のジャック・リード少尉は、この艦隊を日本軍の「主力」と誤認し、すぐさまB-17爆撃機に攻撃命令が下された。ニミッツは、これが空母機動部隊ではなく上陸部隊を運ぶ艦隊であると極めて正確に推測しており、この時点で山本の計画は明白になった。アメリカ軍の暗号解読班とニミッツは正しかったのだ。

六月四日一時三〇分、日米双方の艦隊のパイロットたちは朝食を取っていた。日本軍のパイロットは、お茶とみそ汁、酒を飲み、アメリカ軍のパイロットは、ステーキと目玉焼きをブラックコーヒーで流し込んだ。レイモンド・スプルーアンス少将は、日本海軍の空母がミッドウェー島の北西海上に現れると確信しており、夜明け前に発進した複数のカタリナ飛行艇が巨大な索敵円の中心から円周部に向かってそれぞれが担当する索敵領域を飛んでいた。日本海軍の空母機動部隊を率いる南雲忠一中将の側は、アメリカ軍の空母について楽観的な想定を行っていたうえ、連合軍が南太平洋で膨大な量の偽の航空無線通信を行っていたこともあり、独善的な判断を下してしまう危険性が高かった（＊6）。南雲中将は、ミッドウェー島の位置を把握していたので、偵察を行う必要性は低かった。六時二〇分、艦載機一〇八機から成る第一波の攻撃隊が第二二一海兵隊航空団の迎撃を突破してミッドウェー環礁上空に現れた。この時点で飛行可能なアメリカ軍の航空機は、すでに離陸して北西の方向に飛び去っていた。まず海軍のTBFアベンジャー雷撃機六機と陸軍航空隊のB-26爆撃機四機が発進し、その後第二波として海兵隊のドーントレス急降下爆撃機一六機、B-17一五機、海兵隊の旧式なビンディケーター急降下爆撃機一一機が続いた。三〇分後、日本軍機が引き上げると、後には燃えて煙を上げる石油タンクや格納庫、発電所などが残された。しかし、日本軍は真珠湾攻撃のときに犯したミスを繰り返し、主な目的を達成することができなかった。ミッドウェー環礁にある滑走路は依然として機能していたのだ。

第一次攻撃隊の失敗は、この長く重要な一日の後の展開に大きく影響することとなった。ミッドウェー島から飛び立った航空機による攻撃は失敗したが、空母の位置は特定され、日本艦隊、特に南雲提督の頭のなかでは、大きな混乱が生じていた。この時彼は、ミッドウェー環礁にある基地の脅威に直面しており、アメリカの空母が出現した場合には挟み撃ちにあう可能性があった。南雲中将は、逡巡し、決断を引き延ばした末、艦船を攻撃するため待機していた九三機の艦載機に対し、装備を変更してミッドウェー島の滑走路を再度攻撃するよう命じた。南雲は、第一次攻撃隊が戻ってくる前に第二次攻撃隊を発進させることにしたのだった。第一次攻撃隊が帰還したら、燃料を補給し、アメリカ艦隊を攻撃するための装備を搭載すれば良い。この時南雲は気づいていなかったが、アメリカ艦隊は二〇〇マイル（約三二二キロメートル）足らず東の海域におり、空母が風上に向かって針路を変えようとしていたのだった。

ホーネットとエンタープライズからは、搭載されているすべての艦載機――ドーントレス急降下爆撃機六七機、デバステーター雷撃機二九機、ワイルドキャット戦闘機二〇機――が発進し編隊を組んで攻撃に向かう予定だったが、重巡洋艦利根から飛び立った零式水上偵察機（連合軍のコードネームは「ジェーク」）が上空に現れたため、急遽予定が変更された。日本軍の攻撃を怖れたスプルーアンスは、急降下爆撃機隊に対し、戦闘機の護衛なしで先行し、日本の空母を見つけ次第攻撃するよう命じたのだった。エンタープライズとホーネットから三〇マイル（四八・三キロメートル）近く後方にはヨークタウンがおり、急降下爆撃機一七機と雷撃機一六機、護衛のワイルドキャット六機から成る攻撃隊を発進させていた。今や総勢一五五機のアメリカ軍機が三波に分かれて日本の空母に向かっていた。

少なくとも一隻のアメリカ空母が二〇〇マイル（約三二二キロメートル）足らずの場所にいるという知らせを受け、装備を積み替えて第一次攻撃隊がやり残した仕事を仕上げるための準備を行うよう命じていた南雲はパニックに陥った。そのうえこの重大な時期に、ミッドウェー島からの第二次攻撃隊が現れた。攻撃隊を率いていたのは、海兵隊第二四一偵察爆撃機隊指揮官のロフトン・R．ヘンダーソン少佐だった。しかし、この攻撃も失敗して急降下爆撃機の半数が失われ、このなかには、空母飛龍を攻撃して撃墜されたヘンダーソン少佐機も含まれていた。

装備の変更を命じてから二〇分後、南雲は作業を停止し、戻ってくる飛行機をすべて着艦させるため、飛行甲板上にある整備済みの機体を格納甲板に降ろして飛行甲板を空けるよう命じた。疲労困憊のなか、作業を急ぐよう命じられた乗組員たちは、魚雷を運搬用の台車の上に放置し、信管のついた爆弾を弾薬庫に戻さずに積み上げたままにした。燃料を補給するためのホースがあちこち這いまわり、火災の危険も高まっていた。九時二〇分、ホーネットの雷撃機隊が赤城の右舷後方に現れたとき、程度の差こそあれ四隻の空母はいずれも混乱状態に陥っていた。第八雷撃機隊の不格好なデバステーターが一五機、戦闘機の護衛なしに突進してきたが、いずれもゼロ戦や濃密な対空砲火の弾幕に捉えられ撃墜された。

ジョン・ウォルドロン少佐とその部下が戦死した後、エンタープライズの雷撃機隊一五機が現れ、二手に分かれて加賀と赤城を攻撃した（＊7）。直掩のゼロ戦が降下し、燃料と弾薬をさらに消費しながらアメリカ軍機を攻撃、デバステーター一〇機が撃墜された。日本の空母は三〇ノットで航行しており、一〇時〇〇分にヨークタウンの雷撃機隊一二機が攻撃を行ったが生還したのは二機だけだった。一時間足らずの間に、行方不明になった複数のワイルドキャットを含む四一機の航空機が失われ、八〇人の搭乗員が戦死した。しかし、この頃日本艦隊上空には直掩のゼロ戦がいなくなり、まだ飛んでいたゼロ戦も燃料が少なくなっていたうえ、飛行甲板上での装備の交換は中断していた。南雲中将が落ち着きを取り戻そうとしていたそのとき、エンタープライズ搭載の第六航空群指揮官であるウェイド・マクラスキー少佐率いる三七機のドートレス急降下爆撃機が鋭い音を響かせて襲いかかり、赤城の飛行甲板に描かれた赤い「ミートボール（日の丸）」の標識に向かって真っすぐに降下した。

後にマクラスキーは、「運命、幸運、何と呼んでもかまわない。私は、全速力で北東に向かっていた単独行動中の日本巡洋艦を見張っていた。おそらくこの艦は、ミッドウェー島攻略部隊と攻撃部隊の間で連絡任務を担当しているのだろうと判断し、その進行方向に針路を変えた。この判断が大きな戦果につながった」と語っている（＊8）。

マクラスキー隊の急降下爆撃機の半数は加賀へと向かい、爆弾四発を命中させた。艦長は戦死し、大型空母は燃え上がる漂流物に成り果てた。マクラスキー隊が攻撃してから数分後、ヨークタウンから飛び立ったマックス・レスリー少佐指揮の一八機のドーントレスが攻撃に参加すると、蒼龍も火に包まれ手の施しようがない状態になった。アメリカ軍の攻撃はおよそ六分で終わったが、一〇時四七分には、汽缶が停止し、燃え盛る航空燃料が飛行甲板を覆い尽くした赤城は放棄されることになり、南雲中将は艦橋から縄梯子を伝わって退艦した。蒼龍は、その日の午後一六時〇〇分を過ぎた頃に沈没し、加賀もその九〇分後に沈んだ。

空母機動部隊の優れた戦術家だった山口多聞少将は、空母飛龍の艦上で強いショックを受け、怒りに震えていた。山口少将は、積極果敢で有能な指揮官であり、その戦術的思考は柔軟性に富むものだった。山本五十六同様アメリカで暮らした経験があり、プリンストン大学で二年間学んだ後、三年間ワシントンで海軍武官として勤務した。彼の頭のなかでは、戦いの主導権を握ることができなかった場合どのような結果になるか明白だった。そこですぐさま残りの艦載機をすべて発艦させ、空母に帰還するアメリカ軍攻撃隊の後を追うよう命じた。正午前、ヨークタウンのレーダーは、北西から接近する未確認の編隊を捉え、一二時五分には、一八機の日本軍急降下爆撃機による攻撃が始まった。対空砲火をかいくぐることができたのは六機だけだったが、ヨークタウンは直撃弾三発、至近弾二発を受けて行動不能になり、傾いた甲板は地獄の様相を呈した。

それからおよそ一時間後、南雲艦隊で最後に生き残った空母飛龍を発見したのは、ヨークタウンを飛び立った偵察機だった。すぐにエンタープライズから攻撃隊が発進したが、同時に飛龍からも一〇機の雷撃機と六機のゼロ戦が発進した。日本の攻撃隊が目標に到達したとき、アメリカ軍の空母は一九ノットで航行しており、優れたダメージコントロールのおかげで全く損傷を受けていないように見えた。このため日本軍のパイロットは、ヨークタウンとは別の空母を発見したと勘違いしてすぐに攻撃を開始し、左舷に二発の魚雷を命中させたため、船体は二三度傾いた状態で停止した。

これが日本側にとってこの日最後の良いニュースだった。折しもアメリカの攻撃隊が飛龍を捉え、一七時〇〇分には、四発の直撃弾を受けた船体が浮かぶ火葬壇と化していた。飛龍は、夜になっても浮かんでいたが、翌朝には赤城の後を追って海底へと沈んでいった。

一方、ヨークタウンは放棄されることになっていたにもかかわらず、その運命に抗い続けていた。エリオット・バックマスター艦長は、ダメージコントロール班とともに艦に戻り、火災をすべて鎮火させて船体の傾きを戻した。掃海艇ヴィレオが三ノットで空母を曳航し、駆逐艦ハムマンからは動力が供給された。しかし、日本海軍の潜水艦伊一六八が空母の周囲を固めていた護衛艦艇の輪のなかに滑り込み、六月六日一三時三一分に八九式魚雷四本を発射した。そのうちの一本がハムマンに命中して船体を半分に引き裂き、二本がヨークタウンの右舷に命中した。六月七日朝、五時一分、ヨークタウンは左舷側に転覆した状態でしばらく浮いていたが、やがて戦旗をはためかせながら沈んでいった。

ミッドウェー島のはるか北、アリューシャン列島には空襲の標的となるような施設がほとんどなかったため、アメリカ側の損害は軽微だった。日本軍は一応勝利を収めたものの、戦術的に大きな敗北を喫しており、その影響は長く続くことになったが、戦争が終わるまで日本側がそれに気づくことはなかった。六月三日朝、ミッドウェー島の北で両軍の空母が激しい戦いを展開していた頃、バド・ミッチェル中尉の操縦するカタリナ飛行艇がダッチ・ハーバーから避難しようとしていた。空母龍驤搭載のゼロ戦三機がこの鈍重な飛行艇を撃墜し、救命いかだに乗っていた搭乗員たちに機銃掃射を加えた。四五九三という製造番号が刻印されたゼロ戦に乗り、無抵抗な兵士の殺害に加わった古賀忠義一等飛行兵曹は、他の二機のゼロ戦と共にダッチ・ハーバーにいた飛行艇にも機銃掃射を行った。

翌日、遠藤信飛行兵曹長が率いる三機のゼロ戦が港の周辺にあった対空砲陣地を攻撃したが、この時古賀機に対空砲火が命中して潤滑油供給パイプを切断し、エンジン冷却系に損傷を与えた。オイルが漏れ、煙を吹き出した戦闘機は、近くの緊急着陸可能な場所を求めて機首をめぐらせ、およそ二五マイル（約四〇・二キロメートル）北東にあるアクタン島へと向かった。古賀は、島の南側のブロードバイト湾からおよそ〇・五マイル（約八〇〇メートル）離れた場所に平らな牧草地と思われる土地を発見し、脚を下ろして着陸態勢に入った。しかしここは、膝の高さほどの草に覆われた湿地で、着陸するとすぐに脚が地面に沈み込み、機体は泥を跳ね飛ばしながら裏返しになってしまった。

遠藤ともう一人のパイロットである鹿田二男二等飛行兵曹は、機銃掃射を行って墜落した機体を破壊するよう命じられていたが、古賀が生きている可能性を考え機銃掃射は行わなかった。空母に帰還した遠藤は、古賀機が戦闘により失われたことを報告したが、残骸については何も言わなかった。

一カ月後、頭の一部が水に漬かった状態の古賀の遺体がコックピット内で発見された。七月一〇日、ビル・ティース中尉とロバート・ラーソン少尉の乗る海軍第四一哨戒飛行隊のカタリナ飛行艇が哨戒飛行中にゼロ戦の残骸を見つけたのだ。アメリカ海軍は、すぐに回収チームを送り込み、トラクターを使って機体を海岸まで移動させてから、梱包して輸送船に積み込んだ。その後、サンディエゴにあるノースアイランド海軍航空基地に運ばれたこのゼロ戦は、飛行可能な状態にまで修理され、エディー・R・サンダース少佐が一九四二年九月から一〇月にかけて二四回の試験飛行を行った。

機体尾部に製造番号四五九三と書かれていたこのゼロ戦は、撃墜された時点で製造されてから四カ月も経っていない当時の最新モデルだったが、サンダースは、重大な欠点を発見した。特に、二〇〇ノットを超える速度で補助翼の反応が悪くなるため高速域での運動性が低下するという欠点や、フロートタイプのキャブレターを使っているため、マイナスGになるような機動を行うと九四〇馬力の星形エンジンが止まってしまうという欠点は、空中戦の際に極めて大きな問題となるものだった。また、左旋回の方が右旋回よりもはるかに容易であることや、自動防漏燃料タンクを搭載していないため、一度の正確な連射で松明のように燃え上がることも明らかになった。古賀一等飛行兵曹のゼロ戦は、対抗戦術を考案するため活用され、結果的に多くのアメリカ軍兵士の命を救う一方で、多くの日本軍兵士の命を奪うことになった。またこの機体は、ワイルドキャットやコルセア、P-39、さらには陸軍航空隊が太平洋戦域に投入した最良の戦闘機であるP-38ライトニングの性能評価にも役立てられた。

＊1　七三一部隊を指揮した石井四郎軍医中将は、ナチス・ドイツのヨーゼフ・メンゲレに匹敵する人物であり、戦争が終結するまでさまざまな研究を続けていた。一九四五年には、サンディエゴを細菌兵器で攻撃する計画が立てられたが、実行には移されなかった。石井四郎をはじめとする七三一部隊の隊員は、一部を除き戦争犯罪で裁かれることはなかった。

＊2　空母エンタープライズとホーネットを基幹とした第一六任務部隊は、ドゥーリトル空襲後真珠湾に帰還する途中であり、遠く離れた南太平洋の海域まで移動して戦況を変えるのは不可能だった。

＊3　空母サラトガは、一九四二年一月初めに日本軍の潜水艦による魚雷攻撃を受け、修理のためブレマートン海軍基地に回航されていた。六月一日には、サンディエゴの基地を出発してハワイに向かうことになっていたが、ミッドウェー海戦には参加しなかった。

＊4　真珠湾攻撃の際、この乾ドックには戦艦ペンシルベニアが入っていた

＊5　日本は、兵站の面でも、資材の面でもアメリカに侵攻するだけの能力を持っていなかったが、一九四二年の時点でアメリカ国民の多くはこのことを理解しておらず、山本五十六は、こうした脅威を認識させることでアメリカ政府に和平交渉の開始を迫ることができると信じていた。

＊6　重巡洋艦ソルトレークシティと水上機母艦タンジールが、空母機動部隊での通信を模した極めてリアルな通信を行っていた。

＊7　ウォルドロン少佐は、アメリカ海軍兵学校一九二四年クラス、ノースダコタ州出身で、ネイティブアメリカンであるスー族の血を引いていた。第八雷撃機隊の唯一の生存者であるジョージ・ヘンリー・ゲイ少尉は、撃墜され三〇時間海上を漂った後カタリナ飛行艇に救助された。四二年後、彼の遺灰は、かつて所属した雷撃隊が全滅した海域に撒かれた。

＊8　この時マクラスキー少佐が発見したのは駆逐艦嵐であり、この後加賀に雷撃を加えるアメリカの潜水艦ノーチラスを攻撃していた。

第四章　剣が峰

真珠湾が攻撃されたという知らせを受け目的地がオーストラリアに変更された重巡洋艦ペンサコラを旗艦とする輸送船団は、一九四一年のクリスマスの二日前ブリスベーンに到着した。レックス・バーバーの乗っていた客船プレジデント・ジョンソンは、洋上で反転してサンフランシスコに戻り、一九四一年一二月九日、船を降りたパイロットたちはゴールデンゲートパーク内のポロ競技場に収容された。二七日後、レックスは再びダラー汽船の客船プレジデント・モンローに乗り、フィジー諸島ビティレブ島のスバへと向かった。

この島は、ミッドウェー島周辺の戦場から三〇〇〇マイル（約四八二八キロメートル）南にあり、レックス・バーバーはジョン・ミッチェルと共にここで待機することになった。この二人のほか、四一人の将校と二一七人の下士官兵から成る第七〇戦闘機隊は、一九四二年一月末、ようやくフィジー諸島に到着した。ガダルカナル島の戦いで先陣を担った第六七戦闘機隊と同様、ミッチェルとバーバーは、熱帯地方の気候や護送船団での移動に順応し、呼ばれればすぐに移動できるよう備えていた。乗機のP-39エアラコブラは、第六七戦闘機隊が使っていたP-400よりも多少ましという程度だったが、当時使用可能だったのはこの機体だけであり、ミッチェルとバーバーに選択の余地はなかった。ジョン・ミッチェルは、部下のパイロットたちの射撃技術に愕然とさせられることが多く、三三〇の島々からなるフィジー諸島のなかで最も大きいビティレブ島の西海岸にあるナンディ飛行場で訓練を積んでいた彼らにとって技量の向上が最優先の課題となった。平時の訓練は、あくまでも平時に行われる訓練に過ぎない。平時は、飛行機を上手に飛ばし、曲技飛行や編隊飛行を行う技術に重点が置かれており、戦争が始まるまでは弾薬や爆弾を使って戦術的な訓練を行うための予算も限られていた。しかし、一二月七日を境に状況は大きく変化し、ミッチェルも、標的に弾を命中させることができない者は戦闘機パイロットとは言えないと考えるようになっていた。

まじめで高いプロ意識を持つ指揮官として知られていたジョン・ミッチェルは、虚勢や愚かな行為を許さず、日本兵を殺すことと同じくらい、部下を生きたまま家に帰すことに神経を使っていた。一九一四年の夏にミシシッピ州北西部で生まれたミッチェルは、一九三四年に下士官として陸軍に入隊し、オアフ島ルガー要塞に駐屯する第五五沿岸砲兵隊のＦ砲台に配属された。名門大学を卒業した彼は、航空士官候補生プログラムに志願し、一九三九年一一月一〇日に承認された。黒髪で体格のがっちりとしたこの若者は、テキサス州サンアントニオの郊外にあるランドルフ基地に送られた。

一九四〇年七月末にパイロット養成課程を修了し、少尉に任官したミッチェルは、真珠湾攻撃までの一七カ月間、第二〇戦闘航空群でＰ-40ウォーホークに乗っていた。故障したＰ-40と共にノースカロライナの基地に留め置かれていた彼は、修理の遅れに苛立ちながら、再び飛べる日を待っていた。乗機が飛行可能な状態になってサンフランシスコ郊外にあるハミルトン基地に戻された頃、アメリカは日本に宣戦を布告した。彼は、テキサス州サンアントニオに立ち寄り、パイロット養成課程にいた時期に知り合ったアン・リー・ミラーと結婚式をあげた後、前線への配属を志願した。この時配属されたのが、当時大尉だったヘンリー・ヴィッチェリオを指揮官として新設された第七〇戦闘飛行隊で、すでにアメリカ本土から遠く離れた太平洋の戦場に向かうよう命令を受けていた。ヴィッチェリオは、経験豊富なパイロットをできるだけ多く集めたいと考えており、すぐさま副司令官に任ぜられたミッチェルは、部隊に配属されたパイロットたちを実戦に投入可能な状態にするよう命じられたが、訓練に使える時間は限られていた。そのうえ、頑丈なカーチス・ウォーホークが近々北アフリカで展開されると噂されていた作戦に必要だったため、ベルP-39エアラコブラで戦うことになった。

ミッチェルは、最大限の努力をした。

彼は、飛行可能なあらゆる機体を使って毎日訓練を行った。特に重視したのが、未熟なパイロットたちに射撃訓練を積ませることであり、そうしたパイロットのなかにレックス・バーバーというオレゴン出身の寡黙な若者とトム・ランフィアというアイダホ出身の陽気な若者もいた。すでに戦争前のけだるい雰囲気はなく、平時の陸軍航空隊を支配していた紳士の「飛行クラブ」的な意識も霧消しており、パイロットたちは、海岸に置かれた標的に向かって機銃を撃ちまくり、カリフォルニア州のモハベ砂漠のなかにあるロジャース乾湖に爆弾を投下した。ミッチェルは、戦闘飛行隊の機材を梱包し、世界の反対側に配備するという兵站面の課題にも直面していたが、一九四二年一月末にはこの仕事もきちんとやり遂げた。

ミッチェルのライトニングが離陸する九カ月近く前、ガダルカナル島は、大半のアメリカ人にとって馴染みのない地図上の染みの一つに過ぎなかった。しかし、この島のことを知っているアメリカ人は皆無というわけでもなかった。一九四二年八月六日の夜から七日の未明にかけて、暗い色に塗られた船の一団がスコールラインを越えて南からこの島に近づき、月明かりに照らされたソロモン海に姿を現した。嵐のなかを通り抜けた八二隻の艦艇は、ここで二つのグループに分かれた。空母エンタープライズ、サラトガ、ワスプは、戦艦ノースカロライナと共に針路を変え、任務部隊の目標であるナメクジのような形をしたこの島の南およそ一〇〇マイル（約一六一キロメートル）の海域から航空支援を行うことになっていた。

もう一方の第六二任務部隊は、リッチモンド・ケリー・ターナー少将指揮下の水陸両用部隊であり、第一海兵師団の将校九五九人と兵士一万八一四六人を乗せ北に向かって進んでいた。一九〇八年に海軍兵学校を卒業した「テリブル・ターナー」は、短気で性急だが、必要な場面では高い知性を発揮しており、一九二七年には、四二歳でパイロットの資格を取った。彼は、優れた頭脳と強い意志を持つ軍人であり、「辛辣で傲慢なうえに要領も悪いが、優秀であり、海兵隊の指揮官には適任」というのがアメリカ太平洋艦隊司令長官チェスター・ニミッツの評価だった。

ベラトリクス、ベテルギウス、ジョージ・F．エリオットなどの輸送船に分乗し、甲板上で待機していた数千人の若者たちは、ガダルカナル島の姿が見える前から、腐敗した植物の発する湿った臭気が澄んだ海の空気を押しのけて漂ってくるのを感じていた。二時四〇分、うねる波頭を銀色の月光が照らすなか、船団は、ニュージョージア海峡の南端で北東に針路を変え、ガダルカナル島北東端のエスペランス岬の横をすり抜けてサボ島近くのシーラーク水道に入った。重巡洋艦ヴィンセンスを先頭に厳めしいシルエットの艦艇が列を作り、いずれの艦も砲塔を北部海岸沿いの狭い砂地に向けていた。鮫をイメージさせる駆逐艦が海岸に接近して警戒するなか、四本煙突の旧式駆逐艦が水深の浅い海岸近くまで進んで、日本軍の敷設した空中投下型の小型機雷を除去した。一方「ヨーク」隊の八隻の輸送船は、およそ五〇〇〇人の海兵隊員を乗せ、サボ島北側の暗い海岸の脇を通って東に針路を変えフロリダ諸島のツラギ島に向かった。残る一五隻の輸送船から成る「Xレイ」隊は、シーラーク水道をゆっくりと進み、ガダルカナル島北岸のルンガ岬沖四・五マイル（約七・五キロメートル）の地点に到達した。

ガダルカナル島南側の海岸は、風雨に浸食された険しい崖が続いており、そのすぐ背後には標高一五一四フィート（約四六二メートル）の急峻なオーステン山がそびえている。オーステン山の北側、島の中央部には比較的平らな土地が点在する平野があり、そのさらに北には植物の腐敗臭漂う海岸平野と海兵隊員が今待機している海が広がっている。雨季のガダルカナル島は蒸し暑く、例年一六〇インチ（四〇六四ミリメートル）を超える雨が降って、空気の淀んだ湿度の高い日が続く。住民が切り開いた道は狭く、所々とげに覆われたつる草や曲がりくねった大木の根に遮られている。海岸は、腐った植物やココナッツの実、死んだ魚の放つ悪臭に覆われ、人を刺す昆虫が絶えず群れているほか、ウサギ位の大きさのネズミ、ヘビ、サルなどもいる。森には一五〇フィート（約四五・七メートル）を超える高さの広葉樹が茂り、その根元の暗い日陰では、奇妙な模様の巨大な蝶が静かに舞っている。間もなくその名を知られることになるテナル川、マタニカウ川、イル川などの淀んだ川には危険なクロコダイルが棲息し、蚊の大群も湧いている。

島に住むメラネシア人や中央部の平野にあるプランテーションで事業を営んでいる少数の忍耐強い外国人を除き、これまでこの土地を活用できた者は誰もいなかった。しかし、島内で唯一の平らな場所である中央平野こそ、今まさに上陸作戦の開始を待っている海兵隊員にこの島の価値を認識させるものだった。この島に初めて目を付けたのは、アメリカ海兵隊ではない。三カ月前、日本軍は、シーラーク水道の向こうにあるフロリダ諸島に上陸し、ツラギに横浜海軍航空隊の飛行艇を配備した。ガダルカナル島の中央部に飛行場を建設できる十分な広さの平地があり、勢力圏の防衛強化に役立てることができるという報告を寄せたのはこの部隊だった。ソロモン諸島は、日本の勢力圏の最も端に位置しており、ニューギニアへと至る海上輸送ルートや南太平洋における最大の拠点であるラバウルを守るという役割を担っていた。

アメリカ海軍が間もなく敗北すると見ていた日本側は、これらの島々がフィジーやニューカレドニアに侵攻するための理想的な足場になると認識していた。このため、一九四二年七月初頭、門前鼎海軍大佐率いる第一三設営隊と第一一設営隊総勢二五〇〇人が一二隻の輸送船でガダルカナル島に運ばれ、すぐに作業が開始された。まず簡素な波止場が作られ、中央平野との間に狭軌鉄道が敷設された。中央平野では、雑草を焼き払った後、建設作業が始まり、この島の価値を大いに高める施設、地面を突き固めて作られた三六〇〇フィート（約一〇九七メートル）の滑走路が出現した。この飛行場が完成すれば、南部ソロモン諸島周辺の空域を日本軍が支配できるはずだった。

しかし待機中のアメリカ海兵隊員たちには、地球上のこの場所が今後数カ月にわたり極めて重要な意味を持つようになるということをうかがわせるものなど何も見えなかった。この時点で目の前にあったのは、奪取するよう命じられたただの土地だった。三時〇〇分、起床ラッパが鳴り響き、第一海兵師団の九五九人の士官と一万八一四六人の兵士は、固ゆで卵、フルーツ、ブラックコーヒーの朝食を取った後、装備と武器を再度チェックし、時間を持て余して上甲板から島を眺めていた。第二次世界大戦でアメリカ軍が行う初めての反転攻勢であるウォッチタワー作戦が間もなく始まろうとしていた。ほどなく夜が明け始めると、東の水平線に淡い茜色の光が広がり、漆黒の空は紫の混じった明るいグレーへと変わっていった。やがて緑の島影が姿を現し、砕ける波が白く泡立って浜辺から引いていくのが見えた。

しばらくの間寄せては返す波以外なんの動きもなかったが、六時〇〇分にドーントレス急降下爆撃機とワイルドキャット戦闘機が上空に現れて滑走路や波止場への攻撃を開始し、日本側も無謀な反撃を行うに及んで様相が一変した。空襲が始まるやいなや、シーラーク水道にいる重巡洋艦クインシーの九門の八インチ砲からも砲弾が撃ち込まれ、連合軍初の反撃作戦が始まった。空母ワスプを発進した第七二戦闘機隊のＦ４Ｆワイルドキャットは、朝靄を突いてツラギのハラヴォ湾にある飛行艇基地を攻撃し、二式水上戦闘機八機、九七式飛行艇（コードネーム「メイヴィス」）七機を破壊した。沿岸砲が配備されていると思われる場所や埠頭、未完成の飛行場などへの空襲が続くなか、他の重巡洋艦と駆逐艦も上陸地点付近に集まってきた。

セージグリーンに染められたコットンの真新しい軍服と最新のＭ-１ヘルメットを身に着けた海兵隊員が、輸送船の甲板上で列を作り、舷側に降ろされたカーゴネットを伝わって下に降り始めた。カーゴネットは、海軍のコーヒーを満たしたドラム缶で褐色に染められていた。海兵隊員たちは、彼らの父親が第一次世界大戦で使用したのと同じボルトアクションのスプリングフィールドＭ１９０３小銃を装備しており、下士官兵の平均年齢は二〇歳、士官は彼らより二～三歳上だった。一九四二年時点での第一海兵師団の定員は将校と下士官兵合わせて一万九五〇〇人であり、隷下の部隊はそれぞれ三個編制になっていた。

アレクサンダー・アーチャー・ヴァンデグリフト少将指揮下の第一海兵師団は、第一、第五、第七の三個連隊で構成されており、それぞれ大佐が指揮を執っていた。しかし、一九四二年八月の時点で第七海兵連隊はサモアにいたため、ウォッチタワー作戦では、第二海兵師団から第二海兵連隊を借りることになった。連隊は、中佐が指揮する第一、第二、第三の各大隊で構成され、大隊は、大尉が指揮するＡ、Ｂ、Ｃの各中隊で構成されていた。中隊を指揮するのは中尉で、その下には定員四二人の小銃小隊三個と火器小隊一個があった。陸軍の歩兵部隊と異なり、海兵隊員は何よりもまず自分が海兵隊員であるという意識を持っており、歩兵であっても自分たちの部隊が保有するあらゆる軽火器や重火器を使いこなすことができるよう訓練されていた。また、パイロット、技術兵、コック、支援要員もすべて戦闘部隊として扱われた。長年受け継がれてきたこの信条は、この後展開される作戦のなかでその重要性を実証し、兵士たちを救うことになった。

九時一〇分に空襲と艦砲射撃が止むと、全長四五フィート（約一三・七メートル）で屋根のないヒギンズ・ボートが輸送船を離れて隊列を組み、ルンガ岬の東側に一六〇〇フィート（約四八八メートル）にわたって続く海岸へと向かった（＊1）。九分後、ビル・マクスウェル中佐が指揮する第五海兵連隊第一大隊は、テナル川河口近くビーチ・レッドに上陸した。日本軍が真珠湾を攻撃した日からちょうど八カ月後のことであり、米西戦争でボブ・ハンチントン中佐が指揮する海兵隊がグアンタナモ湾で上陸作戦を行ってから四四年が経っていた（＊2）。

マクスウェル中佐は、ほとんど抵抗を受けずに上陸できたことに驚いたが、当然のことながら疑念も抱いていた。中国やマレーシアなど日本軍に占領された地域からは、敵の戦力を侮ることのないよう戒める膨大な報告が寄せられており、最近占領された地域での戦闘もそれを裏付けるものとなっていた。少し進むと、高射砲が据え付けらえた二箇所の砲座、三連装二五ミリ高射砲一基、七五ミリ山砲二門、およびこれらの火砲で必要となる弾薬が見つかった。野営施設は放棄されており、テーブルの上には米飯と魚が並んでいた。後にファイターツーの敷地となるククムには、地下足袋、石けん、寝具の置かれたテントなどが放置されていた。

日本軍の設営隊は、総勢八一人の警備隊と共にルンガ岬から西に向かい、マタニカウ川の向こう岸へと逃れていた。設営隊に所属している警備隊は、本来守備隊としての役割を担う水兵であり、対空砲を操作し、基地や前哨部隊を警備するのが主な任務だった。設営隊と同様、警備隊も本格的な戦闘部隊ではなかった。もしも呉鎮守府第三特別陸戦隊二四七名がツラギではなくガダルカナルに配備されていたら、ビーチ・レッドに上陸した部隊も反撃を受けたはずだ（＊3）。

全く抵抗を受けなかったため、海兵隊員のなかには日本軍について誤った認識を持った者もいたかもしれないが、こうした認識はこの後すぐに改められることになる。第一海兵師団の部隊が中央の平野を超えて西部の高地へと進み始めた頃、ガダルカナル島の北西およそ五五六マイル（約八九五キロメートル）のニューブリテン島にいた日本海軍第二五航空戦隊司令官の山田定義少将は、パプアニューギニアのミルン湾に対してこの日の朝行う予定だった攻撃を中止し、持てるすべての戦力をガダルカナル島とフロリダ諸島周辺にいるアメリカ軍に対し投入する意思を固めた。

八月七日、八時三〇分、ラバウル基地から一八機のゼロ戦が飛び立ち、九機の九九式艦上爆撃機と二七機の一式陸攻を護衛しながら南東方向のガダルカナル島を目指した。一〇時三七分、眼鏡をかけた四一歳のオーストラリア人沿岸監視員ポール・メーソンがブーゲンビル島南部のブイン付近を飛んでいる日本軍機を発見し、すぐさまメルボルンに「二四機の爆撃機がそちらに向かっている」との無線連絡を行った。このメッセージは、ハワイの真珠湾に転送され、三〇分足らずでターナー少将の艦隊に届けられた。日本軍機が二時間以内に来襲するとの警報を受け、空母サラトガから飛び立った第五戦闘機隊のワイルドキャット八機がサボ島上空でこれを迎え撃った。ワイルドキャットは、四機ずつ二つのグループに分かれ、高度を上げて太陽を背にしながら爆撃機と護衛の戦闘機に襲いかかった。日本軍機を操縦していたのは海軍のパイロットだったが、陸上の基地に配備されていたため珊瑚海海戦やミッドウェー海戦には参加しておらず、これまで小型でずんぐりとした胴体のこのアメリカ軍戦闘機に遭遇したことはなかった。

低速での旋回性能や上昇率、加速性能はゼロ戦の方が優れていたが、ワイルドキャットも、横転率やコックピットの防弾、自動防漏燃料タンクなどの面ではゼロ戦を凌駕しており、発射速度の高い六挺の五〇口径ブローニングM2機関銃は日本の戦闘機を粉々にすることができた。相手の利点を相殺できるような状況では、個々のパイロットの技量に適度な幸運が加わることで結果を変えることができる。ゼロ戦のパイロットは、敵戦闘機と格闘戦を行うため護衛任務を放棄することが多く、サボ島上空で四機のワイルドキャットがゼロ戦を無視して一式陸攻を攻撃したことに唖然とした。この戦術は功を奏し、ワイルドキャットの機銃弾が海面で水しぶきをあげるとたちまち五機の爆撃機が撃墜された。当時日本海軍のエースパイロットの一人だった坂井三郎は、一機のワイルドキャットが単独で三機のゼロ戦に立ち向かってきたのを見てさらに驚いた。戦後坂井は、「私は茫然とした。ゼロ戦三機なら、単機で向かってくるグラマンを何の問題もなく撃墜できるはずだった。…これまでこのような光景は見たことがなかった」と書いている。

第五戦闘機隊のジェームズ・サザーランド大尉は、一式陸攻を二機撃墜した後、一機のゼロ戦を追いかけたが、機銃が故障していることに気づいた。このとき坂井が急降下して戦闘に参加、二人のパイロットは互いに相手の後ろを取ろうと旋回を続け、激しい格闘戦となった。坂井は、「これまで敵機がこれほど素早く、これほど滑らかに動くのを見たことがなかった。敵のパイロットが動揺する様子はなかった」と述懐している。海軍兵学校の級友から「パグ」という綽名で呼ばれていたサザーランドは、積極果敢で粘り強く、優れた技量を有するパイロットだったが、三機のゼロ戦と闘った末に撃墜された。坂井は、サザーランド機の左翼付け根付近に二〇ミリ機関砲を命中させており、燃料タンクから漏れ出たガソリンに火が付きそうだった。この時の状況をサザーランドは、以下のように語っていた。

機体後部は穴だらけになり、まるでザルのようだった。機体から煙が出ていたが、燃えてはいなかった。左翼側の弾薬箱のカバーは完全に吹き飛んでおり、二〇ミリ機関砲弾の炸裂により弾薬箱にも大きな穴が開いていた。…計器盤はひどく破壊され、額の上のゴーグルやバックミラーも粉々になり、プレキシガラスの風防は穴だらけだった。防漏燃料タンクに何カ所も穴が開いているのは確実で、どんどん漏れ出ているというわけではなかったが、コックピットの床に燃料が滴り落ちていた。燃料タンクに穴が開き、ガソリンが右足に降りかかっている状態だった。

サザーランドは、機体に火が付いたため、コックピットの右側から外に脱出しようとした。四五口径の拳銃が引っ掛かったがすばやく外し、パラシュートでジャングルに降下した。一一カ所を負傷し、武器も持たない状態でジャングルに降り立ったサザーランドは、日本軍の追跡を逃れつつ、地元住民の助けも借りて、アメリカ軍の支配地域に戻ることができた。

この日の空中戦では、ワイルドキャット戦闘機九機に加え、ダドリー・ホール・アダムズ大尉が操縦する空母ワスプの搭載のドーントレス急降下爆撃機一機が失われた。アダムズ機は、複数のゼロ戦と空中戦を行い、後部機銃で坂井三郎機に不意打ちを食らわせていた。

坂井は、自分の顔の二インチ（約五・一センチメートル）先を銃弾がかすめたことにショックを受け、「長年戦ってきて初めて、思いがけず敵機の銃火に捉えられた。敵パイロットの勇敢さは驚くべきものだ。低速で、武装も貧弱な急降下爆撃機が単独で四機のゼロ戦に挑んできた」と回想している。坂井は、すぐに態勢を立て直して後部機銃の射手を倒し、ドーントレスはきりもみ状態になって海に墜落した（＊4）。数分後、新たな目標を探していた坂井は、ワイルドキャットと思われる敵機の編隊を発見し一気に距離を詰めた。六〇フィート（約一八・三メートル）まで近づいたところで、八機のTBF-1アベンジャー雷撃機の編隊であることに気づいたが、機体後部の銃塔から集中砲火を浴び、ピンに刺し貫かれた昆虫のような状態になった（＊5）。機体は引き裂かれ、彼自身も重傷を負って戦場を離脱した。坂井は、片目がほとんど見えず、銃弾が頭蓋骨を貫通して左半身も麻痺していたが、数時間後何とかラバウルの基地に帰り着いた。

出撃機の多くが未帰還となり、トップエースの坂井も重傷を負ったことで日本側は衝撃を受けた。

両軍とも戦闘結果に驚き、少なくとも戦闘に従事している将兵の間では、これまで敵について言われてきたことは必ずしも正確でないのではないかという疑問が頭をもたげ始めていた。この戦いで撃墜され、海に着水した一式陸攻のパイロットは、翼の上に登り、近くにいた駆逐艦ゼインが救助のため近寄ってくるのまで動かなかった。しかし、艦が近づくとピストルを取り出し、艦橋に向かって発砲したので、駆逐艦もすぐに二〇ミリ機関砲で応戦し、パイロットと機体は血しぶきで赤く染まった海中へと消えていった。

この作戦は大きな犠牲を伴うものとなった。一式陸攻五機、九九式艦上爆撃機九機、ゼロ戦二機が失われたうえ、エースパイロットの一人である坂井が負傷し、この後二年間戦列を離れる羽目になった。一方、爆弾が命中した輸送船は皆無で、アメリカ側の損害は爆弾一発が命中した駆逐艦マグフォードのみであり、攻撃は完全に失敗だった。珊瑚海海戦で大きな損害を出し、ミッドウェー海戦で敗北しても日本側が主導権を握り続ける状況は続いていたが、予期せぬ形でアメリカ軍がガダルカナル島に侵攻してきたことにより、こうした状況は覆されることになった。アメリカが簡単に負けるとは考えられなくなり、ガダルカナル島を確保するというその意図も明確になった。

サルの叫び声や鳥たちの鳴き声が森の空気を満たすなか、暗闇のなかで下草を踏みつける音が続いていた。海兵隊員は、海岸の上陸地点から先に進んで散開し、日本軍の反撃に備えて塹壕を掘っていた。敵が支配する地域のジャングルで夜を迎えた若い兵士たちは、神経が張り詰めたままの状態で、ほとんど休むことができなかった。散発的な発砲があり、海軍の衛生兵一人が事故で死亡したものの、八月八日の夜明けとともに状況は改善するかに思えた。

しかし、それは幻想に過ぎなかった。

八時〇〇分、新たに到着した三沢海軍航空隊の一式陸攻二七機がラバウル基地から魚雷を積んで飛び立ち、ガダルカナル島に侵攻した艦隊を攻撃するため護衛のゼロ戦一五機を伴って南東へと向かった。この編隊も沿岸監視員のジャック・リードに発見されており、アメリカ軍は迎え撃つ準備を整えることができたが、今回日本軍の指揮官は、サボ島の北側を通ってフロリダ諸島上空を低空飛行で通過し、東の方角からガダルカナル島に迫るコースを取った。このため迎撃できたのは、エンタープライズ搭載の第六戦闘機隊のワイルドキャット三機のみだったが、彼らは一式陸攻五機とゼロ戦一機を撃墜した。輸送船には、二〇ミリ対空機関の砲座が一二基設置されており、この時ガダルカナル島の沖には一三隻が残っていた。

シーラーク水道のアメリカ軍艦船を攻撃した二三機の一式陸攻のうちラバウルに帰還できたのは五機だけであり、日本軍は、この二日間の戦闘で三六機の航空機とかけがえのない熟練搭乗員を失った。アメリカ軍は、ドーントレス一機とワイルドキャット九機を失ったが、パイロット三人を救出することができた。また駆逐艦ジャービスとマグフォードが損傷し、輸送船ジョージ・F・エリオットは、大隊規模の補給物資を載せたまま沈没した。

海軍艦艇がシーラーク水道で日本軍と戦っていた頃、第一海兵師団は、内陸の飛行場へと向かって前進し、午後遅くにはこの島で唯一価値のあるこの施設を制圧した。ここでも日本軍の抵抗はなく、木造の兵舎、修理工場、無線通信施設、冷凍プラント、診療所などが発見された。逃げた日本兵たちは、つるはしとシャベル七五本、セメントミキサー三台とセメント六〇〇トン、トラクター四台、ロードローラー六台、木材と釘、トラック四一台、自転車三六台など、膨大な量の物資や機材を遺棄していった。

しかし、何といっても最高の戦利品は飛行場だった。日本軍は、全長三六〇〇フィート（約一〇九七メートル）の滑走路を建設し、第二六航空戦隊の戦闘機六〇機を進出させる予定だった。アメリカの基準に照らせば工法は原始的だったものの、日本軍の航空機はアメリカ軍のものよりも軽量であり、地ならししただけ、あるいは砕いたサンゴを敷き詰めただけの滑走路でも十分使用可能だった。滑走路は両端から建設が始まったが、中央部の一八〇フィート（約五四・九メートル）が完成しておらず、この部分の工事に五〇〇〇立方フィート（約一五二立方メートル）の土砂が必要だった。重機は輸送船に積まれたまま、あるいはニュージーランドに置かれたままだったため、海兵隊第一工兵大隊はシャベルを使い手作業で完成させなければならなかった。しかし、慌てて逃げ去った日本軍の設営隊が残していった大型トラック六台、発電機四台、大量の爆薬、エアコンプレッサー一台、ロードローラー六台、セメントミキサー三台とセメント六〇〇トンなど貴重な機材や物資を利用することができ、手押し車、ガソリンエンジンを積んだ小型の機関車二両に加え、一五万ガロン（約五六万七八〇〇リットル）のガソリンもあった。

その日の午後、海兵隊員は二つの重要なものを発見した。その一つは、木造小屋のコンクリートの台座に置かれていた見慣れない機器の一部だった。用心深い将校の一人がレーダーであることに気づいたことから、機器は海岸まで運ばれ、船積みされてアメリカに送られた（＊6）。もう一つは、パゴダ（仏塔）のような形の司令所に放置されていた書類のなかから別の将校が発見したもので、日本海軍の最新の暗号であるJN-25Cの暗号書だった。これは、すぐさまハワイとワシントンにいるアメリカ海軍の暗号解読班のもとに送られ、暗号化された日本海軍の文書を解読するため役立てられた。

一方、ルンガ岬の状況は必ずしも喜んでいられるものではなかった。沖に停泊している五隻の輸送船と海岸の間を舟艇が絶えず往復していたが、海岸には物資が滞留しており、弾薬や食糧などの重要な物資も届いていなかった。問題の一端は、弾薬、食糧、医療用品、武器などの重要な物資をすぐ使えるようにするため、それぞれの輸送船で荷造りし直さなければならないという点にあった。恥ずべき傲慢さの発露とでもいうべき出来事だったが、ニュージーランド、ウェリントン港の港湾労働者は、自国を防衛するため危険な場所に赴こうとしている兵士たちを支援するためだというのに、雨のなかで作業するのを拒否したのだ。海兵隊員は、傲慢なニュージーランド人労働者を無視し、自分たちで物資を積み込んだが、急いで作業を行ったため、何がどこにあるのか分からなくなってしまった。

そのうえ、これまで行われた三回の攻撃に続く日本軍の新たな攻撃があるのではないかと神経質になっていたフレッチャー少将は、ターナー少将を無線で呼び出し、第六一任務部隊を撤退させると告げた。八月八日夜一九時〇〇分、エンタープライズ、サラトガ、ワスプを基幹とする空母機動部隊は、ガダルカナル島の南東海域へと去り、第一海兵師団は航空支援を受けることができなくなった。このためターナーは、困難な状況に追い込まれた。この時点で荷揚げできたのは、師団が必要とする物資の半分以下だったが、太平洋戦域で唯一の輸送船団の指揮官である彼が航空支援のない状態でここに留まるというリスクを冒すことはできなかった。ターナーは、海兵隊の上陸部隊を指揮するヴァンデグリフト少将に対し、明朝輸送船団がこの海域を離れるまでにできるだけ多くの物資を荷揚げするよう伝えた。

ヴァンデグリフトは、一九四三年までアメリカ海軍が使用可能な空母は三隻だけであるということを理解しており、フレッチャーが珊瑚海海戦とミッドウェー海戦の両方で戦ったことも知っていたが、この臆病な振る舞いには唖然とした。ターナーは、激怒し、当惑して、「彼（フレッチャー）は、丸裸の我々を残して逃げた」と非難した。これに対しフレッチャーは、戦闘機の数が九九から七八機に減り、燃料も少なくなっていたと苦しい言い訳をした。しかしターナーとヴァンデグリフトは、全部の艦艇に補給できるだけの十分な燃料がフィジー諸島に備蓄されていたうえ、五隻の補給艦も艦隊に帯同していたことを知っていたので、この言い訳に納得しなかった。補給艦のうちの四隻は、シマロン級の高速タンカーであり、一四万七一五〇バレルの燃料油、ディーゼル油、航空ガソリンを運ぶことができた。実際、後に公表された航海日誌では、フレッチャーが第一海兵師団を見捨ててガダルカナル島を離れた時点で一七日分の燃料が残っていたことが判明している。

ヴァンデグリフトは、典型的な「古いタイプ」の海兵隊員であり、非常にタフで真面目なうえに、立身出世への意欲も強く、自分と指揮下の海兵師団がガダルカナル島攻略を命じられたのは、他にこの任務を遂行できる者がいないためだということを理解していた。当時五五歳だった彼は、バナナ戦争［訳注：第一次世界大戦後にアメリカが中央アメリカ諸国に対して行った一連の軍事介入のこと］やメキシコ革命での従軍経験を有しており、一九〇九年には「航空機、未来の騎兵隊」という将来を予見するような論文を書いている。航空機の力を認識していた彼は、ガダルカナル島に腰を据え、防衛線のほころびを繕いつつ、飛行場をできるだけ早く完成させるよう命じた。生き残ること以外ではこれが最優先の課題であり、ガダルカナル島の基地から航空機の作戦行動が可能になれば、海軍に頼らざるを得ない状況から脱することができる。

ヴァンデグリフトが想像したよりも海軍は頼り甲斐がなく、自分たちが弱い立場にあるという事実は、フレッチャー艦隊の撤退後八時間もしないうちに判明することとなった。アメリカ軍の侵攻に対する日本側の当初の反応はかなり控えめなものだったが、これは海軍軍令部と連合艦隊司令部の両方が、後に「勝者の病」と呼ばれるようになった状態に陥っていたためだった。当時の日本は、真珠湾やマニラ攻略など、比較的容易に勝利できた戦いが長く続いたため、しっかりとした戦略的判断を下す能力が損なわれていたのだった。

珊瑚海海戦とミッドウェー海戦での経験により、日本海軍は実情をある程度把握できるようになっていたが、陸軍は違っていた。陸海軍の間には明白な敵意が存在したため、共同作戦レベルに近い緊密な協力が求められるような作戦は不可能だった。ミッドウェーで海軍が破れたことについて陸軍はほとんど何も知らず、敗北を回避するのに役立つ可能性のあったいかなる種類の情報も両軍の間で共有されることはなかった。将官の多くは、情勢を把握しておらず、例外はあったものの、ほとんどの将官はそれで良いと考えていたようだ。連合艦隊司令長官の山本五十六は、日本の実情を理解している数少ない将官であり、ラバウルの第八艦隊を指揮していた三川軍一中将も同様だった。

三川中将は、アメリカ軍が関心を持つ可能性のある地域に着目し、ガダルカナル島への侵攻を予測していた。彼自身もこの島に対し、アメリカ軍と同様の戦略的な関心を抱いていた。しかし、一九四二年七月に三川がこの話題を取り上げたところ、軍令部から叱責され、そのようなことが起きる可能性はないと言われた。アメリカ軍は甚だしく弱体化して混乱状態に陥っており、日本軍に対抗する能力はないというのがその根拠だった。しかし、ツラギとガダルカナルに関する噂が広がり始めると、三川は、これらの噂が本当であり、速やかに対処する必要があると考えた。八月七日午後、アメリカ海兵隊がガダルカナル島の内陸に向かって前進を開始した頃、彼は即席の攻撃部隊を編成し、ラバウルのシンプソン湾より出撃した。その作戦計画は、ニュージョージア海峡を南下し、サボ島の脇をすり抜けて、目に見える範囲の敵をすべて攻撃するという単純なものだった。第一の目標はアメリカ軍の艦艇であり、その次がシーラーク水道に停泊している輸送船団だった。三川は、八月九日の一時三〇分に攻撃を開始すれば、この海域の敵に大きな損害を与えた後、夜明け前にはアメリカ軍の空母艦載機に攻撃される可能性のある領域から離脱できると計算していた。

三川の小規模な艦隊は、当初から幸運に恵まれ、アメリカ側の失策と誤認に助けられた。艦隊は、八月八日にアメリカ軍に二度発見されていた。一度目は陸軍航空隊のB-17に、二度目はガダルカナル島の北西海域にいたアメリカの潜水艦S-38に発見されたが、水上機母艦の艦隊と誤認され、報告は忘れ去られてしまった。そのうえ、アメリカ軍の指揮官たちは、八月九日までにシーラーク水道に到達可能な敵艦隊は存在せず、彼らが来る頃にはターナー少将の輸送船団はこの海域を去っていると考えていた。陸上基地のアメリカ軍機は、所定のコースを飛行して上空から索敵を行っていたが、遠くニュージョージア海峡まで足を延ばすことはなかったため、この「水上機母艦」艦隊（実際には重巡洋艦五隻、軽巡洋艦二隻、駆逐艦一隻から成る艦隊）が南東方向のソロモン諸島に向け航行しているのを発見するには至らなかった。少し前のミッドウェー海戦で勝利したことで、アメリカ海軍も一時的にだが日本軍と同様の勝者の病に罹っており、日本海軍は嘲りの対象になっていた。またアメリカ海軍は夜間戦闘の技術を有していなかったため苦戦を強いられたが、これは日本軍のせいではなかった。

日本軍は夜間の海戦を得意としており、少なくとも最初に一撃を加える場面では魚雷を選ぶことが多かった。日清戦争（一八九四年～九五年）と日露戦争（一九〇四年～〇五年）で得られた教訓に基づき、日本海軍は、一九三〇年代に九三式酸素魚雷を実用化した。極めて破壊力の大きいこの兵器は、重量六〇〇〇ポンド（約二・七トン）、長さ二九・五フィート（約九メートル）で、重量一〇九〇ポンド（約四九・四キログラム）の弾頭を四九ノットなら一一マイル（約一七・七キロメートル）、やや遅い三六ノットなら二〇マイル（約三二・二キロメートル）先まで運ぶことができた。「長槍」という綽名のついたこの魚雷は、アメリカ海軍のマークXVで使われた圧搾空気ではなく、高純度の酸素をケロシンと混合して燃焼させる方式を採用していた。酸素とケロシンの混合体は、二酸化炭素を排出するが、水に素早く溶けるため、泡が航跡となって水上から発見されることはない。また日本の艦艇は消炎火薬を使っているため位置を特定するのに時間がかかるうえ、光学機器も優れていたが、奇妙なことにレーダーの能力は限られていた。アメリカ海軍とは異なり、日本海軍は夜間戦闘の訓練を十分に積んでおり、この日の夜起きた事態は十分予測可能だった。

しかしアメリカ軍は、日本軍の攻撃を予測できなかった。

月の見えない曇り空の下、ニュージョージア海峡を通過した三川艦隊は、二三時一二分に四機の水上偵察機を発進させた。深夜〇時、日本艦隊は戦闘海域に到着、五〇分後、サボ島の黒い島影を確認した。折からのスコールに紛れて誰にも発見されることなく海峡に滑り込んだ五隻の重巡洋艦は、エスペランス岬とサボ島の間にある南側の水道で哨戒任務に当たっていたアメリカ海軍の駆逐艦ブルーの脇をすり抜けた。ツラギ沖に停泊している輸送船団に迫るコースは、二隻の駆逐艦を従えたオーストラリア海軍の重巡洋艦キャンベラとアメリカ海軍の重巡洋艦シカゴにより守られていた。日本軍の水上偵察機一機がサボ島近海で連合軍側に発見されたが、この偵察機が照明弾を投下し始めると、サボ島南の海域にいる連合軍巡洋艦隊の前方で警戒に当たっていたアメリカの駆逐艦パターソンが、「警報、警報、未確認の艦艇が泊地に侵入しつつあり」という発光信号を送った。

重巡洋艦キャンベラは、照明弾に対し即座に反応したが、日本軍の魚雷はすでに発射されており、主砲を発射する間もなく命中した。日本軍の四隻の巡洋艦がキャンベラに照準を合わせて砲撃を開始し、大口径の砲弾が少なくとも三〇発撃ち込まれた。これでキャンベラの艦長と上級将校の大半が死傷し、二つある汽缶室が両方とも機能を停止して火災が発生、船体を傾け、炎を上げながら洋上を漂うだけの状態になった。シカゴは、速度を二五ノットに上げて西に向かった。ハワード・ボード艦長がその方向に敵艦がいると判断したためだが、それは間違いだった。日本の巡洋艦隊は、敵艦に大きな損害を与えた後、北東へと進路を変え、サボ島の北端付近を哨戒中だった連合軍のもう一つの艦隊を攻撃した。

アメリカの重巡洋艦ヴィンセンス、クインシー、アストリアの当直将校たちは、低く垂れこめた雲を背に瞬く砲撃の閃光を目撃したが、これまでの戦闘はすべてガダルカナル島で起きていたため、閃光が何によるものなのか分からなかった。駆逐艦パターソンからの警報も伝わっていなかったため、日本艦隊の探照灯の光が暗い海面を切り裂き、ヴィンセンスを照らし出すと衝撃が走った。かくしてアメリカ軍の艦船が一方的に狩られる状況となり、四五分後には、前日の上陸作戦開始日に初めて島に砲弾を撃ち込んだクインシーが左に傾き、艦首を下にして沈没した。三時〇〇分には、二日前シーラーク水道に侵攻した水陸両用艦隊を先導していたヴィンセンスも沈没した。

この時点で三川中将は、考えを巡らせ、この海域に散らばった巡洋艦を再度集結させて艦隊を組み直し、加速してツラギ沖に停泊しているアメリカの輸送船団を捕捉するには九〇分かかると判断した。フレッチャー少将がパニックに陥って空母艦隊を撤退させたという事実を知らなかった三川は、日が昇ってアメリカ軍が反撃してくる前に撤退することを決めた。このサボ島沖海戦〔訳注：日本側の呼称は第一次ソロモン海戦〕で連合国側は四隻の重巡洋艦と一〇七七人の乗組員を失った。一方の日本側は、勝利を収めたものの、アメリカ軍の輸送船団を撃破し、シーラーク水道を確保してこの後の増援を容易にするという目的を達成することはできなかった（＊7）。もしも三川中将がこの目的を達成できていれば、ガダルカナル島に留まっていた一万八一九人の海兵隊員は援護を全く受けられない状態となったはずであり、飛行場を確保することができたかどうか分からない。いずれにしても、日本軍はこの戦術的な勝利を活かすことができず、海兵隊は、この島で最も重要な資産を保持し続けた。とはいえ、アメリカ側の態勢も強固なものとは言えず、上陸部隊が孤立無援の状態で見捨てられるのではないかという不安も強かった。航空支援が得られず、補給も限られているうえ、海軍の艦艇も撤退してしまったことで、ウォッチタワー作戦に参加している海兵隊員は、早くも剣が峰に立たされることとなった。

＊1　正式には、LCVP（車両人員揚陸艇）と呼ばれており、後部と側面は合板で作られていた。
＊2　海兵隊初の上陸作戦は、アメリカ独立戦争中の一七七六年にバハマ諸島のナッソーで行われた戦いで大陸海兵隊が敢行したものだった。

＊3　特別陸戦隊は、日本版「海兵隊」という誤った呼び方をされることが多いが、その実態は軽歩兵としての訓練を受けた水兵だった。アメリカ海兵隊と同様、迅速に展開して奇襲上陸作戦などを行うが、独立した軍ではなかった。特別陸戦隊は、通常大隊規模であり、重火器は持っていなかった。

＊4　重傷を負ったアダムズは、駆逐艦の近くに着水して救助された。けがが回復した後、彼は戦闘機隊に移り、やがて第一〇四戦闘機隊の指揮官になった。サザーランドと同様、アダムズも戦後飛行機事故で死亡した。

＊5　このアベンジャーは、空母エンタープライズ搭載の第三雷撃機隊と思われる。

＊6　ガダルカナル島で見つかったのは、索敵レーダーの試作品であり、連合軍が初めて鹵獲した日本軍のレーダーだった。後に一一式一号電波探信儀と呼ばれることになるこのレーダーは、最大およそ三五マイル先の目標を探知する能力があった。アメリカ海軍調査研究所の専門家によると、部品の大半は既存のアメリカ製の機器をコピーした物だったという。

＊7　オーストラリア海軍の重巡洋艦キャンベラ、アメリカ海軍の重巡洋艦ヴィンセンス、クインシー、アストリアが日本海軍の三隻の巡洋艦に与えた損害は大きくなかったが、日本側でも乗組員一二九人が戦死した。

第五章　アメリカ軍反攻の最前線

一九四三年四月一八日　ソロモン諸島

サボ島の北東、重巡洋艦クインシーとヴィンセンスが沈んでいる海域の上空を飛んでいたレックス・バーバーの脳裏には、ここで失われた乗組員たちの命は決して無駄ではないという思いが去来していた。彼らパイロットは、ヘンダーソン飛行場、隣接する「牧草地」と呼ばれていたファイターワンやファイターツーから離陸するたびに、この思いを新たにしていた。ガダルカナル島を支配下に置くということは、その周囲数百マイルの空域を支配するだけではなく、日本側の自信を挫くこともできるということを意味していた。一九四三年春、日本の陸軍と海軍は、自分たちが無敵ではなく、アメリカ軍が退廃的でも、弱くもないということを認識するようになった。一九四三年四月一八日、ガダルカナル島は新たにもう一つの意味を持つようになった。海兵隊が島を確保したことで、真珠湾攻撃、珊瑚海海戦、ミッドウェー海戦で失われた命はもちろん、エドソン尾根［訳注：後出の血染めの丘のこと、日本側呼称はムカデ高地］の戦いやマタニカウ川の戦いで倒れた兵士たちのために復讐するチャンスが生まれたのだ。ジョン・ミッチェルがライトニングの編隊を、正しい時間に、正しい場所へと導くことができれば、またレックスや他のパイロットたちの誰かが山本五十六の命を奪うことができれば、少なくともこれまでに死んでいったアメリカ兵たちの仇を討つことができる。

前方では、先頭で編隊を組む四機のライトニングが機体を傾けて左に旋回しながら高度を下げており、水平線を背景に機体尾部の輪郭がくっきりと浮かび上がっていた。レックスはスロットルを引き戻して操縦輪を動かしながらランフィア機の左の翼を注視し、キラー編隊の各機も後に続いていた。機体を左旋回させながら水面に向かって降下すると、サボ島だけではなく、ここで死んだ兵士たちの魂も左側の胴体に沿って後方に流れていくような感じがした。彼は、海面に向かって降下しながら操縦輪の下に左手を伸ばし、涙滴型の機関砲装弾ノブを掴んだ。ノブを反時計回りに九〇度回して押し込むと、電動装置が動いて二〇ミリ機関砲に弾が装填され、いつでも撃てる状態になった。

太陽の光に波頭がきらめき、サボ島北側海岸線の灰色の帯に沿って波が白く砕けるのが見えた。レックスは、ランフィアの乗るフィービーにちらちらと視線を送りながら、スロットルと操縦輪の間にある計器盤から六インチ（約一五・二センチメートル）突き出た円筒に取り付けられている大きめの黒いハンドルに手を伸ばした。円筒の正面に付いているこのハンドルは、コースター位の大きさの平らなノブで、白い矢印が一つ刻印されていた。レックスは、ぎざぎざのついたハンドルの縁に指をかけ、左に回してUPPER RIGHTと書かれた位置に矢印を合わせた。四挺ある五〇口径機関銃への装弾はパイロットが手動で行う必要があり、レックスはハンドルを握って素早く引っ張り、弾が装填された感触が得られたところで前に押し戻した。その後ハンドルをまた左に回してLOWER RIGHTと書かれた位置に合わせ、同様の操作を行って弾を装填し、さらに回してLOWER LEFTとUPPER LEFTの機銃にも弾を装填してから、シートに背中を預けた。日本軍は、もっぱらここよりはるか北で作戦行動を展開していたが、この時期彼らの動きを把握するのは困難であったし、数日前にガダルカナル島への奇襲攻撃が行われたばかりという事情もあり、パイロットたちは戦闘が発生する可能性を絶えず意識していた。レックスは、キャノピーを通して差し込む朝陽の熱を感じたが、革製の飛行帽の下を流れ落ちる汗は無視して、シートベルトを数インチ緩めた。気温が上がると、消え去ることのないカビや小便の悪臭が立ち上ってくるが、それらも無視した。この時、前を行くミッチェルのP-38がイルカのように上下動を繰り返した。この動きは、事前の打ち合わせで、長時間の飛行に備え散開するよう指示する合図と決められていた。ランフィアも同じ動きをしたので、レックスは、フィービーが西の方向に機首をめぐらせたのに合わせ、五〇〇フィート（約一五二メートル）まで間隔を広げた。それからスロットルを少し動かし、ランフィア機から少し離れた位置を保つようにした。こうして、海面から五〇フィート（約一五・二メートル）の高度を保ちながら、一六機の戦闘機はソロモン海の靄の彼方へと消えていった。

フランクリン・ルーズベルト大統領は、「我々は、南西太平洋に足場を築くことができたと確信している。日本は、ここから我々を追い払うのが極めて難しいことを思い知るようになるだろう」

と書き残したが、これはかなり楽観的な見方だった。フレッチャー少将の第六一任務部隊が慌てて撤退してしまい、航空支援を受けられなくなったケリー・ターナー少将の脆弱な輸送船団がガダルカナル島近海に留まることが困難になったため、作戦全体の成功の可能性について深刻な疑念が生じることになった。医療用品や外科用品、大型の土木機械、大半の食糧など、第一海兵師団が必要とする重要な資材の半分は荷揚げすることができなかった。しかし、島に上陸した海兵隊員は、一七日分の携帯口糧を持っていたうえ、日本軍が備蓄していた食糧も手に入れており、その量は、果物や鮭、カニ、魚の缶詰などおよそ一〇日分あった。また、湿度の高い熱帯では貴重な靴下も大量にあったが、そのほとんどはアメリカ人には短すぎた。下着もあったが、日本の伝統的な褌は、海兵隊員の体格には合わなかった。一方、三〇口径と四五口径の弾薬は、およそ一二〇〇万発が荷揚げされており、輸送船団が撤退する直前に野砲も運び上げることができた。

これで必要最低限の物資は確保できた。

ヴァンデグリフトは、ガダルカナル島が確保され、飛行場の運用が可能になれば、支援を受けることができると考えていた。上陸作戦が始まる五日前、ずんぐりとした船型の小型空母がハワイの真珠湾を出港して南西へと針路を取り、太平洋の彼方にあるガダルカナル島のぬかるんだ滑走路を目指して進んでいた。元々はSSモーマックメイルという貨物船だったが、一九四一年三月にアメリカ政府に買い取られてロングアイランドと改称され、アメリカ海軍初の護衛空母となってCVE-1の艦艇記号が付与された。全長四九二フィート（約一五〇メートル）、全幅六九フィート（約二一メートル）

のこの艦は、大型正規空母の半分程度のサイズだった。「ジープ空母」とも呼ばれたロングアイランドは、軽武装で最高速度も時速一九マイル（約三〇・六キロメートル）に過ぎないなど、さまざまな制約はあったものの、数千人の兵士の運命を変え、ガダルカナル島の戦いを勝利へと導くチャンスをもたらす積み荷を運んでいた。その狭い飛行甲板には、第二三海兵航空群の航空機三一機がひしめき、艦内には四五人のパイロットが乗っていたのだ。

一九機のF4F-4ワイルドキャット戦闘機を擁する海兵隊第二二三戦闘機隊は、二つの戦闘機隊から抽出されたパイロットにより結成された部隊で、指揮官はジョン・ルシアン・スミス大尉だった。またリチャード・マングラム少佐が指揮する偵察爆撃機隊の一二機のドーントレス急降下爆撃機も、ガダルカナル島侵攻作戦が始まる九一日前にハワイのオアフ島で新設されたこの航空群に加わっていた。スミス大尉の部隊に所属する三一人の戦闘機パイロットのうちの二六人とマングラム少佐の部隊に所属する九人のパイロットは、航空学校を卒業したての実戦経験のない少尉ばかりだったが、航空支援がなければ島を失う可能性もあるため、戦況はかなり厳しいものだった。サボ島沖海戦［訳注：第一次ソロモン海戦］に敗れ、アメリカ海軍の艦艇が撤退したため、護衛空母ロングアイランドは、フィジー島のスバに入港し、そこから先のエファテ島までの航海に備えることになった。ここで海兵隊第二二三戦闘機隊の最も未熟なパイロットたちは、ジョー・バウアー少佐の海兵隊第二一二戦闘機隊に所属する八名のベテランパイロットと交代し、空母は彼らを載せて北西方向へと針路を取り、ソロモン諸島を目指した。

一方、ガダルカナル島に上陸した海兵隊員たちは、塹壕のなかで日本軍の攻撃に耐えていた。彼らには、数で勝る敵を相手にした厳しい戦いであっても果たすべき使命を全うするという覚悟があり、大規模な攻撃の噂を流しても日本側が期待したような効果は得られなかった。そのうえ彼らは、自分たちの相手が無敵の日本軍であるという言葉に耳を貸さず、積み上げられた弾薬と鋭利なナイフだけを信じていた。兵士たちの間では合言葉が作られ、毎晩更新された。通常は、「Lollygag」や「Lollipop」、「Lilliputian」など、アジア人にとって発音が難しいLで始まる単語が使われた。もちろんアメリカ兵のなかにもLの発音が不得意な者はいた。ボブ・〝ラッキー〟・レッキーがある晩歩哨をしていたとき、戦友の一人が用を足して戻ってくるのを見つけた。

「止まれ！」レッキーは低い声で命じた。

「後生だ、ラッキー、撃たないでくれ。俺だ、ブリッグスだ」

「合言葉を言え」

「Lily-poo…、luly…」

「早く来い！合言葉はもういいから」

「Luly-pah…、lily-poosh…、ああ面倒くさい」

ヴァンデグリフトは、上陸拠点東端のイル川と西端のマタニカウ川の間に橋頭保を築き、その中央部にある飛行場の防備を固めることができた。これでシーラーク水道へと至る補給路を確保し、飛行場を守ることができる。航空支援さえ受けることができれば、日本軍の反撃は難しくなるはずだ。海軍の艦艇はほとんど撤退してしまったが、翌週以降は希望の光も見えてくると思われた。上陸から五日が経過した八月一二日、工兵隊は、二六〇〇フィート(約七九三メートル)の滑走路を完成させ、滑走路両端にあった数エーカーに及ぶバニヤンの森をダイナマイトで吹き飛ばした。

航空支援を熱望していたヴァンデグリフトは、「ガダルカナルの飛行場は、戦闘機や急降下爆撃機を迎える準備ができている」というメッセージを送った。この時点で島にいた唯一の海兵隊パイロットであるケン・ウィアー少佐は、ミッドウェー海戦で空母飛龍を攻撃し、戦死した海兵隊第二四一偵察爆撃機隊のロフトン・ヘンダーソン少佐にちなみ、この小さな滑走路にヘンダーソン飛行場という名前を付けた。彼は、「ペンタゴンで立派な机の後ろにふんぞり返っている太鼓腹のお偉方ではなく」、戦士にちなんだ名前を付けたいと考えていた。飛行場を点検し、海兵隊員を支援するため、ジョン・シドニー・マケイン少将は、自分専用のPBY-5Aをガダルカナル島に派遣し、その日の午後、ウィリアム・S・サンプソン中尉の操縦する飛行艇が初めて島に着陸した。

八月一五日、駆逐艦マッケーン、グレゴリー、リトル、コルホーンは、鉄底海峡(シーラーク水道は、サボ島沖海戦でアメリカ軍が大敗した後、最もふさわしいこの名前で呼ばれるようになっていた)に滑り込んだ。海兵隊のチャールズ・H・〝フォッグ〟・ヘイズ少佐をガダルカナル島に送り込み、飛行場の運用に向けた準備に当たらせるためだった。また駆逐艦隊は、機関銃の弾帯、二八二発の多目的爆弾、工具、ポンプ、四〇〇〇ガロン(約一五一四リットル)の航空燃料を陸揚げし、コンストラクション・ユニット・ベース1

（CUB-1）のジョージ・W・ポーク少尉以下二人の将校と一八八人の要員も上陸させた。CUB-1は、海軍第六建設大隊の先遣隊であり、一九四二年八月一一日にニューヘブリデス諸島のエスピリトゥサント島に到着したばかりだった。

アメリカは、戦争が始まる数年前から、広大な太平洋で戦う際の兵站についてさまざまな研究を行っていた。真珠湾攻撃の三週間後、アメリカ海軍造修局は、工兵隊と共同で海軍建設大隊を設立し、練り上げていた計画を実行に移した。間もなく「シービー」という略称で広く知られるようにこの部隊には、土木と建築の専門知識を持つ技術者が集められており、一九四二年八月には、それぞれおよそ一一〇〇人の将兵を擁する六つの大隊が太平洋に展開することとなった。

ポーク少尉がガダルカナル島に到着した同じ日、マーティン・クレメンスと名乗るはだしのイギリス人沿岸監視員が、地元住民の偵察隊員二〇人とともにテナル川沿いにある海兵隊拠点の東の浜辺に姿を現した。スコットランドで生まれ、ケンブリッジ大学で学んだこの人物は、二三歳でイギリス植民地省に入り、一九三八年からソロモン諸島に駐在していた。ソロモン諸島保護国防衛軍の大尉となったクレメンスは、優れた指揮官であるエリック・フェルト少佐の下、この地域の島々に配置された沿岸監視員のネットワーク構築を目的としたファーディナンド作戦に参加した（＊1）。フェルトとその部下の貢献について、アメリカ海軍のウィリアム・ハルゼー提督は、「毎晩跪き、エリック・フェルト少佐を遣わしてくれたことを神に感謝した。沿岸監視員がガダルカナルを救い、ガダルカナルが南太平洋を救った」と述べている。

後にクレメンスは、「我々は、二列縦隊を組み、ライフルを肩に担いで行進した。日本軍はこのようなバカなやり方で行進しないことを知っていたので、敵意を向けられるよりも、いかれた連中という目で見られるだろうと考えた」と書いている。クレメンスの名前は、ヴァンデグリフト少将も良く知っていたとはいえ、重武装した数千人の若い海兵隊員が待ち構えている場所に出て行くことを考えれば、賢明な方法だったと言える。翌日海兵隊の指揮官と会ったクレメンスは、「現地住民に対する行政全般、および上陸拠点の外部における情報収集」に関するすべての権限を与えられた。ヴァンデグリフトの先見の明が発揮されたこの措置は、この後数カ月にわたり海兵隊員が生き抜くうえで極めて重要な意味を持つこととなった。

アメリカ軍の侵攻に驚きつつも重要視していなかった日本海軍軍令部総長の永野修身（ながのおさみ）は、昭和天皇に対し、「陛下がお気になさるようなことではございません」と説明した。しかし他の幹部、とりわけ山本五十六は懸念を強めていた。彼は連合艦隊の司令部をトラック島に移し、第一艦隊と第二艦隊に対してガダルカナル島奪回の準備をするよう命じた。連合軍側から見ると驚くべきことだが、陸軍は、海軍がガダルカナル島に飛行場を建設していたことを全く知らされておらず、アメリカ軍の反攻が始まってから情報の提供を受け、ラバウルの第一七軍司令官である百武（ひゃくたけ）中将にアメリカ軍への反撃を命じた。八月一五日には、一九三七年に北京郊外の宛平で起きた事件に関与し、その後大佐に昇進していた一木清直の指揮する第二八歩兵連隊が六隻の駆逐艦に分乗してガダルカナルへと急行した。島にいるのはアメリカ兵一〇〇〇人程度という情報を受け取っていた一木大佐は、自分が「軟弱」で「臆病」とみなす敵への反撃には総勢九一七人の第二大隊で十分と考えていた。

ロシア軍や中国軍、植民地軍に対して楽に勝利を重ねてきた日本陸軍は、自分たちの優越性に絶対的な自信を持っていた。その自信の基礎となっていたのは、本質的に日本人は支配人種であり、他国よりも上位の文化から生まれる日本固有の不屈の精神である大和魂に裏打ちされた精神的な強さを兵士一人ひとりが持っているという信念だった。個々の日本人が持つ精神力、すなわち肉体的、精神的な強さは、自分が日本人であるという自負からごく自然に醸成されると考えられていた。日本の武士が守るべき規範である武士道と結びついたこの信念は、個々の兵士や水兵、パイロットの支えとなっており、帝国陸海軍は無敵であるという確信につながっていた。ウェーク島やグアム島に駐留していたアメリカ軍の小規模な守備隊に対する奇襲攻撃や真珠湾での勝利も、自分たちの武勇について抱き続けてきた意識をさらに強めた。一木大佐は、ソロモン諸島に侵攻してきた敵軍がただの兵士ではなく、海兵隊であるという事実を第一七軍司令部から伝えられておらず、いずれにしてもこの時点でその違いに意味があるとは認識されていなかった。彼らは、敵軍の種類など問題ではなく、日本は常に勝つと信じていた。

ガダルカナルの戦いは、こうした意識を根本的に変える契機となった。

一木支隊がトラック島を出発してから二日後の八月一七日、駆逐艦追風は、ニュージョージア海峡を高速ですり抜け、横須賀鎮守府第五特別陸戦隊一一三人をマタニカウ川西岸のタサファロング近くに上陸させた。この部隊には、補給再開に向け海岸拠点を確保するとともに、可能な限り情報を収集するという任務が与えられていた。その二四時間後、一木支隊は、アリゲータークリークに沿って配置されている海兵隊の拠点から二五マイル（約四〇・二キロメートル）東にあるタイボ岬に上陸した（＊2）。一木支隊も海岸拠点を確保し、第二梯団一四一一人と大隊が装備する重火器、補給物資が到着するのを待つことになっていた。一木大佐は、千葉の陸軍歩兵学校で教官を務めるなど歩兵部隊の指揮官として豊富な専門知識を有し、中国戦線で戦果を挙げていたうえ、アメリカ兵は「非常に軟弱で臆病」と考えていたため、攻撃開始が遅れることに我慢ならなかった。そこで、背後を守るため一二五人の兵士を残し、ルンガ岬と飛行場に向け直ちに移動を開始した。古典的な夜間の正面突撃を敢行し、アメリカ軍を海に追い落とそうと考えたのだ。

勝利を確信していた一木は、十分な偵察を行う必要性を認識していなかったが、思案の末、攻撃拠点設営を目的とした先発隊三八人を送り出した。彼が実際よりも先の日付でつけていた日記には、「八月一八日　上陸。八月二〇日　夜間行軍し、戦闘。八月二一日　勝利の果実を味わう」と書かれていた。何も恐れるものなどないと考えていた日本軍の先発隊は、海岸を堂々と行進していたが、飛行場の東五マイル（約八キロメートル）ほどのところにあるコリ岬で第一海兵師団A中隊のチャールズ・ブラッシュ大尉が率いる偵察隊六五人と遭遇し、短時間の戦闘で三三人が戦死、残る五人はジャングルに逃げ込んだ。ボブ・レッキーによると、「万事につけ慎重な」ブラッシュ大尉は、この戦闘で三人の部下を失ったものの、日本軍将校の死体を調査してアメリカ軍の配置に関する極めて正確な見取り図を発見した。また彼は、死体のひげが伸びていないことや、軍靴が磨かれた状態だったこと、海軍部隊で使われている菊の花の階級章ではなく、陸軍部隊で使われている金の五芒星の階級章をつけていることにも気づいた。これらの事実からブラッシュは、援軍が到着したことは明白であり、より大規模な部隊の前方を進む偵察隊であると的確に判断した。

その翌日、八月二〇日は歴史的な一日となった。この日の午後、軽巡洋艦ヘレナと駆逐艦デールを伴った護衛空母ロングアイランドは、ガダルカナル島の南東にあるサンクリストバル島［訳注：現在の名称はマキラ島］の沖で回頭し、艦首を風上に向けた。チャールズ・ファイク中佐が指揮する第二三海兵航空群の艦載機三一機が空母を飛び立ち、北西に針路を変えてガダルカナル島へと向かった。今後の展開を予想できた者は誰もおらず、飛行場の準備が整ったというヴァンデグリフトの宣言以外何のニュースも届いていなかったため、各機は、予備の部品やプラグ、スターターカートリッジ、予備タイヤまで積み込んでいた。この日、海軍第六建設大隊の指揮官であるジョー・ブランドン中佐もエスピリトゥサント島からガダルカナル島に到着した。彼は、すぐに島内を視察し、可能な限り早く完全装備のシービー部隊二個中隊を送るよう要請した。

この頃ガダルカナル島の南では、飛行艇と爆撃機の空中戦という普段見られない事件が発生して、海兵隊員を喜ばせ、日本軍を当惑させることになった。日本海軍の九七式飛行艇［訳注：コードネーム「メイヴィス」］が、アメリカ軍の位置を調べるための偵察飛行を行った後ショートランド島の基地に戻ろうとしていたが、突然胴体をガンガンとハンマーで叩くような音がした。機体にはぎざぎざの穴が開いて太陽の光が差し込んでおり、戦闘機に攻撃されたと思ったパイロットは慌てて回避行動を取った。その時突然、アメリカ軍のB-17爆撃機が後方から現れた。第一九爆撃群に所属するこのB-17はウォルター・ルーカス大尉が操縦しており、日本軍艦艇に対する哨戒飛行を終えて基地に戻る途中、のんびり飛んでいる日本軍の飛行艇を発見したのだった。後期型ほど重武装ではなかったものの、三〇口径の機関銃一挺と五〇口径の機関銃五挺を搭載していたこのB-17は、飛行艇の後方へと静かに回り込み、ヴァーノン・ネルソン軍曹とチェスター・マリゼスキ軍曹が機銃弾を浴びせたのだった。攻撃を受けた飛行艇は四基あるエンジンのうちの三基が停止して着水し、狼狽したパイロットは、なおも海上を走り回って逃げようとしたが、エド・スペッチ軍曹が機銃掃射を行うと、爆発炎上した。

夕方近く、ガダルカナル島の海兵隊員は飛行機のエンジン音を聞き、慌てて塹壕に身を隠した。これまでの一二日間、日本軍機が絶えず攻撃を繰り返していたので、ジャングルに設営されたテントの下からライトグレーの胴体に白い星を付けたアメリカ軍の飛行機が降りてくるのを見た兵士たちは驚き、飛行場の周囲から歓声が沸き上がった。ある海兵隊員は、「これまで見たなかで最もすばらしい光景だった」と語っており、涙を流す者もいた。ドーントレス急降下爆撃機が飛行場の上空を旋回し、車輪とフラップを下げて埃っぽい滑走路に着陸した。滑走路を走行して開けた場所に停止し、大型のライトサイクロンエンジンを止めてリチャード・マングラム少佐が地上に降り立つと、驚いたことにヴァンデグリフト少将自らが出迎えた。

その日の夜遅く、ソロモン諸島保護国防衛軍に加わっていた地元住民のジャコブ・ヴォウザは、ヘンダーソン飛行場の東、イル川沿いにある海兵隊の拠点にふらつく足取りでたどり着いた。彼は、日本軍に捕まり、一木大佐からアメリカ軍の位置について尋問を受けた。情報提供を拒否すると、赤アリの巣の上に縛り付けられ、銃床で殴られたうえ、銃剣で六カ所刺され、木に吊るされた。日本兵は、彼が死んだと思いそのまま去ったが、当時五一歳だったヴォウザは、ロープをかみ切ってアメリカ軍の陣地まで戻り、敵が接近しつつあるという情報をいち早くもたらしたのだった。

真夜中、アリゲータークリークの西岸に展開していた海兵隊第二大隊の塹壕に日本軍工兵の先発隊が接近し、小競り合いが始まった。八月二一日、二時一五分、海兵隊の前哨部隊に警報が出され、三時一〇分には一木支隊の第二中隊が幅四五ヤード（約四一・一メートル）の狭い砂州を渡って最初の突撃を敢行した。海兵隊員が砂の上の設置しておいた一本の有刺鉄線に引っ掛かった日本兵は、「武器を大きく振り回しながら叫び声を上げたり、早口で何かしゃべったりしていた」という。この時エドウィン・ポロック中佐の第二大隊が一斉に射撃を開始し、五〇口径機関銃の重い発射音、ブローニングM1918自動小銃特有ののこぎりを引くような連射音、迫撃砲の発射音など、戦場の音がヘンダーソン飛行場にまで轟いた。近距離の戦闘で最も威力を発揮したのは三七ミリ対戦車砲で、日本兵が密集している場所に向けてキャニスター弾を撃ち込んだ。

突撃してくる日本兵を幾筋もの曳光弾が切り裂き、赤や白の照明弾が揺らめくなか、アメリカ軍兵士たちは、「このクソガキども！」、「死ね、俺たちは海兵隊だ！」などと叫びながら銃を撃ちまくったが、突撃は終わらなかった。日本軍兵士は、自分たちの白兵突撃に対して敵が持ちこたえることはできないと信じており、中国軍兵士や開戦当初の連合軍兵士に関しては、概ねその通りだった。彼らは、これまで自分たちと同様、激しい戦いのなかでも怯まず拠点を防衛することができる敵と対峙したことがなく、海兵隊員は、血にまみれたこの長い夜の戦いで、その能力を証明したのだった。空が茜色に染まり始めても銃声は止まず、暗い空を背景にココヤシのシルエットがくっきりと浮かび上がってきた。少数の日本兵が防衛線を突破したものの、その先で勇猛なアメリカ兵と遭遇することになった。戦友の死に激怒していたディーン・ウィルソン二等兵は、塹壕から飛び出し、ナタで三人の日本兵を切り殺した。またジョージ・ターザイ二等兵は、七人の日本兵に攻撃されたが、そのうち五人をピストルで倒し、もう一人を銃剣で刺し殺した。最前線で小隊を指揮していたジョージ・コドレア中尉は、二発の手榴弾の破片で負傷し、大量の出血と激しい痛みに襲われたが、翌日の昼まで指揮所に留まった。

当初の作戦計画から逸脱することなく攻撃を続けた日本軍の指揮官とは異なり、ポロック中佐と部下の将校たちは、絶えず方針を変更しながら、新たな状況に対処していた。一木大佐が新たに二個中隊を攻撃に参加させると、海兵隊は、機関銃の配置を変更するとともに、重砲の火力支援を要請し、突撃してくる多くの日本兵を倒した。八月二一日土曜日、夜明けとともにポロックは反転攻勢に出た。アリゲータークリークの河口にある幅四〇フィート（約一二・二メートル）ほどの砂嘴を越えてスチュワート軽戦車の小隊が前進し、レオナルド・B・クレスウェル中佐率いる第一大隊の三個中隊が海岸の南側に広がるジャングルを通って一木支隊を背後から包囲した。また別の一個中隊がさらに東へと進み、タイボ岬に向け退却しようとする日本兵を阻止するため布陣した。海兵隊第二二三戦闘機隊のワイルドキャットも出撃準備を開始し、プラット&ホイットニー製エンジンの心地よい音が響き渡った。

三方向から包囲された一木支隊の残存部隊は、まさしく金床と金槌の間に捉えられた状態となった。ヤシの林のなかで小部隊に分断された一木支隊にとって、唯一の逃げ道は鉄底海峡だけのように思われた。しかし、安全な場所まで泳いで逃げようとした日本兵の多くは、ワイルドキャットによる機銃掃射の犠牲となった。かくして一木支隊の惨劇は幕を閉じた。マーティン・クレメンスは、「これほど短時間のうちにこれほど恐ろしい大量殺人が行われるのを初めて見た」と書いており、他の目撃者も同様の回想を残している。この戦いをほぼ初めから終わりまで見ていた特派員のリチャード・トレガスキスは、「至る所に死体の山が築かれていた。そのなかには、内臓を抉られ背骨が見えている死体、頭が黒焦げの死体、髪の毛が無く黒く変色して眼球がむき出しになっている死体、ピンクや青、黄色の内臓を飛び出させた死体などがあった」と述懐している。

第二大隊H中隊のロバート・レッキーは、「大量のハエが群がっており、口や目、耳などあらゆる開口部で真っ黒な漏斗が回転しているように見えた。ものすごい数のハエが小さな羽を打ち鳴らす音が集まり、恐ろしい低音の唸り声となっていた」と書いている。疲れ切ってはいたが、アリゲータークリークの陣地で油断することなく次の攻撃に備えていた海兵隊員は、クロコダイルが日本兵の死体を貪り食う様子を眺めていた。レッキーは、「我々は、彼らが一種の「河川警備員」の役割を果たしていると考えていたので、クロコダイルを撃つことはなかった。だが彼らが死体をかじる音のおかげで眠気も消えた」と述懐している。

死んだと思われていた日本兵のなかには生きているものもいた。負傷した日本兵の多くは、降伏するよりもアメリカ兵を道連れにしようとした。海軍で薬剤師の助手をしていたポール・ビューローが負傷した敵兵を治療しようとしたところ、その兵士が突然彼にとびかかり銃剣で刺し殺した。また手榴弾を投げようとする者や至近距離で銃を撃とうとする者もおり、捕虜になる者はほとんどいなかった。天皇のため死ぬまで戦うという日本兵の望みは、海兵隊員たちによってかなえられた。

一木大佐の最後については、いくつかの説がある。一つは、指揮下の部隊が全滅したことが明らかになった時点で、連隊の旗を焼き、祈りを捧げた後、自決したという説である。もう一つは、タイボ岬にたどり着いた生存者一〇人のうちの一人が報告したとされるもので、大佐は戦闘の渦中へと歩みを進め、戻ってこなかったという説だ。

いずれにしても、一木大佐がどのような最期を遂げたのかは大きな問題ではない。その傲慢さと思い上がりによって八一三人の兵士たちの命が失われたうえ、海軍の艦艇が撤退し、実質的な航空支援を受けられない状態だったアメリカ海兵隊からガダルカナル島を奪い返す最良のチャンスを無謀な攻撃により逃してしまったことが問題だったのだ。一六時間に及ぶ攻撃により、第一海兵師団では三四人の兵士が戦死し、七五人が負傷したが、アメリカ軍の反攻の拠点は、危険な状態ではあるものの依然として確保されており、ヘンダーソン飛行場も守られた。この戦闘に参加した若いアメリカ軍兵士たち、また彼らと同様の境遇にあった数千人の若者たちは、アメリカ海軍が一九四二年六月にミッドウェー海戦で証明したこと、すなわち日本軍の不敗神話は単なる神話に過ぎないということを地上戦でも実証したのだった。

八月二二日の日曜日、前日から夜通し戦い続けた海兵隊員たちのもとに不確かながら朗報が届いた。アメリカ陸軍が援軍を送ったというのだ。アリゲータークリークの戦いを経験したリチャード・トレガスキスは、「飛行場に戻ると、茶色の塗装を施された陸軍航空隊の長い機首を持つ戦闘機が着陸しようとしていた。これらの戦闘機は、初めてガダルカナル島に到着した陸軍の航空機だった。機体には、明るい色の塗料で識別番号が書き込まれており、個性的な絵や紋章も目を引いた。デール・D.ブラノン大尉が指揮する第六七戦闘機隊の五機のP-400戦闘機は、ニューカレドニアの基地を飛び立って南に向かい、まず三二五マイル（約五二三キロメートル）先のエファテ島に着陸して燃料を補給した後、一八〇マイル（約二九〇キロメートル）先のエスピリトゥサント島に飛んだ。そこで一晩過ごした後、翌朝燃料を満タンにして飛び立ち、六四〇マイル（約一〇三〇キロメートル）離れたヘンダーソン基地にB-17爆撃機一機を伴って飛来したのだった。ブラノンは、爆撃機が機首を翻す直前に航空士と交わした最後の無線通信について回想している。航空士からは、「このコースを保ったまま二〇マイル（約三二・二キロメートル）進め。飛行場の上空に着いたら、滑走路端のポールに翻っている旗をチェックし、それがアメリカの国旗かどうか確認しろ」と言われたという。翌日には、ロバート・E・チルソン中尉が指揮する基地の地上勤務員や整備員三〇人が輸送船フォーマルハウトでルンガ岬沖に到着した。

ベルP‐39エアラコブラの輸出用モデルであるP‐400は、鮫のような尖った機首と流麗な曲線の胴体を有し、プロペラの軸にイスパノスイザ三七ミリ機関砲を搭載していた〔訳注：二〇ミリ機関砲に換装された機体もあった〕。当初フランス空軍向けに開発されたが、一九四〇年五月にフランスが崩壊すると、最初に発注された納品前の機体はイギリス空軍に供与された（＊3）。残念ながら質の高い設計で評価されていたとは言い難いベル・エアクラフト社は、武装と装甲を搭載していない試作機を基に性能データを作成したため、一九四一年末には、戦時下のイギリス空軍からも西部戦線での戦闘には適さないとの評価を下されてしまった。このため二〇〇機ほどがソ連に送られ、残りのP‐39とP‐400は、真珠湾攻撃後喉から手が出るほど飛行機を必要としていたアメリカ陸軍航空軍がすべて引き取ることになった。

すでにP‐400よりも優れた性能を持つ戦闘機の生産も始まっていたが、十分な数が揃うまでは利用可能な機体で間に合わせなければならなかった。一九四三年冬、多くのP‐400とP‐39がオーストラリアに到着するようになり、そのなかにはニューギニアのポートモレスビーとオーストラリアの防衛を担う第八戦闘航空群の九〇機のP‐39も含まれていた。また、一〇〇機のP‐400が第三五戦闘航空群の五つの戦闘機隊に振り分けられ、もっとましな機体が供給されるまでの穴埋めとしてフィジー、パルミュラ、クリスマス、カントン、ニューカレドニアの各島に配置された。

一九四二年三月一五日、ブラノンと部下のパイロットたちを乗せた輸送船トーマス・H．バリーは、ニューカレドニアの南西端にあるヌーメア港に入港した。ニューヨークからオーストラリアを経由し三八日間の旅の末にたどり着いたニューカレドニアは、アメリカ西海岸とニュージーランド、オーストラリアを結ぶ開設間もないながら極めて重要な南太平洋輸送航路を守る島々の最終防衛線となっていた。木枠の付いた重量一万ポンド（約四・六トン）の荷物四〇個がヌーメア港のニッケルドックに陸揚げされたが、そのうちの一個を開梱したパイロットと整備員は少なからずショックを受けた。分解された状態のP‐40ウォーホークが入っていると思ったら、その場にいたパイロットが誰も乗ったことのないP‐400が入っており、整備用マニュアルもP‐400のものではなくP‐39エアラコブラD型やF型、K型のものだったからだ。元々この四〇機はソ連向けに出荷されることになっていたが、真珠湾が攻撃を受けた後、送り先が太平洋戦域のアメリカ陸軍に変更されたのだった。

他に選択肢がなかったため、ブラノン大尉とその部下は、ヌーメアの北東三二マイル（約五一・五キロメートル）、ヴァンサン湾近くのトントゥータにあるかつてフランス軍が建設した基地まで、一車線の危険な山道を通って荷物を一個ずつトラックで運んだ。四四人の士官が宿泊する施設は一軒の農家だけであり、彼ら以外の兵士たちは、屋外にある未完成の防空壕で眠ることになった。暴風雨にさらされ、蚊の大群に悩まされながら、彼らは基本的な工具だけで飛行機の組み立て方法を学んでいったが、この作業にも困難が付きまとった。配線を完全に間違えた状態で組み立てられた機体は、フラップを下げようとすると降着装置が格納され、降着装置を上げようとすると機関砲が発射された。また燃料系統のパイプを絶縁テープではなく普通のセロテープで止めたためドロドロに溶けてしまい、手作業で除去する羽目になった。このように多くの問題に遭遇したものの、三週間で四一機の組み立てが完了した。パイロットたちは、扱いの難しい小型戦闘機の操縦法を独学で習得しながら、戦争のニュースを聞き、出撃の時を待っていた。

ブラノン大尉以下数人のパイロットは、一九四二年八月二二日にガダルカナルの戦いに投入された時点である程度の技量を身に付けていた。しかし訓練と実戦は別ものだ。陸軍航空隊のP-40がガダルカナルの基地に着陸した日、生き残った一木支隊の兵士たちは、タイボ岬の宿営地に戻りつつあった。八月二二日、「(一木)支隊は未明に壊滅、飛行場には到達できず」という無線通信が第一七軍司令部に送られた。衝撃を受けたものの、不安よりも戸惑いを感じた日本軍の参謀将校は、生き残った連絡係の中尉が作戦行動について説明する正式な至急電を送って来るまで、一木支隊全滅の知らせを信じようとしなかった。八月一六日に出港した一木支隊第二陣の一五〇〇人と横須賀鎮守府第五特別陸戦隊の将兵が乗る輸送船は、間もなくガダルカナルに上陸することになっていた。田中少将率いる軽巡洋艦神通と駆逐艦八隻、輸送船三隻から成る艦隊は、日本軍が行った海上輸送による増援作戦「東京急行［訳注：これはアメリカ側の呼称で、日本側は鼠輸送と呼んでいた］」の先駆けだった。

ガダルカナル島奪回を目指す作戦の基盤となるのは、狭いニューギニア海峡をすり抜けて物資や兵員を運ぶ高速船や駆逐艦、潜水艦、兵員輸送船などになるはずだ。このように考えていた山本五十六は、島の奪還を目指す日本軍の前に立ちはだかる二つの大きな障害に注目していた。すなわち、ソロモン諸島の南東海域にいるアメリカ軍の空母とヘンダーソン基地に配備されている厄介な航空部隊「カクタス」空軍の航空機だ。ガダルカナル島を奪還するには、この二つを排除する必要があり、山本はそのための作戦を独自に立案していた。連合艦隊司令長官として大きな名声を得ていた彼は、今回の侵攻により、アメリカ軍の空母を罠に誘い出して撃破する新たなチャンスが生まれると考えていた。巧妙さ、欺瞞、奇襲は、日本海軍の戦術の特徴であり、日露戦争での旅順口攻撃と日本海海戦は、最初の重要な勝利だった。罠におびき寄せておいて一気に襲い掛かるというわけだ。

日本海軍は、珊瑚海海戦とミッドウェー海戦でアメリカ海軍を相手にこの戦術を駆使しようと試みて惨憺たる結果に終わったものの、山本は今度こそ目的を達成できると信じていた。ミッドウェー海戦のときと同様、アメリカの空母は、ガダルカナル島と海兵隊を守るという任務に縛られ、総力を挙げた日本側の攻撃に対し脆弱さを露呈することになるというのがその根拠だった。この戦いに勝利すれば、これまでの敗北の影響が払拭され、南太平洋における戦略的な情勢の主導権を間違いなく掌中に収めることができる。

八月二三日、五八隻の艦船と一七七機の航空機がトラック島に集結し、海上で燃料を補給した後、南東のガダルカナル島へと向かった。北からガダルカナル島に接近しつつあった一木支隊の第二陣は、ヘンダーソン飛行場に対する地上からの攻撃を援護することになっていたが、最初の攻撃が失敗したため一旦南に向かった後、再び北に戻っており、連合軍もその動向を逐一把握していた。輸送船団の後方数百マイルには、近藤中将率いる前衛艦隊の巡洋艦六隻と駆逐艦六隻がいた。この艦隊は、正規空母二隻、軽空母一隻、戦艦二隻、駆逐艦七隻から成る南雲中将の主力艦隊を守る役割を担っていた。南雲艦隊の空母瑞鶴と翔鶴は、珊瑚海海戦での損傷箇所を修理し、航空部隊を再建したうえで新たな戦場へと赴いたのだった。

二四機のゼロ戦と九機の急降下爆撃機を搭載した軽空母龍驤は、途中で主力艦隊と分かれ、陽動部隊としてヘンダーソン基地を攻撃することになっていた。ミッドウェー海戦のときと同様、山本は、地上配備の航空機に守られた島に脅威を与えることでアメリカ軍の空母を誘い出す作戦を立てた。山本は、アメリカ軍によるガダルカナル島への侵攻に対し、このような形でいち早く反応したのだが、結果的には、首尾一貫した計画や統一的な目的、明確な命令がないまま、連合艦隊の有力な部隊が拙速に行動することとなった。八月二四日朝、太平洋戦争における空母同士の三度目の戦いが始まると、問題点がすぐに明らかになったが、アメリカ艦隊を指揮していたフレッチャー提督の対応も到底褒められたものではなかった。九時三五分、アメリカ軍のPBYカタリナ飛行艇が空母龍驤を発見したが、フレッチャーはこの情報を信用せず、二時間後に新たな報告が入るまで何の対応もしなかった。フレッチャー艦隊は北に向かっていたが、哨戒任務に就いていたワイルドキャットが日本軍の偵察機を撃墜したという連絡が入り始めたことで、この海域に大規模な艦隊がいることは明白になった。フレッチャー艦隊の東にいた龍驤は、一二時二〇分に一五機のゼロ戦と六機とした。

　一時間後、空母サラトガのレーダーがこの攻撃隊を捉え、ガダルカナル島に情報を伝えた。ここでようやくフレッチャーは、龍驤を攻撃するためサラトガから一三機のＳＢＤドーントレス急降下爆撃機と八機のアベンジャー雷撃機を発進させた。一四時〇〇分、重巡洋艦筑摩の水上偵察機がガダルカナル島の東二〇〇マイル（約三二二キロメートル）の海域でアメリカ軍の空母二隻を発見し、一四時五五分に二七機の九九式艦上爆撃機と一〇機のゼロ戦が翔鶴と瑞鶴から発艦してアメリカ艦隊に向かった。この頃、龍驤から飛び立った小規模な攻撃隊は、ガダルカナル島上空でカクタス空軍の迎撃を受け激しい空中戦を展開していた。混乱した状況の中で三機のワイルドキャットが撃墜されたが、日本軍の攻撃機六機もすべて撃墜されていた。ほぼ同時刻、偵察に出ていたＳＢＤドーントレスが近藤中将の巡洋艦隊を発見し、ほどなくそのすぐ後ろにいた南雲艦隊の大型空母も発見した。

　この後の数時間は、両軍とも大混乱に陥って何度もチャンスを逃すことになったが、龍驤はサラトガの艦載機による攻撃を繰り返し受けた。龍驤への攻撃が続いていた頃、翔鶴と瑞鶴からは、新たに二七機の急降下爆撃機と九機の戦闘機がフレッチャー艦隊を攻撃するために発艦し、エンタープライズのレーダーがおよそ八八マイル（約一四二キロメートル）先で北西から接近するこの編隊を捉えた。五三機のワイルドキャットが迎撃のため飛び立ったが、戦闘機隊をうまく誘導することができなかったうえ、情報伝達にも問題があったため、日本軍機をほとんど捕捉できず、九九式艦上爆撃機の突破を許してしまった。エンタープライズには二分間で三発の爆弾が命中し、一六時四六分に火災が発生した。わずか一五分の戦いで、日本軍は一八機の急降下爆撃機と六機のゼロ戦を失い、アメリカ軍は八機のワイルドキャットを失ったが、アメリカ軍のパイロットは五人が救助された。

日本軍の第二次攻撃隊がフレッチャー艦隊を発見できずに帰還したという幸運はあったものの、アメリカ軍のダメージコントロール能力はここでも威力を発揮した。エンタープライズは一時間も経たないうちに二四ノットで航行可能になり、艦載機も収容できた。一方、幸運に恵まれなかった龍驤は、その日の夜遅く沈没した。翌日の未明、ガダルカナル島の北およそ一八〇マイル（約二九〇キロメートル）の海域を飛んでいたPBYカタリナ飛行艇が、月明かりの下、一木支隊の第二陣を輸送中の田中少将の艦隊を発見した。八時八分、カクタス空軍の急降下爆撃機が軽巡洋艦神通と三隻の輸送船のうち最も大きい船を攻撃した。この攻撃で神通は大破、輸送船は沈没したが、その後さらに三機のB-17が上空に現れ、炎上中の艦艇に向かって一万二〇〇〇ポンド（約五・四トン）の爆弾を投下した。重爆撃機から海上の目標に向かって投下された爆弾は、駆逐艦睦月などに命中、睦月は四七分後に沈没し、輸送船はあわててこの海域から離脱した。一木支隊の上陸は中止され、残った艦艇は北西の方向に退避してトラック島へと向かった。

サボ島沖海戦（第一次ソロモン海戦）で日本軍は戦術的に大勝利を収めたが、海兵隊をガダルカナル島から追い出すことができなかったため戦略的には敗北だった。今度の東部ソロモン海戦［訳注：日本側の呼称は第二次ソロモン海戦］でも日本軍は勝利を収めることができなかった。アメリカ軍の空母を撃破することができず、歩兵部隊を運ぶ輸送船も撃沈されたうえ、アメリカ軍がソロモン諸島南部での航空優勢を維持したため日本軍は戦力をすり減らすことになった。とりわけ日本にとって重要だったのは、怒りに満ち、機敏で執念深い敵が今後どのような動きを見せるのか警戒する必要性を再認識させられたという点だ。少なくとも山本五十六はこのことを認識し、速やかに戦術を転換する必要があると考えていた。彼にはその能力があり、日本海軍の伝統に逆らう意思もあった。だからこそ、この小柄な提督は、南太平洋のアメリカ軍にとって極めて危険な存在だったのだ。

日本軍がこれまでに受けた損害の回復に努めていた頃、アメリカ海兵隊は、上陸拠点、とりわけ飛行場の周囲を警戒しながら防衛戦を続けていた。ヘンダーソン基地と航空支援がなければ、海兵隊が生き残ることはできなかった。日本軍機の攻撃が近いという警報が出るたびに、あるいは上陸拠点周辺で緊密な航空支援が必要になるたびにパイロットたちは飛行機を飛ばした。誰もが体力を消耗し、誰もが一度や二度病気になった。航空戦が始まってから五日後に飛行可能だったのは、ワイルドキャット一一機、ドーントレス九機、P‐400三機だけだった。その四日後、ニューカレドニアからジョン・トンプソン大尉率いる九機のP‐400が到着し、第六七戦闘機隊の全機がガダルカナルに展開することとなった。

空襲のさなかに着陸したり、飛行場周辺にいる日本軍の狙撃兵から絶えず狙われたりするといった経験を積むことで、トンプソン隊のパイロットはカクタス空軍の一員へと成長していった。八月二九日、ゼロ戦に護衛された一八機の一式陸攻が来襲したときには、四機の戦闘機で構成される小隊三個が何とか飛び立つことができた。この時は一万四〇〇〇フィート（約四二六七メートル）以上の高度まで上昇することができなかったので、ブラノンは、ワイルドキャット隊が日本軍機の編隊に斬り込み、爆撃機四機とゼロ戦四機を撃墜する様子をイライラしながら見守るしかなかった。その後基地に帰還した陸軍航空隊のパイロットたちは、滑走路から低木が生えているような状態になっているのを見て驚いた。植物の生えている場所を避け、作業中の一団の脇を通り抜けた彼らは、補修作業班が灌木を使って爆弾でできた穴の位置をパイロットに知らせようとしていることに気づいた。ゼロ戦の奇襲攻撃を受けた八月三〇日には、一一機のP-400が出撃し、やっとの思いで帰還したパイロットは滑走路に空いた穴を避けながら着陸した。このときは四機が撃墜され、ロバート・E・チルソン中尉とK・W・ワイセズ中尉が戦死したが、残りの二人は基地まで歩いて帰ってきた。

状況は悲惨なものだったが、海軍の艦艇が戻って来るまではどうしようもなかった。海軍、海兵隊、陸軍航空隊のパイロットたちは、「モスキート渓谷」と名付けた飛行場近くのココナッツ園内にある泥まみれの防空壕やぼろぼろのテントで寝起きしていた。日本軍が残していった古い藁蒲団しかなかったとはいえ、小屋で寝泊まりできた者は幸運だった。このような環境で数日間過ごすと、空中戦で高度な技量を発揮することなどできなくなる。パイロットたちは、近くに武器を持った戦友がいるなどという贅沢を味わうことはできず、死ぬときは一人で死んでいく。コックピットに残るのは、血まみれの死体や黒焦げの死体であり、海に落ちればのどの渇きに苦しみながら一人で死んでいくしかない。時には、跡形もなく消えてしまう者もいる。後に残されるのは、小屋の片隅に置かれた何通かの手紙、ぼろぼろの服、恋人や妻、子供の写真だけだ。カクタス空軍のパイロットは、およそ五人に一人が戦死または重傷を負った。一方、陸軍や海兵隊の歩兵で戦死または重傷を負った者の割合は、およそ五〇人に一人だった。

食事は、加工肉の缶詰であるスパムに時折ソーセージが加わる肉料理と、第一次世界大戦以来の伝統である乾燥ポテトを使った付け合わせが中心だった。戦闘の後、引き裂かれた神経を鎮め、疲れ切った体を眠りへと誘うために不可欠な酒は手に入らず、残っていたのは日本製の煙草ばかりだった。一方、熱いブラックコーヒーはふんだんにあり、時には基地の近くをさまよっている牛を撃って夕食にすることもあったが、筋の多い固い肉で、日持ちもしなかった。とはいえ肉を現地調達できるという点で、泥だらけの陣地を守る海兵隊員は幸運だったと言える。彼らは、二〇〇ヤード（約一八三メートル）ほど離れた場所から牛の眉間を打ち抜くことができた。

この時ガダルカナル島にいた者は、例外なく体重を減らしており、平均でおよそ二〇ポンド（約九・一キログラム）、なかには四〇ポンド（約一八・一キログラム）も減らした者がいた。士気は低くなかった（この点で海兵隊のプロ意識は徹底していた）が、自分たちはカクタス空軍以外の誰からも見捨てられていると感じることもあった。海兵隊員は、毎回飛び立つ飛行機を数え、戻ってくる飛行機が少なくなっていくのを見ていたが、たとえ忘れられ、絶えず劣勢で、孤立していようと、ガダルカナル島から一歩も引かないという反骨心にも似たプライドは持ち続けていた。海兵隊員が特に目の敵にしていたのは、デール・ブラノンとP-400のパイロットを除くアメリカ陸軍だった。
陸軍の上層部はツラギに部隊を派遣しようとしたが、ダグラス・マッカーサーは、「だめだ。派遣する理由はあるが、今はその時期じゃない。そのうえ慰問団もいない」と言って反対した。

空襲は、天候が許す限り毎日のように行われ、徐々に数を減らしつつあった戦闘機のパイロットは、通常日本軍機が襲来する三〇分前に沿岸監視員の警戒網から警報を受け取っていた。生き残っていたアメリカ軍のパイロットは、短期間に多くのことを学び取っており、ジョン・スミス大尉やマリオン・カール大尉などの有能で意欲的なパイロットは、敵に対抗するための有効な戦術を実戦で試していた。彼らは、日本軍機より五〇〇〇フィート（一五二四メートル）以上高い高度から急降下し、一式陸攻の尾部銃座の二〇ミリ機関砲や三挺の七・七ミリ旋回機銃の射界に入らない角度で攻撃を行った。通常太陽を背にして上から急角度で斬り込むこの攻撃方法なら、撃墜される危険を回避しつつ、防弾装備のない一式陸攻の燃料タンクを五〇口径機関銃で攻撃することができた。ゼロ戦に関しては、回避できる状況であれば、誰も正面切って戦おうとはしなかった。

しかし、アメリカ海軍第三戦闘機隊の指揮官であるジミー・サッチは、より高性能の戦闘機が配備されるまでの対策を考えていた。この戦法は、ペアを組む二機の戦闘機が相互に連携することで、優れた運動性能を発揮するゼロ戦を打ち負かすというものだった。基本的にこのペア（分隊）は、織物を幾重にも織るように飛ぶことで最初の攻撃をかわし、敵機がペアのどちらか一方を攻撃対象に選んだ時点で、もう一方が敵を攻撃することになっていた。日本軍パイロットが好む戦法は、個人で戦うという侍の哲学を反映したものであり、ペアで戦うというアメリカ軍の戦法は、効果的な対抗戦術となった。坂井三郎は、この新たな戦術を用いるアメリカ軍機に初めて遭遇し、一九四二年当時日本軍のエースパイロットだった中島正との戦いで効果を発揮したときのことを、「二機のワイルドキャットが中島機に襲い掛かってきた。彼は難なく敵機の後ろに回り込んだが、もう一機のワイルドキャットが側面から攻撃してきたので、攻撃のチャンスを逃してしまった。ラバウルに戻ってきた中島はひどく機嫌が悪かった。急降下して逃げなければならなかったからだ」と書いている。

アクタン島からシアトルに送られた古賀一飛曹のゼロ戦は、この頃サンディエゴの海軍航空基地で修理中であり、性能に関するデータを利用できる状態ではなかったが、二機が連携して戦うという この戦術は、アメリカ軍のパイロットに大きなチャンスをもたらした。この戦術は、アメリカ海軍と海兵隊のパイロットの間で急速に広まり、ガダルカナル島に駐留する陸軍航空隊のパイロットにも伝えられた。サッチは、この戦術を「ビーム・ディフェンス・ポジション」と呼んでいたが、パイロットの間では「サッチ・ウィーブ」として広く知られるようになった。新たな戦術が効果を発揮したものの、カクタス空軍に残された飛行可能な戦闘機はやがて一二機を下回ってしまい、八月末には危機的な状況となった。

八月三〇日、カクタス空軍を撃破するため全力を注いでいた日本海軍戦闘機パイロットたちの努力は成功へと近づいていた。一一時四五分、歴戦の台南航空隊に属する一八機のゼロ戦がガダルカナル島上空に現れ、慎重に計画された敵戦闘機掃討作戦を開始した。ゼロ戦は、カクタス空軍の航空機をできるだけ多く撃破し、この後の攻撃に対するガダルカナル島からの反撃を弱めようとした。一方、沿岸監視員から警報を受け取ったアメリカ軍は、三つの編隊を発進させていた。P-400四機がツラギ上空の低高度の空域に待機して座礁している輸送船を守り、残る七機の「ポンコツ」(この頃パイロットたちはP-400をこう呼んでいた)はヘンダーソン飛行場上空一万四〇〇〇フィート(約四二六七メートル)の空域を周回していた。さらにその上の高度二万八〇〇〇フィート(約八五三四メートル)では、ジョン・ルシアン・スミス大尉が指揮する八機のワイルドキャットが日本軍機を待ち構えていた。

台南航空隊のパイロットは、日本軍のなかでも最高の技量を有していた。中国戦線での戦闘経験があるベテランパイロットが多く、フィリピンでアメリカ陸軍航空隊と初めて戦ったのも彼らだった。ニューギニアのラエに送られた台南航空隊は、アメリカ軍がガダルカナル島に上陸するまで、オーストラリア空軍のP-40キティホークやアメリカ陸軍航空隊のP-39と戦っていた。坂井三郎は、台南航空隊のトップエースであり、彼が重傷を負って戦列から離れざるを得なかったことに戦友たちは激怒していた。しかし、自信過剰になっていたのは海軍上層部だけではなかった。坂井が負傷したにもかかわらず、台南航空隊のパイロットたちは、敵のパイロットも自分たちと同等の技量を持っている可能性に思い至ることができなかった。そのうえ彼らは、アメリカ軍パイロットほど状況の変化に柔軟に対応することができず、三機で編隊を組み、ほとんどの場合個々のパイロットが単独で戦うという非効率的な戦術に固執していた。これに対し、ワイルドキャットは二機が連携して戦い、強力な武装と装甲を活かすことでゼロ戦が高い運動能力を発揮できない状況に持ち込むことができた。またアメリカ軍の戦闘機は無線機を使って意思疎通を図り、攻撃を調整していたが、日本軍パイロットのなかには、重量が増加するのを嫌って無線機を取り外す者もいた。

この日の戦いは短時間で終わった。

台南航空隊の優秀なパイロットが操縦するゼロ戦八機が短時間の空中戦で撃破され、一機が海に不時着した。戦って死ぬことに価値を見出していた日本軍のパイロットは、パラシュートを着けていなかったため、撃墜された場合、飛行機だけではなく、高い技量を持つ熟練パイロットも同時に失われることとなった。アメリカ軍の損害は四機のP-400のみで、パイロット二人は救助された。

このため一三機のゼロ戦と一八機の一式陸攻から成る第二波の攻撃隊が上空に現れたときも、カクタス空軍は生き残って戦い続けることができた。この攻撃で駆逐艦コルホーンが撃沈され、日本軍機が去った後、ヘンダーソン飛行場に残っていた飛行可能な機体はわずか五機という状況になったが、その後間もなく第二三海兵航空群のウィリアム・ウォレス大佐が救援の手を差し伸べ、ロバート・ゲイラー少佐の指揮する海兵隊第二二四戦闘機隊のワイルドキャット一九機とレオ・スミス少佐指揮下のドーントレス一二機が到着した。

しかし、喜んでいられるのは束の間というのがガダルカナル島の日常であり、翌日の朝はアメリカ軍にとって最悪のニュースで始まった。七時四八分、ガダルカナル島の南二六〇マイル（約四一八キロメートル）の海域を航行していた空母サラトガが艦載機を発進させた直後、右舷に魚雷一本が命中したのだ。日本海軍の潜水艦伊二六（艦長は横田稔中尉）は、空母を発見すると、急速潜航する直前に角度を変えながら魚雷六本を発射した。潜航時に潜水艦の上部構造物が駆逐艦マクドノーの船体を擦るという間一髪の状況だった（＊4）。サラトガは、汽缶室に浸水して四度傾いたが、ダメージコントロール班が火災を消し止め、重巡洋艦ミネアポリスに曳航されてこの海域を離脱した。この攻撃で額を負傷したフレッチャー提督は一層神経質になって南西方向に針路を取り、フィジー諸島を通過してトンガまで退避してから真珠湾へと帰還した。この時期は空母エンタープライズも修理中であり、南太平洋で作戦可能なアメリカ軍の空母はワスプとホーネットのみになった。

東京の軍令部は、ソロモン諸島に足場を築こうとするアメリカ軍の行動について、奇襲や威力偵察などではなく本格的な反攻であり、日本の南方進出を阻止し、山本五十六の動きを抑えるための実体を伴う動きであるという結論を遅まきながら下すに至り、山本もこれに同意した。また彼は、ガダルカナル島の奪還は地上部隊によるしかないが、航空優勢なしでは不可能であるとも主張していた。ガダルカナル島を奪還するための方策として山本が発案したのが「カ」号作戦だった。島の日本語名称の最初の音節に由来するこの作戦名は、アメリカ軍空母の撃沈を目的とした強力な反撃を加えることで、戦力が整う前にカクタス空軍を一掃し、陸軍部隊が妨害を受けることなく島に近づける状況を作り出すというものだった。かくして日本軍の部隊が集結を開始すると、ガダルカナル島のアメリカ軍にも不吉な噂が届くようになった。

　この時点でガダルカナル島をめぐる戦いは、アメリカ独立戦争におけるヨークタウンの戦いや南北戦争におけるゲティスバーグの戦いと同様、極めて重要な意味を持つと認識されるようになっており、この島で苦闘を続ける兵士たちは、テキサス独立戦争でメキシコ軍の攻撃を受け全滅したアラモ砦の悲劇が繰り返されないよう一心に願っていた。この頃、川口清健少将の第三五歩兵旅団を乗せた輸送船が、ブーゲンビル島に隣接するショートランド島の港を出港し、ニュージョージア海峡を南西に向け進んでいた。川口少将は、歴戦の兵士五〇〇〇人で島を奪回できると確信しており、その先遣隊は、一木支隊の第二陣だったおよそ一〇〇〇人の兵士とすでにタイボ岬に上陸していた第一二四歩兵連隊で構成されていた。

　一方、アメリカ軍にとって良いニュースもいくつかあった。潜水艦の攻撃で損傷した空母サラトガに搭載されていたリロイ・シンプラー少佐指揮下の二一機のドーントレス急降下爆撃機と雷撃機、九機のワイルドキャットがカクタス空軍の増援としてヘンダーソン飛行場に飛来したのだ。八月三一日には、ジョン・マケイン少将が、友人であるアーチャー・ヴァンデグリフト少将と直接会って話を聞くため島を訪れた。背が高く、倹約家の海兵隊少将は、細く小柄な海軍少将のために貴重なバーボンウィスキーを開けたのだが、まさにこの時日本軍の空襲が始まった。防空壕にうずくまった二人は、爆弾が風を切る音を聞き、振動で埃が舞い上がる様子を眺めた。その夜は、日本海軍の巡洋艦が島に近づき、飛行場を砲撃した。島で頑張っている兵士たちはこうした出来事に慣れていると聞かされたマケインは、「ヴァンデグリフト、これは君の戦いであり、君が望んだものだろう。しかし明日私が帰るときには、ここにいる航空部隊が必要とするものを届けることができるよう全力を尽くすつもりだ」と答えた。

マケインは、すぐさまマッカーサーとニミッツに書簡を送り、今後もガダルカナル島をアメリカ軍の手中に収めておきたいと思うのなら、「飛行可能な高高度戦闘機四〇機」を島に配備することが絶対に必要であると強調した。そのうえで、「現在の戦力に加え、P-38やF4Fで構成される完全定数の戦闘機隊二個をカクタス空軍に編入する必要がある。…状況は切迫しており、いかなる遅延も許されない。カクタス空軍は、敵の空軍力をそぎ落とすための下水口になる可能性がある。…だが必要な増援が行われなければ、カクタス空軍は任務を遂行することができず、島を確保することもできない」と指摘している。

ガダルカナル島で戦い、死んでいく兵士たちにとって、状況は明白であり、不明瞭な点など何もなかったが、長年にわたり軍事予算が低く抑えられ、技術開発も進んでいなかったアメリカが遅れを取り戻すのは容易ではなかった。当時アメリカは、経済と工業の分野で潜在的な力を発揮するための準備運動を始めたばかりだったのに対し、枢軸国側は全力で攻撃を続けていた。ドイツの第四装甲軍はスターリングラードに迫りつつあり、ロンメル将軍のアフリカ軍団もアレキサンドリアまで五〇マイル（約八〇・五キロメートル）足らずの場所にいた。ロンメルを止めることができなければ、エジプトは占領されてドイツ軍がスエズ運河を押さえることになり、イギリスはインドからの資源供給を断たれて壊滅する。アメリカ陸軍は、北アフリカへの上陸作戦を敢行してロンメルがエジプトに攻め入るのをくい止めるため、虎の子のP-38が必要になるとしてガダルカナル島への配備に異議を唱えていた。傲慢で近視眼的なマッカーサーも、ガダルカナル島への支援に否定的だった。太平洋戦域に展開しているライトニングは一八機しかなく、ポートモレスビーが攻撃を受けた場合の防衛に必要というのがその理由だった。マッカーサーは、ソロモン諸島よりもポートモレスビーの方が重要であり、ガダルカナル島で生じる事態についてはすべて海軍が責任を負うべきものと考えていた。その一方で、ニューギニアで自分が行う予定の作戦に空母の支援を求める際には、躊躇うそぶりも見せなかった。日本軍がポートモレスビーに侵攻してきたとしても（実際には行われなかった）、一八機のP-38が戦況を大きく変えることはできなかったかもしれないが、ガダルカナル島に配備されていれば多くの兵士たちの命を救うことができたはずだ。

唯一の朗報は、太平洋艦隊司令長官のニミッツがフランク・ジャック・フレッチャーを退任させたことだった。フレッチャーを辞めさせるための口実として頭部の負傷が使われ、損傷した空母サラトガと共にカリフォルニアに呼び戻された。慎重すぎるその性格と臆病風に吹かれてガダルカナル島の第一海兵師団を見捨てた行為が仇となり、彼はこの後戦争終結まで沿岸警備部隊の司令部に追いやられ、海軍にこれ以上の損害を与えることはなかった。フレッチャーが指揮した艦隊の兵士たちは、日本軍の空母を六隻撃破したが、彼自身は、敵を撃破するため積極的に動いたというよりも、眼前で展開する状況に対応しただけだった。戦争では、この程度の働きでは不十分であり、彼の振舞あるいは不作為への非難は、ニミッツから太平洋艦隊に送られた書簡からもうかがい知ることができる。ニミッツは、「懲罰対象となるリスクを自ら引き受ける覚悟なしに敵に大きな損害を与えることはできない。この戦争に勝つには、敵と取っ組み合わなければならない。我々の勇気、決断、行動が試されているのだ」と書いている。

少なくとも行動することは、海軍にとって揺らぐことのない原則だった。九月一日には、輸送船ベテルギウスが第六建設大隊（シービー）の隊員三八七人と将校五人を運んできた。海軍建設大隊指揮官のジョー・ブランドンは、一〇日前の約束を守ったのだった。この部隊は、二台のブルドーザーを持ち込んでヘンダーソン飛行場建設作業の最終仕上げを行った後、一マイル（約一・六キロメートル）東に補助滑走路を建設するための整地作業を開始した。この滑走路の正式名称はファイターワンだが、一面に茂っていた茅を刈り取って整地しただけの滑走路だったため、パイロットたちは「牧草地」と呼んでいた。二日後、最初の輸送機がヘンダーソン飛行場に着陸し、埃をもうもうと巻き上げながら止まると、海兵隊第一航空団司令官のロイ・スタンレー・ガイガー准将が飛び出してきた。背が低くずんぐりとした体形で、グレーの髪を短く刈り上げたこの人物は、目つきの鋭い「古いタイプ」の海兵隊員だった。第一次世界大戦で航空部隊の指揮官を務めるなど豊富な経験を有し、法学の学位も持っていたガイガーは、ニカラグアやサントドミンゴ、ハイチなどで戦闘に参加し、ヴァンデグリフトとも長年の友人だった。海兵隊で五人目のパイロットとして正式に認定されているガイガーは、ウィリアム・ハルゼー提督をパイロットにしたような軍人であり、翼のあるものなら何でも飛ばすことができた。

　ガイガー准将は、カクタス空軍の状況を大きく改善し、一定の秩序をもたらすことができる人物であり、実際その通りになった。彼自身はガダルカナル島に留まりつつ、航空団の幕僚を組織してエスピリトゥサント島に移動させ、補充要員やスペア部品、燃料、弾薬の供給体制を整えた。バナナ戦争に従軍し、ジャングルの気候にもさほど悩まされることのなかったガイガーは、ヘンダーソン飛行場の中央部にある「パゴダ（仏塔）」と呼ばれる日本軍が建設した木造の司令所に本部を置いた。またガイガーとその不屈の参謀長であるルイス・ウッズ大佐は、レーダーを稼働させ、沿岸監視員から提供される情報を補完できるようにした。レーダーを使うことで、当て推量の入り込む余地が少なくなり、海上を飛んで来る敵編隊にまっすぐ戦闘機を向かわせることが可能になった。

　第三海兵防衛大隊の部隊は、上陸作戦が始まった八月七日に火器管制レーダーと早期警戒レーダーを陸揚げしていたが、戦闘で損傷し、予備の部品もなかったため使用不能になっていたのだった。九月に入り、第五海兵防衛大隊のA分遣隊が移動式の早期警戒レーダーSCR-270Bと九人の要員を伴って到着した。このシステムは、条件さえ良ければ高度二万フィート（約六〇九六メートル）を飛行する航空機の編隊をおよそ一〇〇マイル（約一六一キロメートル）先から検知することが可能とされており、実際の性能はこのスペックを下回るものだったが、ある程度は役に立った（＊5）。九月五日には、ワイマン・マーシャル中佐の操縦するR4D輸送機が、日本軍の攻撃をかいくぐって特別な積み荷を運んできた。その積み荷とは、第二五海兵航空群から提供された三〇〇〇ポンド（約一・

四トン）のキャンディと煙草だった（＊6）。マーシャル中佐は、負傷した海兵隊員を満載してその日のうちにニューカレドニアへと戻ったが、この日から南太平洋戦闘航空輸送司令部（SCAT）による定期的な補給物資輸送作戦が始まった。

翌九月六日、ぼろぼろの飛行服を着た痩せこけた男がヘンダーソン飛行場西側のアメリカ軍の防衛線に近づいてきた。酸素供給装置の故障とエンジントラブルによりエスペランス岬の近くで八月三一日に行方不明となった海兵隊第二二四戦闘機隊のリチャード・アメリン中尉だった。パラシュートで脱出したこの若いパイロットは、海岸に泳ぎ着いたものの、そこは敵の勢力圏に三〇マイル（約四八・三キロメートル）も入り込んだ場所だった。たまたま寝ていた日本兵に出くわした彼は、岩を打ち付けて殺し、拳銃と靴を奪った。その後の数日間、慎重に行動しながら東へと向かい、途中拳銃の銃把で二人の日本兵を殴り殺し、マタニカウ川近くの海兵隊陣地にたどり着く前にもう一人日本兵を射殺した。特派員のリチャード・トレガスキスは、アメリンを取材した際、何を食べていたのか尋ねた。彼は、肩をすくめて「ヒアリとカタツムリ」と答えた。カンザス大学で学位を取得した昆虫学の知識が役に立ったのだった。

九月九日、「牧草地」飛行場が運用可能になったが、舗装されていなかったため離着陸できるのは重量の軽い戦闘機に限られた。コンクリートとマーストンマットは、重量の大きな爆撃機や輸送機が離着陸可能な滑走路を造るためヘンダーソン飛行場に回されていた。九月一一日、昼間の空襲で第六七戦闘機隊指揮官のデール・ブラノン大尉が負傷した。四人のパイロットと共に防空壕へ飛び込もうとした瞬間、一〇〇〇ポンド爆弾が至近距離で爆発し、泥や木の枝と一緒に吹き飛ばされて地面にたたきつけられたのだった。五人は何とか生き延びたが、重傷を負ったブラノンと二人のパイロットは後方に送られた。

九月一一日、「見捨てられた空軍の誰も知らない奇跡」と自称していたカクタス空軍のパイロットたちはようやく休息をとることができた。パイロットたちは、皆慢性の下痢に苦しんでおり、戦闘の絶えまないストレスにより、強靭な精神力を持つ者ですら消耗しきっていた。飛行可能なワイルドキャットは一二機しか残っておらず、日本軍の新たな攻撃が迫りつつある兆候は至る所に見られた。彼らにできるのは戦い続けることだけだったが、希望は失われようとしていた。ガイガーは、疲れ切った兵士たちに対し、「日本兵に銃剣で尻をつつかれるくらいなら、最後まで戦い抜いた方がましだ」と叱咤していた。その日の午後一六時二〇分、空母サラトガを飛び立ったリロイ・シンプラー少佐率いる第五戦闘機隊のＦ４Ｆ二四機が遅ればせながらヘンダーソン基地に到着し、埃にまみれ髭も伸び放題の兵士たちの顔にかすかな笑みが浮かんだ。

ガダルカナル島をめぐる壮大な戦いは、まだ始まったばかりだった。

リチャード・アメリンが生還し、ファイターワンが使用可能になった頃、川口少将が率いる部隊の大半は、タイボ岬から西のタシンボコ村に向かって進み、ルンガ岬周辺に展開する海兵隊の防衛線付近に到達した。川口支隊の兵力は五二〇〇人、これにヘンダーソン基地西側に布陣した岡明之助大佐率いる別動隊一〇〇〇人が加われば必ずやアメリカ軍を撃破できると彼は確信していた。しかし川口少将はこの地域の地形を把握しておらず、偵察も行っていなかった。数的優位があるうえ、奇襲効果も得られるため、偵察など不要というのが彼の考えだった。

実際には兵力で優っていたわけではなく、奇襲にもなっていなかった。

アメリカ海兵隊は、川口支隊の三倍の兵力を有していたが、一木大佐と同様川口少将もこのことを認識しておらず、これが重大な意味を持っているという点にも思い至らなかった。川口少将が初めて実戦を経験したのは、一九四一年一二月にマレーシアに侵攻したときであり、その後フィリピンでも戦っているが、いずれの戦いでも精強な日本軍という観念を覆すような敵とは遭遇しなかったため、アメリカ軍の戦闘能力は非常に低いと認識していた。しかしガダルカナルでは、最初から奇襲のチャンスなどなかった。マーティン・クレメンス配下の沿岸監視員がヴァンデグリフトに絶えず状況を報告しており、九月八日には、メリット・〝レッドマイク〟・エドソン大佐指揮下の第一突撃大隊が、第一海兵空挺大隊（ニックネームは〝ジューテス〟）の残存部隊とともに川口支隊の背後に回り込み、タイボ岬に上陸した。エドソンの部隊は、ここで日本軍の野砲や対戦車砲、多くの補給物資を発見したほか、海兵隊が降伏した場合に備えて計画されていた手の込んだ式典（そのなかにはヴァンデグリフト少将のサーベル受領などの儀式も含まれていた）のための詳しい指示書も入手した。

第一突撃大隊は、無線施設を粉砕し、カニや牛肉の缶詰をポケット一杯に詰め込んだ後、燃やすに忍びないため持ち帰った二一ケースのビールと一七・五ガロン（約六六・二リットル）の酒樽以外すべて破壊した。また彼らは、川口少将のものとみられる軍服も持ち帰ったが、このなかにはヴァンデグリフトが東京に護送され、パレードが行われる際に自分が着るはずだった白い礼服も含まれていた。その後エドソンの部隊は、タイボ岬の西にあるタシンボコに向かい、日本軍第三五歩兵旅団の野営地を発見したが、彼らはそこからさらに西に向かって移動した後だった。残っていた少数の日本兵を倒した海兵隊員は、大砲の閉鎖機を海中に投棄し、書類や地図、暗号帳をかき集め、二隻の哨戒艇と共にテナル川河口の沖合に待機していた駆逐艦マンレイとマッキーンに分乗して離脱した。海兵隊員がこの地域から撤退すると、カクタス空軍のＰ-４００やＳＢＤドーントレスが爆撃と機銃掃射を行った。この時西に向かって進んでいた川口少将は、銃撃と爆撃の音を聞いたが、単なる空襲ととらえており、ここでも、当初の計画に固執し、引き返すことのできない日本軍の硬直性が発揮された。

一方、海兵隊の突撃大隊と空挺大隊は、ルンガ岬に戻って押収した書類を引き渡した後、ククム村近くの海岸で野営した。エドソンをはじめとする将校は、大規模な敵部隊が上陸したと確信しており、日本軍は海兵隊の防衛線を迂回し、最も防備の弱い南側から攻撃してくると考えていた。ヴァンデグリフトは、この見解に同意せず、南側の防衛強化にも否定的だった。日本軍は、これまでと同様、東のアリゲータークリークや西のマタニカウ川を越えて攻撃してくるか、夜間にルンガ岬に上陸してくる可能性が高いというのが彼の考えだった。ヴァンデグリフトのこうした反応は、ある程度理解できるものだった。ガダルカナル島の南海岸に上陸するのは困難であり、仮に上陸できたとしても、ジャングルを切り開きながら北へと向かう間に兵士たちが消耗してしまうからだ。したがって日本軍はヘンダーソン基地の西か東に上陸するか、北側から攻撃してくる可能性が高く、海兵隊はこの攻撃に対して防備を固める必要があると考えられていた。

九月一一日、ヴァンデグリフトはターナーとマケインの書簡を受け取った。その内容は、安全な泊地の司令部にいるゴームレー中将から、艦艇も資産も少なく、補給線が延びているうえ、強力な敵部隊も集結しているため、ガダルカナルの海兵隊をこれ以上支援することは不可能であると通告する文書が来たというものだった。新たに設立された陸軍航空軍の司令官ヘンリー・ハーレイ・〝ハップ〟・アーノルド大将も、作戦成功の見込みがないとの考えから、ガダルカナル島へのP-38の配備要請を拒否していた。ターナーは、こうした見解には与しておらず、ヴァンデグリフトから要請があれば可能な限り早い時期に第七海兵連隊を送り込む計画だったが、カクタス空軍は日に日に戦力を消耗しており、上層部からも海兵隊を見放すような発言が出るなど、状況は厳しいものとなっていた。こうしたなかエドソンは、八四〇人の将兵を擁する第一突撃大隊をヘンダーソン基地の防衛線から引き抜いて休息させ、基地の南側のルンガ川東岸地域に配置するようヴァンデグリフトを説得した。ここは、小高い丘が連なって北から南へと稜線を形成している高地帯［訳注：日本側はムカデ高地、アメリカ側は血染めの丘あるいはエドソンの丘と呼んだ］であり、川口少将が攻撃を計画していたのもまさにこの場所だった。

九月一二日夜、二一時〇〇分過ぎ、日本海軍の軽巡洋艦川内が八インチ砲による砲撃を開始し、その後三隻の駆逐艦も加わった高地への攻撃は四時間にわたって続いた。海兵隊の防衛拠点のかなり南でテナル川を渡った川口少将は、無線機が使えない状況のなか、暗闇に覆われたジャングルのなかで部隊を集結させようとした。事を急いだ彼は、十分な体制が整わない状況のなか、中央の三個大隊二五〇六人で攻撃を開始したが、混乱し方向を見失った部隊は、高地の位置が分からず、沼地周辺のぬかるみにはまってしまった。一方、左翼に展開していた部隊は、流れの速いルンガ川を渡ろうとして、進む方向を見失いさまよっている中央の部隊と交錯してしまった。右翼では、一木支隊第二梯団の残存部隊が前進していたが、ジャングルを抜けると稜線南端の八〇高地に陣取っていた第一突撃大隊と第一空挺大隊の前面に出てしまい、事前に照準を調整していた〝ドン・ペドロ〟・デル・ヴァレ大佐率いる第一一砲兵連隊の正確な砲撃により他の部隊と切り離されてしまった。

川口少将自身はルンガ川に到達したが、夜が明ける頃には泥にまみれ疲れ切っていた。高地を守っていた海兵隊は、戦線を整理し、温めることはできなかったが肉とジャガイモの携帯口糧を食べて休息を取り、日本側は、部隊を集結させ、次の攻撃に備えて調整を行った。川口は、部下の将校たちを叱咤し、「時は来た。天皇陛下に命を捧げよ」と訓示した。九月一三日には、ヘンダーソン基地に対する空襲が三回にわたって行われ、日本側は一一機、カクタス空軍は五機を失ったが、その日の夜川口少将は、持てる全兵力を投入して高地帯への攻撃を開始した。二二時三〇分、ジャングルのなかから赤い炎が立ち上り、田村昌雄少佐の第二大隊が銃を撃ち、手榴弾を投げながら八〇高地の南側の斜面を駆け上った。立ち込める煙を毒ガス攻撃と誤認した海兵隊員は一時後退したが、海兵隊で最も優れた将校の一人であったケン・ベイリー少佐がすぐに陣容を立て直した。海兵隊の頑強な抵抗とデル・ヴァレ隊の一〇五ミリ榴弾砲の砲撃により、日本軍は粉砕された。歴史家のジョセフ・ウィーランは、「後退する空挺隊員の背後に鉄のカーテンが降りた。砲弾が日本軍兵士の体を引き裂き、高地の斜面には彼らの血と引きちぎられた手足が撒き散らされていた」と書いている。

日本軍は大きな損害を出していたものの、後続の兵士たちがジャングルのなかから津波のように押し寄せており、海兵隊の状況は危機的だった。激戦が続くなか二人の海兵隊員が捕虜になり、日本軍は、彼らをナイフで切り刻んで痛めつけ、戦友たちを陣地から誘い出そうとした。この作戦は成功しなかったが、二人が上げる叫び声は、突撃大隊の兵士たちを激高させた。ハリー・トーガーソン大尉は、「お前ら永遠に生きたいか」と叫び、一二三高地の陣地を出て銃剣突撃による反撃を行った。部隊の死傷率は四〇パーセントに達したものの、日本軍の第三大隊を高地から撃退することができた。ウィリアム・J・マッケナン大尉は、「日本軍は、ほとんど絶え間なく攻撃してきた。（中略）雨と同じように一時的に止むこともあるが、その後さらに激しい攻撃が続くという具合だ。波のように押し寄せる日本兵を文字通りなぎ倒しても、新手の連中が突っ込んできては死んでいった」と語っている。

一九四二年九月一三日から一四日にかけての長い長い夜、海兵隊員たちは、勇気と激しい怒り、不屈の精神でそれぞれの持ち場を守り抜いた。銃弾で穴の開いた軍服を着たエドソンが六〇高地に戻ってきたとき、日本軍部隊の前に立ちはだかって飛行場を守っていたのは、三〇〇人ほどの生き残った海兵隊員だけだった。五時三〇分、田村少佐率いる第六中隊の生き残りは、ファイターワンを目指して北上を続け、ヘンダーソン基地まであと一〇〇〇ヤード（約九一四メートル）足らずまで迫った地点でC中隊の工兵により阻止された。それでも少数の日本兵がアメリカ軍の防衛線を突破しており、ハロルド・ビューエル少尉は、その朝自分の乗機まで歩いていく途中で日本兵の死体に躓きそうになったと回想している。機体の片側には血が飛び散っており、少尉が乗機に歩み寄ると、一人の海兵隊員がコックピットの外側に登ってきた。エドソン大佐は、飛行機を守るため一機に一人隊員を張り付けており、これは良い判断だった。ビューエル少尉の乗機にも一人の日本兵がよじ登り、コックピット内に手榴弾を投げ込もうとしたが、この機体を守っていた海兵隊員が敵兵の胸めがけてブローニング自動小銃（BAR）を撃ったのだった。海兵隊員からは、「奴を機体から引きずり下ろしたので、こいつを飛ばすことができますぜ」と言葉を掛けられた。

パイロットたちは、この日も飛行機を飛ばした。四時〇〇分を過ぎた頃、第六七戦闘機隊のジョン・トンプソン大尉は、ヘンダーソン基地のパゴダ（司令所）から呼び出された。

この時の状況についてトンプソンは、「海兵隊員たちは、昼夜を分かたず高地帯で戦い続けていた」と述懐している。

「司令所には高地から来た兵士たちがおり、中隊指揮官も一人含まれていた。その指揮官は疲れきっていて、固まった泥が体中にこびりついており、ヘルメットに穴が開いて、顔には血が流れていた。彼は、状況が非常に悪いため我々の支援が是非とも必要であると力説し、鉛筆と紙切れを掴むと、日米双方の部隊の位置を示す高地帯の大雑把な地図を描き、日本軍は夜明けとともに大規模な攻撃を行うだろうと言った」

穴の開いたヘルメットをかぶったその将校、ケン・ベイリー少佐は、集結しつつある日本兵の総数は二個大隊およそ一七〇〇人で、今防衛線を守っている海兵隊員ではこの数の敵を押しとどめることができないと説明した。また日本軍は、南部高地帯のふもとに集結しつつあるが、ここはデル・ヴァレの砲兵隊が狙える位置ではなく、敵を阻止する手段は空からの攻撃しかないとのことだった。トンプソンはこの要請に応えた。この時彼の部隊には、飛行可能なP‐400が五機残っていたが、燃料は三回の作戦行動をまかなえる程度だった。

「私は、ベイリー少佐の描いた地図をポケットにねじ込むと駐機場に戻り、B.E.デービス中尉とB.W.ブラウン中尉の二人を呼んだ。夜明けとともに三機で飛び立ち、敵に見つからないよう飛行場の周囲を大きく旋回した」

高地の稜線は日本兵の死体で埋め尽くされており、なかには三重に折り重なっている場所もあった。ちぎれた腕や足があちこちに散らばっており、ココナッツの実も見えた。近くに木がないのになぜ実が転がっているのかパイロットたちは不審に思ったが、よく見るとそれは胴体から切り離された首だった。木が茂っていない場所には、いくつものクレーターがあり、そのなかには砲兵隊の砲撃あるいは艦砲射撃によって開いた大きな穴もあれば、手榴弾によって開いた小さな穴や焼け焦げて変色した穴もあった。トンプソンは、東から目標地点に接近し、太陽を背に攻撃を加えることで、高地の下に集結している日本兵の目を眩まそうとした。

「我々は、ジャングルの上を低空飛行し、上昇しながら海兵隊が展開している場所を確認した。陽の光に照らされた地上を見ると、開けた場所に攻撃の準備を整えた多くの日本兵が集まっていた。私は機首を下げて機銃の発射ボタンを押し、右に旋回しながら彼らの頭上を通過した。後に続く二人のパイロットも同様の攻撃を行った」

どこの国の軍の歩兵も、緊密な航空支援を行う敵の飛行機を怖れ、嫌がるものであり、日本軍も例外ではない。一二気筒のアリソンエンジンが上空で唸り声を上げると、日本兵たちは、南部式機関銃や三八式歩兵銃を空に向け上空に弾幕を張った。地上の日本兵を攻撃し、ルンガ川を越えたところで機首を起こしたデービス中尉のP‐400は、弱点である冷却系に被弾した。この若いパイロットは、負傷し、エンジンが止まってしまった状況で、滑空しながら稜線を越え、何とか「牧草地」に着陸することができた。トンプソンとブラウンは、再び旋回し、高地の斜面に蟻のように群がっている敵兵たちに機首を向け機銃を発射した。

空中戦でさまざまな欠点が指摘され、ポンコツと呼ばれていたP-400だったが、地上の目標に対しては大きな威力を発揮した。ジョン・トンプソンは、隠れる場所のない日本軍の歩兵に向かって二〇ミリ機関砲弾六〇発、五〇口径機関銃弾五四〇発、三〇口径機関銃弾三〇〇〇発を撃ち尽くした。彼の乗機も戦場から離脱する際に被弾したが、地上で歓声を上げる海兵隊員の上を飛び越え、デービス機に続いてファイターファンに滑り込んだ。ブラウン中尉は、さらにもう一度血に染まった高地の上空を飛び、壊滅的な打撃を受けた日本軍の大隊がジャングルへと逃げ込むのを見届けた。

煙を吐き、シューシューと音を立てている乗機を降りたトンプソンは、残る一機が着陸するのを待ってからジープに乗り、指令所に戻って戦果を報告した。高地の海兵隊員たちは彼の働きによって救われ、高地の斜面には、五〇〇体を超える日本兵の死体が横たわっていた。指令所では、驚いたことにヴァンデグリフト少将自身が彼を出迎えて握手し、貴重なスコッチウイスキーの瓶を手渡して、「トンプソン大尉、今日のことは新聞に載らないかもしれないが、君と君の部隊のP-400はまさしくガダルカナルを救ってくれた」と称えた。

＊1 フェルトは、日本軍と積極的に戦うのではなく、観察することが沿岸監視員の任務であるということを強調するため、マンロー・リーフの絵本「牡牛ファーディナンドの物語」にちなんで作戦の名称を選んだ。この組織は、敵軍に関する重要な情報を提供しただけではなく、終戦までに三二一人の連合軍パイロットと二八〇人の水兵を救助し、日本軍の収容所から脱走してきた捕虜七五人を助けた。

＊2 「アリゲータークリーク」は、実際にはイル川のことであり、当初作成された地図では、テナル川と誤記されていた。ちなみに、アリゲーターはきれいな水を好むため南太平洋の島々には生息しておらず、イル川に生息しているのはクロコダイルだった。しかし一九四三年八月にここで配置についていたアメリカ海兵隊員にとって、この違いは全く重要ではなかった。

＊3 フランスの首相ポール・レノーは、一九四〇年五月一五日にイギリスの首相ウィンストン・チャーチルに電話をかけ、「我が国は敗れた。我々は打撃を受け、戦争に負けた」と嘆いた。

＊4 一九四一年一二月七日、伊二六は、日本軍の潜水艦として初めてアメリカの商船を撃沈した。アメリカ西海岸を航行していた伊二六は、甲板上の五・五インチ砲でシンシア・オルソンを撃沈したのだった。一九四二年四月に日本を空襲したドゥーリトル隊は、横須賀にも爆弾を落としたものの、港内にいたこの潜水艦を撃沈することはできなかった。同年六月、伊二六は再びアメリカ西海岸に戻り、バンクーバー島のエステヴァン岬にある灯台を砲撃した。伊二六は、一九四四年秋に消息を絶っており、フィリピン沖で撃沈されたと見られている。

＊5 SCR-270は、解像度がおよそ五〇フィートだったため、個別の目標を識別することはできなかったが、大きな編隊を探知するには十分だった。なお海兵隊は、一九四一年七月、バージニア州クアンティコに初めてのレーダー要員養成学校を設立した。

＊6 R4Dは、C-47スカイトレイン輸送機の海軍と海兵隊向けバージョンであり、「アホウドリ」の愛称で呼ばれていた。

第二部

「良いジャップは、六カ月前に死んだやつだけだ」

ウィリアム・F・〝ブル〟・ハルゼー提督

第六章　かりそめの命

日本の敗北にまつわる噂は、どれも良からぬものばかりだった。

アメリカ軍に対する当初の反撃が失敗し、一木支隊と川口支隊が衝撃的な敗北を喫した後、山本五十六は、主導権奪還に向けた決意も新たに、陸海軍の緊密な連携による反攻作戦の準備を進めていた。今度の計画は、「東京急行」を担う二七隻の駆逐艦の高速輸送能力に重点を置いたもので、駆逐艦隊が全速力で鉄底海峡へと突入し、百武中将が指揮する第一七軍の第二師団と第三八師団の一部を上陸させて、ガダルカナル島奪回を目指すことになっていた（＊1）。また日本海軍の誇る熟練パイロットを以てしても、ヘンダーソン飛行場に留まっている反骨心旺盛なパイロットたちを無力化し、打ち負かすことができなかったため、山本は、戦艦と重巡洋艦の強力な主砲を撃ち込んでアメリカ軍を屈服させようと考えた。連合艦隊にとって、ガダルカナル島の奪回は最優先課題となっており、ソロモン諸島にアメリカ軍が足がかりを築くことの危険性を認識している山本が自ら作戦の指揮を執ることになった。

山本の反撃計画は、三段構えになっていた。まず一〇月一一日八時〇〇分、城島高次少将の指揮する輸送艦隊がショートランド島の基地を出撃した。二隻の水上機母艦と五隻の駆逐艦から成るこの部隊は、ニュージョージア海峡を二二〇マイル（約三五四キロメートル）南下してからラッセル諸島の南側を通って鉄底海峡に入り、可能な限りエスペランス岬に接近することになっていた。一方、重巡洋艦三隻と駆逐艦二隻から成る攻撃部隊は、五藤存知（ごとうありとも）少将が指揮し、同じ日の一四時〇〇分にショートランドを出撃した。速度の速い五藤艦隊は、途中で城島艦隊を追い越して真夜中に鉄底海峡に到着し、輸送部隊が増援部隊を陸揚げしている間ヘンダーソン飛行場に対し艦砲射撃を行う手はずだった。

さらに山本は、空母五隻を含む連合艦隊の主力をトラック島に集結させ、ガダルカナル島のアメリカ軍に大規模な攻撃を行う準備も進めていた。瑞鳳、翔鶴、瑞鶴を中心とした空母機動部隊は、南雲中将が指揮していた。彼は、真珠湾攻撃を成功させ、インド洋からイギリス艦隊を駆逐したが、ミッドウェー海戦で敗北を喫していた。空母隼鷹と飛鷹は、戦艦金剛と榛名、巡洋艦四隻、駆逐艦一〇隻とともに近藤信竹中将の指揮下に入った。この他、阿部弘毅（あべひろあき）少将が指揮する戦艦比叡と霧島、重巡洋艦三隻、駆逐艦一五隻から成る部隊も作戦に参加することになっていた。これまでに行った作戦はことごとく頓挫し、損害も増えていたが、山本は早期に反撃を行う必要性を痛感しており、第一七軍と連携した総攻撃の「Xデー」は一九四二年一〇月一五日に決まった。

九月の後半は、大規模な戦闘がなく、比較的静かだったため、日米両軍ともこの期間を利用して部隊の立て直しと再編成を行っていた。チェスター・ニミッツ提督は、南太平洋戦域を視察し、ガダルカナル島の状況を自分の目で確認した。当時南太平洋方面におけるアメリカ海軍部隊の司令官だったゴームレー中将は、前線の視察などは一切行っていなかったが、後になって、ガダルカナル島の部隊には、停泊地や桟橋、通信手段、援軍など、可能な範囲であらゆる支援を提供していたと弁明している。この地域で特に重要だったのはヘンダーソン飛行場であり、ニミッツもその点を認識していた。彼は、最も優秀な建設部隊の手で飛行場を完成させ、滑走路を整備し、拡張する必要性があるとしたうえで、「航空機は極めて高価であり、わずかな損傷が原因で永遠に失われてしまうような事態になるのは非常に困る」と指摘した。

また航空機は、パイロットがいなければ何の役にも立たないので、ニミッツは、医療施設や給食施設、堅固な燃料貯蔵施設、テントに代わるかまぼこ型兵舎の建設も指示した。パイロットを養成するには何年もかかるため、彼らが無駄に失われるのは恥ずべきことであり、こうした資源の無駄遣いは危険であるというのが彼の認識だった。ニミッツは、反攻作戦が始まったばかりの時期にはやむを得ない面もあったと認めたうえで、ソロモン諸島に強固な足場を築くという方針を明確に示し、航空優勢の確保がその成否を左右すると強調した。九月一八日に第七海兵連隊が島に到着したのに続き、ミッチェル少佐率いる戦闘機隊も新たに到着し、日本軍に囲まれ苦しい防衛戦を展開してきた海兵隊員に対する陸軍の支援がようやく目に見える形で始まった。

陸軍による支援の第二弾は、ニューカレドニアから進出してきた「アメリカル」師団［訳注：当初は師団番号がなかったが、後に第二三歩兵師団となった］の第一六四連隊だった。一〇月九日、ヌーメアからガダルカナル島に到着した輸送船マコーリーとゼイリンには、二八三七人の将兵が乗っていた。指揮官は、陸軍士官学校出身の有能でカリスマ性のあるブライアント・ムーア大佐であり、前月まで州兵部隊の指揮官だった（＊2）。陸軍部隊の上陸に備え、ノーマン・スコット少将の指揮する第六四任務部隊の巡洋艦四隻と駆逐艦五隻が鉄底海峡へと至る航路の安全を確保するよう命じられていた。

闘志あふれるスコット提督は、一九一一年にアメリカ海軍兵学校を卒業し、第一次世界大戦中は大西洋でドイツの潜水艦と戦っていた（＊3）。水上艦艇の砲術専門家だったスコットは、最新の技術に高い信頼を寄せており、作戦計画のなかにもレーダーと航空機を組み込んでいた。また実戦に即した戦闘訓練、とりわけ夜間戦闘の訓練にも力を入れており、ガダルカナル島の南海岸とレンネル島の間の海域で哨戒任務に就きながら、任務部隊全体で統一的な演習を実施して砲術に磨きをかけるとともに、利用可能な技術のあらゆる要素を組み合わせて主砲の命中精度を高めつつ、日本海軍の艦艇を待ち構えていた。訓練の成果を発揮する機会はすぐに訪れた。一〇月九日、一四時四五分、カクタス空軍の二機のドーントレスがチョイスル島の北二〇〇マイル（約三二二キロメートル）のニュージョージア海峡で城島少将の艦隊を発見した。この情報はすぐさま送信されたが、二機ともゼロ戦の攻撃を受けた。パイロット二人は負傷したが、なおも日本艦隊についての情報を送り続けた。アメリカ側は、水上機母艦と駆逐艦から成るこの輸送部隊を巡洋艦と駆逐艦から成る艦隊と誤認したうえ、その後方を進んでいた五藤少将の部隊には気づいていなかった。しかしスコット少将にはこの情報だけで十分だった。彼は、重巡洋艦サンフランシスコ、ソルトレークシティ、軽巡洋艦ボイシとヘレナ、護衛の駆逐艦を伴って北上し、日本軍を迎え撃つことにした。

一〇月五日にガダルカナル島に着任したミッチェルと部下のパイロットたちは、五日目の夜、エスペランス岬の北西方向の沖合から聞こえてくる雷のような砲声に叩き起こされた。二二時〇〇分、ガダルカナル島南海岸のハンター岬沖にいたスコット少将の任務部隊は、三機の水上偵察機を発進させ、サボ島沖の海域で日本艦隊を発見したが、スコットは、サボ島の西側に別の日本艦隊がいるのではないかと推測した。二分後、ヘレナとソルトレークシティのレーダーが自分たちから五マイル（約八キロメートル）足らずの場所にいる五藤少将の艦隊を捉え、彼の直感は正しかったことが裏付けられた。二三時三三分、スコットは、北東に向かって進んでいた艦隊の針路を西に変えるよう命じたが、左に舵を切るタイミングが悪かったため、その後の数分間、各艦が隊列を組み直そうとして混乱に陥った。二三時四五分、日米の艦隊は、三マイル（約四・八キロメートル）足らずの距離まで接近し、双方が相手を目視で確認した。日本側の旗艦の見張り員は、この数分前にアメリカ艦隊を発見していたが、重巡洋艦青葉に座乗していた五藤少将は、城島少将の輸送艦隊だと思い込んでいた。

一分後、二三時四六分、ヘレナの六インチ砲一五門が一斉に火を噴き、五藤少将はすぐに自分が致命的な過ちを犯したと悟った。その後ソルトレークシティとサンフランシスコの八インチ砲も砲撃を開始すると、数分の間に何十発もの砲弾が青葉に命中して八〇人近くが戦死し、五藤少将も致命傷を負った。この間アメリカ軍の駆逐艦も日本艦隊に向けて突進し、探照灯を照射しながら魚雷を発射し、暗闇のなかへと消えた。軽巡洋艦ボイシの艦長だったエドワード・〝マイク〟・モラン大佐は、「最も大きい敵艦を狙って撃て」と命じ、乗組員はその命令を実行して、三〇〇発以上の六インチ砲弾を撃ちこんだ。艦隊内での意思疎通に若干の問題はあったが、アメリカ軍の巡洋艦は、多数の八インチ砲弾に加え、駆逐艦から発射された魚雷が二本命中していた重巡洋艦古鷹に照準を移して集中砲火を浴びせた。午前〇時少し前、多くの砲弾が命中した古鷹と駆逐艦吹雪では火災が発生していた。スコット艦隊は、北西に向きを変えてこの海域から離脱しようとする敵艦隊を追撃したが、一時二〇分に砲撃を止め、踵を返してガダルカナル島へと戻った。

夜間の海戦に長けていると自他ともに認めていた日本海軍は、アメリカ軍の猛攻によりおよそ四〇〇人の乗組員を失った。吹雪に続き、二時二八分には古鷹もソロモン海の海底へと沈んだが、青葉は重巡洋艦衣笠と共に低速で戦場を離脱し、翌朝一〇時にショートランドへと帰還した。一方、古鷹に対して果敢に攻撃を行った駆逐艦ダンカンは、激しい反撃にあって四八人の乗組員を失い、この夜アメリカ軍が失った唯一の艦艇となった。海軍兵学校出身で、ラクロスの元全米代表選手だったダンカンの艦長エドムンド・バテル・テイラー中佐は、炎上する艦橋から脱出した後、再び艦に戻って消火活動を行い、乗組員を救助した。駆逐艦ファーレンホルトも友軍からの誤射で損傷し、三人の乗組員を失って、夜間の戦闘がはらむ危険性を改めて思い知らされることになった。この海戦でアメリカ側は、一六三人の負傷者を出したが、その大半は衣笠の主砲弾が複数命中し、前部弾薬庫が爆発した軽巡洋艦ボイシの乗組員だった。ボイシは、モラン艦長の迅速な判断と優秀なダメージコントロール班の活躍により沈没を免れたものの、その後五カ月にわたりフィラデルフィア海軍造船所で修理を受けることになった。

ジョン・ミッチェルは、ガダルカナル島に着任早々さまざまなことを経験していたが、この夜の戦いも記憶に深く刻まれることになった。島に到着してから二日目に水上偵察機を一機撃墜した彼は、開戦以降初めてアメリカ海軍が夜間の海戦に勝利した瞬間を目撃したのだった。エスペランス岬沖海戦［訳注：日本側の呼称はサボ島沖海戦］での戦術的勝利は、誰もが待ち望んでいたものであり、水上艦艇の乗組員の士気を高めたという点で、日本軍の地上部隊に対する海兵隊の勝利に匹敵するものだった。敵を過大評価することは、過小評価するのと同じ位危険だったが、すでに無敵の日本軍歩兵という幻影は霧消していた。しかし、エスペランス岬の西でスコット艦隊が五藤艦隊に猛攻を加えていた頃、日本軍の輸送艦隊は、鉄底海峡に滑り込み、マタニカウ川の北西にあるドマ岬近くの海岸に兵士七二八人、野砲二門、榴弾砲四門を陸揚げしていた。

ミッチェルをはじめとするパイロットは、海軍が勝利したことでカクタス空軍も一息つけるようになり、飛行機を修理したり、組織を立て直したりしながら、少しは休息できるのではないかと期待した。葦の生い茂るファイターワンには、P-39エアラコブラ一二機、海軍と海兵隊のワイルドキャット四五機、アベンジャー雷撃機六機、ドーントレス急降下爆撃機一六機が配備されていた。南太平洋戦闘航空輸送司令部（SCAT）のC-47／R4Dスカイトレイン輸送機は、航空燃料の輸送に全力をあげていたが、一回の輸送で運べる五五ガロン（約二〇八リットル）サイズのドラム缶の本数は、ワイルドキャット一個飛行隊を一時間飛ばすのがやっとの量だった。

一〇月一一日には、海兵隊第二二三戦闘機隊のエースパイロットで一九機撃墜の記録を持つジョン・スミス少佐と、一六機撃墜の記録を持マリオン・カール大尉が帰国した。また海兵隊第二三二偵察爆撃隊のなかで唯一島に残っていた指揮官のリチャード・マングラム少佐も、翌日島を離れることになっていた。この部隊が島に進出してきたときには、全部で一九人のパイロットがいたが、戦死者七人、負傷者四人を出し、残るパイロットも病気のため後方に送られていた。苦闘を続ける海兵隊員たちにとってエスペランス岬沖海戦は、海軍がようやく支援に乗り出してくれたことを示す吉兆だった。また彼らは、すでに多くの日本軍兵士を倒しており、いずれは山本五十六を追い詰めることもできると考えていた。

しかしこの愉快な幻想は、文字通り木っ端みじんに砕かれることになる。

一〇月一三日早朝五時四七分、二日前にヌーメア港を出発した輸送船マコーリーとゼイリンがルンガ岬の停泊地に到着しアメリカル師団第一六四歩兵連隊の将兵と三二〇〇トンの補給物資を陸揚げした。またこの輸送船団は、第一海兵航空団の将兵二一〇人、歩兵部隊の補充兵八五人に加え、ジープ四四台、トラック三七台、三七ミリ砲一二門、ブレンガンキャリア一六台など、必要性の高い各種の装備も運んできた。代わりに疲弊した第一突撃大隊の生き残りの将兵を乗せた輸送船団は、日暮れ前に島を離れてニューカレドニアに向かったが、これは非常に幸運なことだった。夜になると日本海軍の巡洋艦から発進した水上偵察機（アメリカ兵から「シラミのルイ」などと呼ばれていた）が時折飛来し、艦砲射撃の目標となる地点に照明弾を投下してアメリカ兵たちの睡眠を妨げた。海兵隊員は、血気にはやる一六四連隊の兵士たちに落ち着くよう諭した。この日がガダルカナル島で過ごす最初の夜だが、これから島の日常に順応していかなければならないのだ。しかし、一〇月一三日、二三時三〇分、いつも通り飛来した日本軍機は不吉な前触れだった。シラミのルイがヘンダーソン飛行場上空で明るい緑の照明弾を投下し、海兵隊員たちは、艦砲射撃を予想して塹壕のなかに伏せた。

この夜の艦砲射撃は、これまでに経験したものをはるかに上回るものだった。

アメリカ軍の妨害を受けることなく二五ノットでニュージョージア海峡を南下した戦艦榛名と金剛は、ガダルカナル島の沖合に到着すると一八ノットに減速し、一四インチ主砲一六門を緑の照明弾に照らされたヘンダーソン飛行場に向けた。一〇月一〇日にトラック島を出撃したこの艦隊は、「ソロモン海にいる有力な艦隊と増援部隊をすべて捕捉し、撃滅せよ」という命令を山本長官から直々に受け、今まさにその命令を遂行しようとしていた。巡洋戦艦として建造された榛名と金剛は、厚い装甲を有していたが、高速航行も可能であり、それぞれ一四インチの主砲を八門搭載していた。また強力な蒸気タービンは、全長七〇二フィート（約二一四メートル）の戦艦を二七ノットで航行させる能力を有しており、これよりも遅い巡航速度なら燃料の補給を受けることなく八〇〇〇海里を走破することができた。イギリスの造船技師ジョージ・サーストンが設計した金剛は、同国のバローにあるビッカース社の造船所で建造され、一九一三年に就役した。この日、金剛はその艦齢に似合わぬ働きを見せた。四基の主砲塔から海岸線の向こうにあるヘンダーソン飛行場に九七三発もの砲弾を撃ち込んだのだ。第一海兵師団のボブ・レッキーは、「戦艦の砲口から炎のかたまりが噴き出し、巨大な赤い火の玉の列が闇を切り裂いて真っ暗な丘の向こうに飛んで行った」と述懐している。

この夜撃ち込まれた砲弾の大半は、重量二九九八ポンド（約一・四トン）の三式通常弾で、内部には九〇〇個ほどの焼夷弾子が詰まっていた。着弾すると、秒速二〇〇〇フィート（約六一〇メートル）の爆風と共に弾子が中心角二〇度の円錐状に拡散し、人や駐機場の航空機など脆弱な目標に甚大な被害をもたらす。また砲弾の弾殻も金属片となって飛び散り、テントを引き裂き、金属板を貫通して、人々を殺傷する。日本軍の観測班は、ヘンダーソン飛行場の司令所であるパゴダを基準点として使いながら、攻撃対象となるアメリカ軍施設の方位と距離を慎重に調べ上げていた。特に二つの飛行場、その防壁、駐機場、燃料集積所は集中的な砲撃にさらされた。

二時〇〇分、アレン・モンゴメリー少佐の指揮する四隻の魚雷艇が日本艦隊の注意をそらすため、密かにツラギ島の基地を出撃し、島の北端を回って戦艦に立ち向かった（＊4）。魚雷艇は、魚雷を発射し、煙幕を張って、日本艦隊を多少混乱させたが、九隻の駆逐艦が金剛と榛名の前に立ちはだかったため、何の損害も与えることができずに撃退されてしまった。二隻の戦艦は、二時五六分に砲撃を止め、鉄底海峡を抜けて北西へと針路を取りガダルカナル島を離れた。その後ヘンダーソン基地上空を飛び回っていた日本軍機は、火災の発生している場所に爆弾を投下し、五時三〇分には、日本軍の地上部隊も榴弾砲を撃ち込んだ。一〇月一三日から一四日にかけて行われた日本海軍艦艇による攻撃は、「戦艦の夜」あるいは「大混乱の夜」と呼ばれ、島を守っているアメリカ軍部隊に恐るべき損害を与えた。

朝陽が昇ると、ジョン・ミッチェルと部下のパイロットたちが防空壕から外に這い出てきた。壕の外には、ヘンダーソン飛行場を守っていた兵士たちが目を充血させ、耳鳴りとめまいにふらつく足で茫然と立ち尽くしていた。この攻撃で四一人が戦死し、そのなかには海兵隊第一四一偵察爆撃隊の指揮官であるゴードン・ベル少佐も含まれていた。損害はすさまじいもので、飛行場には、折れ曲がったマーストンマットが散らばり、五〇〇〇ガロン（約一万八九二七リットル）の燃料貯蔵施設は完全に破壊された。空母ホーネットに搭載されていた第八雷撃隊のアベンジャー雷撃機はすべて破壊され、ハロルド・ヘンリー・〝スウェード〟・ラーセン少佐と部下のパイロットたちは、残骸のなかから三〇口径（七・六二ミリ）機関銃を引きずり出し、丘陵地帯の陣地を守っていた第七海兵連隊に合流した。駐機していた三七機のドートレスのうち飛行可能な機体は一握りだったが、整備兵はすぐ修理に取り掛かり、残骸のなかから使える部品を集めてできるだけ多くの機体を作戦可能な状態にしようと奮闘していた（＊5）。一方、ファイターワンはほとんど攻撃を受けなかったため、ワイルドキャット二四機、P-400四機、P-39二機の戦闘機計三〇機が飛行可能な状態であり、ジョン・ミッチェルはP-39で朝の哨戒飛行を行った。

このように依然として厳しい状況が続いていたが、海兵隊が孤立した状態で放置されていた八月やエドソンの丘の防衛線が川口支隊の攻撃を受けた九月に比べると、全体的な戦況は好転しつつあった。海兵隊は、日本軍の地上部隊によるいかなる攻撃にも対処することができ、カクタス空軍も持ちこたえていたが、戦艦の巨大な主砲による攻撃にはなすすべがなかった。対処不能な海からの攻撃に耐えてヘンダーソン基地を作戦可能な状態に保つ手段はなく、海兵隊はこの厳しい状況のなかで頑張り続けなければならなかった。一〇月一四日夜には、日本海軍の重巡洋艦衣笠と鳥海が何の抵抗も受けることなく飛行場の沖に留まって七五二発の八インチ砲弾をアメリカ軍の施設に打ち込んでおり、艦砲射撃に対する無力さを改めて思い知らされることになった。

カクタス空軍司令官のロイ・ガイガーは、「いまいましいアメリカ海軍など我々にとって存在しないも同然だ」と言い放ったが、誰もこれに反論することはできなかった。

一〇月一四日の夜、日本軍の六隻の輸送船がタサファロング近くの海岸に近づき、第一六歩兵連隊と第二三〇歩兵連隊の将兵四五〇〇人、舞鶴鎮守府第四特別陸戦隊の将兵八二四人を上陸させた。また二個砲兵中隊と一個軽戦車中隊も送り込まれたほか、一一〇〇人の将兵、食糧、補給物資、弾薬も駆逐艦で運ばれてきた。一〇月一〇日には百武中将が島に上陸し、自ら攻撃の指揮を取ることになった。今度の攻撃は、山本五十六の意図した通りにカクタス空軍がほぼ一掃された後行われ、およそ二万三〇〇〇人の将兵が参加することになっていた。事態は非常に切迫しており、海兵隊の参謀将校であるJ．C．マン中佐は、島に残っていたパイロットたちに戦況を説明し、「君たちには、状況が絶望的であるということを島の外にいる連中に伝えてもらいたい。飛行場を守り抜くことができるかどうかは分からないし、燃料が底をついたら、航空隊の要員を地上部隊に編入しなければならない。君たちの部隊の将校と兵士も、歩兵部隊に組み込まれることになる。幸運を祈る。これでお別れだ」と言った。

それでも、ガダルカナル島にいたアメリカ軍将兵の敢闘精神は衰えず、後方地域にいる時よりも士気は高かった。一〇月一五日、タサファロング岬沖に停泊している日本軍の輸送船を攻撃するため飛行可能な航空機がすべて出撃した際には、〝マッド・ジャック〟・クラム少佐も衰えることのない闘志を示した。彼はこの時の状況について、「日本軍の輸送船はすでにタサファロングに増援部隊を送り込んでいたが、我が軍の抵抗はほとんどなく、時折F4FやP-39が駆逐艦の対空砲火をかいくぐって攻撃を行っていた」と回想している。

ガイガー准将の専用機であるPBY-5Aカタリナ飛行艇「ブルー・グース」のパイロットだったクラムは、第八雷撃隊が使用する魚雷を島まで運んできたが、艦砲射撃で雷撃機がすべて破壊され魚雷は不要になってしまった。このとき、ドーントレス一二機で日本軍の輸送船を攻撃することになったため、クラムも急遽ブルー・グースの翼下に魚雷を二本吊り下げ、攻撃への参加を志願した。彼は、雷撃について何も知らなかったが、第八雷撃隊隊長のスウェード・ラーセンと連絡を取ることができず、戦闘機パイロットで、義理の兄弟がアベンジャーのパイロットだったジョー・レンナー少佐が唯一の情報源だった。

それでも出撃を決意したクラムは、日本軍の砲撃が続くなか離陸し、ヘンダーソン飛行場の東でドーントレス隊と合流した。デューク・デービス少佐が指揮するワイルドキャット八機、ジョン・ミッチェル大尉の指揮するP-39三機とP-400の唯一の生き残りがゼロ戦の注意をそらしている間に、ドーントレス急降下爆撃機が陸側から輸送船を攻撃した。一方クラムは、一旦鉄底海峡に出てから目標に接近し、対空砲の砲手がドーントレスに気を取られている隙を見計らって急降下した。時速一二五マイル（約二〇一キロメートル）で巡航するよう設計されているカタリナ飛行艇が時速一九五マイル（約三一四キロメートル）を超える速度で飛ぶことは滅多になかったが、クラムは鈍重で巨大な青いクジラのような機体を時速二四〇マイル（約三八六キロメートル）で飛ばした。

攻撃の様子を地上で見ていたボブ・レッキーは、「クラムは操縦桿を引き戻して高度一〇〇〇フィート（約三〇五メートル）で一旦水平飛行に移り、その後さらに降下して、高度七五フィート（約二三メートル）で二隻の輸送船の上を飛び越えた。この時ブルー・グースは、輸送船の対空砲火に捉えられたが、ひるむことなく機首を三隻目の輸送船に向けた。一本目の魚雷は、投下されるやいなや輸送船に直進して命中、二本目は水面で跳ね上がったがそのまま直進し、同じく輸送船の側面に命中した。

後にクラムは、「私は、機首を上げて左に旋回し、ヘンダーソン飛行場に向かった。後方を見ると、二本投下した魚雷のどちらか一本が輸送船に命中し、もう一本は外れたようだった」と回想している。この攻撃によって笹子丸は大破し、船長は海岸に乗り上げることを決断した。怒りにかられた五機のゼロ戦がブルー・グースを攻撃したが、クラムはあらゆる手を使って攻撃をかわしながら飛行場に戻ってきた。機体には、ゼロ戦の機銃弾による無数の穴が開いており、地上にいた者には、穴を通り抜ける風の音が聞こえたという。飛行艇の機関銃手がゼロ戦二機を撃墜し、ワイルドキャットがもう一機を撃墜したものの、ボロボロになったカタリナ飛行艇は、葦の茂るファイターワンの滑走路に平落ち着陸［訳注：着陸寸前に失速し、地面に水平あるいは機首を上げた状態で落下すること］した。機体には一七五カ所の弾痕があったが、クラムと乗組員たちは無傷だった。クラムは、すぐに上官のガイガーに呼び出され、直立不動の姿勢で叱責を受けた。

ガイガーは、「何てことをしたんだクラム。官有物を故意に破壊したかどで君を軍法会議にかけなければならん」と叫んだが、横にいた彼の副官は、笑いをこらえながら、クラムにウインクした。ひとしきり怒ったガイガーは、クラムに歩み寄り、その手を取って微笑みながら「ジャック、お手柄だった」と声をかけ、この日のうちに海軍十字勲章の推薦状を書いた（＊6）。

戦闘は一日中続き、クラム少佐が魚雷攻撃を行った一時間後には、二四機の一式陸攻がヘンダーソン飛行場を爆撃した。一方、日本軍の輸送船は、エスピリトゥサント島から出撃したB-17爆撃機の攻撃を受け、クラムに撃沈された笹子丸に続きさらに二隻が沈んだ。この日、吾妻山丸、笹子丸、九州丸が沈没あるいは海岸に乗り上げており、日本軍の内部でも「アメリカ軍は敗北続きで、士気が低下している」という推測を疑問視する声が強まっていた。しかし残念ながら、一〇月後半になると、カクタス空軍には、捨鉢の攻撃を行うしか手が無くなっていた。ガダルカナル島の近くにいた唯一空母であるホーネットは燃料の補給を受けるためこの海域を離れており、スコット提督の巡洋艦隊も補充と燃料補給のため不在だった。

最も深刻な問題は、航空燃料の不足だった。航空機が使えず、空からの支援が受けられなければ、ガダルカナル島は完全に孤立してしまう。幸運にも、カクタス空軍が活動を開始した当初から飛行場の周辺や木立のなかに貯蔵されていたおよそ四六五ガロン（約一七六〇リットル）の燃料が残っており、早速これらの燃料が掘り出されたが、そう長くはもたない。燃料を積んだ艀を曳航し、鉄底海峡を通って燃料を運び込む方法も試みられたが失敗に終わったため、不本意ながら九〇〇〇ガロン（約三万四〇六九リットル）の航空燃料を積めるよう改造された潜水艦アンバージャックが派遣されることになった。

このような状況のなか、九月にマケイン提督の後任として南太平洋航空軍の司令官に就任したオーブリー・フィッチ少将は精力的に動いていた。まずハロルド・〝インディアン・ジョー〟・バウアー中佐が指揮するワイルドキャット二〇機とドーントレス一七機をエスピリトゥサント島からガダルカナル島に移動させた。フィッチは、ゴームレーとは異なる闘志あふれる海軍軍人で、第一次世界大戦にも従軍しており、一九三〇年には、四六歳で海軍パイロットの資格を取っている。アメリカ海軍初の空母であるラングレーの艦長を務めた後、レキシントンとサラトガの艦長も歴任しており、珊瑚海海戦では、戦闘海域まで飛んで刻々と動く戦況を自分自身の目で把握しようと努めた。

第二三海兵航空群が第一四海兵航空群の救援を受け、一〇月一六日には、カクタス空軍創設時の部隊で唯一島に残っていた第六七戦闘機隊が移動し、八月の侵攻開始以来戦い続けてきた海兵隊のパイロットたちが島を離れた。一方、この日ゴームレー提督からは、日本艦隊の艦砲射撃と陸軍部隊の上陸という事態を踏まえた悲観的な内容の書簡が送られてきた。

「敵は、カクタス空軍を壊滅させるため全力を傾けており、おそらく他の部隊に対しても同様の攻撃を行うだろう。我が軍には、この状況に対処できるだけの能力が全くない。航空部隊を増強するため実行可能なあらゆる手立てを講じるよう強く求める」

ニミッツは、穏やかな物腰の人物として知られていたが、ゴームレーのこの新たな書簡に対しては怒りをあらわにした。ゴームレーは、参謀将校として作戦計画の立案に優れた能力を発揮してきたが、南太平洋における反攻作戦の指揮官としてはふさわしくなかった。ニミッツは、ゴームレーと四〇年来の友人だったが、今は個人的な感情を差し挟むことが許される時ではなく、もっと早くゴームレーを交代させるべきだったと後悔した。もはや時間的猶予はなかった。日本軍は、ガダルカナル島の奪回に向け部隊を集結させつつあり、敵と真正面から戦うことができる人物が必要だった。山本五十六を打ち負かす好機に指揮官として起用できる人物がいるとすれば、ウィリアム・F・〝ブル〟・ハルゼー提督をおいて他にいない。一九四二年一〇月一八日、ハルゼーは、彼自身の言葉によれば「ホットポテト（無理難題）」を押し付けられたのだった。

この頃ニューカレドニアを統治していたフランスの行政官は、要請を拒んだり、物質的な支援を提供しなかったりするなどの方法でゴームレーに嫌がらせをしていた。太平洋全域に日本軍の脅威が拡大するなか、自由フランス政府の高等弁務官で、ドゴールの盟友だったジョルジュ・ティエリ・ダルジャンリューは、「アメリカ合衆国は、帝国主義的な野心を持つ民主主義国家に他ならない」と公言していた。ハルゼーと海兵隊のジュリアン・ブラウン中佐は、海岸にある施設の使用を求める公式要請を外交儀礼に則り何度も行ったが、オーギュスト・アンリ・モンシャン知事からは、その代償として何が得られるのかという厚かましい質問が返ってきた。そこで中佐は、まじめくさった顔で「我々は、これまでと同様あなた方をお守りします」と答えた。しかし、熱心なドゴール支持者だったモンシャン知事は、一九四〇年にフランスがドイツに占領され、アメリカと対等の立場で交渉できる状況ではないという事実を受け入れることができず、ただ肩をすくめただけだった。そこでブラウンは、「我が国は、自らの責任においてこの戦争を戦っており、危機的な時期に、このような些末な問題にいつまでも関わっているわけにはいかないのです。知事閣下、敢えて申し上げますが、アメリカ軍がここに到着していなかったなら、日本軍がやって来たことでしょう」と辛らつに言い放った。

かくしてハルゼーは、護衛の海兵隊員と共に島に上陸し、さまざまな理由をこじつけて必要なものをすべて手に入れた。第二次世界大戦でドイツに敗れたフランスが何ら重要な役割を演じていなかったという当時の状況を考えれば、ニューカレドニアの知事が、自分たちより優位に立っている国の軍人に対してフランスの官僚にありがちな高慢な態度で不満を表明したのは、あきれるというより単純に愚かな行為というほかなかった。モンシャンは、「アメリカは、軍事的な理由に基づく要求を小出しに押し付けることで、フランスの命脈を断とうとしている。彼らは、我が国の組織をすべてアメリカ型の組織に置き換えるよう求めており、我々の組織文化はすべて滅び去ってしまうだろう」と嘆いた。兵士たちの命が日々失われ、太平洋戦争が激化の一途をたどるなか、アメリカは、フランス側のこうした愚かな主張を無視し、必要な手立てを着実に講じていった。ソロモン諸島の戦況が悪化するなか、余計なことに関わっている時間はなかった。

ジョン・ミッチェルをはじめガダルカナル島で戦っている兵士たちは、一様に何かが迫りつつあることを感じ取っており、その兆候はそこかしこに見られた。一〇月に入ってから三週間で数千人の日本軍兵士が島に上陸しており、空襲も激化していた。数十隻の潜水艦が南太平洋の島々の周辺を動き回っており、大型の戦艦や巡洋艦も、アメリカ軍の攻撃が及ばない北方の海域に留まっていた。ほとんどは嘘だったが、様々な噂も飛び交っており、そのなかには、アメリカ海軍が撤退した、海兵隊より艦船の方が重視されている、航空機の燃料が残っていないといったものもあった。実際には、空母エンタープライズとホーネットが、レーダーを装備した新鋭戦艦のワシントンとサウスダコタを伴ってこの海域に急行しつつあった。また悲観的なゴームレーが去って、勇猛なハルゼーが後任の指揮官に就任するという変化もあった。ボブ・レッキーは、「ガダルカナルで勝利の希望を一度も捨てることのなかった者たち、一一週間戦い続けてなお勝利を信じていた者たちは、このニュースを聞いて大喜びした。本物の虎が指揮を引き継いだのだ」と回想している。

残念ながら、この頃広がっていた噂のなかには真実も含まれており、ヘンダーソン飛行場には燃料がないという噂もその一つだった。海軍は、カクタス空軍に燃料を供給しようと懸命の努力を続けていたが、ほとんどの試みが失敗に終わっていた。二〇〇〇ガロン（約七五七一リットル）の燃料を積んだ艀を貨物船や航洋曳船、駆逐艦などさまざまな船で曳航し、島の北側から運び込もうとする試みも幾度となく繰り返された。一〇月一六日には、駆逐艦改造水上機母艦のマクファーランドがルンガ岬の停泊地から航空燃料四万ガロン（一五万一四一六リットル）を陸揚げしようとしたが、燃料を艀に積み替えている最中に九機の九九式艦上爆撃機に攻撃された。マクファーランドは、艀を切り離し、島を離れようとしたが、艦尾に爆弾一発が命中して舵とエンジンが損傷した。日本軍機の攻撃が続いていたちょうどその時、〝インディアン・ジョー〟・バウアー率いる海兵隊第二一二戦闘機隊のワイルドキャット一九機がエスピリトゥサント島からガダルカナル島に到着した。長距離の飛行で燃料が尽きかけていたにも関わらず、バウアーは躊躇なく急降下して四機の九九式艦上爆撃機を撃墜したが、燃料タンクは空になってしまい、滑空しながらヘンダーソン飛行場にたどり着いた。

僚機のパイロットは、「隊長は、瞬く間に四機を撃墜した」と興奮気味に報告した。マクファーランドは損傷を受けたものの、シーラーク海峡を横切ってツラギ島の海岸に乗り上げ、積んでいた燃料と弾薬の一部は回収された。一方、同じく燃料輸送の任務を担っていた駆逐艦メレディスは、不運にもガダルカナル島の南側の海域で撃沈された。二七三人の乗組員のうち助かったのは九〇人足らずで、残りは重傷を負ったり、鮫に食べられたりして死亡した。ボブ・レッキーは、「ガダルカナル島にいる海兵隊の兵士たちが生き伸びて戦い続けられるようにするため、海軍も多くの犠牲を払っていた」と書いている。

山本五十六が自らガダルカナル島奪回作戦の指揮を執り、連合艦隊を使ってソロモン諸島周辺のアメリカ海軍部隊を撃破するとともに、島の周囲にいる艦艇を殲滅しようとしているという噂も本当だった。日本艦隊は、一〇月一一日に出撃し、燃料を消費しながらソロモン諸島北西の危険な海域に留まっていた。アメリカ海軍の空母ホーネットは近くの海域におり、エンタープライズも南太平洋に戻る途中だったが、いずれも日本側には発見されていなかった。ガダルカナル島では、日本陸軍第一七軍がさまざまな困難に直面しており、情勢はひっ迫していた。ブイン、ブカ、ラバウルの各基地からは、第一一航空艦隊のゼロ戦と爆撃機が、カクタス空軍の戦力を削ぐという固い決意を抱いて出撃を繰り返していたが、その規模は小さくなっていた。

一〇月二三日、いつものように夜が明けた。島は悪臭の混じる湿った空気に覆われ、時折雨も降っていた。この日海兵隊のジョー・フォス大尉が率いるワイルドキャット隊は、ヘンダーソン基地から飛び立った一機のカタリナ飛行艇を護衛する任務に就いていた。いつものように何事もなく飛行場を飛び立ったが、今回の任務はいつもと違っていた。飛行艇には、アーチャー・ヴァンデグリフト少将と海兵隊総司令官のトーマス・ホルコム中将が乗っており、ハルゼー提督と会談するためヌーメアに向かっていたのだった。護衛任務を終えて島に戻ると、ほぼ同じタイミングで来襲した日本軍の爆撃機一六機とゼロ戦一八機を迎え撃つ形になった。ジョン・ミッチェルが率いるP-39部隊も戦闘に参加しており、瞬く間に爆撃機五機が撃破され、ゼロ戦の損害も大きかった。この戦闘で四機を撃墜したフォスは、機体が穴だらけになったものの、無事着陸することができた。一方ジョン・ミッチェルは、低高度で飛ぶ一機のゼロ戦に不意打ちをかけ、その機体はツラギ島の上空で炎に包まれ墜落した。

ヘンダーソン飛行場を制圧することができないという事態は、山本にとって非常に悪いニュースだった。さらに、ジョン・ミッチェルがゼロ戦と空中戦を行っていたちょうどその頃、丸山政男中将の指揮する地上部隊が飛行場攻撃の発起点となる集結地に到達できていないという知らせも届いた。集結地は、ルンガ川東岸、アメリカ側がエドソンの丘と呼んでいた南北に走る高地帯の南であり、集結が遅れたことで攻撃開始はまたしても二四時間延期されることになった。仙台師団は、拠点となっていたコクンボナからジャングルを切り開いて二九マイル（約四六・七キロメートル）進むのに五日間を要しており、丸山中将は、移動困難な地形について前任者の川口少将が行った報告が非常に正確だったことを思い知った。アメリカ側に部隊の移動を察知されておらず、予想もされていない南西方向から攻撃を行うというのが日本軍の作戦だったが、五日間にわたって苦難の行軍を続けたにもかかわらず、集結地まではまだ六マイル（約九・七キロメートル）も残っていた。兵士たちは、全員砲弾一発を含む六〇ポンド（約二七・二キログラム）の装備品を身に着けていたが、支給された食料は必要とされる量の半分だった。師団が装備していた榴弾砲や三七ミリ対戦車砲は、牽引用の馬をすべてラバウルに残してきたため人力で移動させる必要があり、攻撃には間に合いそうもなかった。またアメリカ軍の航空機が絶えず哨戒飛行を続けていたため、いかなる形であれ移動は夜間に行わなければならなかった。

しかし仙台師団は、日本陸軍のなかで最も優秀な部隊の一つであり、中国軍やロシア軍、オランダ領東インドの植民地軍などとの豊富な戦闘経験を有していた。また日本軍は、精神力と白兵戦の技量でアメリカ兵が自分たちを凌駕することはないと考えていた。丸山中将も、一木大佐や川口少将と同様、自軍兵士の強さと敵軍の弱さについて絶対的な自信を持っていた。今度の攻撃では、第一七軍の砲兵隊指揮官である住吉正少将の部隊がマタニカウ川を渡りヘンダーソン基地の西側から攻撃を行って陽動作戦を展開するとともに、第四歩兵連隊の残存部隊と戦車中隊が海兵隊の防衛線を突破して海岸線を東に進むことになっていた。

アメリカ軍に察知されることなく西側からルンガ川を渡った丸山中将の仙台師団は、二手に分かれて進んだ後、エドソンの丘南側のジャングルに集結することになっていた。またアメリカ海兵隊がマタニカウ川での陽動に気を取られている隙に、川口少将の部隊が九月に攻撃を行ったときと同じ場所から北に向かって突進し、高地帯を占領してヘンダーソン飛行場自体に圧力を加える作戦も用意されていた。このほか那須弓雄少将指揮下の部隊も、仙台師団と並進する形でルンガ川東岸を進み、エドソンの丘の横を抜けて海岸まで北上することになっていた。最終的には、すべての部隊がルンガ岬に集まり、ヘンダーソン飛行場は日本軍に奪回されるはずだった。しかし部隊の移動が遅れていたため、丸山中将は各部隊に対し、一〇月二三日に予定された攻撃は不可能であり、攻撃開始は翌日になると連絡した。

移動困難な地形以外にも、日本軍はさまざまな問題に直面していた。当初海兵隊は日本軍の動きを察知できていなかったが、ほどなく前哨狙撃兵がジャングルを切り開きながら進んでいる仙台師団の動きに気づいた。日本軍部隊が出す雑音や音声、炊事の煙は、五〇〇〇人から七〇〇〇人程度の部隊がエドソンの丘の南側を移動中であることを示唆していた。また丸山中将の誇る仙台師団の前には、第七海兵連隊の第一大隊を指揮するルイス・バーウェル・〝チェスティ〟・プラー中佐と第二大隊を指揮するハーマン・ヘンリー・ハネケン中佐という不屈の将校が立ちはだかっていた。どちらもバナナ戦争やハイチでの戦いに従軍しており、ハネケンは、ハイチの反乱軍指導者であるシャルルマーニュ・ペラルトを殺害した功績により名誉勲章を授与されている。「古いタイプ」の職業軍人を中核とし、およそ二〇〇〇人の兵士を擁するこれら二つの大隊は、全長二五〇〇ヤード（約二二九メートル）の前線に掘られた塹壕に籠り、いかなる犠牲を払ってもヘンダーソン飛行場を守るという決意で日本軍が攻撃してくるのを待ち構えていた。丸山中将は、部隊の混乱、湿式電池の不調、ジャングルにおける無線通信の困難さなどの問題にも悩まされており、ヘンダーソン飛行場を西側から攻撃する部隊に攻撃延期の知らせが届かず、当初の予定通りに単独で攻撃を開始してしまうという齟齬も生じた。

一〇月二三日一八時〇〇分、マタニカウ川西方のジャングルでオレンジや黄色の光が瞬き、住吉支隊の四式一五糎榴弾砲と四一式山砲が川の東岸にある海兵隊の拠点に向け砲撃を開始した。攻撃開始とともに、中熊直正大佐率いる第二師団第四連隊の歩兵が川岸に押し寄せたが、ペドロ・デル・ヴァレ大佐が指揮する第一一砲兵連隊の砲撃により粉砕された。また前田大尉率いる独立戦車第一中隊も、ジャングルを出て河口の砂州を渡ろうと突進したが、海兵隊は、迫撃砲や三七ミリ対戦車砲、機関銃で迎え撃ち、三分ほどで戦車八両を撃破した。

砂州を渡り切ったのは中隊長車のみで、この戦車も、ジョー・シャンパーニュ二等兵の籠る塹壕の上を通過した際に手榴弾で履帯を破壊された。シャンパーニュは、無事塹壕の外に逃れたが、操縦不能になった戦車は、逃げる間もなくハーフトラックに七五ミリ砲を搭載した対戦車自走砲の攻撃を受けて内部の弾薬が誘爆し、破片が二〇ヤード（約一八・三メートル）離れた海まで飛び散った。川を渡ることができた日本兵は一人もいなかった。第一海兵師団のボブ・レッキーは、「マタニカウ川沿いの高地に展開していた海兵隊員たちからは、静まり返った砂州に散らばる破壊された戦車や焼け焦げた戦車、敵兵の死体を見渡すことができた。腹をすかせて川を下ってくるクロコダイル以外に動くものは何もなかった」と書いている。

翌一〇月二四日、空母エンタープライズとホーネットがニューへブリデス諸島の南で合流し、ソロモン諸島に向け北上を開始した。ガダルカナル島では、雨が降って地面がぬかるみに変わっており、ジャングルのなかは蒸し暑く、沼地にはまっているような不快さだった。雨のため日本軍の空襲はまだ行われていなかったが、ヘンダーソン飛行場は一部破壊されており、ファイターワンも泥の海になっていて航空機の発着ができなかった。前日夜西側の防衛線に対して行われた攻撃を主攻と考えた司令部は、ハネケンの第二大隊をエドソンの丘の陣地から引き抜き、マタニカウ川沿いの防衛線を補強することにした。このため、残されたチェスティ・プラーの第一大隊は、七〇〇人ほどの兵力で南の防衛線全体を守ることになった。

この頃、ロバート・ホール中佐のアメリカル師団一六四連隊第三大隊は警戒態勢に入っており、二三時〇〇分には雨が再び激しくなっていた。しかし功を焦る丸山中将が攻撃命令を出したため、疲れ切った兵士たちは、古宮大佐の第二九連隊を先頭にアメリカ軍が待ち構える陣地に向かってやみくもに突撃を開始し、血みどろの長い夜が始まった。海兵隊員たちは、銃身が真っ赤に焼けるまで銃を撃ち続け、無謀とも思えるような突撃によって中国軍やロシア軍を打ち破ってきた日本兵をバタバタとなぎ倒した。プラー中佐は、弾薬が残り少なくなったと報告しにきた兵士に対し、「銃剣が支給されているだろ。お前も持っているはずだ」と叱咤した。

仙台師団は、一時三〇分にも突撃を行ったが、またしても多くの死傷者を出して撃退された。二時〇〇分、ホール中佐の部隊は高地帯の陣地に移動するよう命じられた。陸軍州兵部隊の兵士たちは、自分たちの役割をしっかりと果たし、海兵隊員に交じって戦うことも厭わなかった。敗北を受け入れることができない丸山中将は、三時〇〇分にも再び突撃を行ったが、戦闘部隊へと脱皮した第一六四連隊は、海兵隊の兵士と肩を並べて奮戦した。四時〇〇分、太陽が地平線を明るく照らし始めると、丸山中将の眼前には、粉砕された仙台師団の残兵がジャングルに向け退却している光景が広がっており、「うつろな目をした兵士の一団が無表情のままよろよろと集合地点に戻ろうとしていた」という。

戦線は維持され、ヘンダーソン飛行場は確保された。エドソン尾根周辺の斜面には一〇〇〇人を超える日本兵の死体が横たわっていた。

一〇月二五日日曜日、雨が一層激しくなるなか夜が明けたが、アメリカ軍は海と空から圧迫され、地上でも二方向から包囲されていた。しかし雨が上がって太陽が昇ると、一〇〇ポンド爆弾二〇〇発と航空燃料四トンを積んだ潜水艦アンバージャックがルンガ岬の停泊地に到着した。ヘンダーソン飛行場が日本軍の攻撃を受けている間、アンバージャックはツラギ島の近海に退避していたが、それも無理からぬことだった。艦長のJ．A．ボール少佐は、潜望鏡深度で注意深く島に近づいたが、目の前で展開されていた光景はとても心穏やかに見ていられるものではなかった。また四本煙突の旧式駆逐艦トレヴァーとゼインもツラギ島の港に燃料を届けてから港を離れ、艦隊航洋曳船のセミノールは、鉄底海峡を横切ってガソリンを積んだ艀をルンガ岬まで曳航しようとしていた。このとき潜水艦の乗組員たちは、ルンガ岬の停泊地に突入し、島に砲撃を加えようとしていた日本海軍駆逐艦隊の見間違いようのない艦影に気づいた。丸山中将が早まって発信した勝利宣言の電文を受け取った駆逐艦暁、白露、雷（いかづち）の三隻は、海兵隊陣地の東にあるコリ岬に第二二八歩兵連隊の兵士三〇〇人を上陸させる予定だった。連隊の任務は、東に退却しようとするアメリカ軍兵士を阻止し、今後の増援に備えて橋頭保を確保することにあった。

八時〇〇分、日本軍の偵察機がヘンダーソン基地の対空砲により撃墜された。一方、泥の海と化したファイターワンの滑走路からは、三機のワイルドキャットが泥を跳ね飛ばしながら離陸し、ガダルカナル島の東端へと向かった。眼下では、日本海軍の駆逐艦三隻がアメリカ海軍の旧式駆逐艦二隻を全速力で追いかけていた。アメリカの駆逐艦は、いずれも就役してから二〇年以上経っており、掃海駆逐艦に改装された際、魚雷発射管などの強力な兵装は撤去されていた。しかし、トレヴァー艦長のドワイト・アグニュー少佐は、マリアラ川の河口に身を隠すという選択肢を捨て、一〇時一四分に日本艦隊との戦闘を開始した。一〇時三〇分、日本艦隊は、アメリカ軍の駆逐艦に搭載されていた非力な三インチ砲の射程外から砲撃を開始したが、幸運なことに、装填されていたのはヘンダーソン飛行場を攻撃するために用意された高性能爆薬入りの砲弾であり、水上艦艇同士の戦闘で使用される通常の徹甲弾ではなかった。

それでも五インチ砲弾が命中したゼインは、前部の一番砲塔が破壊され、乗組員三人が戦死した。このため、浅瀬が多く幅の狭いニエラ海峡に逃げ込もうとしたが、暁座乗の山田勇助駆逐艦隊指司令はなおも追跡の手を緩めず、さらに距離を詰めてきた。その時、雲の間からワイルドキャットが急降下してきた。戦闘機は爆弾を積んでいなかったが、五〇口径機関銃を日本の駆逐艦に向け撃ちまくったため、艦隊は一〇時四〇分に追跡をあきらめ針路を変えた。おそらく、コリ岬に歩兵部隊を上陸させるという本来の任務に戻ることにしたのだろう。転針した日本艦隊は、ツラギの港に向かっていた航洋曳船セミノールと小型哨戒艇YP-284を発見し、二隻とも撃沈した。

一〇時五三分、日本海軍の三隻の駆逐艦がガダルカナル島に配備された五インチ砲の射程内に入ったため直ちに砲撃が開始され、暁の三番砲塔が損傷した。アメリカ海軍の駆逐艦二隻と遭遇し、空からも攻撃を受けた山田大佐は、煙幕を張りながら北西に針路を変え、第二二八歩兵連隊をコリ岬に上陸させるという任務を遂行することなくニュージョージア海峡へと引き揚げていった。

この日は、一〇時〇〇分から一四時三〇分まで、日本軍の爆撃機が護衛のゼロ戦三〇機近くを伴って何度も現れた。この時間になると空は晴れ、照り付ける太陽で焼けるような暑さになっていた。ボブ・レッキーは、「防衛線の向こうに横たわっている死体に焼けつくような日差しが降り注ぎ、黒いハエの大群がブンブン飛び回っていた。これらの死体は、すでにレモンイエローに変色し始めており、熟れすぎたメロンのように膨れ上がり、破裂しそうになっているものもあった」と書いている。

ファイターワンの水が引き、航空機の離着陸が十分可能な状態になると、〝スモーキー・ジョー〟・フォスは、この日だけで五機のゼロ戦を撃墜し、カクタス空軍の他のパイロットたちも日本軍爆撃機の編隊に斬り込んで戦果を挙げていった。この日は、九機編隊で飛来した一式陸攻が、部品取りのため破壊された航空機が集められている「墓場」と呼ばれる場所にも爆弾を投下した。少将に昇進していたガイガーは、「墓場から何も持ち出すことはできなかったが、残骸なので構わないだろう」と笑っていた。一三時〇〇分過ぎ、ジョン・エルドリッジ少佐率いる第七一偵察飛行隊のSBDドーントレス五機が、フロリダ諸島の東にあるインディスペンサブル海峡を航行していた軽巡洋艦由良と護衛の駆逐艦を攻撃した。エルドリッジは、一〇〇〇ポンド爆弾を由良の機関室に命中させ、そこに開いた穴に別のパイロットが五〇〇ポンド爆弾を命中させた。由良と護衛の駆逐艦は、コリ岬を目指す突入部隊の第二陣だったが、第一陣の歩兵部隊を運んできた駆逐艦三隻がニュージョージア海峡に向け撤退したという情報は受け取っていなかった。

ジョン・ミッチェルは、一四時一五分、三機のエアラコブラを率いて由良を攻撃したが、その際二度も船体に激突しそうになり、あやうく戦死するところだった。日本艦隊は、北西へと進路を変え、インディスペンサブル海峡から撤退しようとしたが、爆弾が命中し浸水していた由良のおかげで速度は大幅に低下していた。ワイルドキャットとP-39は、航行中の日本軍艦艇に機銃掃射を浴びせ続け、時折その上空高度数千フィートの空域で護衛のゼロ戦と空中戦を演じた。この時海兵隊第二一二戦闘機隊のジャック・コンガー中尉は、ルンガ岬沖で二機のゼロ戦と低高度での空中戦になった。日本艦隊に繰り返し機銃掃射を行ったため、弾薬は少なくなっていたが、残りの弾でゼロ戦一機を撃墜することができた。

低高度での空中戦では、垂直方向に動ける余地が少ない。コンガーは、残るゼロ戦と一騎打ちになったが、この場面で唯一可能だったのは上昇することだったため、彼は操縦桿を引いた。すでに弾薬を使い果たしていたので、後方からプロペラでゼロ戦の尾翼を破壊しようとしたのだった。彼は構造の頑丈なワイルドキャットなら体当たりしても大丈夫と考え、実際その通りになった。ゼロ戦の機体は二つにちぎれて墜落し、コンガーはゼロ戦のパイロットが浮かんでいる場所から〇・五マイル（約〇・八キロメートル）離れた海面にパラシュートで降下した。すぐに上陸用舟艇がやってきてコンガーを救助した後、舳先をゼロ戦のパイロットが浮いている方に向けた。捕らえたアメリカ兵に対して日本軍が行った行為を目撃していた舟艇の乗組員は、その場でパイロットを殺そうとしたが、コンガーが押しとどめた。パイロットは、泳いで逃げようとしていたが、飛行服が水に漬かって重くなっていたため思うように動けない様子だった。

舟艇が日本軍のパイロットに近づくと、コンガーは鍵竿を使って舟艇の方に引き寄せた。パイロットは抵抗し、どなって唾を吐いたりしていたが、コンガーが救助しようと舟艇から身を乗り出した瞬間、大型のモーゼル拳銃を彼の顔に向け引き金を引いた。コンガーは、弾を避けるため後ろに倒れ込んだが撃鉄がカチンと音を立てただけで弾は発射されず、不発だった。するとパイロットは銃を自分の頭に当て、引き金を引いたが、またも不発だった。業を煮やしたアメリカ兵たちは櫂で彼を殴り、コンガーも水の入った容器を頭に打ち付けたので遂に気絶してしまった。意識を失って生きたまま救助されたこのパイロットは、この後ニュージーランドの捕虜収容所に送られ、終戦までそこで過ごした(*7)。

一六時〇〇分、エルドリッジとミッチェルは再び出撃し、インディスペンサブル海峡の北でサンタイザベル島に向かって航行中の軽巡洋艦由良から立ち上る煙を追跡した。ミッチェルの戦闘機隊が五〇〇ポンド爆弾一発を命中させると、由良は炎を噴き上げながら漂う残骸と化した。やむなく乗組員たちは退去し、その夜護衛の駆逐艦が放った魚雷により沈没した。アメリカ軍の激しい抵抗により日本軍は少なくとも十数機の航空機を失っており、海軍の艦船も北方に退避したため、丸山中将の歩兵部隊は独力で戦わなければならなくなった(*8)。

現地の状況を正確に把握することも、現実を受け入れることもできなかったラバウルの第一七軍司令部は、丸山中将に対し、攻撃を続行してアメリカ軍を速やかに降伏させるよう命じるとともに、援軍を送る用意があることも伝えた。一方海兵隊は、空襲の合間を縫ってロバート・ホール中佐の第三大隊とプラー中佐の第一大隊を再編し、アメリカル師団が高地の東側一一〇〇ヤード（約一〇〇六メートル）の戦線を守り、海兵隊が西側一四〇〇ヤード（約一二八〇メートル）の戦線を守る態勢を整えた。さらに、南の鬱蒼としたジャングルに集結している日本軍に対応するため、戦線のすぐ後方に海兵隊の一個大隊を予備兵力として配置した。一〇月二五日夜二〇時〇〇分、仙台師団の砲兵隊がエドソン尾根に砲撃を加えた後、二〇〇人弱の小規模な部隊がアメリカ軍の陣地に攻撃をかけた。日本軍は、正面攻撃により白兵戦に持ち込める距離まで素早く接近しようとしたが、逐次投入された部隊がばらばらに攻撃するというお決まりのパターンに終始した。

このため、この夜の攻撃もすべて失敗に終わった。

一〇月二九日、日本軍は、コクンボナの方向に退却を開始し、島の北西部に広がる安全地帯へと逃れようとしたが、第一七軍の残兵たちにとってその「安息の地」は幻想に過ぎないことがすぐに明らかとなった。一方、アメリカ軍の損害は軽微だった。あくまでも戦友を失った兵士や家で帰りを待つ家族にとっての悲しみに比べればという意味においてだが、一〇月二五日までの五日間の戦闘で戦死したアメリカ兵の数は八六人、負傷者は一九二人だった。戦死者のうち六一人は、エドソン尾根とマタニカウ川沿いの陣地を守っていた兵士だった。一〇月二六日に第一海兵師団が作成した中間報告によると、敵の戦死者はおよそ二二〇〇人となっているが、これはかなり控えめな数字だった。日本側の資料では、第二九連隊と第一六連隊の戦死者は三五六八人であり、負傷者もほぼ同数とされている。戦死者のなかには、両方の連隊の指揮官も含まれており、那須少将以下全将校の半数が失われた。戦後、ある日本軍将校は、「中国軍との戦いとは全く異なるものだった」と回顧している。

仙台師団は、もはや戦闘部隊としての体を成していなかった。第一六連隊と第二九連隊は、上陸の時点でそれぞれ二三〇〇人の将兵を擁していたが、一一月にはいずれも七〇〇人程度に減っていた。第四歩兵連隊も、戦闘可能な兵士の数は六分の一の四〇〇人程度まで減ってしまい、イギリス領マレーシアのシンガポールに駐屯したまま終戦を迎えることになった。第一一航空艦隊も壊滅状態になった。カクタス空軍の戦闘機隊は、日本軍の各種航空機二二八機を撃墜したとしているが、空中戦での混乱など戦闘にまつわる様々な要因により実際の撃墜数よりも水増しされていることは確実だ。日本側が公式に認めている戦闘での損失は、実際よりも少ないことが多いとはいえ、ゼロ戦四三機、一式陸攻二九機、偵察機一機、九九式艦上爆撃機六機、飛行艇四機となっている。また水上機一六機、空母艦載機一二機も撃墜されており、カクタス空軍の四九機に対し、日本側は合計一一一機をこの間の戦闘で失った。

実際の損害がどの程度かはさておき、ヘンダーソン飛行場をめぐる戦いは、日本軍にとって壊滅的な敗北であり、この後飛行場が深刻な脅威に晒されることはなくなった。今やアメリカ軍のB-17重爆撃機やドーントレス急降下爆撃機、戦闘機などが何の制約も受けることなく作戦を展開できるようになり、カクタス空軍が多大な犠牲を払って確保したこの地域の制空権がこの後の戦局を左右することになった。海兵隊は粘り強く戦ったが、海軍が補給物資を供給できなかったら島を確保することはできず、日本軍が輸送船を自由に攻撃できていたら、補給を続けることもできなかった。ヘンダーソン飛行場がなければ、カクタス空軍は存在せず、ガダルカナル島の基地がなければ、一九四三年初頭以降ソロモン諸島に前進基地を建設することもできず、これらの基地を足がかりにして日本の国防圏に深く進攻していく作戦も実行できなかっただろう。

規模ははるかに小さかったものの、ガダルカナル島は、ヨーロッパ戦域でイギリスが担った役割、すなわち安定的に運用可能な不沈空母という役割を南太平洋の戦域で担ったのだった。当初はかなり控えめだったとはいえ、開戦以来敗北続きだったアメリカが日本に対し攻勢に転じる準備が整った。戦争では勢いが極めて重要になる。一九四二年秋、ガダルカナル島で戦ったアメリカ軍兵士たちの不屈の敢闘精神が、破竹の勢いで進撃を続けていた日本軍を遂にくい止めた。この戦いは、日本軍による攻勢の到達点と領域拡大の限界点を示すものとなった。しかし、山本五十六と連合艦隊は、百万近くの兵力を擁する帝国陸軍と同様、この時点では決して負けたわけではなく、戦争の趨勢が決するのはまだかなり先のことだった。

ガダルカナル島の攻防戦では、日米双方がその能力と弱点を露呈させており、今後の戦術面の青写真を描くうえでの出発点となった。アメリカ軍は、ここで得られた教訓を即座に生かしており、特に海兵隊は、この島で得た厳しい教訓を反映させるため訓練内容のみならず組織も改編した。これ以降海兵隊の基本的な小銃小隊は、定員一二人の小隊三個で構成されるようになり、各中隊には六〇ミリ迫撃砲三門が追加された。また、第一次世界大戦以来使われてきた扱いにくい水冷式の機関銃は、軽量の空冷式に置き換えられ、ボルトアクション方式の古いスプリングフィールド小銃も、半自動式のM1ライフルやMカービンに代わった。合板で作られた脆弱な上陸用舟艇は、装甲と無限軌道を有する水陸両用兵員輸送車の登場によって急激な進化を遂げ、強力な火力支援を行いながら兵士を素早く上陸させることが可能になった。白兵戦の幅広い訓練を含む接近戦の訓練も拡充され、偵察小隊や狙撃兵小隊も創設された。

現代の軍隊にとって欠くことのできない兵站についても全面的に見直され、改善に向けた努力が終戦まで絶えることなく継続された。一九三六年の時点でアメリカ海軍が保有していた外洋輸送船は九隻だったが、一〇年足らずで五千隻を超えた。陸軍と海軍のいさかいは続いていたが、兵站面でのアメリカ軍の能力は着実に強化されていった。アメリカから、ニュージーランドの西海岸を経てソロモン諸島へと至るおよそ八〇〇〇マイル（約一万二八七五キロメートル）の補給線は、非常に長いものだったが、ハルゼー提督は、ヌーメア港を前線補給基地にするための作業にも着手していた。

この頃、P-38が初めてガダルカナルに到着し、トラクターにけん引されて駐機場に並べられた。港には毎日六〇隻の船舶が到着するようになり、四〇万ガロン（約一五一万四一六四リットル）の燃料やオイルを備蓄することができる施設の建設も始まっていた。カクタス空軍の航空機は、日本軍を追い詰めるため一日一〇〇〇ガロン（約三七八五リットル）から三〇〇〇ガロン（約一万一三五六リットル）の燃料を使っており、この後数カ月にわたりこれらの施設は重要な役割を担うことになった。シービー（海軍建設大隊）は、その優れた能力をさらに強化しており、ガダルカナル島に一二〇万ガロン（四九二万一〇三三リットル）の燃料貯蔵施設を建設した後、戦争終結までに合計七万人の傷病兵を収容可能な病院、一一一カ所の飛行場、一五〇万人を収容できる兵舎を各地に作った。

一方、日本には、このような兵站能力もシービーに匹敵するような建設部隊もなかった。元々短期間で素早く戦争を終結させる計画だったため、ガダルカナルの戦いで当初の計画が頓挫すると、アメリカの生産能力に対抗する手立てはなくなった。これはまさしく戦略的な危機であり、山本五十六は、アメリカ各地の工業地帯を旅行してこうした状況に陥る危険性を予見していた。戦術面でも、日本陸軍には傲慢で柔軟性に欠けるという問題があり、ガダルカナルの戦場で敗北を早める原因になった。日本側は、地形や兵站、敵に関する情報収集を怠って誤った判断を繰り返したことにより状況をさらに悪化させたうえ、陸軍と海軍の間で作戦の調整もできていなかった。こうした事態を招いた原因の多くは、日本軍がアメリカとその兵士たちを侮ったことにある。日本軍の将校たちは、アメリカ軍に負けるはずがないと信じており、偵察や攻撃の調整、戦術を戦場の実情に適応させる作業に時間を無駄にする必要はないと考えていた。

日本軍将校のなかにも、こうした考えに囚われない人物はいた。アメリカやヨーロッパで暮らした経験を持つ将校は、自分たちが対峙している国についてある程度の知識を有していた。ミッドウェー海戦、珊瑚海海戦、ガダルカナル攻防戦の後、戦争に対する日本人の考え方を改め、アメリカという「眠れる巨人」と互角に戦う可能性を広げることができるのは、このような将校たちだけだった。彼らが連合艦隊のなかで重責を担い、陸軍と協調しながら時間を稼ぎ、アメリカ軍に出血を強いることができていれば、日本が滅亡の淵まで追い込まれずに済んだかもしれない。アメリカが長期にわたる戦争に引きずり込まれ、ヨーロッパでの戦いに多大な力を傾注する必要に迫られた場合、日本と単独で休戦交渉を行うという選択肢が検討される余地はあった。さもないと、血みどろの戦争がいつ果てるともなく続き、アメリカ社会が受忍できないレベルまで犠牲者の数が膨れ上がってしまうからだ。欧米で暮らした経験を持つ日本軍将校は、死に対するアメリカ人の感情は日本人と異なっており、国の指導者のために無条件で自分の命を犠牲にすることはないという事情を理解していた。このため、戦死者が膨大な数になった場合には、あらゆる選択肢が生まれると彼らは考えていた。連合軍にとって不運なことに、日本が進むべき道を最も良く理解していた人物こそ、山本五十六だった。

＊1 日本側は、駆逐艦による海上輸送を「鼠輸送」と呼んでいた。駆逐艦は、一度に多くの兵員や補給物資を運ぶことはできなかったが、速度が非常に速いうえ、自衛能力もあった。
＊2 第一六四連隊は、ノースダコタ州兵の動員部隊だった。
＊3 第一次世界大戦中、スコットは駆逐艦ジェイコブ・ジョーンズ（DD-61）の副長だったが、一九一七年一二月六日、イギリス海峡の入り口近くでドイツの潜水艦U-53の魚雷攻撃を受け撃沈された。
＊4 攻撃を行った魚雷艇は、PT-38、PT-46、PT-48、PT-60。

＊5 作戦可能になったドーントレスの数は資料によって異なっており、トーマス・ミラーの著書には七機と書かれている。いずれにしても、飛行可能な機体が大幅に減ったことは間違いない。

＊6 〝マッド・ジャック〟・クラムは、第二次世界大戦を生き抜いて朝鮮戦争でも戦い、准将まで昇進して退役した。

＊7 このパイロットは、戦後日本に復員し、チェース・マンハッタン銀行の東京支店に三〇年間勤務した。ジャック・コンガーは、朝鮮戦争で戦った後、大佐に昇進して退役した。一九九〇年四月、二人は一九四二年以来四八年ぶりに再会した。

＊8 日本側の記録では、爆撃機二機と戦闘機一〇機を失ったとされているが、アメリカ側は、カクタス空軍が二一機を撃墜したのに加え、対空砲火で偵察機一機を撃墜したとしている。戦果報告ではよくあることだが、真実は双方が主張する数字の間のどこかにある。

第七章　崇高なる勇気

一九四二年秋、レックス・バーバーは、戦うためにここまでやってきた戦友たちと同様、実戦に参加できる日をイライラしながら待ち続けていた。ジョン・ミッチェルがガダルカナル島に向け出発したとき、戦闘機隊の残りの将兵もすぐに後を追うものと思ったが、そうはならなかった。日本軍がソロモン諸島の脇をすり抜けてニューカレドニアやフィジーを攻撃し、アメリカからの増援を断ち切ろうとする可能性も皆無ではなかったからだ。連合軍が敗北を重ねていたこの時期は、あらゆる可能性を考慮する必要があったため、彼の戦闘機隊は後方に留まり、いつまでたっても始まらない日本軍の攻撃に備えていた。しかし、ヘンダーソン飛行場をめぐる戦いが一段落すると、第七〇戦闘機隊は前線に移動するための準備に取り掛かり、レックスも間もなく戦闘に参加できると確信した。飛行場が日本軍の激しい攻撃にさらされていたまさにそのとき、日米両軍の空母艦隊による四度目の海戦［訳注：アメリカ側の呼称はサンタクルーズ諸島海戦、日本側の呼称は南太平洋海戦］が始まろうとしていた。

ガダルカナル島で激しい地上戦が展開されていた頃、空母エンタープライズとホーネットを基幹とするトーマス・キンケイド少将の第六一任務部隊は、サンタクルーズ島の東三〇〇マイル（約四八三キロメートル）の海域にいた。一方、日本海軍の空母翔鶴、瑞鶴、瑞鳳は、サンタクルーズ島の北西およそ三〇〇マイルの海域に留まっていた。空母機動部隊を指揮していた南雲中将は、第一七軍がヘンダーソン飛行場を占領するまで待機し、その後キンケイド少将の艦隊を攻撃するつもりだった。彼は、キンケイドの空母艦隊とガダルカナル島の基地に展開している航空機に挟み撃ちされ、ミッドウェー海戦の二の舞になるのは何としても避けたいと考えていた。一〇月二六日の夜、仙台師団はアメリカ海兵隊の防衛線を突破できずに粉砕されたが、南雲中将のもとに、ヘンダーソン飛行場を奪回したという早まった知らせが届いたため、艦隊は南東へと針路を変えた。日の出の時刻、南雲艦隊は、アメリカの空母艦隊まで二〇〇マイル（約三二二キロメートル）足らずの距離に接近し、索敵機を発進させた。

今回は、日本軍が先手を取った。

日本の攻撃隊六四機は、エンタープライズから発進した艦載機二〇機と激突、乱戦のなかゼロ戦四機が撃墜されたものの、アベンジャー雷撃機二機とワイルドキャット三機を撃墜した。迎撃を突破したおよそ二〇機の日本軍機は、ホーネットを攻撃して爆弾三発、魚雷二本を命中させたうえ、損傷した急降下爆撃機二機が体当たり攻撃を行ったため、東京空襲に向かうドゥーリトル隊を日本近海まで運んだこの空母は、激しく炎上しながら洋上を漂い続けるだけの状態になった。その後の攻撃でさらにもう一本魚雷を受けたホーネットは放棄され、一〇月二七日深夜、駆逐艦巻雲と秋雲から発射された四本の魚雷により沈没した。またエンタープライズにも爆弾三発が命中し、修理のため再び戦場を離脱せざるを得なくなったため、南太平洋にアメリカ軍の空母は一隻もいなくなった。レックス・バーバーたち、この地域の島々に散らばっていた陸軍の戦闘機パイロットが現在いる場所に留め置かれることになったのはこのためだった。

日本海軍は、この戦いで艦船を一隻も失わなかったが、艦載機搭乗員の犠牲は大きく、瑞鶴と隼鷹は日本本土に戻って補充要員をかき集めなければならなくなった。日本軍機の損失は、当然のことながら空中戦によるものが多かったが、アメリカ軍が新たに導入したレーダー誘導の対空システムによるものもあり、このシステムを搭載した戦艦サウスダコタと防空巡洋艦サンフアンだけで三二機以上の日本軍機を撃墜した。この戦いで日本軍はおよそ一〇〇機の航空機を失い、ベテランの飛行隊長二三人を含む一四八人の搭乗員が戦死した。この時点で、開戦前から十分な訓練を積んでいたかけがえのない急降下爆撃機搭乗員の半数が失われており、艦載機搭乗員のいない空母は巨大な輸送船でしかなかった。武器となるのは、航空機とその搭乗員であり、その多くを失った山本五十六は深刻な事態に直面することになった。一方アメリカ軍は、八一機の航空機を失って搭乗員二〇人が戦死し、四人が捕虜になったが、五七人が救助され、再び戦列に復帰することができた。

最も重要なのは、アメリカ軍が依然としてガダルカナル島を確保しており、日本軍が島を奪回できる望みは小さくなっているという事実であり、マタニカウ川の西にいる日本軍兵士は海からの補給にしか頼ることができないという事実だった。島に残っている日本兵の状況は絶望的で、革のベルトや樹皮、木の実などを食べて飢えをしのいでおり、病気を治療するため焼いたトカゲを食べさせることもあった。誰もがマラリアや赤痢に苦しんでおり、島に残っている百武中将指揮下のおよそ二万八〇〇〇人の将兵のうち戦闘可能なのは一万三〇〇〇人程度という状況だった。サンタクルーズ諸島海戦でアメリカ海軍の二隻の空母を両方撃沈したと信じていた山本五十六は、戦艦を送ってヘンダーソン飛行場を再度砲撃するとともに、増援部隊をタサファロングの近くに上陸させるという計画を立てた。第三八軍と第八特別陸戦隊の将兵一万四五〇〇人を乗せた一一隻の輸送船を守るため、連合艦隊は、空母二隻、戦艦四隻、巡洋艦一一隻、駆逐艦三〇隻を集結させる予定だった。これだけの兵力があれば、百武中将麾下の残存部隊とともにガダルカナル島を奪還できると山本は考えていた。

一一月一日以降十日間にわたり、日本軍は延べ六五隻の駆逐艦を鉄底海峡に送り込んで地上部隊に物資を補給し、潜水艦も不要な装備を降ろして三〇から四〇トンの補給物資を運んだ。日本軍は、物資輸送用の特殊潜航艇である運荷筒や魚雷の推進装置を使った舟艇である運砲筒を使用した。しかし、勢力を盛り返したカクタス空軍のパイロットが陸上で動くものや海上に浮いているものを手当たり次第に攻撃したため、日本軍が行動できるのは夜間に限られた。この時点でカクタス空軍のP-400は一機を除きすべてP-39に置き換えられていたが、それでも低高度でなければゼロ戦に対抗するのは難しかった。

一一月七日は、ジョン・ミッチェルにとって良い一日だった。ゼロ戦を低高度での空中戦に持ち込むことができたからだ。この日の午後、増援部隊の将兵を満載した一一隻の駆逐艦がニュージョージア海峡を南下してきたため、カクタス空軍が迎え撃った。彼らが海上で攻撃したのは、ガダルカナル島に上陸して戦うはずの兵士たちであり、駆逐艦隊は、一三〇〇人以上の兵士を運んでいた。サンタイザベル島の近くで駆逐艦隊を捕捉したジョー・セイラー少佐のドーントレス隊が急降下爆撃を行い、アベンジャー隊が低高度で魚雷攻撃を行う間、ジョン・ミッチェルが指揮するP-39部隊は上空で攻撃隊を援護していた。ほどなく日本海軍の二式水上戦闘機一〇機がサンタイザベル島の北端にあるレカタ湾から上がってきたが、ミッチェルはそのなかの一機を撃墜した。すぐに海兵隊のワイルドキャットも加勢し、日本軍のパイロット六人がパラシュートで脱出したが、全員「パラシュートの金具を外して海に落ちていった」という。

ミッチェルは、少佐に昇進したデール・ブラノンが新型双発戦闘機P-38Fの部隊を率いて近々島に戻ってくるという噂も耳にしていた。一方、ガダルカナル島の陸軍航空隊では、飛べなくなった機体から部品を取り外して飛行可能な機体を整備するなど懸命な努力が続けられていた。一九四二年九月には第三三九戦闘機隊が設立されており、当初の部隊名は「サン・セッターズ」、指揮官はブラノンだった（＊1）。陸軍もガダルカナル島の防衛に全力を挙げる姿勢を示しており、ライトニングに加え、マサチューセッツ州兵の動員部隊である第一八二連隊の二個大隊も、海兵隊の補充大隊とともに第六七任務部隊の輸送船で到着することになっていた。プレジデント・アダムズ、プレジデント・ジャクソン、マコーリー、クレセント・シティの輸送船四隻は、一一月一一日から一二日にかけてルンガ岬の停泊地に到着し、五〇〇〇人を超える将兵を島に送り込んだ。日本海軍の第一一航空艦隊は、ガダルカナル島への攻撃を繰り返したが、アメリカ軍の増援を阻止することはできず、一一月一二日の朝には、ブラノン率いる八機のライトニングも島に到着した。

アメリカ軍の増強は続いていたが、戦艦二隻、巡洋艦一隻、駆逐艦一一隻から成る近藤信竹少将の攻撃部隊は、ヘンダーソン飛行場の機能を麻痺させ、ドマ湾に上陸予定の第三八歩兵師団を支援するため、ニュージョージア海峡を南下していた。火力を集中させることで得られる利点を知り尽くしていた第六七任務部隊の総司令官ケリー・ターナーは、来襲する日本艦隊迎え撃つため、ダン・キャラハン少将の支援艦隊に手持ちの艦艇を全て委ねた。少し前までゴームレー提督の参謀長だったキャラハンは、ルーズベルト大統領の海軍担当補佐官でもあった。アメリカ合衆国海軍兵学校を一九一一年に卒業し、航海の経験も豊富だったが、ノーマン・スコットのような闘争心旺盛な軍人というよりも、参謀将校としてキャリアを積むことに満足しているタイプの人物だった。

キャラハン少将は、エスペランス岬沖海戦で日本軍に勝利したスコット少将よりも誕生日が一五日早かったため、戦闘経験が皆無だったにも関わらず、第六七・四任務部隊の指揮を執ることになり、一一月一二日の金曜日、日本艦隊を迎え撃つため一三隻の艦艇を率いて出撃した（*2）。ターナー、キャラハン、スコットの三人は、ルンガ岬の停泊地にいる脆弱な輸送船団を守るには、狭い鉄底海峡ではなく、開けた海域で攻撃を仕掛けた方が良いと的確に判断していた。この結果、ボブ・レッキーが「歴史上最も激しい海戦の一つだった」と振り返る戦い［訳注：アメリカ側の呼称はガダルカナル島沖海戦、日本側の呼称は第三次ソロモン海戦］が展開されることになった。彼は、「これまで聞いたことのないような鋼鉄の咆哮が、激しい金属音を伴いながら真夜中の海に轟いていた」と書いている。

巡洋艦と駆逐艦で構成されるキャラハン少将の艦隊は、日本艦隊に戦艦が混じっているのを見て驚愕した。これらの戦艦の主砲には、水上艦艇同士の戦闘で使用される徹甲弾ではなく飛行場を砲撃するための三式弾が装填されていた。一時二四分、軽巡洋艦ヘレナの対水上捜索SGレーダーが、二万七一〇〇ヤード（約二四・七キロメートル）と二万八〇〇〇ヤード（約二五・六キロメートル）前方を二つのグループに分かれて鉄底海峡に向かってくる日本軍の艦隊を探知したが、すぐさま実戦で艦隊を指揮した経験のないキャラハンの問題が露呈した。彼は、各艦の艦長に作戦指示書を渡しておらず、艦船に装備されているSGレーダーの活用法を理解したり、関心を持ったりすることもなかったうえ、戦闘の最中に出した命令も混乱したものだった。キャラハンは、的確な判断を下すことができないまま日本艦隊に向かって直進を続け、駆逐艦から求められた魚雷発射の許可も却下してしまったため、数千ヤードの距離まで日本艦隊に近づいてからようやく砲撃を開始することになり、結果として混乱状態に陥った両軍の艦船が至近距離で激しく撃ち合う状況になった。

エスペランス岬沖海戦で日本艦隊を打ち破ったノーマン・スコットが指揮を執っていたら、戦闘の様相は大きく異なったはずだが、戦闘開始後間もなく戦死してしまった。彼の旗艦である軽巡洋艦アトランタは、日本軍のサーチライトに捕捉され、集中砲火を浴びたのだった。一方キャラハンの座乗する重巡洋艦サンフランシスコは、駆逐艦が日本艦隊に突進して近距離から魚雷攻撃を仕掛けるなか、戦艦比叡に攻撃を集中していたが、艦橋に重量一四〇〇ポンド（約六三五キログラム）の一四インチ砲弾四発を含む砲弾四五発が命中し、キャラハンをはじめそこにいたほとんどすべての士官が戦死した（＊3）。

一一月一三日未明、軽巡洋艦アトランタは炎上したまま、日本軍が保持しているエスペランス岬近くの海岸に向かって漂流していた。アトランタには、おそらく日本軍の駆逐艦電が発射したと思われる魚雷が命中したほか、サンフランシスコが日本軍の巡洋艦を狙って撃った八インチ砲弾が少なくとも一九発命中していた。船体の損傷があまりにひどかったため、サミュエル・ジェンキンス艦長は、出力を上げて舵効速度を高めることはせず、ルンガ岬まで曳航されて錨を降ろした。ここで乗組員たちは退艦し、この日の夜、ジェンキンス艦長と破壊作業班が爆薬を使って艦を自沈させた。この戦いでは、駆逐艦バートン、カッシング、ラフィー、モンセンも撃沈されており、サンフランシスコは大破して、キャラハン少将のものと確認できた遺体は、一九一一年の海軍兵学校卒業記念指輪を付けた手だけというありさまだった。艦内のいたるところに血痕や人体の一部が散らばっており、戦死者は、認識票で身元を確認した後、身に着けていたものをすべて取り除き、ダミーの五インチ砲弾と共に遺体収容袋に入れて丁重に運び出された。重巡洋艦ポートランドと軽巡洋艦ジュノーも大破しており、軽巡洋艦ヘレナとともにエスピリトゥサント島に回航されることになった。しかし、この日の一一時一分、日本海軍の潜水艦伊－二六が放った二本の魚雷がジュノーに命中、船体が二つに割れ、三〇分も経たずに沈没してしまった。

しかし、ヘンダーソン飛行場は無傷だった。

キャラハンとスコット、それに一四三九人の海軍将兵の犠牲により、日本艦隊による飛行場砲撃は阻止され、ガダルカナル島は奪回されずに済んだ（＊4）。この頃、南太平洋戦域で唯一残っていたアメリカ軍の空母エンタープライズは戦場へと戻る途中だったが、日本軍には察知されていなかった。サンタクルーズ諸島海戦で損害を受けたエンタープライズは、前部エレベーターが動かなくなっていたものの、飛行甲板に上昇したままの状態で止まっていたため艦載機の発艦が可能だった。エンタープライズは、溶接工を乗せたままヌーメアを出港して北に向かっており、その艦載機がこの後の戦いで重要な役割を演じることになった。

アメリカ軍の駆逐艦から集中攻撃を受けた戦艦比叡は、五インチ砲弾が多数命中して上部構造物が破壊され、艦隊を率いていた安倍中将が負傷、幕僚長は戦死した。至近距離から砲弾の直撃を受けた重巡洋艦サンフランシスコは、操舵室が吹き飛び、そこに海水が流れ込んだため操舵不能になり、サボ島の北三〇マイル（約四八・三キロメートル）ほどの海域を五ノットの速度でゆっくりと回り続けていた。この日は天候が良くなかったが、一〇時〇〇分に八機のアベンジャー雷撃機が空母エンタープライズを発艦し、煙を噴き上げている戦艦比叡にマーク13魚雷三本を命中させた。一一時一〇分には、第七二爆撃機隊のB-17一四機がエスピリトゥサント島から飛来して五六発の五〇〇ポンド爆弾を投下し、このうちの一発が命中、一発が至近弾となった。

一一時二〇分には、カクタス空軍も加わり、日没までドーントレスとアベンジャーが繰り返し攻撃を行った。トーマス・ミラーは、カクタス空軍に関する著書のなかで、「キャラハン艦隊の巡洋艦が放った砲弾が八五発命中し、航空機から投下された爆弾五発と魚雷一〇本を受けた比叡は、その日の夕刻サボ島沖の海域で沈みかけていた」と書いている。昭和天皇の御召艦だったこともあるこの大型戦艦は、夜遅くサボ島の北およそ五マイル（約八キロメートル）の地点で自沈した（＊5）。キャラハン艦隊の攻撃が非常に激しかったため、山本五十六は、一一隻の輸送船から成る増援部隊に対し、一旦ニュージョージア海峡に退却し、夜の間に残存艦隊の再編が終わるのを待ってから、再びガダルカナル島に向け南下するよう命じた。

日本軍が態勢を立て直している間、重巡洋艦摩耶と鈴谷が護衛の駆逐艦二隻を伴って鉄底海峡に入り、二つの飛行場に一千発以上の砲弾を撃ち込んだ。巡洋艦隊は四五分にわたって砲撃を行った後、北西に針路を取り、レンドバ島の方向に去っていった。この攻撃で航空機一八機が破壊され、三〇カ所以上の穴ができた。しかし、新たに配備されたP-38は無傷で、一一月一五日朝にはファイターワンが運用可能な状態になり、島に向かってくる日本軍の艦艇を見つけるため索敵機が飛び立った。

八時三〇分、索敵機がサンタイザベル島とニュージョージア島の間にある海峡の中央部で第三八歩兵師団を乗せた輸送船一一隻と護衛の駆逐艦一一隻を発見した。スコットとキャラハンの艦隊が奮戦したことで、ヘンダーソン基地は完全に機能を保っていたうえ、日本軍は、この重要な援軍を送り込むための作戦を白昼実施しなければならなくなった。ジョン・ミッチェルは、これが完全定数の一個師団を送り込もうとする日本軍の企てであるということを認識していたが、この時飛行可能だったカクタス空軍の航空機は、ワイルドキャット一四機、新たに到着したライトニング七機、エアラコブラ三機、ドーントレス一九機、アベンジャー九機だった。日本軍は気づいていなかったが、空母エンタープライズは、夜の間に北西方向へ全速力で進んでおり、ガダルカナル島まで二〇〇マイル（約三二二キロメートル）足らずの海域に達していた。今や戦闘に参加できる距離まで近づいたこの空母からは、夜明けとともに第一〇航空群の艦載機がヘンダーソン基地に向け発進した。

一一時〇〇分、カクタス空軍のドーントレスとアベンジャーが、ニュージョージア海峡を一五〇マイル（約二四一キロメートル）北上した海域で田中少将の輸送船団を発見し攻撃を行った。この攻撃でかんべら丸と長良丸が早くも沈没し、第三八歩兵師団の指揮官たちを乗せていた佐渡丸は、急降下爆撃機の攻撃を受けて大破しショートランド島の基地に引き返した。この後五時間にわたり、カクタス空軍の航空機は、ヘンダーソン飛行場に戻って燃料と弾薬を補給した後再度ニュージョージア海峡へと出撃して日本軍の輸送船を攻撃するというサイクルを何度も繰り返した。エンタープライズの艦載機は、大型の艦艇を攻撃して巡洋艦一隻を撃沈し、三隻に損害を与えた後ヘンダーソン基地に着陸し、その日の午後は、母艦に戻る時間を惜しんでカクタス空軍の航空機と行動を共にした。午後には、ぶりすべん丸、信濃川丸、ありぞな丸、那古丸が姉妹船の後を追ってニュージョージア海峡の底に沈んだ。

長かったこの一日が終わる頃には日本軍の輸送船六隻が撃沈され、一隻が大破して北方の安全な海域へと重い足取りで退避していた。多くの日本軍将兵が海に投げ出され、燃え盛る輸送船から脱出した五千人の兵士たちが駆逐艦に救助されてショートランドへと戻っていった。黒焦げになった輸送船の周囲には、多くの戦死者が浮かんでおり、海が血で赤く染まっていた。ボブ・レッキーは、この時目撃した光景について、「海は真っ赤だった。船室や隔壁は焼けて真っ赤になっており、爆発で船体の外板がめくれ上がり、下のデッキが見えていた」と書いている。ガダルカナル島にいる第一七軍の悲惨な状況を苦渋に満ちた想いで見ていた山本五十六は、残る四隻の輸送船を伴って作戦を続行し、エスペランス岬に向け南下するよう田中少将に命じた。また近藤中将には、依然として強大な戦闘能力を保っている戦艦霧島、重巡洋艦二隻、軽巡洋艦二隻、駆逐艦九隻を集めて増援部隊の上陸を支援するよう命じた。

この時日本軍がとった作戦は、サボ島の手前で艦隊を二手に分け、軽巡洋艦長良と駆逐艦六隻から成る前衛部隊が霧島と重巡洋艦二隻から成る攻撃部隊を先導する形で反時計回りにサボ島の西側をまわって鉄底海峡に入り、軽巡洋艦川内と駆逐艦三隻から成る掃討部隊がサボ島の東側から鉄底海峡に入って時計回りにルンガ岬を目指すというものだった。また近藤艦隊が、ツラギ島から出撃してくるアメリカ軍の魚雷艇や艦艇に対処し、海岸にあるアメリカ軍の拠点を砲撃している間に、田中少将の増援部隊のうち生き残っていた四隻の輸送船と九隻の駆逐艦から第三八歩兵師団の残りの将兵を上陸させる手はずになっていた。

この作戦は実行可能なものではあったが、大きな問題が三つあった。第一の問題点は、前日夜の巡洋艦による砲撃でヘンダーソン飛行場が使用不能になっているという誤った前提で作戦を進めていたことだ。敵を過小評価するというこれまでのミスをさらに上塗りするミスにより、田中少将の輸送船団は手痛い打撃を受けることになった。第二の問題点は、日本艦隊を迎え撃つため全速力で鉄底海峡に向かっていたアメリカ海軍第六四任務部隊の二隻の戦艦に対する警戒を怠っていたことだ。日本軍の索敵機は、ガダルカナル島の南一〇〇マイル（約一六一キロメートル）の海域を進む戦艦ワシントンとサウスダコタを発見したが、索敵機が巡洋艦と誤認したこともあり、近藤中将は気に留めなかった。これはある程度やむを得ないミスとも言える。日本軍のパイロットは、真珠湾に無防備な状態で停泊していたアメリカ軍の戦艦しか見たことがなかったからだ。

この日の夜、アメリカ軍の戦艦は真珠湾攻撃のときとは全く異なる姿を見せることになる。二隻の戦艦は、いずれも新たに建造されたばかりで、ワシントンは一九四一年五月、サウスダコタは一九四二年三月に就役した。排水量は四万五〇〇〇トン、最大船速二八ノット、船体の重要防御区画に装甲を備え、レーダー誘導の一六インチ砲を九門搭載していた。サウスダコタが初めて主砲を試射したときには、すべての砲を同時に発射したため、背圧で艦長のズボンが剥ぎ取られたという逸話も残っている。これらの戦艦を的確に運用すれば、ソロモン諸島周辺にいる日本軍の戦艦と互角以上に戦うことが可能なうえ、艦隊の指揮は優れた提督の手に委ねられていた。これこそ、近藤提督の作戦計画における三つ目の問題点だった。ウィリス・オーガスタス・リー少将は、背が低く近眼で、誰からも好かれるようなタイプの人物ではなかった。一九〇八年に海軍士官学校を卒業したリーは、射撃チームの一員として活躍しており、一九一四年にアメリカ軍がメキシコのベラクルスを占領するために行った作戦にも参加した。このとき上陸設定隊［訳注：艦船の乗組員で構成される上陸作戦の支援部隊］の指揮官だった彼は、開けた場所に身をさらして敵の射撃を誘ったうえで、遠く離れた場所に陣取っていた狙撃兵三人をこともなげに倒している。第一次世界大戦中は駆逐艦に乗り組んでおり、一九二〇年にベルギーのアントワープで開催されたオリンピックでは、アメリカの射撃競技チームに加わって七個のメダルを獲得している（＊6）。

ウィリス・リーは、精密射撃統制システムを組み合わせた大口径の主砲が持つ効果を最大限発揮させるための研究を続けており、アメリカ海軍におけるレーダー射撃の権威と呼んでも過言ではない人物だった。ダン・キャラハンと違い、リーは事前に作戦を立てており、自軍の艦艇を効果的に指揮することができた。後に判明したことだが、ガダルカナル島沖海戦の第二夜戦では、アメリカ側で組織の乱れに伴う混乱は全く生じなかった。リーは、四隻の駆逐艦を前方に広く散開させた戦闘隊形を維持しながらガダルカナル島の南から北東へと進み、東に進路を変えてサボ島の北を通過した後、南東へと向かい、北から鉄底海峡に入って西に転針した。二三時〇〇分、ワシントンのレーダーには、軽巡洋艦川内と護衛の駆逐艦の姿が明瞭に映っていた。一六分後、一万八七〇〇ヤードの距離から二隻の戦艦が砲撃を開始し、サボ島の周囲を回っていた日本軍の掃討部隊は完全に不意を突かれる形になった。

掃討部隊を指揮する橋本新太郎少将は、一六インチ砲の攻撃に驚き、煙幕を張りながら退避しようとしたが、レーダー射撃に対しては全く効果がなかった。このとき近藤中将のもとには、巡洋艦と見られていたアメリカ軍の艦船が実際には戦艦だったという情報がもたらされたが、彼はまたしてもその可能性を否定し、サボ島を回って南に向かう針路を維持した。ヘンダーソン飛行場を粉砕し、第三八師団の上陸を支援するという任務を帯びていた近藤中将は、西に向かって進んでいたサウスダコタがサボ島の後ろから現れたのを見て驚愕したが、サウスダコタは、二三時三三分に電気系統の故障で主砲が動かなくなり、日本艦隊に対し反撃することができなかった。一方ワシントンは、このような問題に悩まされることがなかったため、リーは、損傷した駆逐艦に対して退避を命じた後、単独で鉄底海峡を突っ切り、霧島に向け直進した。

真夜中の海を進むワシントンは、搭載している全ての砲を発射し、霧島は巨大な水柱に覆われた。一六インチ砲弾の重量は二七〇〇ポンド（約一・二トン）あり、これが二〇発命中して、船体の各所に三〇フィート（約九・一メートル）の穴が開いた霧島には、もはや逃れる術はなく、わずか七分の戦闘で、傾き、炎上する鉄の塊と化した。軽巡洋艦長良で指揮を執っていた近藤中将は、衝撃を受け、ヘンダーソン飛行場への砲撃をあきらめて撤退命令を出した。この頃、近藤艦隊よりも二日早くショートランドを出撃した田中少将指揮下の二三隻の艦船は、エスペランス岬に向かってゆっくりと進んでいた。駆逐艦早潮に座乗していた田中は、重要な補給物資と増援部隊を百武中将の第一七軍に届けるため、残る四隻の輸送船をガダルカナル島に座礁させる許可を山本五十六から得ていた。

大量の物資を運んだ輸送船団が、損傷を受けながらもエスペランス岬に近づきつつあった頃、霧島は大破し、三時二〇分に鉄底海峡の暗い海底へと沈んでいった（*7）。一一月一五日、四時〇〇分、灰色の空に朝日が昇るころ、山浦丸、山月丸、宏川丸、鬼怒川丸は、日本軍の勢力圏内にあるタサファロングとドマ湾の海岸に座礁した。食糧が不足してがりがりに痩せた日本兵がすぐにジャングルのなかから現れ、輸送船の乗組員と一緒になって懸命に作業を行った結果、カクタス空軍の航空機が現れる前に、およそ二〇〇〇人の将兵と二六〇箱の弾薬、四日分の米を陸揚げすることができた。

ジョー・セイラー少佐のドーントレス隊は、五時五五分にヘンダーソン飛行場を飛び立ち、鉄底海峡上空を旋回しながら上昇して、一五マイル（約二四・一キロメートル）北の海岸にいる輸送船を攻撃するのに最適な高度まで駆け上がった。攻撃は一日中続き、輸送船には五〇〇ポンド爆弾と一〇〇〇ポンド爆弾が雨あられと降り注いだ。ゼロ戦は、カクタス空軍を攻撃するよりも、ニュージョージア海峡上空の制空権確保を優先しており、空中戦はほとんど行われなかったので、アメリカ軍の戦闘機は輸送船や陸揚げされた物資、視界に入った日本兵などを手当たり次第に攻撃した。日没が迫る頃には、座礁した輸送船はすべて焼き尽くされ、ガダルカナル島が日本軍に奪回される可能性はほぼなくなった。

アーチャー・ヴァンデグリフトは、「敵は壊滅的な敗北を喫したと確信している。昨晩リー提督が不屈の闘志で戦い抜いたことに感謝する。我が軍の航空部隊は、敵を容赦なく粉砕するという点で大きな成果を上げた。彼らの努力は高く評価するが、崇高なる勇気をもって勝算の少ない戦いに臨み、敵艦隊の最初の攻撃を押し返して、この勝利をもたらしたスコット、キャラハンの両提督と艦隊の乗組員たちには最大限の敬意を表したい。ガダルカナル島の将兵は、深甚なる敬意を以て彼らの壊れたヘルメットを掲げる」との電文をハルゼー宛てに送った。

ガダルカナル島での生活は急速に変わり始めていた。

ガダルカナル島沖海戦の三日後、ウィリアム・ハルゼーの階級章に星が一つ追加され、大将に昇進した。翌一一月一九日、アメリカル師団の指揮官であるアレキサンダー・マッカレル・パッチ少将がガダルカナル島に到着した。様々な噂のなかで最良の噂、すなわち戦いの終盤で海兵隊が島から撤退し、残っている日本兵の掃討はアメリカ陸軍の手で行われるという噂が現実になりつつあった。陸軍内で「サンディィ」と呼ばれていたパッチは、父親が騎兵将校で、自身も陸軍士官学校出身であり、第一次世界大戦では、サンミエルとムーズ・アルゴンヌの戦いに参加している。一一月二五日には、ジョン・ミッチェルが第三三九戦闘機隊の新たな指揮官となった。

他の多くの将校と同様、デール・ブラノン少佐は、ガダルカナル島で得た戦訓を伝えるため帰国することになり、これまで数週間にわたってライトニングの特性を確認していたミッチェルがブラノンの後任になるのは当然と見られていた。一一月末には、P-38が一七機ガダルカナル島に到着して、ワイルドキャット七一機、エアラコブラ一六機、生き残りのP-400一機を擁するカクタス空軍に加わったほか、ドーントレスとアベンジャーも増強されていた。さらに、長距離の攻撃と偵察任務を担うB-17八機に加え、夜間飛行可能なPBYカタリナ飛行艇「ブラック・キャット」の最初の一機も到着した。

ヘンダーソン飛行場の拡張工事も進んでいた。「牧草地」と呼ばれていたファイターワンの滑走路がぬかるんで使えなくなったときに備えるとともに、ライトニングなど重量の大きな航空機に対応するためククムに建設されていたファイターツーが完成間近となり、ヘンダーソン飛行場は海兵隊の航空基地として正式に認定された。道路や貯蔵施設の整備も進んでおり、作戦に参加する航空機の数にもよるが、戦闘任務で一日に消費される航空燃料の量は四万五〇〇〇ガロン（約一七万三四四リットル）から八万ガロン（約三六万三六八七リットル）に達していた。十分な数の航空機が揃ったため、パイロットが休息をとることも可能になり、野球を楽しむ余裕すら生まれた。時には、輸送船が三〇〇ケースのビールを運んできたこともあったが、その大半は、日本軍の防衛線の背後にあるため秘匿されていた秘密の補給物資集積所に運ばれて「行方不明」になってしまった。密造酒もあちこちで作られており、ライムやパパイヤとグレープフルーツジュースを混ぜ、アベンジャー雷撃機に積まれていたマーク13魚雷から抜き取ったアルコールを加えたものもあった。

このように、ガダルカナル島にいるアメリカ軍の状況は大きく改善されており、山本五十六は、まだ島の奪回をあきらめていなかったものの、日本軍にとって戦況は厳しいものとなっていた。カクタス空軍との戦闘で大きな損害を受けたラバウルの第一一航空艦隊には、ヘンダーソン飛行場に対し大規模な波状攻撃を行う力は残っておらず、海軍が行った第一七軍への補給作戦も失敗したことで、日本軍がこの地域での戦いに敗北する公算は急速に高まっていた。しかし未だ敗北を認めていない山本は、ブーゲンビル島を守り、ラバウルへの侵攻を阻止するため、ニュージョージア海峡に近い場所に航空基地を建設するよう命じた。ニュージョージア島のムンダなどに前線基地が建設され、飢餓に苦しむ百武中将指揮下の陸軍部隊が戦闘を継続できていたら、日本軍の反転攻勢は可能だったかもしれない。しかし後知恵ではあるが、南太平洋でアメリカ軍が着々と戦力を増強している状況を踏まえれば、優れたギャンブラーである山本五十六が再び賽を振る準備を整えていたとはいえ、日本側の反転攻勢が成功する可能性は極めて低かったと言わざるを得ない。

一九四二年一一月三〇日の月のない夜、山本五十六は、田中少将が指揮する九隻の駆逐艦をガダルカナル島へと向かわせた。第一七軍の残存部隊は三万人余りの将兵を擁していたが、戦闘可能な兵士は四〇〇〇人程度であり、支給されていた食料は必要な量の六分の一だった。彼らは、木の根や浜に打ち上げられた魚の死骸などなんでも食べており、真偽は不確かながら、人肉を食べたという噂もあった。潜水艦では十分な量の物資を運ぶことができず、航空機からの投下も失敗に終わっており、そもそも制空権を確保できていない状況で空輸作戦を行うこと自体極めて危険だった。最後の手段は、高速航行可能な駆逐艦を夜間鉄底海峡に突入させ、海岸近くで五五ガロン（約二〇八リットル）サイズのドラム缶を投げ落とすというものだった。きれいに洗浄されたドラム缶には、大麦と米が半分ほど入っており、一〇〇個ずつロープで繋がれた状態で海岸に流れ着くよう投入された。駆逐艦一隻が運ぶことのできるドラム缶は二四〇個ほどであり、ドラム缶を海に投げ入れると、全速力で元来た道を戻り、夜が明けるまでにできるだけ島から離れることになっていた。

田中少将の計画では、六隻の駆逐艦がタサファロング岬沖のウマサニ川河口付近に一三六〇個のドラム缶を投下する予定だった。ハルゼーのもとには、一一月三〇日の真夜中過ぎに東京急行がシヨートランドを出発したという警報が暗号解読部隊から届けられており、これを迎撃するため、巡洋艦六隻と駆逐艦五隻から成るカールトン・ライト少将の第六七任務部隊が派遣された。田中少将は、ニュージョージア海峡をまっすぐ南下するのではなく、海峡の北端をかすめてインディスペンサブル海峡から鉄底海峡に入り、エスペランス岬とサボ島の間の海峡を目指した。レーダーと強力な火力に自信を持っていたライト少将の部隊は、ガダルカナル島北側の海岸線に沿って北上し、東から鉄底海峡に入った。二三時六分、巡洋艦隊の前方四〇〇〇ヤードを航行していた駆逐艦フレッチャーのレーダーが二万三〇〇〇ヤード（約二一キロメートル）先の海上をタサファロング岬に向かって進んでくる日本の駆逐艦隊を捉えた。日本艦隊は、海岸に接近してドラム缶を投下する部隊とそれを援護する部隊の二手に分かれていたが、二三時一二分にアメリカ軍の艦艇を視認したためドラム缶の投下をあきらめた。

田中艦隊の駆逐艦を捕捉してから一二分後、フレッチャーのビル・コール艦長は魚雷の発射許可を求めたが、意外にもライト少将は攻撃を許さなかった。二三時一八分、ようやく攻撃許可が下りたため、マーク15魚雷を二〇本以上発射したが、日本艦隊は攻撃を行うため回頭し、アメリカ軍駆逐艦隊の横をすり抜けてしまった。ほどなく巡洋艦隊の先頭を進んでいた重巡洋艦ミネアポリスが八インチ砲九門を駆逐艦高波に向けて発射し、後に続く巡洋艦五隻もすぐに砲撃を開始した。四分後、高波は炎に包まれたが、アメリカ軍の駆逐艦が放ったマーク15魚雷は一発も命中しなかった。巡洋艦隊の攻撃が高波に集中するなか、日本軍の他の駆逐艦は、優勢な敵に至近距離で夜戦を挑み、多くの魚雷を放って奮戦した。

タサファロング岬の海岸に接近していた日本艦隊の艦影を目視で見分けるのはほとんど不可能であり、ガダルカナル島の陸地が近かったためレーダーの画像も不明瞭だった。駆逐艦親潮の佐藤寅次郎艦長は、主砲の発砲を意図的に控えてアメリカ艦隊の脇をすり抜けてから攻勢に転じ、巡洋艦が主砲を発砲する際に生じる黄色い閃光を狙って砲撃を行った。日本艦隊は魚雷も二四本発射し、このうちの一本が重巡洋艦ミネアポリスの艦首に命中して航空燃料が燃え上がり、二本目が第二汽缶室を破壊した。単縦陣で進むアメリカ軍の巡洋艦には日本艦隊の放った魚雷が次々と命中し、油まみれの海上に炎が上がった。重巡洋艦ニューオリンズは、前部弾薬庫に魚雷が命中して艦首が吹き飛び、ペンサコラは中央部に魚雷が一本命中した。軽巡洋艦ホノルルは、即座に全速力でジグザグ運動を開始したため魚雷を回避できたが、最後尾にいた重巡洋艦ノーザンプトンは回避行動を取らなかったため、江風（かわかぜ）の放った魚雷が二本命中し、左舷に大きく傾いて炎に包まれた。

アメリカ軍が混乱に陥るなか、田中少将の艦隊は戦場を離脱しつつあった。アメリカ軍の駆逐艦が最初にレーダーで日本艦隊を捕捉してから最後に魚雷が命中するまで四〇分ほどの戦いだったが、田中艦隊が与えられた任務を完遂する可能性はすでに失われており、三カ月にわたってアメリカ海軍と戦いを繰り広げてきた田中は、退くべき時を心得ていた。この数週間、ヘンダーソン飛行場を攻撃して戻ってきた日本軍パイロットのなかに、これまで見たことのないアメリカ軍新鋭戦闘機について報告する者が何人かいた。機体は見慣れぬH型で、エンジンと胴体が二つあり、見た目は風変りだったが、その性能は恐るべきものだったという。非常に高速で、他の航空機よりも高い高度まで上昇することができ、機首に搭載されている強力な武装でゼロ戦や一式陸攻を粉砕するというのだ。田中少将も、そのような新鋭戦闘機の大群に襲われてはたまらないと考えたのだろう。

タサファロング岬の近くに展開していた日本軍の砲兵隊が海上を漂っていたノーザンプトンへの砲撃を開始したまさにその時、高波は海に沈んでいった。ノーザンプトンの火災はもはや手が付けられない状態となっており、船体の傾斜も徐々に大きくなって、三時四分に転覆、ドマ湾の北東四マイル（約六・四キロメートル）の地点で艦尾から沈んでいった。残りの巡洋艦三隻は、鉄底海峡を横切ってツラギ島に向かい、カモフラージュを施された状態で、シービーの支援を受けながら乗組員が自ら応急修理を行った。ニューオリンズには、ココナッツの木で作られた艦首が取り付けられ、損傷個所を守るため、オーストラリアのシドニー港まで後ろ向きに航行した。その後コカトゥー島の造船所で本国までの航海に耐えられる程度の修理を施し、後ろ向きに航行を続けてようやくピュージェットサウンド海軍造船所へと戻った。ミネアポリスは、ツラギからニューカレドニアのマレ島へと向かい、ペンサコラはエスピリトゥサント島を経由してハワイの真珠湾に戻った。

このタサファロング沖海戦〔訳注：日本側呼称は「ルンガ沖夜戦」〕はアメリカ軍の戦術的な敗北であり、自信過剰な指揮官のおかげで大きな犠牲を払うことになった。この戦いでは一九人の将校と三九八人の兵士が命を落としており、優秀な指揮官の必要性を痛感させられた。一方、この夜ガダルカナル島の海岸に流れ着いたドラム缶は皆無であり、短時間で終わったこの戦いは日本軍にとって戦略的な敗北となった。この意味で、日本軍がガダルカナル島で取り返しのつかない敗北を喫し、大日本帝国による勢力圏の拡大が限界に達したという事実を象徴的に示す戦いだったとも言える。田中少将の艦隊は、一二月三日に再びガダルカナル島への接近を試み、今度は一五〇〇個のドラム缶を海岸の近くに投下することができた。しかし、カクタス空軍のパイロットがその大半を機銃掃射で破壊し、飢えに苦しむ百武中将の兵士たちの手に渡ったのは五〇〇個足らずだった。

その四日後、真珠湾攻撃からちょうど一年が経った一九四二年一二月七日、日本軍は再度ガダルカナル島に物資を届けようとしたが、カクタス空軍と魚雷艇に阻まれ失敗に終わった。この日、フィラデルフィア海軍造船所では、アメリカ海軍最大の戦艦であるニュージャージーの進水式が行われ、全長八八七フィート（約二六・五メートル）、総トン数四万五〇〇〇トンの巨体がデラウェア川に浮かんだ。ガダルカナル島では、准将に昇進したペドロ・デル・ヴァレが、「東条へ、一九四二年一二月七日」と書いた砲弾をマタニカウ川西岸の日本軍陣地に撃ち込んだ。翌日には、第一三二歩兵連隊を乗せた輸送船がルンガ岬の停泊地に到着した。これでアメリカル師団は、所属する連隊がすべて揃ったことになり、海兵隊が島を離れる日も近づいた。

一二月九日水曜日朝七時三分、アメリカ軍の魚雷艇PT-59は、日本海軍の潜水艦イ-三の艦尾に魚雷を命中させ、潜水艦はエスペランス岬沖、カミンボ湾の北東三マイル（約四・八キロメートル）の地点で沈没した。この日の午前、アーチャー・ヴァンデグリフト海兵隊少将は、アレキサンダー・パッチ陸軍少将に指揮権を正式に委譲し、一二五日にわたって地獄を味わった第一海兵師団は、一四時〇〇分にガダルカナル島を後にした。やせ衰え、すり減ってボロボロになった緑のダンガリー生地の軍服を着た兵士たちは、上陸用舟艇で輸送船まで運ばれていった。

ほとんどの兵士が二〇ポンド（約九・一キログラム）以上も体重を減らしており、なかには衰弱のあまり輸送船の舷側をよじ登ることができない者もいたが、日本軍の進撃をくい止め、その勢いを削いだのは他でもない彼らだった。彼らの適応能力と勇猛さは、子供のころから無敵の日本軍兵士よりも勇猛な戦士は存在しないという教育を受けてきた日本人に衝撃を与えた。アメリカ海兵隊は、日本兵の耳を切り落としてベルトにぶら下げたり、歯を抜き取ってネックレスを作ったり、頭蓋骨をお守りとして持ち歩いたりすることで、その獰猛さを日本兵の脳裏に刻み付けた（＊8）。

海兵隊員を運ぶ輸送船の乗組員たちは、人目もはばからずに涙を流し、戦友である海兵隊の兵士を甲板に引っ張り上げた。フランク・ジャック・フレッチャー提督の臆病な振る舞いやロバート・ゴームレー提督の優柔不断な対応に憤慨しながらも、第一、第二、第五海兵連隊の将兵は持ちこたえた。第一海兵師団の戦死者七七四人は、フランダース・フィールドと名付けられた島内の共同墓地に埋葬され、二七三六人が生涯完治することのない重い傷を負った。八月に上陸した将兵一万九〇〇〇人のうち、三〇〇〇人から八〇〇〇人が病気やけがで歩行も困難な状態になっていた。

カクタス空軍から絶えず航空支援を受け、闘志あふれる海軍部隊に助けられた海兵隊は粘り強く戦い続け、戦って守る価値のあるこの島唯一の資産であるヘンダーソン飛行場は、依然としてアメリカ軍の手中にあった。一二月一一日、山本五十六は、毎日四〇人から五〇人の死者を出している百武中将の第一七軍に物資を届けるという絶望的な努力の最後の試みとして、一一隻の駆逐艦で一二〇〇個のドラム缶を運ぶよう命じたが、これも失敗に終わった。アメリカ軍の暗号解読部隊により、ショートランド島の基地を出撃した駆逐艦の名前やガダルカナル島への到着予定時刻などの情報が筒抜けになっていたためだ。

日本軍はまたしても致命的な失敗を繰り返した。海軍の暗号が解読されている可能性について全く考慮しなかったのだ。一二月一二日一時一五分、アメリカ軍の魚雷艇PT-37、40、48が駆逐艦隊に向かって魚雷を発射したため、日本軍の駆逐艦はドラム缶を投げ捨て、ニュージョージア海峡の方に進路を変えようとした。しかし、一本の魚雷が田中少将の旗艦だった駆逐艦照月に命中し、彼は気を失ってしまった。一八分後、田中は別の艦に移乗して島から離れ、残された照月は二時間後に沈んだ。これが一九四二年最後の東京急行であり、アメリカ軍の予期せぬ抵抗を受けた軍令部は、日本軍を戦闘地域から撤退させるというこれまで考えたこともなかった計画を練り始めた。

一九四二年の暗い日々が終わり、世界中で勢力圏を拡大してきた枢軸国側の攻勢が限界に達したことで戦争は新たな段階へと入りつつあった。エルアラメインとトブルクでの戦いに破れたエルヴィン・ロンメル元帥がトリポリに向け退却を続けるなか、アメリカ軍が北アフリカに上陸し、アフリカ軍団と戦うため東に向け進撃を開始していた。一二月には、ドイツの第四装甲軍がスターリングラードの防衛線を突破できずに退却を開始し、三〇万人の精鋭部隊がソ連軍に包囲され、脱出の望みも絶たれてしまった。日本は、自らの限界まで勢力圏を拡大し、一握りのアメリカの海兵隊員、パイロット、水兵たちに進撃を止められ、出血を強いられた。これ以降、占領した太平洋の島々を守るため必死に戦い続ける日本軍との戦争は一層残忍なものとなり、これらの島々を奪い取るための作戦は、多くの連合軍兵士が命を落とす極めて犠牲の大きいものとなった。

太平洋戦域において日本軍とアメリカ軍は、いずれも重大な過ちを犯し、多大な犠牲を払うことになった。戦争にミスは付きものであり、特に新たな敵と戦う場合には避け難いものだが、アメリカ軍の強みは、失敗から教訓を学び取り、訓練や装備、戦術を適応させることができるという点にあった。一方日本軍は、若干の例外はあったものの、教訓を生かすことができなかった。アメリカ軍を主体とする連合軍が太平洋での戦いに勝利するには、数百万平方マイルに及ぶ広大な戦域を北東方向に進撃し、重爆撃機が日本本土まで到達可能な場所まで近づかなければならない。ガダルカナル島から反攻を開始し、大日本帝国の心臓部を物理的に粉砕することができれば、必要不可欠ではあるものの、他の選択肢が用意できない限り膨大な犠牲を伴う日本本土への侵攻が容易になる（＊9）。

とはいえ、日本の連合艦隊は、アメリカにとって海上における最大の脅威であり続けていた。当時日本海軍は、世界最高水準の戦艦である大和、武蔵など一〇隻の戦艦に加え、巡洋艦数十隻、駆逐艦百隻以上、航洋潜水艦五〇隻以上を有していた。また各種空母も九隻保有しており、数隻が建造中だった。アメリカと同様、日本も一九四二年中はもっぱら他の戦域に力を注いでおり、両国とも「実際」の戦争は太平洋以外の地域で戦われるものと考えていた。アメリカにとっての主戦場はヨーロッパと北アフリカであり、日本の大本営にとっては、侵攻してくるソ連軍から中国を守ることが優先課題となっていた。一九四二年末時点で日本陸軍は、五四個師団を前線に展開していたが、そのうちの二五個師団は中国で戦っており、南太平洋戦域に展開していた部隊はわずかだった。また日本陸軍の航空隊も部隊の移動が遅れており、もしも一九四二年秋に陸軍の航空機が南太平洋地域で作戦可能になっていたら、ガダルカナル島をめぐる攻防戦の帰結も違ったものになっていた可能性が高い。

日本は、大きな戦力を保持していたものの、綱渡りのような状態で戦争を続けていた。強大な力を待つアメリカが目を覚ましつつあることを示す証拠は、航空燃料、弾薬、歯ブラシ、石鹸、失われた装備を補充する能力などさまざまな分野で見られるようになっており、前線の将兵が戦い続けられるよう支援するための長く複雑な兵站システムが物を言うようになっていた。ニューカレドニアのヌーメア港には、一九四二年一二月までに九〇隻以上の輸送船が一八万トンの補給物資を運び込んでいた。特に、レーダー、機動性の高い重火器、グラマンF6Fヘルキャット、F4Uコルセア、ロッキードP-38ライトニングをはじめとする新型機など最新の技術を盛り込んだ兵器は羨望の的だった。しかし、死に物狂いの敵が、死に物狂いの行動に出る可能性が高いという点で、連合軍も綱渡りを強いられており、この後の日本軍との戦いはまさしくその通りになった。

当時の日本に足りなかったのは工業力と技術力であり、やがて神格化された天皇に対する狂信的な崇拝と、西欧、とりわけアメリカに対する根深い憎悪でこれらを補完しようとするようになっていった。こうした意識を最も効果的な方法で動員し、活用することができる限り、アメリカ人が戦意を失うまで戦い続けることができると考えられていたのだった。太平洋上にある小さな島を占領するため、何千人もの若者が死体となって送り返されてくるような状況にアメリカはいつまで耐えることができるだろうか。山本五十六は、こうした計略を駆使しながら、多くのアメリカ軍将兵を死傷させ、和平交渉のテーブルに着かざるを得ない状況に持ち込むことができる人物の一人だった。枢軸陣営に亀裂が生じ、アメリカの怒りが、ナチス政権下のドイツとファシスト政権下のイタリアに集中するようになれば、日本は戦争に勝つことができないものの、敗けもしないという形でことを収められたかもしれない。

一九四二年のクリスマスを目前にした一二月二一日、一一機のP-39エアラコブラがガダルカナル島北部の海岸を通過し、ファイターツーに着陸した。第七〇戦闘機隊が島に到着し、陸軍部隊に加わったのだった。オレゴン州出身で二五歳のがっしりとした体形の戦闘機パイロットがぎこちない動作で左の翼から地上に降り立ち、手足を伸ばし、淀んだ重い空気を吸い込みながら、新しい任地を見渡した。当然のことながら、彼は、五八歳の山本五十六がこれまでに行ったこと以外何も知らなかったが、二人の運命はこの地で絡み合い、急速にその距離を縮めつつあった。

レックス・バーバー中尉が戦闘に参加する時が遂にやってきたのだった。

＊1　諸説あるものの、第三三九戦闘機隊には「日が昇る勢いの日本帝国を止める」という期待を込めて「サン・セッターズ」という部隊名が付けられたようだ。しかし、一九四三年一二月二日、正式に「グレムリンズ」と改称された。

＊2　このとき単縦陣で進むキャラハン艦隊の一三番目に位置していたのが駆逐艦フレッチャー（DD-445）で、船体分類記号は一三番だった。奇しくもその艦名は、フランク・ジャック・フレッチャー提督の叔父であるフランク・フライディ・フレッチャー提督にちなんで付けられたものだった。

＊3　ノーマン・スコットとダニエル・ジャドソン・キャラハンには、死後名誉勲章が授与された。

＊4　アメリカ海軍将兵の戦死者は、一一月一三日だけで、ガダルカナル島をめぐる戦いの全期間を通じた海兵隊の戦死者に匹敵する数となった。

＊5　戦艦比叡は、太平洋戦争で日本軍が失った最初の戦艦となった。一九三〇年代半ば、昭和天皇が移動する際に使用する御召艦だった比叡の喪失は、山本五十六にとって心理的な打撃となった。昭和天皇の弟である高松宮も海軍士官として比叡に乗っていたことがある。日本海軍は終戦までに一三隻の戦艦を失っており、その数は第二次世界大戦に参戦した国々のなかで最多だった。

＊6　この時リーは、金メダル五個、銀メダル一個、銅メダル一個を獲得しており、この記録は六〇年間破られなかった。

＊7　霧島は、太平洋戦域における戦艦同士の戦いで沈んだ唯一の艦だった。なお、サウスダコタの姉妹艦であるマサチューセッツは、一週間ほど前に行われたカサブランカ沖の海戦で、フランスの戦艦ジャン・バールを撃破している。

＊8　後日ルーズベルト大統領には、日本兵の腕の骨を削って作られたペーパーナイフが贈られた。

＊9　一九四二年一二月二日、シカゴ大学のフットボール場であるスタッグフィールドの西側観客席下にあった古いスカッシュコートに設置された反応炉で初めての人工的な自己持続型核分裂反応が起きた。皮肉にもこの八年前、アメリカンフットボールが好きだった山本五十六は、スタッグフィールドから二〇マイルも離れていないエヴァンストンで、ノースウェスタン大学とアイオワ大学の試合を観戦していた。

第八章　いかなる犠牲を払っても

ジョン・ミッチェルは、左手で昇降舵トリムホイールを握り、操縦輪を握っている右手が圧力を感じなくなるまで回した。ライトニングの大きな機体は安定しており、トリムをとることで今彼がやっているように操縦輪から「手を離した」まま飛ぶことも可能になるため、少なくとも肉体的には長距離飛行の任務が若干楽になる。しかし、太平洋上を島伝いに飛ぶ戦闘機の飛行距離は非常に短いうえ、トリムをとり、操縦輪から手を離して飛んでいるうちに敵機が背後に回り込む危険もあるため、通常手放しで飛べるかどうかは問題にならない。しかし、今日はいつもと違う任務であり、ブーゲンビル島に到着した時点でパイロットが疲労困憊していてはまずいのだ。ミッチェルの立てた作戦は、四区間から成る計四一二マイル（約六六三キロメートル）の往路を二時間五分で飛び、敵に察知されないよう注意しながらエンプレス・オーガスタ湾の上空を通過し、日本軍に奇襲をかけるという単純なものだった。彼は、長年の経験から、本当に難しいのは作戦を実行し、計画通りに進めることだということを知っており、彼以外にこの作戦を遂行できるものはいなかっただろう。

作戦計画は優れたものであり、ミッチェルもそう思っていたはずだ。作戦を立案したのは彼だった。

作戦決行の前日である四月一七日の午後、ミッチェルは第三三九戦闘機隊司令部のテントで横になり、仮眠をとろうとしていた。午前の任務は終わったが、午後も別の任務で出撃することになっていた。このため、テントの帳が引き上げられ、ヘンリー・ヴィッチェリオが入ってきたのを見て、少し苛立った。第七〇戦闘機隊の前任の指揮官である彼は、中佐に昇進しており、第一三空軍の戦闘機隊司令部でさまざまな作戦の実質的な責任者となっていた。これは主に事務的な問題だったが、ガダルカナル島に新設された第三四七戦闘航空群司令官というもう一つの役職はそうではなかった。ガダルカナル島にいる他の将兵と同様、痩せこけた体躯のヴィチェリオは、細い目と特徴的な形の耳が印象的な人物で、髪の生え際が後退していた。

ミッチェルの回想によると、ヴィッチェリオは、「ミッチ、彼らがアヘン窟に来て欲しいと言っているぞ。何か君に頼みたいことがあるみたいだ」と素っ気なく言ったという。

アヘン窟とは、ヘンダーソン飛行場にある補強された防空壕であり、ソロモン諸島戦域の航空部隊を指揮するマーク・ミッチャー少将の司令部になっていた。一九一〇年に海軍兵学校を卒業した〝ピート〟・ミッチャーは、頭髪に白髪が混じってはいたが、不屈の精神を持つプロの軍人だった。一九一六年に三三番目の海軍パイロットとなった彼は、一九一九年五月、固定翼機による初の大西洋横断飛行にカーチス水上機（NC-1）のパイロットとして参加し名を馳せた（＊1）。

そのおよそ二〇年後、海軍大佐に昇進したミッチャーは、空母ホーネットの艦長として、一九四二年四月のドゥーリトル隊による日本本土空襲作戦やミッドウェー海戦に参加した。物腰は穏やかだが、率直で果断なミッチャーは、その後海軍航空団の指揮官に就任していたが、一九四二年一二月、ハルゼーから最も重要な時期にソロモン諸島の航空戦力を統括する指揮官に抜擢された。後にハルゼーは、「多分我々は空の戦いで日本軍に相当痛めつけられるだろうと考えていた。だからこそ、その戦場にピート・ミッチャーを送り込んだのだった。彼は戦うことに生きがいを感じる人物であり、私はそのことを良く知っていた」と述懐している。

　ミッチャーの司令部は、ガダルカナル島の日本兵が掃討され、残っていた部隊も撤退した後、一九四三年二月に設置された。組織再編の一環となるこの措置は、一九四二年末にアメリカ軍がようやく勝利したことで可能になったものであり、南太平洋戦域で連合軍の間に楽観的な認識が広がりつつある状況を反映していた。ミッチャーのソロモン諸島方面航空司令部は、ヌーメアにある南太平洋航空軍の下に設置され、第一、第二海兵航空軍、陸軍航空軍第一三空軍の所属部隊などが指揮下に入っていた。しかし、大きな出血を強いられ、一時退却を余儀なくされたとはいえ、日本軍は、物理的にも、心理的にも敗北してはいなかった。これには、ミッドウェーでの海軍の敗北やガダルカナルでの陸軍の敗北などの「悪い」情報を極端にコンパートメント化［訳注：情報を細分化し、本当に必要な者だけがアクセスできるようにすること］する行為が関わっていた。実際に戦っている日本軍の兵士や水兵、パイロットは実情を知っているが、彼らは別の戦場に送られるか、前線に張り付いて戦い続けている。一方、海軍の将官や軍令部の参謀は、以下の二つの理由で日本が勝利すると確信していた。一つは、依然としてアメリカ人を過小評価していたため、もう一つは、山本五十六に対する強い信頼感があったためだ。彼が太平洋戦域で指揮を執り続けている限り、敗北などあり得ず、必ずや勝利へと至る道を見つけ出してくれると誰もが信じていた。

蒸し暑い土曜日の午後、汗のしみ込んだ簡易ベッドから起き上がったミッチェルは、ヴィッチェリオと別れた後、こめかみから顎にかけて豊かな髭を蓄えている第七〇戦闘機隊隊長のルー・キッテル少佐とトム・ランフィア大尉を伴い、二マイル（約三・二キロメートル）ほど先のヘンダーソン飛行場に向けサンゴの敷き詰められた道をジープでゆっくりと走っていた。一九四三年四月、かつては仮設の滑走路だったガダルカナル島の飛行場は、本格的な滑走路や誘導路、駐機場を備えた基地へと生まれ変わっていた。現在の姿とはかけ離れた、至る所に水溜まりのある砂利を敷き詰めただけの滑走路をめぐり、この八カ月間に多くの将兵が命を落とした。以前牧草地と呼ばれていた補助滑走路は、今やファイターワンという正式名称が与えられて、島に駐留している海兵隊の戦闘機が使っており、陸軍の戦闘機はファイターツーを使うようになった。こうした予想外の展開は、ミッチェルの身にも起きていたが、彼がそれをひけらかすようなことはなかった。二年前、彼は第七〇戦闘機隊に所属する一介の少尉に過ぎなかったが、今では少佐に昇進し、一九四二年一一月から戦闘機隊の指揮を執っている。それにしても、アヘン窟から呼び出しを受けるというのは普通ではない。一九四三年春のガダルカナル島でも、こうしたことは滅多になかった。

一九四三年四月一七日の午後、滅多にないことが確かに起きた。

ミッチェルは、「アヘン窟には、一五人から二〇人が詰めかけていた。室内は混雑しており、たばこの煙が立ち込めるなか、皆思い思いに話をしていた。我々がそこに入っていくと、全員が話をやめてこちらに視線を向け、一人の海兵隊少佐が私に一通の電報をよこした」と述懐している。

電報は、ハワイの真珠湾にあるアメリカ海軍太平洋情報部（FRUPAC）とオーストラリアのメルボルンにあるメルボルン情報部（FRUMEL）が四月一四日に傍受したもので、山本五十六連合艦隊司令長官の詳細な視察日程を翻訳したものだった。そのなかには、日本海軍の南東方面艦隊司令部から発信された暗号電報一三一七五五も入っており、内容は以下のようなものだった。

四月一八日のバラレ、ショートランド、ブインへの司令長官の視察予定は以下の通り：

一．〇六〇〇　中攻にてラバウルを出発（戦闘機六機による護衛付き）：〇八〇〇　バラレ到着。到着後速やかに駆潜艇にてショートランドに向け出発（第一根拠地隊にて駆潜艇を準備されたし）、〇八四〇　到着。〇九四五　ショートランド出発　上記駆潜艇に乗船、一〇三〇　バラレに到着。一一〇〇　中攻にてバラレを出発、一一一〇　ブインに到着。第一根拠地隊司令部にて昼食（第二六航空戦隊の高級参謀が同席）。一四〇〇　中攻にてブインを出発：一五四〇　ラバウル到着。

ミッチェルにこの電報を手渡したのは、ガダルカナル戦闘機隊司令部の作戦将校である海兵隊のジョン・P．コンドン少佐だった。陸軍パイロットへの敵対心をあからさまにしていたコンドンは、飛行経路と通過時間が記載された進路要図を作成していた。この図は、任務を達成するため自分ならどのように飛行するのか示したもので、ミッチェルも同じ経路をたどるものと思われていた。今ここで行われているのは、明らかに海軍主体の会議であり、ミッチャーの隣には、参謀長のトーマス・フィールド・ハリス准将をはじめ海兵隊大佐や海軍中佐が居並んでいた。ミッチェルたち陸軍のパイロットは、この息が詰まるような壕の中で最も低い階級の将校であり、彼らに求められているのは戦闘機を飛ばすことで、任務について何か意見を述べることではなかった。

後にミッチェルは、「山本五十六をどのように殺害するかという点は議論の的になっており、実際に激論が交わされた。我々が呼ばれたのは、ガダルカナル島からブーゲンビル島までの距離を往復することが可能な唯一の戦闘機であるP-38を飛ばすことができたからだ。F4FやF4Uで対応できるのであれば、海軍や海兵隊のパイロットが、このような任務に陸軍のパイロットを関与させることは絶対になかったはずだ」と述べている。

海兵隊や海軍の戦闘機でこの任務を達成する唯一の方法は、空母から発進させることだが、日本軍が支配する海域に深く入り込んでブーゲンビル島まで数百マイルの距離まで接近しなければならず、ラバウルやブーゲンビル島南端のカヒリ基地に配備されている航空機に攻撃される危険性が非常に高くなる。海軍は、こうした危険を冒したくなかったが故に、陸軍の助けを借りることにしたのだった。また、ソロモン諸島の南半分は、ニミッツが担当する南太平洋戦域に入っていたため、この任務を担う戦闘機がガダルカナル島から発進するのであれば、海軍が作戦を統括することも可能だった。ニュージョージア海峡を半分ほど北上した海域の向こう側は、ダグラス・マッカーサー大将が担当する南西太平洋戦域になっており、彼と交渉したいと思うものは誰もいなかった。

ミッチャーは、ソロモン諸島方面連合軍航空部隊司令部（ComAirSols）の戦闘機隊司令部副司令官であるL.S.〝サム〟・ムーア中佐に作戦立案を命じ、彼は、コンドンと共に基本的な調査を行った。その結果生まれたのが、レーダーに探知されたり、艦船に発見されたりするのを避けるため、ニュージョージア海峡の外側のルートを低高度で飛行するという作戦だった。しかしムーアとコンドンには、P-38についての知識が不足していたため、作戦計画のなかで指定された対気速度に誤りがあり、各ポイントの通過時間がずれていた。ミッチェルは、著名な歴史家のキャロル・V.グラインズに対し、「コンドンが作成した進路要図のとおりに飛んでいたら、目標となる地点から四〇マイル（約六四・四キロメートル）もしくは五〇マイル（約八〇・五キロメートル）離れた海上を飛ぶことになっただろう」と語っている。

アヘン窟では、山本五十六の殺害方法をめぐっても議論が行われていた。海軍のパイロットは、当然のことかもしれないが、山本がバラレからショートランド島近くのファイシ停泊地へと移動する際に使用する掃海艇を攻撃するのが最善と考えていた。しかしミッチェルは、この計画には問題がいくつかあると考えていた。一つは、山本がどの船に乗っているのか特定するのが難しいという問題だ。この点についてミッチェルは、「航行中の掃海艇や駆潜艇を見分けるのは困難」としたうえで、たとえ乗っている船を特定できたとしても、「海に飛び込んで逃げることが可能であり、おそらく救命胴衣を着けているはずだ。一方、航空機で移動中に攻撃できれば、山本が生き延びられる可能性はゼロであり、彼を確実に葬ることができる」と強調した。

仮に山本が乗っている船を見つけて撃沈できたとしても、彼が死んだという確証は得られない。山本は、泳ぎが達者であり、海に落ちた彼と他の生存者を見分けるのも不可能だ。ミッチャーは、椅子に深く腰掛けて部下たちの議論を聞いていたが、ついに片手を上げて議論を遮り、目を細めてミッチェルを見た。

「君はどんな方法でやりたいのだ」

「飛行機で移動中のところを攻撃したいと思います。我々は戦闘機パイロットであり、空中戦が専門です」

ミッチャーは、静かに頷いてその場にいた将校たちの顔を見回し、「この任務はミッチェル少佐の部隊が担当することになっているので、彼が良いと思う方法でやってもらうことにしよう」と言った。

戦闘機隊司令部のテントに戻る途中、ミッチェル少佐は、バラレの一五マイル（約二四・一キロメートル）南西にあるカヒリ飛行場に展開している七〇機から八〇機の敵戦闘機に思いを巡らせていた。日本軍がブイン基地と呼ぶこの飛行場では、第一一航空艦隊の艦載機が絶えず離着陸を繰り返しており、ガダルカナル島に対して作戦を行う際の主要な基地になっていた。アメリカ海軍の情報部によると、カヒリには、日本海軍の第二〇一航空隊、第二〇四航空隊、第五八二航空隊という少なくとも三つの部隊が進出しているほか、空母飛鷹搭載機の分遣隊として派遣されているゼロ戦も何機かいるという。さらに、パプアニューギニアの北端、カヒリからおよそ一〇〇マイル（約一六一キロメートル）離れているブカ基地には、一九四三年五月末の時点で三六機の戦闘機がいた。ハルゼーから送られてきた電報には、六機の戦闘機が護衛に付くと書かれていたが、これらの戦闘機はラバウルからから一緒に飛んでくる護衛機であり、何者にも代え難い高名な司令長官をバラレまで護衛するため、途中で多くの戦闘機が加わるものと予想された。

ミッチェルをはじめ、ガダルカナル島にいる戦闘機パイロットたちは、一九四三年一月二一日にフランク・ノックス海軍長官、ハルゼー大将、ニミッツ大将がヘンダーソン飛行場を訪問した際、三人が乗る航空機の護衛任務に就いており、日本軍が同様の態勢で臨むと考えるのは当然だった。未だ敗れたわけではない日本軍は、新たな攻勢の計画を練っていた。山本五十六は、この戦争について独自の見解を持っており、一九四二年末の敗北にも苦い思いを抱いていたが、専門的な知識を有する海軍の将官で、実戦経験のある軍人である自分がその職責を果たすのは当然のことであると受け止めていた。彼は、連合軍に対し再び攻撃を行うことを天皇に約束しており、奪われた地域を奪回して日本の栄光を取り戻すための計画を練っていた。

一九四三年四月の時点で、連合艦隊には正規空母の翔鶴と瑞鶴があり、新たに五隻の空母が建造中だった。また一九四二年一一月にガダルカナル島周辺で行われた海戦で高速戦艦比叡と霧島を失ったとはいえ、世界最大の戦艦である大和と武蔵を含む一〇隻の戦艦が残っていたほか、巡洋艦、駆逐艦、潜水艦なども数百隻保有していた（＊2）。一方の連合軍は、反撃を続けていたものの、大規模な攻勢を展開できるだけの態勢はまだ整っていなかった。しかし、おそらく最も重要だったのは、連合軍に暗号を解読された可能性について日本側が全く疑いを抱いていなかったという点だ。日本軍は、ミッドウェー海戦で大敗し、エスペランス岬沖の海戦やビスマルク海海戦でも大きな損害を出しており、自軍の暗号が解読された可能性について検討すべき十分な理由があったにも関わらず、軍令部は極めて理にかなったこの選択肢を考慮しなかった。日本側は、西洋人、とりわけアメリカ人が込み入った日本語の文章を理解するのは困難であると考えていた。日本軍は、かなり以前に下したこの判断を変えておらず、連合軍が自軍の暗号を解読するのは不可能であると思い込んでいた。

一方、アメリカ政府と太平洋艦隊司令部は、ベンジェンス作戦の後、日本側がどのように考えるのか心配していた。一六機のアメリカ軍戦闘機が、所定の場所に正確なタイミングで突如出現したという事実をどのように説明すればよいのだろう。関係者の多くは、この任務が達成されることで、自軍の電報が傍受され、解読されているという事実を日本側が確信することになると考えていた。問題は、アメリカで憎悪の的となっており、日本が戦争を遂行するうえで重要な役割を担う人物とはいえ、一人の男の命に、暗号解読という極めて重要な手札を手放すだけの価値があるのかという点だ。チェスター・ニミッツは、その価値があると判断し、ハルゼーも同意した。かくしてミッチェルは、土曜日の午後、第三三九戦闘機隊司令部のテントに戻り、ソロモン海の地図をじっくり眺めることになった。

P-38の性能を正しく理解していなかったコンドンが作成した飛行経路は、ニュージョージア海峡周辺の日本側が保持している島々にかなり近い場所を通っており、通過時間もずれていた。また、日本軍に探知されるのを避けるためには、コンドンの作戦計画よりも低い一〇〇フィート（約三〇・五メートル）以下の高度を飛行する必要があるという点も判明した。問題点はいくつもあり、航法もその一つだった。海の上には目印となるものが何もなく、ただただ波がうねっているだけだ。この作戦では、目視で確認できるチェックポイントからかなり離れた海上を低高度で飛ぶことになるため、目印となるものは何も見えない。パイロットの疲労も不安材料だ。五〇フィート（約一五・二メートル）程度の低高度では操縦ミスが許される余地は皆無だが、ミッチェルは、部下のパイロットたちを良く知っており、目標に向かって飛行している間はアドレナリンが奇跡的な作用を及ぼすということも分かっていた。さらに、ライトニングは航続距離が長いとはいえ、低高度で四〇〇マイル（約六四四キロメートル）以上の距離を飛ぶ場合、燃料の消費量が増える可能性が高く、一六五ガロンの増槽を二個使用したとしても、燃料はかなり際どい状態になるという問題もあった。しかし、ミッチェルがアヘン窟を出てファイターツーに戻る際、ポートモレスビーの第九〇爆撃群の好意により、三一〇ガロン増槽がニューギニアから空輸されてくるという情報が伝えられた。

そこでミッチェルは、コンドンの作戦計画を脇に置き、最初から作り直す作業に取り掛かった。

攻撃計画の起点となるのは目的であり、既知の情報は「絶対に動かせない要素」である。この作戦の目的は明白だった。すなわち、日本軍の中攻を撃墜し、山本五十六提督を殺害することである。作戦の目的というものはいつも単純だが、その陰には大きな失敗につながりかねない要素が数多く潜んでおり、この任務もそうした要素に事欠かなかった。日本軍が当初の計画や提督の旅程を変更するかもしれないし、司令長官の印象を良くするためブーゲンビル島にいるゼロ戦をすべて発進させるかもしれないし、この視察旅行全体が罠かもしれない。このような不安を覚えながら、ミッチェルは山本五十六の乗る爆撃機を迎え撃つ地点を決めたが、彼にとって難題であることに変わりはなかった。

作戦を遂行する方法も考えなければならない。

ヘンダーソン飛行場から戻る際、二人の情報将校が付いてきた。一人は陸軍のウィリアム・モリソン大尉、もう一人は海軍のジョー・マクギガン中尉で、あまり多くはなかったが、アヘン窟から持ち出せる資料をすべて持ってきて、第三三九戦闘機隊の作戦センター（立派な名前が付いているが、その実体はオリーブドラブ色のキャンバス生地で作られたアームブラスター社製のかび臭いM1934テントだった）にある使い古された木の机の上に広げた。彼らはまずソロモン諸島の複数の地図を検討する作業に着手し、ミッチェルは、整備担当士官を呼んでくるよう指示した。広げられた大きな地図を眺めると、三日月型のニューブリテン島とその北端のラバウルという地名が目に入った。ミッチェルは、その周囲を円で囲った後、ブーゲンビル島南端の少し先、山本五十六の乗機が着陸する予定のバラレまで指で辿り、そこも円で囲んだ。一行は、ラバウルからバラレまでまっすぐ飛ぶはずであり、他のコースを取る理由は何もなかった。山本を乗せた爆撃機は、セントジョージ海峡を横切り、ニューアイルランド島の南端をかすめて、ソロモン海北部の海上をおよそ一七〇マイル（約二七四キロメートル）飛んでブーゲンビル島へと至るコースを辿ると思われる。

爆撃機のパイロットが少しでも陸の上を飛ぶため東寄りのコースを取る可能性と、目的地までまっすぐ飛ぶ可能性の両方が考えられるが、ミッチェルは後者を選んだ。日本軍が一旦決まった計画から逸脱することはないし、山本も、バラレにできるだけ早く到着したいと考えているはずだ。ミッチェルは、ラバウルとバラレの間に引いた黒い直線の長さを測り、三一五マイル（約五〇七キロメートル）とメモした。日本軍の主力爆撃機である一式陸攻の平均的な巡航速度は時速およそ一八〇マイル（約二九〇キロメートル）であり、毎分三マイル（約四・八キロメートル）ほど進む。山本機がラバウルの基地を飛び立つ正確な時間を知る術はないし、さほど重要な問題ではない。大事なのは、ガダルカナル時間の九時四五分にバラレに到着するという点であり、時間厳守に対する強迫観念に近い山本の几帳面さを考慮すれば、着陸一〇分前の九時三五分に彼の乗機がこの地点に現れる可能性は極めて高い。ミッチェルは、ブーゲンビル島南部にあるタクアン山北側の斜面と南西部の海岸の間にある何もないジャングルを指さした。この地点は、エンプレス・オーガスタ湾からカヒリへと至るコースのちょうど中間地点であり、カヒリ飛行場のゼロ戦がまだ発進していなければ、それまでの貴重な時間を使って任務を遂行することができるはずだ。山本五十六を仕留めるのなら、一式陸攻が速度を落とし、高度を下げて着陸態勢に入り、目的地を目前にした護衛のゼロ戦がホッと一息つくこの時間帯、この場所が最適だった。

作戦を成功させるには、ニュージョージア海峡を大きく迂回するコースを低高度で飛ぶ必要がある。情報部によると、地上に配備されている日本軍の探査レーダーは、ヘンダーソン飛行場で鹵獲されたものと同じ海軍の一号一型である可能性が高いという。アメリカで開発されたSCR-268をコピーしたこのレーダーは、重量一万九二〇〇ポンド（約八・七トン）の非常に大きな装置であり、条件が良ければ、高度二万フィート（六〇九六メートル）を飛ぶ航空機の編隊をおよそ一五〇マイル（約二四一キロメートル）先で、海上を進む艦船なら一〇〇マイル（約一六・一キロメートル）先で探知することができた。しかし、一六機から一八機の戦闘機のレーダー反射波は艦船の反射波よりもかなり小さいため、五〇から一〇〇フィート（約一五・二から三〇・五メートル）の高度を飛行していれば、レーダーで探知可能な範囲が一〇マイルを超えることはなく、飛行経路もこの点を考慮したうえで設定できるというのがミッチェルの考えだった。彼が飛行経路上に設定した三カ所のチェックポイントは、いずれも日本軍の支配地域から三〇マイル（約四八・三キロメートル）以上離れており、四カ所目のポイントでエンプレス・オーガスタ湾の方向に進路を変えるまで日本軍のレーダーに捉えられる心配はない。このため、通常の航路から外れた海域を航行する日本軍の艦船にたまたま出くわすことでもなければ、敵に察知されることなくブーゲンビル島まで飛べる可能性はかなり高かった。

しかし、敵の戦闘機に対処し、山本五十六の乗機を探しながら、ブーゲンビル島の上空に留まっていられる時間はどの位あるのだろうか。燃料はまさしく命綱であり、この任務の成否は、一〇〇等級の航空機用ガソリンを何ガロン積めるかという点にかかっている。十分な燃料と完ぺきな射撃技術が求められるのは当然であり、部下のパイロットたちの空中戦の技量についてミッチェルが不安を感じることはなかったが、燃料の問題は別だ。P-38Gは、機体内のタンクに三〇六ガロンの燃料を積むことが可能であり、島を守ったり、ガダルカナル島の周辺で短距離の任務をこなしたりするだけならこれで十分だった。しかし、今度の任務はこれまでとは異なるものであり、ライトニングの片方の翼下に一六五ガロンの増槽を、もう一方の翼下に三一〇ガロンの増槽が取り付けられることになったのもこのためだ。

今度の作戦に参加するライトニングは、いずれも合計七八一ガロンの燃料を搭載する。高高度を最大巡航速度で飛んだ場合、これだけの燃料があれば、六時間近く飛び続けることができ、航続距離も一〇〇〇マイル（約一六〇九キロメートル）を優に超える。しかし、実際には高高度を飛ぶわけではなく、高度五〇フィート（約一五・二メートル）で飛び続けたとすると、燃料の消費量は二五パーセント増えると見積もられていた。さらに、風の影響も考慮する必要がある。後にミッチェルは、「海軍から得ることができた気象情報は、少し靄がかかり、左斜め方向から五ノットの風が吹くというものだった」と回顧している。風速は毎時六マイル（約九・七キロメートル）程度であり、風の当たる角度から計算すると、対地速度は時速二〇三マイル（約三二七キロメートル）から一九七マイル（約三一七キロメートル）に低下すると予想された。

何も問題が起きず、航法が完璧であれば、ブーゲンビル島の海岸に到達するまでの距離は四一二マイル（約六六三キロメートル）、離陸後編隊を組むまでの飛行距離は三〇マイル（約四八・三キロメートル）で合計四四二マイル（約七一一キロメートル）となる。地上での操作、移動、離陸のために消費される燃料は七五ガロン、離陸してからの四一二マイル（約六六三キロメートル）は低高度を飛ぶため燃料の消費量が増えるうえ、山本機を攻撃するため最大出力で上昇する際に三六三ガロンを消費する。このため、攻撃地点到達までに必要な燃料は、合計で四三八ガロンになる。これは、「絶対に動かせない要素」の一つであり、これに加え基地に戻るまでの距離と燃料も考慮しなければならない。ブーゲンビル島での任務を完遂し、各機が無事に高度を上げてスロットルを戻し、南東方向に進路を取ってニュージョージア海峡を南下すれば、ガダルカナル島までの直線距離はおよそ二二〇マイル（約三五四キロメートル）だ。

帰還コースの途中には、コロンバンガラ島のヴィラ基地をはじめ日本軍の基地が散在しているが、燃料が限られているので、その真っただ中を突っ切るしかない。ベララベラ島とニュージョージア島の間のクラ湾に浮かぶコロンバンガラ島は、不気味な火山の火口に生まれた巨大なカブトガニのような形をしている。一九四二年秋、ニュージョージア海峡を臨むこの島の南海岸に日本軍の飛行場ができたが、情報部によると、この飛行場は、損傷を受けた航空機がガダルカナル島から戻る途中で緊急着陸するために使われているという。しかし、ニュージョージア海峡を半分ほど北上した地点にあるムンダ基地についても同様の情報が伝えられていたが、後に誤りだったことが判明している。全長三五〇〇フィート（約一〇六七メートル）の滑走路を持つこの基地には、一九四二年一二月以降二五二航空隊の零戦が進出していたが、アメリカ軍の攻撃が激しくなったため生き残ったパイロットたちは爆撃機で後方に退いたという。その一方で、沿岸監視員のドナルド・ケネディからは、二〇四航空隊と五八二航空隊の零戦がこの基地に展開しているとの報告が一カ月足らず前に寄せられていた。

日本海軍の航空隊が一九四二年一二月半ばまでの戦いで大きな損害を出したため、この時期には、陸軍航空隊の部隊が遅ればせながら南太平洋戦域に配備されるようになっていた。ラバウルのブナカナウ基地には、まず陸軍の一式戦闘機（キ四三、連合軍のコードネームは「オスカー」、日本側の愛称は「隼」）が到着し、一九四三年一月初めには飛行第一戦隊がバラレに進出している。陸軍航空隊がガダルカナル島の戦いに初めて加わったのは一月二七日で、この時は一式戦闘機が六機失われた。

これ以降、ムンダ基地などの前進基地では、新鋭の三式戦闘機（キ六一、連合軍のコードネームは「トニー」、日本側の愛称は「飛燕」）など陸軍航空隊の戦闘機が見られるようになった。途中の島々にこれらの戦闘機が残っていたら、それも考慮すべきリスクの一つになる。とはいえ、ニュージョージア島の南端にあるムンダ基地は、ガダルカナル島に帰還する際に辿るコースから四〇マイル（約六四・四キロメートル）ほどずれており、この時間帯に日本軍のほぼ全ての戦闘機が緊急発進していたとしても、ライトニングは十分な高度に達しているため、少なくとも正面から日本軍機の攻撃を受ける危険は十分に回避できるはずだ。このほか、ニュージョージア島から海峡を隔てたサンタイザベル島北岸のレカタ湾には水上機の基地もある。ミッチェルは、水上機が脅威になるとは考えていなかったが、ここにも戦闘機が配備されている可能性はある。

しかし、この際それはどうでも良いことだった。他に選択肢はないのだ。

最大対気速度でガダルカナル島に帰還するのに要する時間はおよそ九〇分、燃料の消費量は一八八ガロンほどになるはずであり、これも絶対に動かせない要素の一つだ。攻撃地点まで飛んでいくのに必要な燃料四三八ガロンと合わせて六二六ガロンになる。目的地まで往復するだけでこれだけの燃料が消費されるのだ。ブーゲンビル島の南端には、カヒリやバラレ、ショートランド島など日本軍の基地が集中している。特にカヒリは、ラバウルの南にある戦闘機隊の主要な基地であり、ミッチェル隊の待ち伏せ攻撃が成功した場合、ここに配備されているゼロ戦が怒った蜂の大群のように襲い掛かってくるはずであり、この上空を飛ぶのは得策ではない。このため、どの程度内陸に入った地点で山本機を迎え撃つかにもよるが、タクアン山南側の斜面を横切って東に飛び、ブーゲンビル海峡上空で南に向きを変えて、チョイスル島付近からニュージョージア海峡に入るという帰還コースも選択肢の一つになる。一方、ブーゲンビル島の西側で山本機を迎え撃った場合には、モイラ岬付近で南に進路を変えてショートランド島を避け、ニュージョージア海峡の南を飛んでガダルカナル島まで帰ってくることになる。いずれにしても、最大出力で戦えるのは二〇分程度であり、この間左右両方のエンジンが合わせて毎分五・五ガロンの燃料を消費するので、往復の燃料以外に一一〇ガロンが必要になる。

これで、七八一ガロンのうちの七三六ガロンが消費されることになる。

戦闘に使える残りの燃料は四五ガロンであり、五ガロンを予備の燃料に回した場合、使えるのは実質的に四〇ガロンだ。最大出力で空中戦を行った場合、これでは七分しか戦うことができず、十分とは言えない。いかに戦時中とはいえ、通常は容認できないことだが、今回の作戦は通常とは違う。もちろん、ガダルカナル島に十分到達可能な距離であれば、途中で滑空しながら降下することにより数ガロンの燃料を節約することができるうえ、燃料をほとんど使い切った状態なら機体もかなり軽くなっているはずだ。しかし、この影響を計算して計画に組み込むことはできない。山本機を攻撃した後の展開はすべて当日の状況次第であり、多くの災難が降りかかる可能性もある。部下たちにも、ブーゲンビル島上空で戦う際の時間的な余裕が七分ほどしかないということを周知させなければならない。時間的な余裕はほとんどなく、山本機の到着が遅れたり、当日の天候が悪かったり、迎撃地点に到達する前に多くのゼロ戦と戦うことになったりしたら、十分な時間を確保することができなくなる。決して勝算が大きいとは言えない。四五年後ミッチェルは、「あの時には、これほど離れた場所で山本機を迎撃しようとしたところで、成功する確率は一〇〇〇分の一程度だろうと考えていた」と語った。

それでもミッチェルは、絶対に動かせない要素を踏まえて作戦計画の大枠を構築し、さまざまな条件をすり合わせながら戦術計画を練り上げた。彼は、一式陸攻が通常どのようなタイミングで車輪を下ろし、速度を落とすのか知らなかったが、B-17やB-26マローダー爆撃機を護衛したことは何度もあったので、急角度で離着陸を行う戦闘機と違い、爆撃機のパイロットは、時間をかけて徐々に高度を下げていくことを知っていた。そのうえ、提督を乗せているので、できるだけ静かに着陸しようとするはずであり、着陸態勢に入るのは飛行場の二〇〜三〇マイル（約三二・二〜四八・三キロメートル）手前になる可能性が高く、まさにここが迎撃地点になる。一式陸攻は低速で脆弱なうえ、パイロットは近づく飛行場の滑走路に気を取られている。また護衛の戦闘機も、自軍の支配地域を飛行しており、最終目的地も近いということで気が緩んでいるはずだ。そのうえ、P-38が低空飛行で海を渡り、最も考えにくい方向から突然現れるとは誰も予想しないだろう。皮肉なことだが、これは真珠湾攻撃の意趣返しのようなものであり、アメリカ軍にとっては留飲の下がる作戦だった。

モリソン大尉とマクギガン中尉がミッチェルの作戦計画にお墨付きを与えると、パイロットたちが作戦センターのテントに集まり始めた。ガダルカナルでは、秘密を守るのが難しく、兄弟のように結束の固い戦闘機パイロットの間ではほとんど不可能だ。二〇機余りのP-38に交代で乗務している三つの戦闘機隊（第一二、第七〇、第三三九）の四〇人を超えるパイロットたちは、誰もがこの作戦に参加したがった。ミッチェル少佐は、彼らをテントから追い出し、間もなく説明するので、それまで外で待機するよう命じた。入れ替わりにテントに入ってきた整備担当責任者からは、この任務に対応可能なP-38は全部で一八機との報告があった。機械的な問題で飛べなくなっている機体が何機かあり、そのなかには、先日の任務で右の翼端を三フィート（約九〇センチメートル）ほど欠損したレックス・バーバー中尉の乗機も含まれていた。ミッチェルは、整備員たちに最善を尽くすよう求め、増槽が届くまで待機するよう命じた。増槽の取り付け作業は徹夜で行わなければならず、作業が間に合わなければこの任務は遂行できない。燃料と弾薬についても議論され、ミッチェルは、重量が増加しても構わないので弾薬を最大限積むよう指示し、四挺のブローニング五〇口径機関銃にはそれぞれ五〇〇発ずつ、イスパノ二〇ミリ機関砲には一五〇発の弾薬が搭載されることになった。

目標地点での戦術は、かなり単純なものだった。ミッチェルは、護衛のゼロ戦の数を考慮し、ライトニング四機で「攻撃部隊」を編成することにした（＊3）。彼らは、空中戦には目もくれず、いかなる犠牲を払っても爆撃機を撃墜するという役割に徹することになっており、一式陸攻が視認できるまで、四機編隊を維持したまま待機する手はずだった。迎撃地点到着後、攻撃部隊は独自の判断で行動し、総勢一四機になるはずの他のP-38は、一万八〇〇〇フィート（約五四八六メートル）から二万フィート（約六〇九六メートル）まで上昇してゼロ戦を引き付ける。この支援部隊が相手にするゼロ戦は、直衛の六機はもちろん、ブカやカヒリの基地から上がってくるゼロ戦も含まれるが、これらの基地に展開するゼロ戦は数が多いため、ミッチェルたち上空支援部隊のライトニングは、不利な戦いを強いられる可能性がある。支援部隊が攻撃部隊を十分に守り切れない場合、攻撃部隊のなかの二機がゼロ戦と戦い、残る二機が爆撃機を攻撃する。ミッチェルが考えた作戦計画は単純であり、状況の変化にも容易に対処することができる。戦闘中に状況が変化することはよくあるが、ミッチェルの選んだパイロットなら変化に対応しつつ、与えられた時間を最大限活用することができるはずだ。

次の課題は、パイロットの人選だ。

作戦に参加することが可能なパイロットは四一人で、このなかには三三九戦闘機隊のパイロット全員が含まれており、およそ半数を占めていた。残りの半数は第一二戦闘機隊と第七〇戦闘機隊のパイロットだった。ミッチェルは、一九四二年一〇月、第七〇戦闘機隊のパイロット一〇人と共にガダルカナル島に降り立ち、わずかに生き残った第六七戦闘機隊のパイロットとともに戦闘任務に就いた(＊4)。四一人のパイロットは、皆良く知っている者たちばかりだ。ミッチェルは、ランタンと懐中電灯の明かりを頼りに、フィジーから行動を共にしているパイロットやガダルカナル島で共に戦ってきたパイロットの名前を黒板に書き出した。彼は、「人選について思い悩むことはほとんどなかった。ただ、顔見知りのパイロットに少し偏っていたかもしれないとは思った。彼らの能力は分かっていた。皆優れたパイロットで、頼りになる連中だった」と述懐している。黒板に書かれたリストには、トム・ランフィア大尉、ダグ・カニング中尉、ベスビー・ホームズ中尉、レックス・バーバー中尉の名前も入っていた。

第一二戦闘機隊指揮官のルー・キッテル少佐は、整備と武装の詳細な状況を確認してから作戦センターのテントに戻り、第一二戦闘機隊のパイロットを何人か追加するようミッチェルに頼み込んだ。キッテルは、一九四二年三月、第一二戦闘機隊の少数のパイロットとともにクリスマス島で配置につき、ハワイの南およそ一〇〇〇マイル（約一六〇九キロメートル）の海上に浮かぶこの小さなサンゴ礁の島に一年間留まった。ノースダコタ出身のキッテルは、廃棄されたコンテナや流木で作った小屋で寝起きし、飼い犬とオートバイで気を紛らわせていたが、ニューギニアとガダルカナルで激戦が展開されていた一九四二年秋の「重要な時期」に何もできず苛立っていた。その後ガダルカナル島に移動したキッテル隊のパイロットは、優れた戦績を残していたので、ミッチェルは、キッテル本人を含む8人のパイロットを選んだ。一九四三年四月一八日の作戦に参加するパイロットとして最終的に選ばれたのは、以下の一八人だった。

・ジョン・ミッチェル少佐、第三三九戦闘機隊指揮官、本作戦の指揮官（上空支援部隊）
・ジュリウス・ジャコブソン中尉、第三三九戦闘機隊
・ダグ・カニング中尉、第三三九戦闘機隊
・デルトン・ゲールケ中尉、第三三九戦闘機隊
・トム・ランフィア大尉、第七〇戦闘機隊、キラー編隊（攻撃部隊）編隊長
・レックス・バーバー中尉、第三三九戦闘機隊
・ジョー・ムーア中尉、第七〇戦闘機隊
・トム・マクラナハン中尉、第三三九戦闘機隊
・ルー・キッテル少佐、第一二戦闘機隊指揮官代理（上空支援部隊）
・ゴードン・ウィテカー中尉、第一二戦闘機隊
・ロジャー・エイムズ中尉、第一二戦闘機隊

・ローレンス・グレブナー中尉、第一二戦闘機隊
・エバレット・アングリン中尉、第一二戦闘機隊（上空支援部隊）
・ウィリアム・スミス中尉、第一二戦闘機隊
・エルドン・ストラットン中尉、第一二戦闘機隊
・アル・ロング中尉、第一二戦闘機隊
・ベスビー・ホームズ中尉、第三三九戦闘機隊（予備機）
・レイ・ハイン中尉、第三三九戦闘機隊（予備機）

ミッチェルは、詳細な作戦計画を作成し、各パイロットに配る進路要図を複写するよう二人の情報将校に依頼した。その後P-38のパイロットを全員集め、翌朝五時〇〇分に起床して朝食を取り、六時〇〇分に作戦センターのテントに集って全体の作戦会議に参加するよう命じた。この日は、朝から何か重大な事態が進行していることを示す兆候がいくつも現れていた。通常の整備が予定されてはいたが、駐機しているP-38の点検が念入りに行われており、大容量の増槽を送るよう要請が出されたことについての噂も飛び交っていた。情報将校は、そのことを知っていたが何も言わず、驚いたことにトム・ランフィアも口を閉ざしていた。この頃レックスは、戦闘任務に就いている多くのパイロットと同様、気がかりなことがあり過ぎて何も考えられなくなっており、どのような任務だろうと翌朝には明らかになるので、それまではあれこれ考えないことにした。ミッチェルは、

自分のテントに戻って何時間か眠ったが、第三三九戦闘機隊の地上整備員たちは徹夜で作業していた。それまで誰も見たことがなかった三一〇ガロンの増槽が届くと、整備員たちは、夜通し作業を行って機体に取り付け、点検を行った。兵器係は、五〇口径機関銃の重い弾帯と二〇ミリ機関砲の砲弾を積み込み、燃料を注ぎ込んだ（＊5）。

他のパイロットと同様、軍服を着たまま寝ていたミッチェル少佐は、四時三〇分に起床し、簡易ベッドを抜け出して食堂のテントに向かった。一九四二年一〇月に第一六四連隊が到着して以来、食事はガダルカナル島侵攻当初に比べて大幅に改善されていた。日本軍が残していった米に代わって、アメリカ陸軍の戦闘糧食であるKレーションが使われ、ホットケーキやソーセージ、果物の缶詰も付くようになった。熱くて濃いブラックコーヒーもいつも通り用意されていた。ミッチェルは、作戦センターのテントで再度天候をチェックした後、ライトニングの状態について報告を受け、一八機が飛行可能で、三一〇ガロンの増槽を装着する作業も完了したことを確認した。彼は、パイロットが全員集まったところで時計を合わせてから、日本海軍連合艦隊司令長官である山本提督を殺害するという作戦の目的を明かし、この任務について一片の誤解も生じさせないような口調で、「何があろうと、あの爆撃機を撃墜する。以上だ」と言い放った。

ミッチェルは当時を思い出して笑みを浮かべながら、「皆血気盛んな連中だった。誰もが作戦に参加したがった」と述懐した。パイロットたちには、極秘の任務であると告げたうえで、進路要図を配り、飛行機に乗り込む時間、エンジンを始動する時間、誘導路を移動する時間などを細かく指示した。また、七時一〇分の離陸時間を厳守するとともに、任務中は最初から「無線封止」とし、必要な情報はハンドシグナルで伝達するよう命じた。彼は、全員の顔を見渡してから飛行ルートについて詳しく説明し、飛行経路と速度は自分が決めるので、全員それに従うよう命じるとともに、燃料の消費は極めて重要な問題であり、低高度まで下りたら僚機との間隔を広く開け、スロットルの操作を最小限にすることも指示した。また、ブーゲンビル島までの飛行経路は陸地から見えないよう設定されており、最後に方向転換を行うポイントを通過した後高度を上げて山本機を迎え撃つことや、ブーゲンビル島の海岸線に到達する直前に空の増槽を捨て、攻撃部隊が本隊から別れて爆撃機に襲い掛かる手はずなども確認した。

ミッチェルは、「攻撃部隊以外の各機は急いで高度を上げ、上空から攻撃部隊を掩護しつつ、ブイン基地近くのカヒリから上がってくる七五機から一〇〇機のゼロ戦を撃退できるよう備えることになっていた」と語り、ここからが本当の戦いになると考えていたことを明かした。彼自身が攻撃部隊を指揮することも可能だったが、空中戦になった場合、敵の戦闘機よりもかなり高い高度まで上がることができ、機首に八枚描かれている日本軍旗をさらに何枚か増やすことができる大きなチャンスになるという考えもあったという。彼は、「この島のゼロ戦を痛めつけたかった」と語る一方で、他の目標を攻撃する計画はなかったことを明らかにした。カヒリとショートランドの日本軍基地に対する機銃掃射などは行わず、山本五十六の乗機を撃墜したら、全機ガダルカナルへまっすぐ帰還することになっていた。またミッチェルは、ニュージョージア海峡を下る帰還ルートをパイロットたちに示したうえで、何かあればラッセル諸島に不時着することも可能であると説明した。質疑応答では一般的な質問がいくつか出たが、任務に参加する者は全員太平洋戦域での戦闘経験があるため、これまでの説明で十分だった。ミッチェルは、「彼らに全幅の信頼を置いており、彼らなら誰でもこの任務を達成できると信じていた」と語った。

この後、任務に参加するパイロットは、各編隊に分かれ細かな点について打ち合わせを行い、選ばれなかったパイロットは落胆した表情でテントの外をうろついたり、出撃するライトニングを見送るため滑走路に向かったりしていた。ミッチェルはスケジュールや標準的なハンドシグナルについて再確認し、ブーゲンビル島上空で敵機を視認するまで何があっても無線は使わないよう念を押した。再確認の作業に時間はかからなかった。皆経験豊富なパイロットたちばかりで、今後の成り行きを予測することができたからだ。ミッチェルは、便箋に飛行経路を描き込んでいたが、それを畳んで胸のポケットに入れてからテントを出た。彼の編隊のメンバーであるダグ・カニング、ジュリウス・ジャコブソン、デルトン・ゲールケも、それぞれの乗機に向かって歩いて行った。

トム・ランフィアの編隊も戦闘準備が整っており、レックス・バーバーは、戦闘任務に就いているすべてのパイロットと同じように、いつもと変わらぬ出撃前の手順を繰り返した。何やら不吉なことが起こる可能性があるため、彼がこの手順を変えることはなかった。レックスは、カーキ色のズボンと長袖のシャツを着ており、シャツの袖をまくり上げていた。パイロットのなかには、機体が炎上した場合の保護対策になると考え、手首のところで袖口のボタンを留めている者もいたが、ほとんどのパイロットは袖をまくっていた。また手袋をする者もいたが、コックピット内にあるスイッチ類に触れたときの感触が好きだったレックスには、薄いレーヨン製の手袋ですら邪魔だった。

レックスは身をかがめ、パラシュートで脱出しても脱げないようブーツの紐をきつく結び直し、キャンバス地で作られたズボンのベルトを締めた。このベルトには、私物の四五口径コルトM1917拳銃を納めたぼろぼろの革製ホルスターが通してあり、点検済みの銃には弾が込められていた。腰の左側にぶら下がっている拳銃の前には予備弾倉の入った色あせたキャンバス地のポーチが二つ付いていた。拳銃と弾倉を腰の左側に配していたのは、右手で操縦輪を操作する際、腰の右側に何かあると操縦の邪魔になる恐れがあったからだ。腰の右側に付けていたのは、海兵隊員が使っている一二インチ（約三〇・五センチメートル）のケーバー製ナイフだけで、これは以前ファイターワンの泥のなかから見つけ出したものだった。ガダルカナル島の日本軍はかなり前に撤退していたが、ここでは誰もが武器を携帯している。特に、拳銃を肩から吊り下げるタイプのショルダーハーネスは人気があり、ミッチェル少佐も愛用していた。

次にレックスは、黄色いライフジャケットを念入りに点検し、特に前面下端に付いている二本の紐とストラップをチェックした。この紐は、液化二酸化炭素を充填したカートリッジにつながっており、これを引っ張るとゴム加工された布製の浮き袋が炭酸ガスで瞬時に膨張し、浮力を保つことができる。ライフジャケットの右下には、消えかけた黒のインクでVEST, LIFE PRESERVER,

TYPE B-3と印刷されていたが、レックスたちパイロットは、メイ・ウエストと呼んでいた。膨らんだライフジャケットが、当時有名な映画スターだったメイ・ウエストの胸を連想させたからだ（＊6）。

その後、壁に掛けてある飛行帽を手に取り、ひっくり返して接続コード、特に機体に積まれている無線機に差し込むための先端が赤いジャックを念入りに調べた。電線が露出していたり、金属部品の表面が腐食したり、錆びたりしていないようで、コードはきれいな状態だった。飛行帽自体は、熱帯地方や夏の暑い気候に対応するためキャンバス地で作られていた。ここでは、革製の飛行帽がすぐだめになってしまう。パイロットのなかには、大型のイヤホンのついた新型のANH-15を使っている者もいたが、レックスは旧型のA-9が好みだった。A-9は軽く、今チェックした硬質ゴム製のイヤホンも小ぶりだった。飛行帽の内側には、柔らかいセーム皮が貼られていたが、汗染みでひどく変色していた。何も問題がなかったので、飛行帽を被って顎ひもを引っ張り、同じく壁に掛かっていたゴーグルを掴んだ。パイロットは、自分の好きなタイプのゴーグルを選ぶことができたが、彼は、小さくてより流線形に近い形状の旧型ゴーグル6530型を使っていた。

レックスは、ハンカチでゴーグルを拭きながら、表面に傷がないかどうか入念に調べた。これは重要な作業だった。ゴーグルの表面に傷があると、重大な局面で視界が妨げられる可能性があり、空中戦に二度目のチャンスはない。ゴーグルのガラスに傷がなかったので、額の上にのせてベルトを頭の後ろにまわし、飛行帽についている三つの保持バンドで止めた。最後に点検する装備は、シートタイプのS-2型パラシュートだ。パラシュートは、出撃の前後に機体整備員がチェックしているが、緊急発進する場合以外はパイロットも点検を欠かさなかった。パラシュートに付けられている褐色の重いベルトは、かつては白かったが、変色してしまった。しかし重要なのは頑丈さであり、ベルトやパラシュートパック自体に切れ目や裂け目、ほつれなどがあってはならない。戦闘機のパイロットは、通常シートタイプのパラシュートを装着しており、胸や背中にパラシュートを装着して、大きな機体にゆっくりと乗り込むことができる爆撃機の乗組員のようにはいかない。レックスには、そのような贅沢が許されておらず、パラシュートを着けたまま素早くコックピットによじ登らなければならない。シートタイプのパラシュートは、使い勝手が悪かったが、シートのクッションが破れていたため、少しは役に立った。戦闘機隊の任務は、通常短時間で終わるため、クッションがだめになっていてもさほど問題ではなかったが、今日の任務は例外だ。

レックスは、進路要図とノートを持ってテントの外に出ると、待機しているパイロットたちの輪に加わった。外はすでに暑くなっていたが、地面は乾いており、べとつく泥と格闘せずに済んだ。柱に立てかけてあった作戦センターの黒板には、作戦に参加する各パイロットの名前と乗機の機体番号が整然と並んでいた。直前になって何か変更があれば、すぐに書き直すことになっており、レックスは、自分の乗機であるディアブロが飛行不能なため、ロブ・ペティット中尉のミス・バージニアを借りることになった。

自分の所属する編隊ごとに集まっていたパイロットのなかには、低い声で雑談している者もいれば、たばこを吸っている者や地図を見ている者もいた。神経質になっていることが明らかに分かる者はいなかったが（そうした態度は好ましいものとはいえない）、皆心のなかは張りつめていた。出撃前はいつもこんな様子で、足をせわしなく動かしている者や、いつもより高い声で短く笑う者もいた。こうした態度は、出撃前の緊張感の表れであり、目に見えない心の動きを示している。レックスも、他の戦闘機パイロットと同様、こうした心の動きを自分なりの方法でコントロールしていたが、胃腸が締め付けられるような感覚、浅い呼吸、心臓の鼓動などはどうしようもない。このような状況で平常心を保つには、故郷や家族、夜神様と行った秘密の取引のことは忘れ、今日の任務にのみ集中するしかない。目の前の任務、この任務にのみ神経を集中させるのだ。とはいえ、今日の任務は、これまでの任務とは異なっている。これまでよりはるかに深く敵の支配地域に踏み込むため、日本軍支配下のジャングルに降下しても救助は期待できないだろう。レックスには、そのような状況にも対応する能力があり、過酷な任務を毎日のように遂行してきた。海軍が反対したにもかかわらず、ミッチェル少佐は、今回の任務の本当の目標をパイロットたちに明かした。ブーゲンビル島の上空で標的となる爆撃機を撃墜するということは、日本海軍連合艦隊司令長官の死を意味しており、敵の顔面に平手打ちを食らわせる以上の意味がある。テントの外に待機していたジープに乗り込む際、レックスは、いかなる犠牲を払ってもこの任務を遂行する決意を固めていた。

＊1　当時少佐だったミッチャーは、横断飛行の途中で海に墜落したが、乗員は全員救助された。その後、一九一九年五月三一日、アルバート・クッシング・リード少佐の操縦するNC-4が、ニューヨークのクイーンズにあるロッカウェイ海軍航空基地を飛び立って大西洋を横断し、イギリスのプリマスに到着した。

＊2　大和と武蔵の全長は、フットボール場八個分を上回っており、排水量は六万九九八八トンだった。一方、有名なドイツ海軍の戦艦ビスマルクは四万九五〇〇トンであり、アメリカ海軍の強力なアイオワ級戦艦もほぼ同じサイズだった。

＊3　攻撃部隊のことを「キラー」編隊と呼ぶ資料もあるが、作戦を立案したジョン・ミッチェルは、山本五十六の乗る爆撃機を攻撃する四機のP-38を「攻撃」部隊と呼んでいた。

＊4　カクタス空軍の公式記録には、ミッチェル大尉とシャープスタイン大尉のほか、ディン、ファロン、ショー、ジャコブソン、ギロン、パーネル、スターン、バンフィールド、デュースの各中尉が一九四二年一〇月七日に着任したと書かれている。

＊5　P-38のパイロットだったチャールズ・W．キング大佐（P-38に乗っていた頃は大尉）によると、前線では曳光弾を使わないことが多かったという。曳光弾は、通常弾と弾道が異なるうえ、敵機が攻撃を受けていることにすぐ気づいてしまうからだ。

＊6　このライフジャケットは、元々ミネソタ州在住のピーター・マーカスが漁師のために発明したものだった。一九二八年一二月一一日に「空気注入式の救命用具」としてアメリカ合衆国特許一六九四七一四号が付与されたこの発明は、その後さらに改善され、アメリカ政府も軍のパイロットに支給するため生産に力を注いだ。このライフジャケットのおかげで多くのパイロットの命が救われており、戦争が始まると、マーカスは非常に有益なこの発明に満足し、特許権を放棄した。その後発明家のアンドリュー・トティが特許を出願したが、認められることはなく、無益な試みに終わった。マーカスがこのライフジャケットを発明したとき、トティは一一歳だった。

第三部

「我確固たる決意をもって敵陣深く切り込み、
日本男児の血気を示さん。暫し待て若者よ。
最後の一戦、堂々と戦って死すのみ」

山本五十六提督　一九四三年

第九章　サメとイルカ

一九四三年四月一八日　ガダルカナル島西方のソロモン海

顔から汗が滴り落ちていた。

ジョン・ミッチェル少佐は、高度一〇〇〇〇フィート（約三〇五メートル）で緩降下に移った後、意図的に降下角度を緩め、海面から五〇フィート（約一五・二メートル）、ライトニングの翼長とほぼ同じ高度まで下りた。間もなく二九歳になる彼は、機体を操りながら船舶用の大きなマークⅡコンパスに目をやり、方位二六五度で飛んでいるのを確認してから腕時計を見た。彼の腕時計は、開戦前に製造されたウォルサムのB-1で、白い文字盤の上に光沢のある黒い数字が並んでおり、12の文字だけ赤く塗られていた。陸軍の兵士が塹壕で使用するため製造されたこの時計には、文字盤のなかに秒針のついたインダイヤルがあり、汗の浸みこんだ茶色い皮のバンドが付いていた。

時速二〇〇マイル（約三二二キロメートル）の巡航速度で五五分間飛行した一六機の戦闘機は、風向きにもよるが、ソロモン海を一八三マイル（約二九五キロメートル）進んだことになり、日本軍がレンドバ島やベララベラ島に設置している一号一型探査レーダーで探知可能な範囲からは十分離れることができたはずだ。しかし、これらの島に設置されているレーダーについての正確な情報が何もないため、探知される可能性も考慮する必要があり、通常の航路を外れて航行している日本軍の艦艇に出くわす可能性も皆無ではない。ミッチェルは、所定の対気速度を維持するためスロットルを少し動かしてから、一ドル硬貨ほどのサイズのフリクションロックを回してスロットルを現在の位置に固定し、操縦輪を放した。すぐに機首が下がり始めたので操縦輪を引き、昇降舵トリムのホイールを回して手放しで飛べるよう調整し高度を維持した。

パイロットなら誰でもやるように、マニホールドの圧力やエンジンの回転数、オイルの温度などを示す計器を素早くチェックし、すべてが正常に機能していることを確認した。すでに気温は上昇しており、彼は左の膝で通気口を開け、外気を一部取り入れた。クーラーの機能はないが、これでコックピット内の暑い空気が少し入れ替わった。ミッチェルは、シートベルトを緩めて体を左右にひねり、僚機の様子を確認してから元の体勢に戻り、少し姿勢を変えて、クリップボードの下から地図を引っ張り出した。第二チェックポイントで北西へと向きを変え、ニュージョージア海峡に沿って並ぶ島々と平行に飛んでから再び方向転換して目標地点に到達する。単純で融通の利く良い計画だ。

太陽の光が肩の後ろからコックピットに差し込んでいたが、海軍で使っているコンパスは大きいので、少し目を細めても方位を読み取ることができる。コンパスは、依然として二六五度を指しており、進路要図を見て方位を修正する必要もなかった。作戦計画を立案し、細かな計算を行ったのは彼であり、必要な数字はまぶたの裏に焼き付いている。ラッセル島を過ぎたら、ニュージョージア島やレンドバ島から離れ、ニュージョージア海峡に沿う形で北東に進路を変えパプアニューギニアの方に向かう。再度時計回りにコックピット内の計器をチェックし、燃料、オイル、温度などすべてが正常であることを確認した。今この瞬間にできることと言えば、問題なく飛び続け、幸運を祈ることだけだ。

ガダルカナル島は、はるか後方になったが、この島をめぐる長い戦いに勝利したからこそ、今日この作戦を成功させるチャンスが巡ってきたのだった。日本側が、ガダルカナル島の地上部隊を維持することは最早不可能であり、島を奪還できる可能性はさらに少ないということをようやく悟ったらしいという情報がミッチェルたちこの島の将兵にもたらされたのは、クリスマス直前のことだった。クリスマス自体は、戦闘地域でよくあるようなふざけたイベントに終始した。アメリカ国内の安全な場所にいる人々は、このような話を聞いて奇異に感じるかもしれない。彼らは、戦場で戦っている兵士たちが生きてクリスマスを祝えることに感謝し、プレゼントがいっぱい入った赤十字の箱を心待ちにしているに違いないと考えているからだ。毛糸で編んだセーターや襟巻はそれなりに喜ばれるが、これらの品物が、太平洋上で行われている戦争の現実と故郷との間にある計り知れない距離を際立たせることもまた事実である。

一九四二年のクリスマス時点でガダルカナル島にはおよそ四万人のアメリカ軍将兵がおり、第二海兵航空団と陸軍航空軍の五つの戦闘機隊に所属する二〇〇機余りの航空機が毎日四万五〇〇〇ガロン（約一七万三四四リットル）近い航空燃料を使っていた。わずか四カ月前、一万四〇〇〇人の海兵隊員と三〇機ほどの航空機が必死で島を守っていた頃とは隔世の感がある。今では、テント内に木製の床板が敷き詰められ、シャワー棟や「コーラルコバナ」と呼ばれる映画館もあった。食事も以前と比べ大幅に改善されており、クリスマスの夕食には、七面鳥やマッシュポテト、クランベリーなどが供された。一方、島の北西部に残っていた一万五〇〇〇人の日本兵は、木の皮、草、トカゲなどを食べていたが、毎日五〇人から一〇〇人が餓死しており、アメリカ軍にとっては好都合だった。この戦争を始めたのは日本であり、ミッチェルやバーバーは、故郷の夢を見ながら、今もガダルカナル島に留まらざるを得ない状況を作り出した敵国を呪っていた。

当時のアメリカでは、「日本兵を皆殺しにしろ」というのが人々の一般的な感情だった。

一方の山本五十六は、玉砕戦術に否定的だった。命を失わない限り戦い続けることができると考えていた彼は、一九四二年一二月に百武中将から送られてきた電文を東京に転送した。そこには、「第一七軍は、塹壕に籠って飢死するより、敵陣に向けて突撃し、名誉ある戦死を遂げんがための許可を求む」と書かれていた。クリスマス当日、アメリカ軍の兵士たちがビング・クロスビーの新曲「ホワイトクリスマス」や「きよしこの夜」などのクリスマスソングを歌っていた頃、東京の皇居内で緊急会議が開かれ、新たな攻勢を行うと見せかけてガダルカナル島から陸軍部隊を撤退させるための準備を進める方針が決定された。

欺瞞作戦の一環として、地上部隊や艦艇を移動させたり、偽りの無線通信を大量にやり取りしたりするほか、ガダルカナル島からニュージョージア海峡を一八〇マイル（約二九〇キロメートル）ほど北上したニュージョージア島南海岸のムンダに新しい航空基地を建設することになった。建設作業はもっぱら夜間に行われ、ココナッツの木の先端を縛って上空からの視界を遮りながら三二八二フィート（約一〇〇〇メートル）の滑走路を完成させた。この時点でコロンバンガラ島のヴィラ基地など近隣の飛行場も使用可能になっており、アメリカ軍に対する反転攻勢は幻想に過ぎなかったが、ソロモン諸島中部を引き続き日本軍の勢力下に置くという山本の計画は単なる幻想ではなかった。

これらの日本軍基地は、ほとんど毎日攻撃を受けており、時にはニュージーランド空軍（RNZAF）がハドソン爆撃機を出撃させることもあったが、ほとんどはアメリカ軍機による攻撃だった。なかでも最も激しい攻撃を行ったのは、この地域の航空戦に本格的に参入していたアメリカ陸軍航空軍だった。第五爆撃群のB-17重爆撃機や第六九爆撃群と第三八爆撃群のB-26爆撃機を護衛する任務は、主としてガダルカナル島のP-39が担っており、P-38も可能な限り加わっていた。ライトニングは、高高度、長距離の護衛任務にうってつけだったが、この任務はパイロットたちに不評だったうえ、一九四二年一二月末時点で作戦可能だったのはこの戦域全体で四一機だけだった。一九四三年初頭のアメリカ軍の主な目標は、ソロモン諸島中部における日本軍の兵力増強を妨げることだった。しかし、山本五十六がその努力を止めることはなかった。戦争を終わらせる望みが残っているとすれば、島々を攻略する過程でアメリカ兵の血ができるだけ多く流れるよう仕向け、合衆国政府が和平交渉のテーブルに着かざるを得ない状況を作り出すしかないと認識していたからだ。

あまり多くはなかったが、まだ時間はあった。

レックス・バーバーは、トム・ランフィア機の左の翼端から一〇〇フィート（約三〇・五メートル）離れた位置を快調に飛行していた。彼は、これまでもムンダなど中部ソロモン諸島の日本軍基地に対する攻撃任務に加わった経験があった。一九四二年一二月、ジョン・ミッチェルとルー・キッテルが指揮する二つの戦闘機隊のパイロットたちは、爆撃や機銃掃射などの任務をこなし、空中戦を展開していた。クリスマスの数日前にガダルカナル島に降り立って以来P‐39に乗っていたレックスたち新参のパイロットは、ライトニングで慣熟飛行を行う時間がほとんどなく、コックピットに座ってボロボロの説明書を読んだ後、P‐38のパイロットからエンジン始動の手順や無線の操作、緊急時の手順などを一通り教わっただけだった。この年の一〇月、レックスたちは、ヌーメア近郊のトントゥータ基地でこの新型戦闘機の基礎訓練を行っていたが、訓練内容はあくまでも基本的なものだった。

レックスは、目隠しをしてコックピットを点検するテストに合格し、スイッチの位置をすべて指し示すことができた。しかし複座型のライトニングは存在しなかったため、実際に空を飛びながら機体について学ぶには、座席のすぐ後ろの狭いスペースに体を押し込み、パイロットの肩越しに操縦方法を見て学ぶしかなかった。その後彼は、ニューカレドニア周辺を単独飛行し、編隊飛行や機体操作、曲技飛行などの訓練を行ったが、本格的な訓練プログラムとは程遠いものだった。戦闘地域では、別の機種に乗り換えるパイロットを訓練するためのプログラムなどは何も用意されておらず、訓練を行う時間もなかった。ここは最前線の基地であって、平時の陸軍航空隊のようにはいかない。パイロットたちは新しい機体に慣れるよう求められ、なんとか乗りこなしていた。戦闘機パイロットとして経験を積んでいたレックスは、武器や射撃法については十分な知識を有しており、必要なのは飛行時間を可能な限り増やすことだった。ライトニングの数が少なかった時期、彼はエアラコブラに乗っており、クリスマスの三日後には、二機編隊の長機としてムンダ基地上空を飛んでいた。この時の僚機はビル・ダギットで、レックスたちは、敵の姿を求めてニュージョージア島の上空を飛び回っていた。

このとき一機の日本軍機を発見した。

翼の上面に日の丸が描かれた双発双尾翼の大型爆撃機が、高度一〇〇〇〇フィート（約三〇五メートル）から降下してムンダ基地に着陸しようとしていた。レックスたちパイロットには、日本軍のあらゆる艦船と航空機を網羅した識別カードが入っている小さな黄色い箱が軍から支給されていた。今目の前を飛んでいる機体はこれまで見たことがなかったが、九六式陸上攻撃機であることは分かった。日本軍は、「陸攻」と呼んでおり、アメリカ軍のコード名は「ネル」だった。

レックスは、計器盤の両側に突き出ている大きな赤いハンドルを引いて両翼に四挺積まれている三〇口径ブローニング機関銃と機首上部に二挺並んでいる五〇口径ブローニング機関銃に弾を装填した後、操縦桿の前にある計器盤の下に左手を伸ばし、少し小さいハンドルを引いて機関砲にも弾を装填した。それから体を起こし、スロットルを後方に動かしながら機体を裏返しにして、爆撃機の上部にある二〇ミリ機関砲座の射界に入らないよう急降下した。機体が重く感じ、一〇〇ガロン（約三七九リットル）の増槽を切り離していなかったことに気づいた彼は、大声で自分自身を叱る言葉を発してから増槽を捨てた。増槽が無くなると、機体が急に軽くなった。再び悪態をついている間に、九六陸攻の姿がN－3光学照準器のガラス一杯に広がったので操縦桿についている機関銃と機関砲の発射ボタンを同時に押した。

機関銃六挺と機関砲一門の反動で機体が振動し、三秒後に射撃を止めるまで速度も落ちたように感じた。数百フィートまで接近すると、九六陸攻の全長八二フィート（約二五メートル）の主翼が非常に大きく見え、レックスは、左手でスロットルを前に倒しながら、右手で操縦桿を引いた。爆撃機の横をすり抜ける瞬間、重い鉛の弾丸に引き裂かれた機体から破片が飛び散るのが見えた。日本軍の航空機はあまり頑丈ではないと聞かされていたが、その通りだった。右のエンジンからオレンジと黄色の炎が噴き出し、胴体を覆いつくす黒い煙がソロモン海まで伸びていた。爆撃機には、自動防漏燃料タンクが搭載されていなかった。レックスは、日本軍基地の対空砲火を避けるため急旋回してその場を離れた。日本軍機の情報は、事前に聞かされていた通りだった。アメリカ軍やイギリス軍、そしてドイツ空軍の一部の航空機には、何層かのゴムで覆われた燃料タンクが使われていた。アメリカの航空機メーカーは、内側が天然ゴム、外側が加硫ゴムという二層構造のタンクを主に使っており、被弾してタンクに穴が開いても、ゴムが膨張して燃料が漏れるのを防ぐようになっていた。これなら、燃料タンクを装甲板で覆うことによる重量増加を避けることができるうえ、漏れ出た燃料が爆発するのも防げるので航空機が生還できる確率が高まる。

たとえ戦闘中であっても、燃料の問題は、常にパイロットの意識のなかにある。燃料は命であり、ブーゲンビル島へと向かう今回の任務も例外ではない。レックスは、決められた手順通り、予備燃料タンクを使ってエンジンを始動し、離陸することで、これらのタンクからから燃料がきちんと供給されることを確認した。その後一六機の戦闘機が集合し、高度を下げ始めたところで、左右両方のエンジンに対応する燃料系統のセレクターを回し、DROP TANK ON（増槽）の位置に合わせた。レックスは、いつもの習慣で、左手を太ももの脇にあるサイドパネルに伸ばし、燃料のセレクターに触った。セレクターは、増槽が空になるまで三時の位置に合わせておくことになっていた。ただし、増槽は左右で容量が異なっており、右の翼下に取り付けられている小さい一六五ガロン（約六二五リットル）のタンクは空になるのが早いため、今回はいつもと異なる対応になるはずだ。

いずれにしても、ブーゲンビル島に着いたら、両方の増槽を切り離さなければならない。増槽は、自動防漏タンクではないので、弾が当たったら爆発してしまうからだ。そのうえ、増槽の余分な重量と抗力によって速度が低下し、操縦性も悪くなる。空中戦が長引くような状況に陥らない限り、基地に帰還できるだけの十分な燃料が機体内のタンクに残るはずだ。空中戦を長引かせる行為は死に直結する。ライトニングは、機体内に四つの燃料タンクがあり、左右のエンジンとコックピットの間の翼内に二つずつ配置されていた。容量の大きいメインタンクは翼内後方、容量の小さい予備タンクは翼内前方パイロットの左右両肩のすぐ外側にあり、これらのタンクに合計二〇〇ガロン（約

（一一三六リットル）以上の燃料を積むことができた。これだけあれば十分に必要な量をまかなえるはずだ。

　任務開始から一時間足らず経過したところで、突然前方のミッチェル機が左右の翼を振ったため、レックスは少し緊張した。数秒後、少佐機は右の翼を下げ、滑らかに機体を傾けて右旋回した。すぐに彼の僚機が続き、美しいH型の戦闘機四機が編隊を組み直して北西へと針路を変え、靄のかかった灰色の水平線上を飛んで行くのが見えた。ランフィア機も、ミッチェルが進路を変更した地点に到達すると同じように右旋回した。レックスは、スロットルを少し後ろに動かしてエンジンの出力を下げ、ランフィア機に続いて右旋回に入ってからスロットルと操縦輪を調整し、機体を少し右に傾けて旋回しているフィービーの左右両方の過給機と自分の頭が一直線に並んで見える位置を保った。

　編隊飛行は、戦闘機パイロットにとって基本的な技術であり、元々きっちりと編隊を組んで飛ぶのが好きだったレックスは、特に意識しなくても編隊を保つことができた。彼は、目で見た情報を即座に両手の動きに変換し、絶えず微調整を繰り返しながらライトニングを思い通りに操ることができた。流麗な曲線で構成されたランフィア機のコックピットは、太陽の光を浴びて輝き、その窓枠はまばゆい光に溶け込んでいて、キャノピー全体がまるで水滴のようだった。ミッチェルの編隊が旋回を終え、直進しているのが右目の端に見えたが、レックスの編隊はまだ旋回を続けていたため、空間識失調の不快な感覚が湧き上がってきた。水平線が霞んでいたため、不快感はさらに強まったが、フィービーを目標にすれば良いことに気づき、自分の内耳を無視してランフィア機を追うことにした。

ランフィア機がゆっくりと旋回を終えたので、レックスは操縦輪を左に動かし、出力を少し上げた。スロットルをゆっくりと前に倒して、フィービーの左の翼端から三〇ヤード（約二七・四メートル）離れた位置に移動し、深呼吸してから特に意識することもなく計器をチェックした。まず計器盤の右上に視線を移し、マニホールドの圧力、エンジンの回転数、オイルの温度などすべての値が正常であることを確認した。左上方のランフィア機を一瞥した後、オイルの温度と圧力をチェックした。いずれも正常だった。さらに、視界の端でフィービーがまっすぐ飛んでいることを確認しつつ、左ひざの上にある計器盤に視線を移し、左右両方のエンジンの冷却液と燃料の計器を確認したが、いずれも問題なかった。

気温はぐんぐん上昇していた。

第二チェックポイントで方位を二九〇度に変えたので、太陽の光が真後ろから当たるようになった。レックスは、進路要図に視線を落とし、目を細めてそこに書かれている数字を見た。次に進路を変える地点まで八三マイル（約一三四キロメートル）、一七分後だ。彼自身編隊の長機になることはあったが、今回の任務ではランフィアの僚機になっており、航法について気をもむ必要はない。今日その役割を担うのはミッチェルとランフィアなので、レックスは、地図裏側の三行分のスペースに飛行経路、時間、距離を走り書きしただけだった。高度五〇フィート（約一五・二メートル）では、目印になるものが何も見えないため、彼にできるのは、編隊を維持しながら何事もなく飛び続けることだけだった。今右翼の三〇マイル（約四八・三キロメートル）先にはバングヌ島があり、その北にはレンドバ島がある。レンドバ島の先、ニュージョージア島の西南にあるのが日本軍のムンダ基地であり、レックスの脳裏に展開していた情景は、ここからガダルカナル島へと戻っていった。

一九四二年のクリスマスの後、レックスは、ムンダ島への攻撃任務に九回参加したほか、そのはるか北にあるブーゲンビル島南部の目標に対する攻撃任務にも加わっていた。一方日本側も、第一七軍を撤退させるという真の意図を隠すため、ガダルカナル島への攻撃を強化しており、レックスは、月末になってもアメリカ軍が島を確保できるという確信を持てなかった。日本軍の反撃が近日中に行われると考えていたパッチ少将は、孤立状態の日本軍が保持しているガダルカナル島北西部への性急な攻撃を控えており、第三三九戦闘機隊は、作戦行動の範囲をはるか北のパプアニューギニアまで拡大して日本軍を牽制していた。日本軍の飛行場には、これまでなかった航空機用の防護壁が突然出現し、山本五十六がソロモン諸島の防衛線を死守する決意を固めたものと受け止められた。写真偵察の結果、全部で七二基の防護壁が見つかり、そのうちの四四基はムンダ基地に設置されていた。

一月五日、ジョン・ミッチェルとベスビー・ホームズは、ブイン基地の東にあるトノレイ港上空で水上機をそれぞれ一機ずつ撃墜した。一方、レックスはP-38で爆撃機を護衛したり、ソロモン諸島中部の目標に機銃掃射を行ったりしていた。一月半ば、ヌーメアに駐留していたネーサン・トワイニング少将麾下の第一三空軍が活動を開始し、司令部も五〇〇マイル（約八〇五キロメートル）北のエスピリトゥサント島に移った。この頃にはP‐38の生産と供給が軌道に乗り始めており、一九四三年の春頃には毎月五機以上、他の戦域の需要次第ではさらに多くの機体をこの戦域に送ることができるようになっていた。

一九四三年一月末、ミッチェルは七機目の日本軍機を撃墜したが、この戦果は特に印象深いものだった。一九四二年八月以来、ヘンダーソン飛行場には、さまざまなタイプの日本軍機が夜間爆撃のため飛来しており、航空機の修理を妨げ、時には人員を殺害し、貴重な睡眠時間を削ることでアメリカ軍将兵を苦しめていた。日本海軍の巡洋艦やレカタ湾の基地から発進する単発の水上機は「シラミのルイ」、ラバウルの基地から飛来する双発の一式陸攻は「ウォッシングマシンチャーリー」と呼ばれていた。一式陸攻のエンジン音がガソリンエンジンで動くメイタグ社の古い洗濯機の音に似ていたからだ。誰もがこの日本軍機を憎んでいたが、夜間戦闘機が配備されていなかったためできることは限られていた。一九四三年一月二九日の夜明け前、迎撃の許可をもらって基地を飛び立ったミッチェルは、この夜最後に飛来したチャーリーを捕捉することに成功し、五〇口径機関銃弾と二〇ミリ機関砲弾の斉射を浴びた一式陸攻は炎に包まれてニュージョージア海峡に墜落した。

その三日後の夜、山本五十六の命を受けた橋本信太郎少将指揮下の二一隻の駆逐艦隊は、ニュージョージア海峡を下ってガダルカナル島へと向かい、大胆かつ周到に準備された作戦を敢行した。一三時二〇分、ベララベラ島の北側を航行していた橋本艦隊はアメリカ軍に発見され、第三三九戦闘機隊のライトニング四機を含む航空機四一機の攻撃を受けたが、引き返すことなく、二二時一〇分にガダルカナル島の沖に到達した。艦隊は、エスペランス岬に向け三〇ノットの高速で進んでいたが、支援のため上空を飛んでいた水上機が第二、第三、第六戦隊の魚雷艇八隻の航跡を発見し、激しい夜間戦闘が展開された。しかし、駆逐艦二〇隻が魚雷艇を振り切って島に到着し、午前〇時を過ぎて二時間ほど経った頃、第三八歩兵師団の将兵四九三五人がエスペランス岬とカミンボ近くの海岸から駆逐艦に分乗して島を離れた。

当時駆逐艦の乗組員だった若い水兵は後に、「兵士たちの姿は何とも悲しく、哀れなものだった。軍服の下は骨と皮だけで、とても人間とは思えなかった」と書き残している。六カ月にわたる戦いと飢餓、アメリカ軍の仮借ない攻撃により、帝国陸軍の精鋭たちは歩く骸骨のような姿になってしまった。この水兵は、「兵士たちの髭や爪、髪の毛は成長が止まってしまい…尻の肉も削げ落ちて、肛門まで見える状態になっていた…誰もが抑えることのできない下痢に絶えず苦しんでいた」と綴っている。

その翌日、一九四三年二月二日、ジョン・ミッチェル少佐率いる四機のP-38は、ショートランドの港を爆撃するB-17の護衛任務に就いていた。このとき彼は、二式水上戦闘機（連合軍のコードネーム「ルーフェ」）を一機撃墜したが、これは彼が撃墜した三機目の水上戦闘機であり、開戦以来の撃墜数は八機となった。この頃、ガダルカナル島にいたアメリカ軍の将兵は、スターリングラードでロシア軍に包囲されていたドイツ第六軍が降伏したというニュースを聞いた。日本以外の枢軸国も、傲慢さと尊大さの対価がどのようなものなのか学ぶべき時が来たのだった（*1）。

撤退する日本軍は、一日中火を燃やし続けることでアメリカ軍を欺くことに成功し、北部に移動して駆逐艦に乗り込んだ。パッチ少将は、夜間ガダルカナル島近海を航行していた日本軍の駆逐艦について、増援部隊の輸送が再開されたことを示すものであり、第一七軍の撤退が目的とは考えなかった。

最初の部隊が撤退してから四八時間後の月のない晴れた夜、駆逐艦隊が再びガダルカナル島沖に現れ、百武中将を含む三九二一人の将兵を二時間で収容した。艦隊は、一九四三年二月五日の一二時五〇分にブーゲンビル島に戻った。パッチ少将の歩兵部隊は、苦労して道を切り開きながらボネギ川とセギラウ川を渡り、ジョン・ミッチェルやレックス・バーバーなど第三三九戦闘機隊のパイロットたちは、ガダルカナル島北西部の海岸を哨戒飛行していたが、松田大佐指揮下の後衛部隊は、身を隠したまま島内にとどまっていた。一方、ワイルドキャット、P-40、ドーントレスなどの部隊は、ニュージョージア海峡を南下してくる一八隻の駆逐艦を攻撃するため出撃したが、零戦四九機の迎撃を受け、思うような戦果を挙げることができなかった。

一九四三年二月七日〇時三分、最後の部隊一七九六人が駆逐艦に分乗して島を離れ、日本軍の撤退が完了した。その後ラッセル諸島の守備隊を収容した駆逐艦隊は、ニュージョージア海峡を北上し、二度と戻って来ることはなかった。ガダルカナル島に上陸した日本軍将兵はおよそ三万六〇〇〇人、このうち島から撤退することができた第一七軍の将兵は一万六五二人で、一万四八〇〇人が戦死または行方不明、一〇〇〇人が捕虜になり、残る九〇〇〇人は病気や飢餓に苦しみながら死んでいった。日本海軍は、戦艦二隻と軽空母一隻を含む一三万八〇〇〇トンの艦船を失った。最も大きな損害は、貴重な航空機六二〇機余りと熟練搭乗員九〇〇人から一六〇〇人が失われたことで、終戦までこの損失を埋め合わせることができなかった。ガダルカナル島での戦いの後、第一一航空艦隊は実質的な戦力として存在しなくなった。

一九四三年二月九日一六時五〇分、アメリカ陸軍第一六一歩兵連隊第一大隊は、エスペランス岬に近いテナロの集落で第二大隊の任務部隊と合流した。パッチ少将は、「ガダルカナル島における日本軍の全面的かつ完全な敗北である。…島には、もはや東京急行の目的地となる場所が存在しない」という電文を発信した。この歴史的な勝利の日を迎えるまでにアメリカ海兵隊は、戦死者一二〇七人、負傷者二八九四人の損害を出し、陸軍部隊も戦死者一二九八人、負傷者五六二人の損害を出した。海軍は、正規空母ホーネットとワスプ、重巡洋艦六隻、軽巡洋艦二隻、駆逐艦一五隻を失った。また航空機二六四機と搭乗員四二〇人も失ったが、日本軍と異なり、損害を埋め合わせることができた。

レックス・バーバーは、ガダルカナル島でのアメリカ軍の勝利がなければ、山本五十六が安全な旗艦を離れてバラレなどの前線地域を視察する理由もないということを十分認識していた。またアメリカ軍が勝っていなければ、ミス・バージニアやフィービーが使っているファイターツーは存在せず、これらの飛行場がなければブーゲンビル島の海岸まで到達することもできなかった。彼は、単に日本軍の航空機を撃墜するだけではなく、また山本五十六を殺害し、真珠湾攻撃の復讐を果たすだけでもない意味が今回の任務にはあると考えていた。

一九四三年四月一八日は、真珠湾攻撃から一六カ月後のアメリカ合衆国の変貌ぶりを象徴的に示す日でもあった。アメリカは、日本軍の支配領域に突如として深く侵入し、強力な一撃を加えてその士気の源泉を破壊し、彼らの精神を脅かすというこれまで何者も成し得なかったことを実行する能力を手に入れたのだ。レックスたち戦闘機パイロットが今日任務を成功させることができれば、「お前たちが攻勢作戦を展開できる時期は終わり、現人神たる天皇もお前たちを救うことはできない。我々の側からお前たちを攻撃できるようになった以上、お前たちの信じるもの全てがお前たちを死へと追いやることになる。ガダルカナル島の戦いは終わった。今こそ責任を負うべきあの男を葬る時だ」という明確なメッセージを日本軍に対して発信することができる。

レックスは、他の兵士と同様、戦争に関するニュースや噂に注目していた。一九四三年初頭の時点では、まだ戦争の雲が重く垂れこめており、連合軍が激しく反撃しつつあったとはいえ、戦いの行方を見通せない状況が続いていた。ヒトラーの第六軍は、スターリングラードで包囲され、日本軍はガダルカナル島の戦いに敗れた。ルーズベルト大統領は、「枢軸国は、一九四二年中に勝利できなければすべてを失うということが分かっていたはずだ」と表情も明るく言い放った。一月六日に大統領が行った一般教書演説は、国民の誰もが欲していた通りの誇りに満ちた楽観的なもので、ガダルカナル島のパイロットたちもその文章を読んで笑みを浮かべた。そこには、「ヒトラーと東条は、『非効率で堕落した民主主義体制』が驚異的な量の武器、弾薬、装備、そして戦士たちを生み出している理由をドイツや日本の国民に対して説明するのにさぞ苦労していることだろう」と書かれていた。

この演説が行われた時点で、アメリカの製造業は、持てる能力のおよそ七〇パーセントを戦争に振り向けており、その途方もない成果は、山本五十六が恐怖を感じながら行った予測を裏付けるものとなっていた。古い工場を改修し、新しい工場を建設し、設備を一新して、軍需物資の生産に全力を注ぐことができるようになるまで一年を要した。生産の鍵となるのは工作機械だった。実質的にあらゆる製品が旋盤やのこぎり、研磨機、ボール盤などを使って大量生産されるためだが、一九四〇年の時点でこれらの工作機械を生産していたアメリカの企業は数百社に過ぎなかった。しかし、戦争が始まると状況は一変した。枢軸国の恐るべき脅威に促された資本家たちの独創的な取り組みと柔軟で可能に満ちた自由主義経済が結びつくことにより、軍需品をかつてない規模で生産できる態勢が整えられたのだった。

皮肉なことに、当時のソビエト連邦には、ゼネラル・モータース製の二・五トントラック二万三八〇台が供与されていた。「労働者の天国」とされた同国が自力でトラックを製造することができなかったためで、このほかに一万四〇〇〇機の航空機と一万二〇〇〇両の戦車も送られた。赤軍がベルリンに進撃した時、兵士たちが履いていた一五四一万七〇〇〇足のブーツはアメリカで製造されたものだった。一九四三年一月、元帥に昇進したゲオルギー・ジューコフは後に、「アメリカは、非常に多くの物資を提供してくれた。これらの物資がなければ、予備軍を整備することができず、戦争を継続することも不可能だった。わが国では、爆薬も火薬も不足しており、小銃弾の薬莢に詰める火薬もなかった。アメリカから供与された爆薬と火薬には本当に救われた。また彼らは、どれほど多くの鋼板を送ってくれたことか。アメリカ製の鋼板がなければ、戦車を生産することはできず、アメリカ製のトラックがなければ、砲兵隊が大砲を牽引することもできなかった」と書いている。

戦時中、ボールドウィン・ロコモーティブ、クライスラー、アメリカン・カー&ファウンドリーはいずれも戦車を生産していた。一九四〇年にアメリカ国内で生産された戦車は皆無だったが、一九四三年には、各地の組み立て工場から二万九四九五両の戦車が送り出された。国内のあらゆる企業が軍需品の生産を請け負うようになり、ニューヨークのアンダーウッド・タイプライターやシカゴのジュークボックスメーカーであるロッコーラがM1カービン銃を製造し、エイムズが塹壕を掘るためのシャベルを一一〇〇万本生産し、家電メーカーのフリッジデールが三〇口径機関銃を生産していた。

戦時中は検閲があったため、オレゴン州にいた頃のレックスは、船舶が大量に作られていたことについて何も知らなかったが、これらの造船所の作業員は、実戦に投入された兵士と同じくらい勝利に貢献していたと言える。当時イギリスの首相だったウィンストン・チャーチルは、「我々のすべての希望と計画の基盤となっていたのは、極めて大規模なアメリカの造船計画だった」と書いている。必ずしも魅力的な船とは言えなかったが、「リバティ船」の建造計画により、兵員や大量の軍需品の輸送が可能になった。リバティ船は、全長四四一フィート（約一三四メートル）足らずの船で、排水量は一万四二四五トンだった。箱型の直線的なラインをできるだけ多く採用した船型は洗練されているとは言えなかったが、リベットを使わず、溶接で鋼板を接合することにより作業時間を短縮することができた。ディーゼルエンジンは潜水艦で必要とされ、精密に作られた強力な蒸気タービンは高速の水上艦艇で使われていたため、リバティ船には蒸気レシプロ機関が搭載され、最高速度は時速一二マイル（約一九・三キロメートル）だった。

リバティ船は、乗組員にとって必ずしも快適なものではなかった。水道設備や電気設備は整っておらず、オイルランプが使われていた。船体は鋼板で作られていたが、トイレ周辺はコンクリート製、ハッチカバーは木製で、船が沈んだ時には二つに割れて救命器具の役割をした。戦時中、リバティ船は三〇〇隻近くが沈没している。最初に就役したリバティ船であるスター・オブ・オレゴンが建造と艤装に要した日数は二五三日だった。その後平均建造日数は四二日まで短縮され、一九四三年半ばには毎月一六〇隻の貨物船が新造された。このためオレゴン州では、レックスのような軍人を除く多くの住民がヘンリー・J．カイザー社が運営する三つの造船所で雇われ、リバティ船やタンカー、護衛空母などの建造に従事した。護衛空母は、艦載機を数十機しか搭載できなかったが、太平洋戦域で攻勢作戦を加速させるのに貢献し、ガダルカナルなどの遠く離れた島々に弾薬や燃料を運ぶ輸送船団の護衛にも活躍した。

一九四三年には世界各地で激しい戦いが続いていたが、当時アメリカの産業界が最も悩まされていた問題は、長年にわたる労働組合との紛争だった。戦時中の暗い時代には労働者のストライキが頻発しており、アメリカ軍の兵士が太平洋や北アフリカの戦場で命を落とすなか、ペンシルベニア州では、数千人の炭鉱労働者が日給を二ドル上げるよう求めてストライキを行っていた。当時太平洋の戦場で戦っていた海兵隊徴募兵の月給は五〇ドル、レックス・バーバーたち士官クラスの戦闘機パイロットの月給は一六七ドル六七セントだった（*2）。

海兵隊員がニューブリテン島グロスター岬の戦いで戦死し、爆撃機の乗員がドイツのキール上空で撃墜されようとしているまさにその時、徴兵猶予された六万人の炭鉱労働者がふてくされた顔で工具を放り投げて持ち場を離れており、デトロイトの二〇以上の重要な工場でも同様の光景が展開されていた。しかし、新聞紙上で批判され、愛する人を戦場へ送っている数百万の家族から軽蔑された労働者たちは、ルーズベルト大統領から徴兵猶予を取り消し、戦場に送ると脅されたことでそれぞれの職場に戻った。このような嘆かわしい行為により、一九四三年だけで一三五〇万工数分の作業が遅延した。これは、B-24爆撃機一万五〇〇〇機分、サウスダコタ級戦艦六隻分に相当するものだった。こうした問題があったにもかかわらず、戦時生産体制に移行したアメリカは、ドイツと日本を合わせた量の二倍の軍需品を生産していた。

しかし、ドイツ軍には依然として三〇〇万人以上の兵力が残っていた。また日本も、中国大陸だけで二五個師団の部隊を有しており、これらの部隊を太平洋戦域に移動させることも可能だった。ドイツのUボートは、一九四二年のほぼ全期間を通じて毎月五〇万トンから六〇万トンの船舶を撃沈しており、一九四三年三月には連合国側の商船九七隻が海底に沈んだ。イギリスやソ連に対する軍需品の輸送が止まってしまえば、戦争に勝利することはできない。アメリカの産業界は、数百万人の将兵を支える態勢を整えていたが、まだ勝利を手中にしたわけではなく、日本がアメリカ軍に大量の出血を強いることができれば、アメリカ政府も、ヒトラーを倒すため日本と個別に和平交渉を行うことも検討せざるを得なくなる可能性が残っていた。

これは、山本五十六が戦略上何としても実現したいと考えていたことであり、この目的を達成するため一人でも多くの兵士が必要だった。一九四三年一月一四日、大本営は、第一七軍をガダルカナル島から撤退させる「ケ」号作戦を承認した。公式には「転進（他の方面への前進）」とされていたが、アメリカ軍と戦っていた日本軍将兵にとって、その本当の意味は疑う余地のないものだった。ガダルカナル島上空の空中戦で重傷を負い、治療の為日本へ送り返された日本海軍のトップエース、坂井三郎兵曹長は、後に「楽観論は完全に捨てなければならなくなり、ラバウルにいた海軍航空隊のパイロットたちは、多くの戦果を挙げていたものの、困難な戦いを強いられていた。ガダルカナル島上空で戦ったアメリカ海軍のパイロットたちは、それまで戦ったどの相手よりも優秀であり、その戦術は見事なものだった。その上、彼らが乗る飛行機は着実に改良されていた」と書いている。

レックス・バーバーも、坂井が称賛するパイロットの一人だった。

彼は、ライトニングを完全に乗りこなしており、この時期の太平洋戦域で最も優れた戦闘機であると考えていたが、海軍の新鋭戦闘機Ｆ６Ｆヘルキャットについての情報も聞いていた。ヘルキャットは、開戦以来戦い続けてきたワイルドキャットに代わる堅牢な大型戦闘機であり、新たに就役した空母エセックスに搭載されて作戦行動を展開していると噂されていた（＊3）。また、大馬力のエンジンと一八フィート（約五・五メートル）のプロペラを搭載する新しい大型戦闘機の噂もあった。しかしこの戦闘機は、空母への着艦に難があったため、まず海兵隊で使用されることになった。海兵隊第一二四戦闘機隊「ワイルド・エーセズ」の指揮官だったビル・ギーゼ少佐は、一九四三年二月、印象的なガルウィングのF4Uコルセア一二機を率いてガダルカナル島に進出してきたが、レックスはライトニングの方が好きだった。

彼は当時乗っていたP-38Gが特に気に入っていた。

P-38Gとそれ以前のバージョンとの最大の違いはエンジンだった。アリソンV-1710エンジンは、高度二万五〇〇〇フィート（七六二〇メートル）で一一五〇馬力の出力を発揮しており、最高時速は四〇〇マイル（約六四四キロメートル）に達した。P-38は本格的な高速、高高度戦闘機へと進化を遂げ、これまでよりも少ない燃料で、早く目標に到達することが可能になった。悪天候の時でも雲の上に出れば影響を受けずに飛ぶことができ、対空砲火が届かず、日本軍の航空機が迎撃不可能な高度まで上昇することもできた。もちろん攻撃を行う際には高度を下げなければならなかったが、高性能のエンジンのおかげで素早く離脱することができた。スロットルを目いっぱい倒せば追いつける日本軍機はなく、地上六マイル（約九七〇〇メートル）の高度まで上がればゼロ戦もついてこられなかった。このようなことが可能になったのも、過給機を搭載したエンジンのおかげだった。過給器は、これまでレックスが乗っていた初期型のライトニングにも搭載されていたが、Ｐ‐38Ｇには、ゼネラル・エレクトリック社が新たに開発したＢ‐13ターボ過給機を搭載していた。エンジン技術の進歩は戦術にも変化をもたらしており、条件がすべて同じであれば、アメリカ軍の航空機の方がある程度有利に戦うことができた。

もう一つの大きな進歩は、ライトニングの操縦席右側の隔壁に見ることができた。この場所に設置された超短波（ＶＨＦ）無線機ＳＣＲ‐２７４は、空中戦に革命的な変化をもたらすもう一つの先進技術であり、レックスらアメリカ軍のパイロットは、日々任務を遂行するなかで無線機の利用法を習得していった。パイロット同士が相互に連絡し合うことができれば、基本的な四機編隊から二機ずつに別れて戦闘を行ったり、離ればなれになった僚機の位置を確認したりするのが容易になるうえ、二機が相互に連携しながら敵と戦うことも可能であり、この点が最も重要だった。長機と僚機が相互に支援し合いながら敵の攻撃を防いだり、撃墜されたパイロットを探して助けたり、一つのチームとして火力を集中させたりすることで戦術的な優位を確保することができれば、日本軍機といえども対抗するのは難しくなる。

当時の日本軍戦闘機には実戦での使用に耐える無線機がなく、戦闘機パイロットの多くは、機体を少しでも軽くするため無線機を外していた。彼らは、第一次世界大戦の頃と変わらぬハンドサインを使っており、二機がペアを組んで戦うこともなかった。日本軍パイロットのなかに深く染み込んだ攻撃一本槍のドクトリンは、最新鋭の高性能戦闘機を装備している部隊でさえ唯一無二の戦術となっており、ひとたび編隊を崩すと、すぐさま単機で突っ込んで来ることが多かった。二機が相互に支援し合う戦術は、偶発的に用いられることもあったが、空中戦が行われている三次元の巨大な空間では非常に難しかった。日本軍がこの問題を認識し、解決できなかったのは理解しがたいことだが、相手のミスにつけ込むことができるという点でレックスにとっては幸いだった。日本軍のパイロットが早くその命を散らしてくれれば、彼が家に帰れる日も近づくからだ。

一九四三年、アリューシャン列島のアクタン島に不時着し、アメリカ軍が回収した古賀一等飛行兵曹操縦のゼロ戦二一型は、海軍の手で徹底的に調査され、複数の報告書にまとめられた(＊4)。このゼロ戦は、修理可能だったとはいえ、墜落後五週間湿地に浸かっていた機体であり、導き出された評価もこの機体にのみ該当するものだったが、一九四二年末から一九四三年初頭にかけての時期には、どのようなものであれ敵の戦力に関する確かな情報は有益だった。ゼロ戦の残骸は、中国から一機、真珠湾からも九機が回収されており、これらのデータを、古賀のゼロ戦から得られた飛行性能に関する分析や太平洋戦域から帰還したパイロットがもたらした戦訓と組み合わせることで、ゼロ戦の全貌をほぼ完全に近いかたちで描き出すことができた。

アメリカ軍の戦闘機パイロットは、時間の許す限り情報部門から説明を受け、時には意見交換も行った。ミッチェル少佐の第三三九戦闘機隊も例外ではなく、レックス・バーバーたちは、ゼロ戦と対峙しても速度を落とさず、可能な限り低高度、低速での空中戦を避けるよう教えられていた。この条件では、ゼロ戦が素早く身をひるがえして背後に回り込み、機先を制する可能性が高まるからだ。またゼロ戦に背後を取られたら、完全にマイナスGの状態で急降下し、速度が二〇〇ノットを超えたところで右に急旋回するという離脱法も教えられた。二〇〇ノットを超えるとゼロ戦のエルロンが重くなり、扱いづらくなるからだ。P-38の最高速度は時速四〇〇マイル（約六四四キロメートル）で、ゼロ戦を五〇マイル（約八〇・五キロメートル）上回っており、ライトニングが最大出力で上昇すれば、ゼロ戦はついてくることができなかった。これはP-38にしかできない芸当の一つであり、レックスたちはいつもこの戦法を使いたがった。

これまで敵機を上から攻撃する戦法を多用してきたことも、今日の任務が成功する可能性を相当程度高める一因になるとレックスは考えていた。ライトニングは、敵編隊に上から襲い掛かり、編隊が崩れたところで一機ずつ狙いを定めて攻撃するという戦法を取ることが多かったため、日本の戦闘機パイロットは自分たちよりも低い高度を飛ぶライトニングをほとんど見たことがなかった。日本軍は、ブーゲンビル島のソロモン海側から低高度で飛んで来るライトニングに攻撃されるとは思わないので、この方角にはほとんど注意を払わないはずだ。一九四三年四月までの戦いでアメリカ軍の高い戦闘能力を裏付ける証拠が数多く集まっていたにもかかわらず、日本軍がその傲慢さを改めないのは、レックスたち多くのアメリカ軍将兵にとって理解しがたいことだった。

コックピット内の気温はぐんぐん上昇していた。アリソンエンジンはリズミカルに鼓動していたが、水平飛行は単調で、視界に入るのはランフィアのライトニングだけだった。海の上を低空飛行しながら、敵の支配する領域に深く侵入しているという緊張感はあったものの、レックスはこの時初めて睡魔に襲われた。そこで横にぶら下がっていた酸素マスクを装着し、セレクターを一〇〇パーセント酸素供給に合わせて深呼吸した。乾燥した樹脂のような味がしたが、純粋な酸素が肺に流れ込み、血流に乗って体内に送られると眠気が吹き飛び、頭がはっきりとした。P‐38Gは、酸素供給システムも改良されており、低高度用の低圧ボンベに加え、マスクから強制的に酸素を送り込む高圧酸素調整装置も搭載されていた。また、主系統が故障した場合に使用可能な緊急用のボンベも用意されており、酸素マスクの必要がない低高度まで意識を失わずに降下することができた。

P‐38Gの戦闘時の重量は一万五八〇〇ポンド（約七一六七キログラム）で、左右の翼下に二〇〇〇ポンド（約九〇・七キログラム）の多目的爆弾を搭載することができた。爆弾を二発積むと機体の総重量は四〇〇〇ポンド（約一八一キログラム）増加し、あと八〇〇ポンド（約三六三キログラム）でB‐17爆撃機と肩を並べることになる。レックスは、コックピット内の計器を一通りチェックし、フィービーを一瞥してから再び計器に視線を戻した。彼は眠気を振り払うため、イルカやクジラを数えようとしたが、数が多すぎて諦めた。ライトニングに足りないものの一つが、必要に応じてコックピット内を冷やしたり温めたりするシステムだった。サメの群がる海の上を五〇フィート（約一五・二メートル）の高度を保って飛ぶ必要がなかったとしても、暑さは問題になったはずだ。先頭に立って編隊をリードするミッチェル少佐はどの辺を飛んでいるのだろうか。レックスが前方に目を凝らすと、先頭の四機編隊が少し右に動くのが見えた。第三チェックポイントを通過したのだ。

ジョン・ミッチェルもあまりの暑さに参っていた。

彼は後に、「とても暑い日だった。太陽がいくつも出ているような日で、しかも低高度だったので、…コックピット内はとにかく暑かった。…波の動きは単調で、おそらく一回や二回は居眠りしかけたと思う」と語っている。

ミッチェルは、右に一五度小さく舵を切った。実際には方向舵ペダルに触れただけで機体が向きを変えたのだった。目を細めてグレアシールドを見上げた彼は、六インチ（約一五・二センチメートル）の船舶用大型コンパスの有難さを実感していた。機体が進んでいる方向を示す白線は見やすく、一目で三〇五度を指しているのが分かった。彼は、視線を下に落とし、切り取った便箋を手で伸ばした。バーバーの地図の裏側に書かれた飛行経路と同様簡単なもので、「飛行経路」、「時間」、「距離」の各行に必要な情報が書き込まれていた。第三チェックポイント通過後は三八分間直進し、ブーゲンビル島まで一二五マイル（約二〇一キロメートル）の地点に到達する予定だ。

この区間を抜けたら、九〇度右に旋回してエンプレス・オーガスタ湾へと向かい、ブーゲンビル島の南東の海岸線に到達する。ミッチェルには二つの不安と一つの希望があった。不安の一つは、山本五十六の乗機が時間通りに現れず、予想よりも早かったり、遅かったりする可能性で、どちらの場合も作戦に及ぼす影響は同じだ。ミッチェルの部隊がブーゲンビル島の上空を飛行すれば、多数の敵機が集まって来るはずであり、島の周囲を旋回しながら山本機が現れるのを待ったり、山本機が飛来する方向に進んで海上で迎え撃ったりするのはほとんど不可能だ。そもそも山本機を待っていられるだけの十分な燃料がない。もちろんミッチェルもその可能性は考えていた。不測の事態に対処する方策を事前に考えておくことは、編隊の指揮官として必ずやらねばならない作業だ。山本機が予想通りに現れなかった場合にできることと言えば、島の南東に向かって飛びながら途中で遭遇する敵機を攻撃した後、彼らが追随できない高度三万五〇〇〇フィート（一万六六八メートル）まで一気に上昇し、ニュージョージア海峡を南下してまっすぐ基地に帰還することだけだ。

もう一つの不安は、ブーゲンビル島に到達する前に敵に発見され、攻撃を受ける可能性だ。ブーゲンビル島までの飛行経路には、日本軍の艦艇がラバウルからブインやショートランドへと向かう際に使うソロモン海の航路と一部重なる部分があった。P-38は他の機体と見間違えようがないため、日本軍の艦艇に発見されれば、即座に警報が伝達され、カヒリ基地から発進した零戦八〇機が待ち構えているところに突っ込まざるを得なくなる。正直なところ、任務遂行の妨げにならない限り、これはミッチェルが望むところでもあり、彼が攻撃部隊ではなく支援部隊を率いることにした理由もここにあった。彼は、零戦と戦って粉々に切り刻みたいと考えていたのだ。戦力差は五対一だったが、この点に不安を感じることはなかった。彼は、「以前から、戦闘機隊の全戦力を投入して敵の戦闘機を一掃する作戦を実施したいと考えていた。カヒリ基地には七五機以上の零戦がいるという情報があり、その一部だけでも撃破しておきたかった。我々が全力を挙げれば、容易に目標を達成できると思ったのだ。日本側に戦闘機を発進させる気がないということが分かっていたら、攻撃を行っていただろう」と語っている。

もちろん彼が真に望むのは、暗号解読班からもたらされた情報通りの時間に山本機が現れ、アメリカ軍の戦闘機が待ち伏せしているとは知らずに飛んでくることだ。希望通りに事態が動けば、ミッチェル隊のライトニングが、一九四一年一二月七日に真珠湾でアメリカ兵の命を多数奪った日本海軍の提督を葬り、戦争を長引かせることが可能な指導者の一人を取り除くことができる。アメリカの情報部門が予想した通りの地点に山本機がやってくれば、ジョン・ミッチェルやレックス・バーバーをはじめ、この日の任務に加わっているパイロットたちが、破壊され炎上する一式陸攻とともに山本五十六を地獄へと突き落とすことができるはずだ。何としても、この任務は達成しなければならない。

＊1　スターリングラードで捕虜になったドイツ兵九万一〇〇〇人のうち、一九五五年に祖国へ帰ることができたのは五〇〇〇人足らずだった。

＊2　アメリカ陸軍の給与テーブル（一九四二年六月一日より施行）では、すべての軍務で同じものが使用されており、空挺部隊やパイロットなど特に危険性の高い任務に就いている将兵には追加手当が支給されていた。

＊3　ヘルキャットは、一九四三年二月よりフィリップ・トーリー少佐の第九戦闘機隊で運用されていた。

＊4　主な報告書としては、一九四二年一二月に出されたアメリカ陸軍航空軍の報告書Informational Intelligence Summary No. 85「Flight Characteristics of the Japanese Zero Fighter Zeke（ゼロ戦の飛行特性）」、一九四二年一一月四日に出されたアメリカ海軍省航空情報部の報告書Technical Aviation Brief #3「Performance and Characteristics Trials, Japanese Fighter（日本軍戦闘機の性能と特性に関する試験）」などがある。

第一〇章　八本指の侍

位置、時間、標的。高い技量を有する戦闘機パイロットならこれ以外の情報はほとんど必要ではなく、ジョン・ミッチェル少佐も与えられた課題を完璧にこなした。標的が所定の場所に到達すると思われる時間から逆算する作業は、極めて単純であると同時に複雑でもあった。計画立案と並行して計画を実行する者たちを集める必要があり、戦闘機を飛ばすための兵站も不可欠だ。武装担当の整備員たちは、徹夜で一八機のライトニングに弾帯を積み込み、届けられた増槽が翼下の取付架に合わないことが判明すると、手作業で削って調整し、無理やり取り付けた。増槽が正しく取り付けられていないと、切り離すことができなかったり、機体にぶつかって方向舵を破損させたりする可能性がある。

パイロットたちが、任務の流れ、情報伝達の方法、悪天候時の不測の事態や離陸後の機械的な不具合への対応など様々な問題に取り組んでいる間、地上整備員たちは休むことなく機体の整備を続けていた。彼らは、電気系統の問題を解決し、すり減ったタイヤを交換し、スイッチやノブを修理した。すべてのP-38を飛行可能な状態にするため、彼らは文字通り大小さまざまな問題に対処しなければならなかった。ひとたび離陸すれば、エンジン内部で何百万回もの完璧にタイミング調整された爆発が起こり、何万個もの可動部品が機能してミッチェルやレックスたちを北西のブーゲンビル島へと連れて行く。P‐38が飛んでいる間、それまでのすべての集中的な努力とリスクに対して責任を背負うべき整備員が自分のミスに起因する問題を認識することはできない。

一方の山本五十六も多くの問題を抱えていた。

一九四三年二月、巨大戦艦武蔵が連合艦隊旗艦になったが、それ以来、太平洋戦争の厳しい現実と連合艦隊司令長官としての重圧が彼の双肩にのしかかっていた。山本は友人の古川敏子に送った手紙のなかで、「昨年八月以来、病兵や傷兵を見舞ったり、戦死者の葬儀に参加したりするため四回上陸しましたが、それ以外は艦上で病に臥せっていました」と書いている。この頃彼は、次第に引きこもるようになっていた。白髪も増えており、ハーバード大学で共に生んだ森村勇からは、生気を取り戻すため愛人の河合千代子をトラック島に呼び寄せてはどうかという助言を受けていた。

日本軍が「餓島」と呼んでいたガダルカナル島から第一七軍が撤退したことは、山本にとって非常に大きな打撃だった。太平洋の戦いは海軍の戦いであり、日本には、アメリカ海兵隊のような水陸両用作戦を展開できる攻撃部隊が存在しなかったため、占領地を維持する役割を担えるのは陸軍しかいない。しかし日本陸軍は、ソ連や中国を相手にした大陸での戦争に重点を置いていたため、アメリカ軍やオーストラリア軍とジャングルで戦うことを想定した組織になっておらず、訓練や装備も不足していた。とはいえ、海軍が陸軍部隊への補給を維持し、その安全を確保することができなかったことは、山本にとって見過ごすことのできない大きな失態だった。そのうえ、今後連合軍がニューギニアとソロモン諸島に侵攻し、大規模な挟撃作戦を実施した場合、この地域における海軍の重要な基地であるラバウルが孤立させられてしまうという懸念もあった。

しかし、山本五十六にはそれを防ぐための計画があった。

ソロモン諸島から退いてニューギニア北部に新たな防衛ラインを築き、ブーゲンビル島の航空基地を強化して、アメリカ軍が一ヤード前進するたびに大きな出血を覚悟しなければならないような状況を作り出すのがその狙いだった。南西太平洋方面でマッカーサー軍の進撃をくい止めるためには、第五一歩兵師団を投入してニューギニア東部にあるラエの防衛体制を強化する必要があった。彼の戦略は、ニューギニアのオーエンスタンレー山脈へと分け入る林道であるブラックキャット・トレイルを通って内陸へと進み、連合軍の飛行場があるワウを占領するというもので、この作戦が成功したら、ポートモレスビーとミルン湾への攻撃を開始する予定だった。攻勢を継続することで、ガダルカナル島の戦い以降失われてしまった主導権を取り戻すことが可能になり、山本が何よりも強く欲していた時間を稼ぐことができる。彼には、陸軍の部隊を南西太平洋に移動させる時間、飛行場を建設する時間、そして何よりも、珊瑚海海戦、ミッドウェー海戦、ガダルカナル島の戦いで失われた海軍航空隊の搭乗員を補充する時間が必要だった。

一九四三年二月二八日、八一号作戦と名付けられた輸送作戦を担う一六隻の船団が暗闇に紛れてラバウルのシンプソン湾を出発した。第五一師団の将兵と第一八軍司令部要員の輸送を目的としたこの船団は、五九五四人の将兵が分乗する輸送船八隻を九五八人の将兵が分乗する駆逐艦八隻で護衛するというものだった。船団は、夜を徹してニューブリテン島の北岸を進み、上空では、アメリカ軍の偵察機に発見されないよう一〇〇機のゼロ戦が交代で護衛の任に就いていた。しかし、三月一日午後、船団がニューブリテン島西端のグロスター岬に近づくと、ポートモレスビーから哨戒任務のため飛来した第四三爆撃群のB-24リベレーター爆撃機に発見された。

翌日から、アメリカ軍とオーストラリア空軍のB-17、B-24、B-25、A-20ボストンが、護衛のゼロ戦と戦いながら船団やラエの拠点に対する攻撃を開始し、第九戦闘機隊のP-38、第四一戦闘機隊のP-40、第三九戦闘機隊と第四〇戦闘機隊のP-39なども攻撃に加わった。この戦いでは、イギリス空軍から導入されたスキップボミング（反跳爆撃）と呼ばれる攻撃法が用いられ、大きな戦果をあげた。この攻撃法は、海面すれすれの低高度を飛行する航空機が浅い角度で爆弾を投下し、水切りと同じように爆弾を海面で反跳させて船舶の側面に命中させるというものだ。三月三日までに輸送船はすべて撃沈され、生き残ったのは駆逐艦四隻だけだった。数千人の将兵が潜水艦や駆逐艦に救出されたが、三〇〇〇人以上が戦死した。当時の新聞は、「貴重な補給物資がビスマルク海の藻屑となった。…多くの兵士たちが油と血にまみれた海を漂っていた」と報じていた。

日本陸軍が戦ってアメリカ軍の進撃を遅らせることができないということであれば、山本五十六が海軍航空隊を使ってこの役割を果たさなければならない。こうした状況を打破するため彼が立案したのがい号作戦だった。この作戦は、空母艦載機とトラック島に展開している地上配備の航空部隊を結集し、大規模な航空攻撃を行ってアメリカ軍の進撃を頓挫させるというものだった。山本は、第三艦隊の空母翔鶴、瑞鶴、飛鷹、瑞鳳に搭載されていた第一航空戦隊と第二航空戦隊から九六機の戦闘機と六五機の急降下爆撃機を抽出し、ラバウルとショートランド諸島のバラレに配備した。また第一一航空艦隊第二一航空戦隊の司令部要員をニューアイルランド島のカビエンに移動させ、戦隊に属する航空機の大半をラバウルに配備した。ブーゲンビル島南端のブイン地区にあるカヒリ基地には第二六航空戦隊が展開しており、これらすべての航空機を合わせると三四六機に達し、一つの作戦のために集められた戦力としては真珠湾攻撃以降最大だった。

表面上、これは驚異的な数だったが、作戦を遂行するための燃料が限られていたことや第三艦隊の空母艦載機部隊が混乱状態に陥っていたこと、経験豊富なパイロットが大幅に減っていたことなど、問題も多かった。奥宮正武中佐［訳注：第二航空戦隊の参謀、当時は少佐だった］は後に、「空母での訓練を三〇日しか受けていない搭乗員もおり、ベテランの航空隊指揮官は、このような未熟な搭乗員を闘志あふれる経験豊富なアメリカ軍パイロットと戦わせることに躊躇していた」と書いている。この戦域に集められた三四六機の航空機とその搭乗員は、最前線で戦う日本海軍空母艦載機部隊の残存戦力であり、開戦以来一八カ月にわたって続いた戦いによりその数は大幅に減少していた。日本は、山本が稼いだ一九四一年一二月の真珠湾攻撃から一九四二年八月のアメリカ軍によるソロモン諸島侵攻までの時間を有効に使うことができず、彼自身もこの間に自分が犯した失敗を認識していた。

ミッドウェイ海戦は、アメリカ軍を壊滅させる決定的なチャンスになるはずだったが、この戦いに敗れた後も大本営はアメリカ軍を過小評価し続けた。陸軍は、依然としてソ連を最大の脅威とみなしており、中国を占領し続けることは戦略的に必要と考えていたが、山本五十六はより的確に情勢を認識していた。インドシナとオランダ領東インドには、帝国を維持するのに必要な資源が十分にあるうえ、元々工業化が進んでいて、日本への怒りから急速に総動員体制を整えつつあったアメリカの方が、大陸に封じ込められた状態のソ連よりもはるかに危険だった。真の脅威は太平洋にあり、帝国の存亡を左右するのはこの地域だったのだ。ガダルカナル島に上陸したアメリカ軍を撃退できなかったことも失敗だった。山本は、陸軍が小規模な部隊を逐次投入するのではなく、最初から全力で攻撃を行っていたら、島を取り返すことは可能だったと考えていた。実質的に太平洋におけるアメリカ軍唯一の水陸両用部隊をここで壊滅させることができていれば、日本の勢力圏を南東方向に伸ばし、アメリカとオーストラリアを結ぶ補給線を断ち切ることも可能だっただろう。

しかし大本営がこうした見解を受け入れることはなく、山本五十六が思い通りに行動するのも認めなかった。

一九四二年秋、山本は、「陸軍の将兵が補給を受けられずに飢えているのなら、海軍は恥じ入らなければならない。私は戦艦大和をガダルカナル島に横づけさせてでも援護したいと思う」と語っていた。海軍軍令部の命令で大和をガダルカナル島に送り込むことはできなかったが、カクタス空軍が強固な足場を築く前にこれらの巨大戦艦が鉄底海峡に入っていたら、第一海兵師団の運命も大きく異なっていたはずだ。その場合、戦いはアメリカ軍にとってかなり際どいものとなっただろう。海兵隊員たちの士気の源泉だったフレッチャー提督の空母機動部隊が島から離れ、補給が途絶えたままでは、砲兵部隊が十分な支援を行うことはできず、ワイルドキャットやエアラコブラの数も揃わないため、島を確保するのは困難だったはずだ。上陸直後の脆弱な状態の海兵隊では、大和と武蔵に積まれている合計一八門の一八インチ砲から打ち出される何千発もの砲弾や激しい空襲、第一七軍が全力で行う圧倒的な攻撃に耐えることはできなかっただろう。

山本五十六には、ガダルカナル島での失敗を繰り返す気などなかった。い号作戦は、危険な作戦ではあったが、成功すれば、必要な時間を稼ぐことができるはずだった。この作戦で多くのアメリカ軍将兵の命を奪い、大混乱を生じさせることができれば、ニューギニアと北部ソロモン諸島の占領地を維持することができる。アメリカ軍敗北のニュースが報じられ、死傷者の数が増え続けていけば、明らかに危機的な状況へと陥りつつある枢軸国側がルーズベルト大統領に対して和平交渉をもちかけるチャンスも生まれるはずだ。和平への展望がなければ、国家と天皇のため戦い続ける意味もなくなってしまう。これは、不屈のギャンブラーである山本が打った博打だった。彼は、生涯を通じて多くのチャンスをものにしており、新たなチャンスが巡ってくるのを待っていた。

一九四三年四月七日、ゼロ戦と九九式艦上爆撃機総勢五八機が二波に分かれてラッセル島の新たなアメリカ軍基地とガダルカナル島周辺の艦船を攻撃し、い号作戦が始まった。一〇時二三分、ラッセル諸島のムバニカ島に新設されたアメリカ軍のレーダーサイトがニュージョージア海峡を南下してくる日本軍機の編隊を一二五マイル（約二〇一キロメートル）先で捉えた。この頃「メインヤード」というコードネームで呼ばれるようになったガダルカナル島では、空襲に備えるとともに、P-38

六機、コルセア八機、ワイルドキャット三四機が一一時〇〇分に発進し、日本軍の第一波を迎え撃った。その後三時間にわたる戦闘で日本軍機二一機が撃墜されたが、アメリカ軍も六機を失った。冷静さに欠ける経験の乏しい日本軍パイロットの多くは、撃沈した艦艇や破壊した施設などの戦果を大幅に水増しして報告した。当時のラジオ東京は、ワイルドキャット三四機、ライトニング一〇機、コルセア三機を撃墜したと報じていた。

山本五十六がこの戦果を完全に信じていたかどうかは分からないが、日本軍パイロットの士気が高まったことを評価していたのは間違いない。いずれにしても、極めて重要な局面を迎えつつあると考えた山本が、自ら最前線で作戦の指揮を執る決断を下したのは確かだ。奥宮中佐は、「山本長官は、自身がラバウル地域に留まることで、教官役のパイロットが、ある程度生き残るチャンスを残しながら敵機と渡り合える水準まで見習いパイロットの技量を高めるよう促すことができると期待していた」と語っていた。

しかし、い号作戦開始翌日から悪天候が続いたため、ラバウルへの出発は延期を余儀なくされた。その頃山本のところには、アメリカの第一一空軍がアリューシャン列島を爆撃したという情報や、ビルマの日本軍陣地がインドに基地を置くアメリカ軍のB-25爆撃機の攻撃を受けたという情報が届いていた。一方、この頃愛人の河合千代子からは、四月四日の誕生日を祝う手紙が添えられた石鹸や綿の着物などの贈り物が届き、山本を喜ばせた。彼は、千代子に送ったお礼の手紙に、「あなたから手紙を受け取り元気づけられました。またお会いする機会があれば幸いです」と書いている。

一九四三年四月三日土曜日の朝、連合艦隊司令長官山本五十六は、慎重な足取りで戦艦武蔵の右舷に設けられたタラップを降り、灰色の発動機艇に乗り込んだ。彼と幕僚を乗せた発動機艇は、礁湖を渡ってトラック諸島のデュブロン島にある夏島水上機基地に到着し、一行は待機していた二機の巨大な四発水上機である二式飛行艇に乗り込んだ。ほどなく飛行艇は離水し、武蔵の上空を一度旋回してから機首を南へと転じ、八一二マイル（約一三〇七キロメートル）先のラバウルへと向かった。

午後の早い時間にラバウルのシンプソン湾に着水した二式飛行艇（連合軍のコード名は「エミリー」）は、波の静かな湾内をゆっくりと進み、東側にあるサルファークリークの水上機基地に到着した。基地で艦隊司令官たちの歓迎を受けた山本五十六は、用意された車に乗り換え、マンゴー通りを抜けて半マイル（約〇・八キロメートル）先の丘陵地帯へと向かい、砂利が敷き詰められた道路を進んでいった。彼らの行き先は、白い優雅な柱廊式玄関の左右に森へと続く棟を配した低層の建物だった。窓が一列に並んだ建物の内部は天井が高く、磨き上げられた木の床の室内は薄暗く涼しかった。戦前ニューギニアクラブという高級会員制クラブとして建設されたこの建物は、この頃日本海軍南東方面艦隊の司令部として使われていた。南東方面艦隊司令官の草加仁一提督は、山本を歓待し、かつてドイツの総督が使っていたレジデンシーヒルのシンプソン湾を一望できるコテージに彼を案内した。

い号作戦初日の戦果は、パイロットたちの報告を聞く限り勇気づけられるもので、山本もその数字を受け入れることにした。この頃アメリカ軍は、ニューアイルランド島のカビエンやラバウル、さらには三〇〇マイル（約四八三キロメートル）足らず西のグロスター岬にある目標などを攻撃していた。

山本は、ニューギニアに近いこのような場所まで行きたいとは思わなかったが、何世紀にもわたって培われた侍としての責務を無視することはできなかったし、連合軍の次の主な目標がラバウルになるという確信もあった。ラバウルはこの地域における日本軍の重要な基地であり、山本もここを明け渡すつもりはなかったが、陸軍部隊を増強するための時間が必要だった。

日本陸軍の中国遠征軍と関東軍が支配する地域には、南太平洋に転用可能な六二万の将兵が展開しており、スマトラやフィリピン、台湾、ビルマにも完全定数の四個軍がいた。また、陸軍航空隊が前線に配備していた一四〇〇機の航空機も重要だった。一九四二年一二月以降、ラバウルには陸軍航空隊の二つの戦隊が展開していたが、これらの部隊が四カ月前に投入されていれば状況は変わっていたかもしれない。日本海軍の多くの将官と異なり、陸軍と海軍が張り合うのは非生産的であると考えていた山本は、多くの陸軍野戦部隊指揮官と良好な関係を維持しており、特にラバウルの第八軍司令官だった今村均中将とは親しかった。ここである程度時間を稼ぐことができれば、陸軍部隊を南方の戦線に移動させ、一九四二年八月の失敗を繰り返すことなく、全力でアメリカ軍に対抗することができると彼は考えていた。

山本五十六は、ガダルカナル島と同じシナリオがニューブリテン島で再現されるのを許すつもりはなく、今回は天皇からも「ラエとサラモアが新たなガダルカナルにならぬよう十分考えて計画を練るように」という勅命を受けていた。この言葉は、陸軍にとっても、再度同じ過ちを犯すことは許されないという明確なメッセージになっており、中国やマラヤから歩兵部隊や機甲部隊、航空部隊を移動させ、アメリカ軍が採用して成果を上げているような連合作戦を立案することになった。少なくとも、前進しようとする連合軍が極めて大きな代償を払わざるを得ないようなレベルまで防衛体制を強化することができれば、アメリカ政府が日本との和平交渉を検討する余地が生まれるかもしれない。これはかなり魅力的なシナリオだった。日本が枢軸陣営から脱退してソ連と単独講和を結べば、後顧の憂いなくドイツと戦いたいと考えているアメリカとの間でも和平に向けた何らかの動きが出てくるのではないか。

天候が回復し、い号作戦が再開されるのを待つ間、山本は病院を訪れて傷病兵と言葉を交わしたり、幕僚の一人で仲の良い友人でもあった渡辺安次といつ果てるともなく将棋を指したりして過ごしていた(*1)。また、部下の将官たちと戦略や作戦について議論したかと思えば、港を出入りする船舶を眺めたり、誰彼となく言葉を交わしたりしており、時にはウミガメの肉ですき焼きを作り、ジョニーウォーカー黒ラベルのボトルを開けて、ラバウルに赴任している海軍兵学校時代のクラスメイト五人と酌み交わしたこともあった。この頃山本は、アメリカのラジオ放送に耳を傾け、翻訳した内容を部下たちに伝えていた。彼は、真珠湾攻撃が宣戦布告前に行われたことをこのとき初めて知った様子だった。アメリカについての豊富な知識を有していた山本は、真珠湾攻撃に対する同国内の憤激と憎悪の大きさを十分に理解することができた。

渡辺が後に書き残した回想によると、このとき山本は「攻撃開始が早すぎたが、結局同じことだ。残念なことではあるが。私と君のどちらが先に殺されるか分からないが、君より先に私が死んだら、天皇陛下には、連合艦隊がそのような計画を立てていたわけではなかったと伝えて欲しい」と話したという。

四月七日に天候が回復し、い号作戦が再開された。山本五十六は、この日行われる大規模な攻撃のため出撃する部隊を見送ると言い出し、真っ白な軍服を着て滑走路の横に立ち、飛び立つ航空機に手を振った。この日は、ゼロ戦一一〇機を含む総勢二〇〇機近い航空機が出撃し、ツラギにいる輸送船や護衛の艦艇、アメリカ軍の任務部隊を攻撃した。しかしアメリカ軍は、第一七写真偵察機隊のP-38が四月六日に行った偵察で日本軍の戦力増強を察知し、迎撃準備を整えていた。ニュージョージア海峡を南下する日本軍機の大規模な編隊については沿岸監視員も逐一報告しており、ガダルカナル島からは、ワイルドキャット三六機、P-39一三機、コルセア九機、P-40六機が発進して日本軍機を迎え撃った。また第一二戦闘機隊と第三三九戦闘機隊のP-38一二機も出撃し、レックス・バーバーはサボ島上空で開戦以来二機目と三機目の敵機撃墜を記録した。

アメリカ軍の対空砲部隊の兵士や戦闘機パイロットは、一〇〇機撃墜と主張したが、日本側の記録と照らし合わせて確認された実際の撃墜数は四〇機だった。これでも十分大きな損害であり、特に損失を埋め合わせるパイロットがいない日本にとって深刻な問題であるという点は参謀将校たちも認識していた。日本軍の攻撃は、四月一一日にも東部ニューギニアの目標に対して行われ、翌日はポートモレスビー、四月一四日はミルン湾が攻撃対象となった。この間山本五十六の元には、日本側の損害四九機に対し、アメリカ軍機一三四機撃墜、巡洋艦一隻、駆逐艦二隻、輸送船二五隻撃沈という戦果が報告されていた(*2)。これらの数字を踏まえ、将兵の士気を維持したいと考えた山本は二つの決断をした。一つは、い号作戦が成功裏に終了したことを宣言するという決断、もう一つはショートランド諸島の最前線を日帰りで視察し、ラバウル基地と同様に現地部隊の士気を鼓舞するという決断だ。

この前線視察が良い考え、あるいは極めて大きなリスクに見合うものであると認める者は、山本五十六以外ほとんど誰もいなかった。しかし、連合艦隊司令長官であり、その威信が天皇に次ぐものとなっていた彼が強く望めば、何事であれ必ず実現していた。視察計画自体は単純なものだった。山本とその幕僚は、第七〇五航空隊の二機の一式陸攻に分乗して三一八マイル(約五一二キロメートル)南のバラレに新設された飛行場に飛ぶ。そこから駆潜艇に乗り換えてショートランド湾を横切り六マイル(約九・七キロメートル)先のファイシ島とポポラング島の海軍基地を訪問する。基地で傷病兵を見舞い、将兵を激励した後、バラレに戻って一式陸攻に乗り、二一マイル(約三三・八キロメートル)先のブイン基地に移動する。昼食を取った後、一四時〇〇分にブイン基地を発ち、ラバウルに戻るという行程だった。

第三艦隊の小沢治三郎中将は、視察を思いとどまらせようとしたが、山本は懸念には及ばないと答え、四月一三日、草加仁一中将の幕僚が海軍暗号書D(アメリカ側の呼称はJN-25D)を使って予定時間と目的地を含む暗号電報を作成した。長官の詳細な旅程が記載されたこの暗号電報は、承認を得たうえで、第一一航空艦隊、第二六航空艦隊、ショートランドの第一根拠地隊宛てに送信された。シヨートランド島に展開していた第一一航空艦隊司令官の城島高次少将は、四月一七日にラバウルまで飛んで来て視察旅行を思い留まるよう説得したが無駄だった。後に城島は、「前線に近い場所で連合艦隊司令長官の行動を詳しく記した長い電報を送るなど、何ともばかなことをしたものだ」と回顧している。

まさしくその通りだった。

電報は、オーストラリアのメルボルンに置かれていた連合国海軍通信情報収集部隊FRUMEL、ワシントンD.C.の海軍通信情報収集部隊NEGAT、ハワイのオアフ島にあったアメリカ海軍の通信情報収集部隊FRUPAC（Station HYPO）という極秘任務を担っていた三つの部隊により即座に傍受された。これらの部隊は、傍受した通信情報を迅速にやり取りし、比較することができるよう相互に連携しており、トーマス・H.ドワイヤー海軍少佐、アルバ・B.ラスウェル海兵隊少佐、ジョン・G.レニック海軍少佐などの有能な暗号解読者や言語学者がこの電報を解読し、千載一遇のチャンスを掴むことができた。

日本の外務省が使っていた暗号を一九二〇年一月に初めて解読したのは、アメリカ陸軍情報部のハーバート・O.ヤードリーだった。その後、アメリカ海軍情報部の職員がワシントンにある日本領事館に侵入して日本海軍の暗号表の写真撮影に成功し、この暗号表にJN-1という名称を付けた。一九三〇年、山本五十六がロンドン軍縮会議に出席していた頃、国務長官のヘンリー・L.スティムソンは、最新の暗号解読能力についての説明を聞き、アメリカ軍情報部の下で行われていた情報活動を止めさせた。彼は、「紳士は互いの私信を読んだりしない」という一見立派だが不条理な信念に基づき、海軍情報部の暗号部門に対する予算を差し止めたのだった。

スティムソンの愚行はあったものの、アメリカの情報活動はやがて復活し、一九三〇年代半ばには、日本の主要な暗号装置の図面を盗み出し、実際に利用可能な複製品を作るというレベルに到達していた。これが九七式欧文印字機、あるいは暗号機Ｂ型と呼ばれるもので、アメリカの情報部は「パープル」というコード名で呼んでいた。その後、日本の暗号体系に関連するすべての情報は「マジック」という名称で厳重に管理されるようになり、未加工の資料を見ることができるのは一部の高官に限定され、ホワイトハウスや国務省の職員は除外された。三年間東京に滞在して日本語を学んだラスウェルは、フィリピンや上海に留まって初稿の翻訳を担当し、出来上がった原稿をニミッツ大将の情報主任参謀であるエドウィン・レイトン中佐に直接送っていた。

四月一八日、連合艦隊司令長官は、以下のスケジュールに従ってＲＹＺ、Ｒ――およびＲＸＰを訪問する：

１．０６００　戦闘機六機に護衛された中型攻撃機でＲＲを出発。０８００　ＲＸＺ到着。掃海艇に乗り換え、０８４０　Ｒ――到着（掃海艇は第一根拠地隊が用意）。０９４５　上記の掃海艇でＲ――を出発、１０３０　ＲＸＺ到着？１１００？　中型攻撃機でＲＸＺを出発し、１１１０　ＲＸＦに到着。１

４００　中型攻撃機でＲＸＰを出発、１５３０　ＲＲ到着。

この報告書は、一九四三年四月一四日の八時に太平洋艦隊司令長官の机に置かれた。自身日本語の専門家であったレイトンは、東京に滞在していた頃から山本と個人的な付き合いがあったが、ためらうことなく、「ミニッツ提督、日本軍があなたの乗った飛行機を撃墜できるチャンスを掴んだようなものです。あなたに代わる人物はいません」と進言した。レイトンは、日本のことを熟知しており、山本を失うということは、軍事面での大惨事であり、個々の将兵の士気を阻喪させることになると認識していた。チェスター・ニミッツも、一九三七年に昭和天皇のお気に入りだった鴨場を訪れた際に山本五十六と知り合ったが、山本の殺害を命じることについてはより高い次元での懸念も抱いていた。暗殺は、少なくとも公式にはアメリカが通常採用する紛争解決の手段ではなかったが、今は戦時中であり、チャンスがあればヒトラーやムッソリーニ、東条英機を暗殺することに疑問を呈する者はおらず、この意味では山本五十六も同じだった。

一方、ニミッツや情報部門にとっての極めて現実的な懸念は、連合艦隊司令長官を乗せた飛行機がブーゲンビル島の基地に着陸しようとしているまさにそのタイミングでアメリカ軍の戦闘機が出現するという事実をどう説明するのかという点だ。傲慢な日本軍は、迂闊にも自分たちの暗号が解読されていることに気づいておらず、ミニッツや実戦部隊の指揮官たちにとってこの利点は計り知れないものだった。このため、一人の男の命に、日本軍の暗号が即座に変更されて解読不能になるというリスクに見合うだけの価値があるのかという重大な疑問は残る。新たな暗号を解読するには何カ月もかかる可能性があり、その間何人のアメリカ軍兵士の命が失われることになるのか想像もつかない。真珠湾攻撃に対する報復は、考慮すべき重要な理由だが、真珠湾で戦死した兵士たちのために行う報復は、その後生じるさらに多くの戦死者の命に見合うと言い切れるのだろうか。

一方、グレーな領域ではあったが、報復へのもう一つの強力な動機も存在していた。日本軍の残虐行為に関する噂は、日本が中国に関与し始めた時期から流布していたが、ニミッツなどの高級幹部は、より具体的な情報を持っていた。南京では、日本軍によって二〇万人を超える男女、子供が虐殺され、二万人が強姦された。この事実の裏付けとなる中国の葬祭共済組合の文書が流出しており、西欧諸国の外交官などによる信頼性の高い目撃証言もあった。日本政府は、殺害対象となったのは正規軍の兵士ではなく、武装した匪賊（ひぞく）であり、保護の対象とはならないと主張していた。しかし、一般市民が多数死亡したことを正当化することはできない。

一九三八年の張鼓峰事件で捕らえられたソ連兵捕虜の扱いに関しては、疑問の余地もなかった。中国とソ連の国境が確定していなかったハサン湖付近で発生したこの武力紛争では、負傷して捕虜になったソ連軍の若い中尉が日本軍に拷問されるという事件が発生した。後に発見された遺体の胸は鎌と槌の形に切り刻まれ、両目に小銃の薬莢が刺さっていた。舌は引きちぎられ、足の裏は焼かれており、性器も切り取られていた。

日本は、一九二九年七月二七日にジュネーヴで調印され、一九三一年六月一九日に発効した「俘虜の待遇に関する条約」の署名国だった。この条約は帝国議会で批准されず、それが原因でさまざまな問題が生じたが、それでも日本は、一九〇七年のハーグ条約に署名、調印したことによる法的な拘束を受けていた（＊3）。ハーグ条約には、「俘虜は敵の政府の権内に属し、これを捕らえた個人、部隊に属するものではない。俘虜は人道をもって取り扱うこと」という条項がある。

一九四一年一二月二五日にシンガポールが陥落すると、中国以外の地域でも良からぬ噂が広まり始めた。残虐行為は至る所で発生していたが、一二月二五日の朝六時、日本陸軍第二三軍の兵士たちが野戦病院として使われていた聖ステファン大学の構内になだれ込んだ後に起きた事件は凄惨だった。日本軍の兵士は、ベッドに寝ていた連合軍の負傷兵七〇人を銃剣で刺し殺し、医師二人を殺害し、看護婦全員を強姦したうえ殺害したのだ。カナダ人の従軍牧師ローランド・ジェームズ・バレットは後に、「病院はひどい状態だった。私は、病室から連れ出された二人の男の死体を見つけた。彼らは、耳、舌、鼻を切り取られ、目をくりぬかれていた」と証言している。

日本軍の残虐行為がイギリスやアメリカで報道されるようになると、日本側に説明を求め、交戦規則を尊重するよう要求する声が高まった。一九四二年一月、外務大臣の東郷茂徳は、ジュネーヴ条約を順守すると宣言したが、日本が必要と考える変更を加えた後でという条件を付けていた。言い換えれば、日本は、国際的に受け入れられた交戦規則や戦時国際法、文明国としての振る舞いを自分たちの望むように解釈すると宣言したのだ。日本軍による忌まわしい振る舞いは戦争終結まで繰り返され、日本が降伏した後も数週間にわたって続いた。

シンガポールは一九四二年二月に陥落したが、市内のアレクサンドラ病院では、入院患者全員が銃剣で刺されるなどして死亡しており、手術中の患者が外科医もろとも殺されたケースもあった。またオーストラリア軍第一三総合病院にいた従軍看護婦六五人は、降伏の直前にヴィナー・ブルック号という船でシンガポールを脱出したが、補給のためバンカ島に入港したところで、日本軍により拿捕された。船に乗っていた人々は男女別に分けられ、男たちは海岸を行進して岬まで連行された後銃殺された。看護婦たちは、海のなかに入るよう命じられ、背後から機関銃で撃たれた。生き残ったオーストラリア陸軍看護婦部隊のヴィヴィアン・ブルウィンケル大尉は、「彼女たちはバタバタと倒れ、私も撃たれた。背後から放たれた弾丸が腰のあたりに命中し貫通した」と証言している。大尉は気を失って波間に漂っていたが、やがて海岸に打ち上げられ、意識不明のまま一五時間倒れていた。日本兵は、彼女が死んだと思い、そのまま放置して去っていた。

一九四三年四月、アメリカの指導者たちは、日本軍の恥ずべき振る舞いについて何の幻想も抱かなくなっており、ガダルカナル島で海兵隊員が経験したことを知ってその確信は一層強まった。特に捕虜となった連合軍のパイロットは、日本軍による残虐行為の犠牲になることが多かった。ドゥーリトル爆撃隊のパイロットだったディーン・ホールマーク中尉とビル・ファロー中尉は、中国で日本軍に捕らえられ、ハロルド・スパッツ伍長と共に処刑された。

日本陸軍の兵士や海軍の水兵の多くは、初等教育しか受けていない貧しい地方出身者であり、その人格は軍隊の残酷で不寛容なシステムのなかで形成された。日本ナショナリズムの変種と倒錯した武士道の規範を植え付けられた彼らは、無知であるがゆえに、いかなる状況であっても受けた命令に疑問を抱くことはなかった。一般の兵士よりも上の社会階層に属し、教育水準も高かった日本軍将校は、より多くの知識を有しているはずであり、実際そうだった。にもかかわらず、ある将校は「我が軍は絶対に勝つはずであり、疑問に答える必要などなかった」と戦後書き残している。大日本帝国が戦争に負けることなどあり得ない以上、戦時中の行為が問題になることもないというわけだ。

開戦当初のこうした残虐行為やその後も何度となく繰り返された同様の行為は、上官から直接命令を受けて実行されることもあれば、将校の暗黙の了解のもとで行われることもあり、海軍の提督や陸軍の将軍は、その地位ゆえに戦後部下の行為に対する責任を問われることになった。インドネシアのアンボンでは、呉鎮守府第一特別陸戦隊指揮官の畠山耕一郎少将が、オランダ軍とオーストラリア軍の捕虜二〇〇人を殺すよう命じた。日本軍が前進するうえで、捕虜は足手まといになるというのがその理由だった。

捕虜の処刑を実行した中川中尉は、「我々は穴を掘り、軍刀や銃剣で殺した。二時間ほど時間がかかった。一人ずつ連行し、目隠しをして跪かせてから殺した。死体は掘っておいた穴に埋めた」と書いている。

山本五十六がラバウルに到着する数日前にも、捕虜となったアメリカ軍のパイロットがニューギニアのサラマウア要塞の牢から引き出され、末期の水を与えられた後、日本兵一〇人と共にトラックに乗せられた。軍刀を持った将校三人が同乗したトラックは、海岸沿いの道をがたがたと揺れながら走って行き、夕日が丘の向こうに沈もうとしていた。日本兵の一人は、一行に加えてもらったことを誇りに感じ、日記に書き残している。

「捕虜の方を見ると、彼は自分の運命を悟っている様子だった。まるで世界に別れを告げているような感じでトラックの荷台に座り、丘や海を眺め物思いに耽っているように見えた。時間が来ると、捕虜は水が溜まっている爆弾の穴を背にして跪かされた。彼は、…とても勇敢だった。

部隊の指揮官が、愛用の軍刀を抜いた。刀身がギラリと輝き、…将校は、刀の峰で捕虜の首を軽く撫でた後、…刀を振り下ろした。シャーという音がして、動脈から勢いよく血が噴き出した。驚いたことに、彼は一刀のもとに捕虜を斬り殺したのだった。その光景を見ていた者たちが死体の周りに集まった。捕虜の頭が胴体から離れてその前方に転がっており、どす黒い血が噴き出ていた。すべてが終わった。切り落とされた首は人形のように白かった。医療部隊に所属する海軍将校が首のない死体を仰向けにすると、刀を振るって腹を切り開いたが、死体からは一滴の血も流れなかった。死体は穴のなかに投げ落とされ、埋められた。私は生涯この日の出来事を忘れないだろう。生きて故郷に戻る事が出来れば、良い土産話になると思ったからだ…」

連合艦隊司令長官である山本五十六は、こうした野蛮な行為のいくつかを確実に知っていたはずだ。その多くは陸軍がやったことだが、海軍も相当程度関与しており、海軍内で絶対的な地位にある彼は、このような忌まわしい振る舞いに対して大きな影響を及ぼすことができるだけの力を持っていた。勝利のために戦うのと、無力な敵兵や市民に対して残虐に振る舞うのは別の話だ。このような事件に関する情報が広まったことで、日本兵は人間性を欠いているという連合軍兵士の認識が助長され、山本五十六の殺害を命じる判断も容易に下すことができた。宇垣纏中将は、「我々にとって、山本大将は神に等しい存在だった」と日記に書いている。このような人物が望めば、どのようなことであれ、その影響力を行使することは可能だったはずだ。

ラバウルで山本五十六がウミガメを食べ、将棋を指していた頃、連合軍側に傍受された日本海軍の電報は、メルボルンとワシントンで傍受された電報と比較対照され、不明だった部分がほとんど埋められた。暗号解読班は、これまでに解読された電報をもとに、ラバウルはRRであり、RXZはバラレ、RXPはブイン、伏せられていた最終目的地はショートランド島であるということを突き止めた。山本五十六に関係する電報は全部で六通あり、メルボルンの部隊は、日本軍部隊の指揮官に宛てた詳細な情報を含む一本の電報を傍受していた。

南東方面艦隊／極秘電報一三一七五五－軍事機密HA－1暗号

四月一八日のバラレ、ショートランド、ブインへの司令長官の視察予定は以下の通り：

一・〇六〇〇　中攻にてラバウルを出発（戦闘機六機による護衛付き）；〇八〇〇　バラレ到着。到着後速やかに駆潜艇にてショートランドに向け出発（第一根拠地隊にて駆潜艇を準備されたし）、〇八四〇　到着。〇九四五　ショートランド出発　上記駆潜艇に乗船、一〇三〇　バラレに到着。一一〇〇　中攻にてバラレを出発、一一一〇　ブインに到着。第一根拠地隊司令部にて昼食（第二六航空戦隊の高級参謀が同席）。一四〇〇　中攻にてブインを出発；一五四〇　ラバウル到着。

この最新版の電報は、ハルゼー大将から南太平洋航空軍司令官のフィッチ少将を経由して、ガダルカナル島のマーク・ミッチャー少将に送られた。一九四三年四月一八日、イースター・サンデーの朝、ジョン・ミッチェル少佐率いる一六機のP-38がガダルカナルを飛び立つことになったのは、この情報が発端だった。七時一〇分、ファイターツーの司令塔で緑のライトが点灯し、ミッチェルがブレーキを解除して滑走路上を進み始めた頃、六四六マイル（約一〇四〇キロメートル）北西では、二機の一式陸攻が高度を下げながらラバウルのシンプソン湾上空を飛んでいた。ほどなく陸地に向かって急旋回し、絶えず降り積もる火山灰を巻き上げながらラビンジック飛行場［訳注：日本側の呼称は東飛行場］に着陸した。上面が濃緑色、下面が灰白色に塗られた二機の一式陸攻は、両翼と胴体に深紅の日の丸をつけていたが、それだけで飽き足らず、内翼の前縁に黄色の識別帯までつけていた。

一番機の機長は小谷立飛行兵曹長で、駐機場へと向かう機体の垂直尾翼には三二三という機体番号が鮮やかに描かれていた。ラクナイとも呼ばれていた四七〇〇フィート（約一四三三メートル）の滑走路を有するこの飛行場は、ラバウルの主な戦闘機基地であり、小谷は、これまで会ったなかで最も重要な人物である山本五十六の到着を待っていた。機体番号三二六をつけたもう一機の一式陸攻は、林浩二等飛行兵曹が操縦し、一番機に続いて飛行場中央部の駐機場に停まった。駐機場には、アメリカ軍が使っていたマーストンマットを模した鉄板が敷かれており、板と板をしっかり接合できないため滑走路には使われなかったが、駐機場や整備場で砂や火山灰が舞い上がるのを防ぐことはできた。

保安上の理由で、パイロットたちが七〇五航空隊司令官の小西成三大佐から今回の任務について知らされたのは前日の夜だった。林二等飛行兵曹が、いつも着ている使い古しの軍服ではなく、規則で定められた飛行服を着るよう指示された理由を尋ねると、小西大佐は、翌日飛行機に乗る人物の身元を明かした。四月一七日、二機の一式陸攻の機体洗浄と機内清掃が夜を徹して行われ、翌朝の夜明けとともに、二機の陸攻にそれぞれ七人の搭乗員が乗り組んでラビンジック飛行場からブランチ湾を隔てて七マイル（約一一・三キロメートル）南にあるブナカナウ飛行場［訳注：日本側の呼称は第二飛行場］を飛び立った。

再び飛び立つまでおよそ四〇分待機することになっていたが、山本五十六の几帳面さは伝説の域に達しており、パイロットたちが機体を離れることはできなかった。ラビンジック飛行場が選ばれたのは、ラバウル市街から最も近い場所にあったためだ。ブナカナウ飛行場へ行くにはぬかるんだ道を一〇マイル（約一六・一キロメートル）も走らなければならなかったし、護衛の戦闘機がラビンジック飛行場を使っているという事情もあった。小谷飛行兵曹長と林二等飛行兵曹は、零戦三機ずつで構成される二〇四航空隊の小隊二個が護衛に付き、指揮官は日高義巳上等飛行兵曹との説明を受けていた。戦闘機には無線機が搭載されてなかったため、海軍の標準的なハンドシグナルが使われることになっており、山本長官到着後、六時〇〇分に出発する予定だった。当日は晴れ渡っており、空を飛ぶには最高の日和だった。

二〇分足らず後、三台の乗用車が駐機場近くに止まった。一台目の車からは、司令長官を見送りに来た草加中将と小沢中将が降り立った。座席が無いため同行を諦めた渡辺安次中佐も見送りに来ていたが、長官はその日の午後ラバウルに戻ってくることになっていた。二台目と三台目の車には、視察に同行する九人の人物が乗っており、驚いたことに山本は、常日頃着ていた糊のきいた白い制服ではなく、地味な濃緑色の熱帯地域用の上着を身につけていた。前日の夜、山本は、最前線に白い制服を着て行くのは場違いと判断し、同行する者たちに緑の野戦服を着るよう指示していたのだった（＊4）。

日本海軍の慣例では、船や航空機を利用する場合、階級の最も低い士官が最初に乗り込み、最後に降りることになっていた。機体番号三二三をつけた一式陸攻の胴体左側国籍マーク内の円形のドアに架けられた梯子を最初に上ったのは福崎中佐と樋端中佐で、その後高田少将が上った。山本五十六は、小沢、草加、渡辺と握手を交わし、そうとは知らぬまま、生涯最後となる足跡を地上に残して待機している爆撃機に乗り込んだ。連合艦隊参謀長の宇垣纒中将とその幕僚が、先に乗り込んだ四人の将校に続いて林二等飛行兵曹が操縦する一式陸攻に乗り込むと、見送りの人々が機体から離れ、エンジンが始動した。

地上整備員によるチェックが完了すると、二機の爆撃機は滑走路の北西端に向かって進み始め、六機のゼロ戦が後に続いた。第三艦隊司令官の小沢中将は、護衛戦闘機が少ないことに不満を感じていた。数日前、彼は山本五十六の参謀将校に対し、「長官がどうしても視察に行くと言い張るのなら、護衛戦闘機六機だけでは全く不十分だ。我が部隊の飛行機を好きなだけ使ってよいと参謀長（宇垣中将）に伝えてくれ」と言っていた。

しかし、今となっては遅すぎた。

ラバウルで時計が六時ちょうどを刻み、ニュージョージア島の南を飛んでいたレックス・バーバーがコックピットのなかで汗にまみれ、ジョン・ミッチェルが第二チェックポイントで進路を変える準備をしていた頃、小谷立飛行兵曹長がブレーキを解除した。左右のエンジンの背後には巻き上げられた火山灰がもうもうと立ち込め、一式陸攻はガタガタと揺れながらマチュピ湾が広がる南東方向へと滑走していた。林二等飛行兵曹が操縦する一式陸攻がすぐ後に続き、見送りに来ていた人々は、二機が海に向かって真っすぐ上昇しながら、車輪を格納する様子を見ていた。上昇する途中で少し機体を傾けて南に進路を変え、タブルブル山の左を抜けたが、その一瞬、ニューブリテン島の緑の丘を背景に二機の翼のシルエットが浮かび上がった。

小谷飛行兵曹長は、ブランチ湾上空で七五〇〇フィート（二二八六メートル）まで上昇しながら、ガゼル岬の南で半島を横切って海峡上空に出ると、ニューアイルランド島の先端にあるセントジョージ岬に向け南東に舵を切った。この後、ソロモン海の北を横切り、バルビ山の近くでブーゲンビル島の海岸線を飛び越え、南のバラレを目指す。この飛行経路を熟知している小谷は、内陸の悪い気流の影響を受けることなく快適な飛行を続けることができるよう計画を立てており、エンプレス・オーガスタ湾を過ぎるまで海岸線に沿って飛び、もう一つの重要な目印であるモイラ岬に向かって徐々に高度を下げていく予定だった。申し分のない朝で、視界は良好だったが、海と陸がはるか下になり、機体が水平線を越えて浮かび上がると、太陽光線の差し込む方向が変わり、日の出なのか、日没なのか区別がつかなくなった。

＊1　チェスに似た戦略的ボードゲーム。
＊2　アメリカ軍の実際の損害は、航空機二五機、駆逐艦一隻、コルベット一隻、輸送船二隻、タンカー一隻だった。
＊3　予想されたことだったが、ソ連も一九二九年のジュネーヴ条約を承認しなかった。
＊4　連合艦隊軍医長の高田六郎少将と主計長の北村元春少将にはこの指示が伝わっておらず、白い制服を着ていたため、二人は非常にばつの悪い思いをし、山本も不快感を示したという。

第一一章　復讐

一九四三年四月一八日　九時一五分　ブーゲンビル島南側のソロモン海

レックスは、実際に目で見る前からその存在を感じていた。

視線の端の向こうに伸びる水平線が少し暗くなっていた。ただし、暗いのは水平線全体ではなく、ミス・バージニアの機首から右の翼端にかけての空間だった。まず脳裏に浮かんだのは雲だった。南太平洋では、ほぼ毎日雲やスコールラインが発生しており、雷雲は驚くほど急速に発達するが、午前の時間帯では滅多にない。数分前、一六機のライトニングは、トレジャリー諸島と呼ばれる小さな島々の南およそ一五マイル（約二四・一キロメートル）の地点を通過しており、手元の地図と照らし合わせてみると、ジョン・ミッチェルの航法と時間調整は完璧であることが分かった。ということは、あと五分ほどで最後のチェックポイントを通過することになる。水平線上に黒くにじんで見えるのは雷雲ではなく、幻でもなかった。

それはブーゲンビル島だった。

他のパイロットと同様、レックスもこれまでブーゲンビル島に来たことはあったが、島のはるか南を飛んだことはなく、高度五〇フィート（約一五・二メートル）から眺めたこともなかった。前に来た時は今よりも格段に難しい状況だったが、少なくとも今日は日中の明るい時間帯に飛んでいる。目で見ることができれば何事もうまく行くものであり、ほとんどのパイロットがそうだが、レックスも夜間飛行は嫌いだった。夜間飛行ができないわけではないが、率先してやりたいとは思わない。それでもいくつか利点があるため、数週間前の三月末、大胆にも夜明け前にショートランドの日本軍基地に奇襲攻撃をかける任務に参加し、危うく命を落としかけた。

三月二八日、武装を外した第一七写真偵察機隊（小型機）のP-38が、ショートランド島の南海岸に隣接するファイシ島とポポラン島の間の波静かな狭い海域に二七機の水上機が集まっているのを発見した。この偵察機隊は、一九四三年一月にヌーメアからガダルカナル島のファイターツーに移ってきたばかりだったが、すぐに貴重な戦力であることが実証された。ブーゲンビル島南部とショートランド諸島周辺には、日本海軍の施設が散在しており、このなかには、ショートランド湾口に近いトゥーハ海峡に建設された水上機基地も含まれていた。ここは、日本軍後方地域部隊の根拠地であり、「ウォッシングマシンチャーリー」などによるいやがらせ目的での夜間爆撃など、ガダルカナル島に対するあらゆる攻撃の足場となっていた。水上機基地には、開放型コックピットの複葉水上偵察機である零式観測機（三菱F1M2、連合軍のコード名は「ピート」）が一二機配備されており、何カ月も前からガダルカナル島のアメリカ兵を苦しめていた。また数は少ないものの、第九三八航空隊の二式水上戦闘機もいると見られていた。

三月二九日、トム・ランフィア大尉率いる陸軍第三三九戦闘機隊のP‐38八機と海兵隊第一二四戦闘機隊のコルセア八機による陸軍と海兵隊の協同作戦が行われることになった。三時三〇分に基地を飛び立った一六機の戦闘機は、八機ずつ二つの編隊を組み、暗闇のなかを数百フィートまで高度を下げながらニュージョージア海峡上空で北西方向に針路をとった。この日ランフィアは、ニュージョージア海峡西側のソロモン海上空を飛んでトレジャリー諸島まで行こうと考えており、ディアブロに乗っていたレックスも僚機として任務に加わっていた。このコースなら、ソロモン諸島中央部の島々にいる日本軍部隊に発見されずに飛ぶことができ、ファイシ島やポポラン島の日本軍に奇襲攻撃を仕掛けることができるかもしれない。しかし残念ながら、海兵隊の戦闘機パイロットは、夜明け前の暗闇のなかでランフィアたちと合流することができず、一機を除いて全機がガダルカナルへ引き返してしまった。ランフィアが指揮する八機のP‐38は、エスペランス岬の西側をできるだけ遠回りしながら通過した後、ラッセル諸島を横目に見ながらソロモン海を北西に向けて飛んだ。ランフィア隊で後方の四機編隊を率いていたのは、ミス・バージニアに乗るロブ・ペティットだったが、ほどなく彼の編隊のサム・ホーウィ中尉が操縦するライトニングが右エンジン不調のためククム飛行場に引き返し、ベンジャミン・エーベン・デール中尉のコルセアがその穴を埋めることになった。

トレジャリー諸島に到達したランフィア隊は、北東に針路を変えてショートランドへ向かったが、暗闇に包まれた海上を進む途中で、ペティット編隊の三番機と四番機がはぐれてしまい、ガダルカナル島へと引き返した。このため、夜が開け始めた時点で残っていたのは、P-38五機とコルセア一機だった。ブーゲンビル海峡を横切ったランフィア隊は、昇り始めた太陽を背にしてショートランド湾に殺到したため、この決定的な瞬間に地上からその姿を見ることはできなかった。

ペティットは後に「若く未熟ではあったが、感情をコントロールすることができたため、幸運をつかむことができた。基地に並んだ水上機に機銃掃射を行い、戦果を確認した」と書いている。攻撃してきた敵の姿を日本側が確認できずにいたわずか数分の間に水上機八機が破壊され、残る一機も炎上した(*1)。

爆音を轟かせてショートランド湾上空を飛び越えたP-38とコルセアは、隣接するポポラン島の北岸から離れようとしている日本軍の駆逐艦を発見したため、即座に機首をめぐらせて急降下し、攻撃を開始した。ランフィアは艦尾を、ペティットは上部構造物を攻撃し、レックスは艦首に機銃を撃ち込んだ。再度攻撃を行うため上空で旋回しながら下を見ると、駆逐艦は傾き、炎上していた。太陽の光を受けた波が眩しく輝き、対空砲から撃ち出される曳光弾が機体の横をかすめるなか、急降下を続けるレックスの視線は、射撃を始めてから数秒間目標にくぎ付けとなり、降下率の判断を大きく誤らせることになった。我に返ると目の前に船体が迫っていたため、急いで操縦輪を引き、スロットル全開で駆逐艦の右をすり抜けた。しかし、左の翼端から四〇インチ(約一〇二センチメートル)ほどが駆逐艦のマストに当たってちぎれてしまい、後に彼は「ちょっと粗っぽ過ぎた」と振り返った(*2)。レックスは、無事ガダルカナル島に帰還し、何事もなく着陸したが、ディアブロは、それから三週間飛ぶことができなかった。一方、エンジンの不調で最初に引き返したライトニングは、滑走路を外れて大破してしまった。オールド・アイアンサイドと呼ばれていたこの機体は除籍されて部品取り用になり、操縦していたホーウィ中尉によると、「片方の翼が利用可能だったので、レックス・バーバーが壊したライトニングの翼端を修理するために使われ、彼が例の任務で出撃している間、別のパイロットがこの機体に乗っていた」という。

前回ブーゲンビル島に来た時のことを思い出し、レックスの心拍は少し早まったが、経験豊富な戦闘機パイロットである彼が心を乱すことはなかった。プロペラ、スロットル、混合比制御ノブが正しく設定されていることを確認した彼は、太腿の近くの壁面に取り付けられた爆弾と増槽のスイッチボックスに目を遣った。通常の戦闘任務の手順では、増槽や爆弾を取り付けている場合、セレクターのトグルスイッチを上げてオンの位置に合わせ、保護カバー付きのマスタースイッチを下げて、ボックス全体の電源を切っておくことになっていた。爆弾や増槽を投棄しなければならないような状況というのは緊急事態であることが多いが、この設定であれば、ボックスの端のマスタースイッチをオンにしてシステムに電力を供給し、丸いRELEASE（投下）ボタンを押すだけで良い。これなら、不注意で増槽を捨ててしまう心配がなく、日本軍機の攻撃を避けながらスイッチをあちこち手探りする必要もない。レックスは、離陸した時点でそれぞれのスイッチを所定の状態に設定しており、もちろんその後も変更していないが、パイロットは絶えずチェックを怠らないものだ。

太陽の光が計器に反射して読み取りにくかったが、前かがみになって目を細めることで何とか確認できた。フィービーを一瞥したレックスは、機首のはるか向こう、およそ二〇〇〇フィート（約六一〇メートル）先を進むミッチェルの編隊に視線を移した。一面に広がる灰色の靄の上を飛ぶライトニングも、灰青色の波もまるで止まっているように見えた。もちろんそれは幻で、波は動いていたが、その動きは上空を飛ぶ彼の機体の速度に遠く及ばないものだった。今目の前で展開している現実とは、一六機の戦闘機が執念深く危険な敵の目をかいくぐり、彼らがほとんど予測していなかった場所で痛烈な一撃を加えるため飛んでいる光景であり、二〇〇〇発の五〇口径機銃弾を装填したブローニング機関銃四挺と一五〇発の機関砲弾を装填した二〇ミリ機関砲一門がその時を待っているという状況だった。

シートの上で体をひねり後ろを振り返ると、尾翼の間のフットボール場四面分に相当するような広大な空間にP‐38が一機飛んでいるのが見えた。キッテル少佐あるいは彼の僚機だと思うが、確認する術はなかった。最後尾の四機編隊を率いているのは、第一二戦闘機隊のエバレット・アングリン中尉だが、靄のなかでその機影を見つけることはできなかった。二時間近くの間、皆一言も言葉を発しておらず、敵の姿が見えるまで無線連絡は禁じられているため、彼らに何かあったとしても、気づくものは誰もいない。レックスは、前を向くと、再び計器に目を走らせた。今日は僚機の位置で飛んでいるため、編隊を維持するため絶えず微調整を行わなければならなかったが、マニホールドの圧力を三二インチ前後に保つことで、およそ時速二〇〇マイル（約三二二キロメートル）の対気速度を維持することができた。油圧と油温は緑に塗られた目盛りの範囲内であり、その左にあるエンジン冷却液と油圧の状態も良好だった。

敵はどこにいるのだろう。

山本五十六はまさしく敵であり、レックスは彼の乗機を打ち落とすことで撃墜数を増やしたいと考えていた。アメリカ軍がガダルカナル島を確保した後、彼を含む島を守っていたすべての兵士が比喩的な意味ではあるが一息つくことができた。アメリカ軍は大博打に勝ち、日本軍を撃退することができたのだが、休んでいられる時間はほとんどなかった。アメリカの世論は沸騰しており、反撃の足がかりを得たとはいえ、新たな攻勢の開始が遅れれば日本側を利することになるという点はハルゼー大将も認識していた。一方の山本は、部隊の再編と補充を行い、ガダルカナル島の北西にある島々を要塞化するための時間を必要としていたが、ハルゼーがそれを許さなかった。数カ月前、レックスはクリーンスレート作戦に参加した。この作戦は、ラッセル諸島への侵攻を目的としたもので、ソロモン諸島を北上する初めての攻勢だった。ラッセル諸島の日本軍守備隊はすでに撤退していたため、アメリカ軍は抵抗を受けることなく島を占領し、作戦は数日で終わった。この作戦によって獲得された土地には新たな飛行場が作られることになり、ムバニカ島には砕いたサンゴを敷き詰めた四二〇〇フィート（約一二八〇メートル）の滑走路がシービーの手で建設されていた。

レックスは、まばゆい太陽光のなかで時計の文字を見るため、左手を顔の前に上げた。時計は九時一〇分を指していた。次の針路変更まであと五分だ。地図を広げて最終チェックポイント通過後のデータを確認する。方位〇二〇度で一六マイル（約二五・七キロメートル）進むと、エンプレスオーガスタ湾の南西端にあるモトゥペナ岬が見えるはずだ。コンパスに視線を落とし、右に七五度旋回することを確認した。旋回してから高度五〇フィート（約一五・二メートル）で五分間飛び続け、陸地が見えるか、一式陸攻が見えたら、高度を上げる。靄に覆われたトレジャリー諸島の島影は、右の方向舵の後方に遠ざかっていた。数分後には燃料を再度チェックしている暇がなくなることに気づいたレックスは、急いで燃料計を確認した。二つの燃料計は、スロットルの上にある計器盤の左端にあり、太陽の光が遮られていたので見やすかった。上に付いている燃料計は、左右翼内の前方、彼の肩のあたりにある六〇ガロンの（約二二七リットル）予備燃料タンクのもので、左右それぞれのタンクに対応する白い針はいずれもおよそ四五ガロン（約一七〇リットル）を指していた。その下に付いている燃料計は、左右翼内後方のメインタンクのもので、それぞれのタンクに対応する二本の針は重なって一本に見えており、どちらも九三ガロン（約三五二リットル）を指していた。

つまり、増槽を捨てた時点で機体内のタンクには二七六ガロン（約一〇四五リットル）の燃料が残っているということだ。レックスは、増槽が取り付けられているときにいつもやるように、前を向いたまま左手を燃料のセレクターに伸ばし、増槽切り離しの手順を確認した。まず、上のセレクターを左に二刻み回し、下のセレクターも同じく左に二刻み回して、供給される燃料を増槽からメインタンクに切り替える。その後、左手をまっすぐ上に動かして保護カバー付きのARMスイッチを跳ね上げ、RELEASEボタンを押す。増槽が切り離されると、二つのライトが光って知らせるようになっているが、わざわざ見なくても機体が軽くなった感覚は即座に伝わってくる。

計算が正しければ、この時点で二つの増槽の燃料をおよそ二七五ガロン（約一〇四一リットル）使っているはずであり、ブーゲンビル島の海岸に着くまでさらに五〇ガロン（約一八九リットル）使っても、まだ一二五ガロン（約四七三リットル）の燃料が残っているタンクを海に捨てることになる。よほどのことがない限り、増槽を付けたまま空中戦を行うことはないため、これは仕方がない。レックスがエスペランス岬上空の空中戦で戦友のビル・ショー大尉を失ったときの状況がまさにそうだった。このときは、増槽を固定する装置の不具合で切り離すことができず、そのまま空中戦に突入したが、ゼロ戦の放った弾が偶然増槽に当たって爆発し、ビル・ショー大尉のP-38は四散した。

増槽切り離しの手順を確認したレックスは、フィービーを注視しながら、地図がコックピット内をあちこち動き回ることがないよう太腿の下に突っ込み、シートベルトを締め直した。右目の端に見えていた暗い影は、今や北の水平線まで広がっており、最初に見えた島影は、ブーゲンビル島南端にあるかなり大きな山であることが分かった。レックスは、三月に別の任務でこの島まで来たときのことを思い出し、この山がタクアン山であることに気づいた。その時突然、島の中央部へと連なるおそらく別の高い山があり、山本五十六が時間通りに飛んで乗ればこの山の近辺を通る可能性が高いということに思い至った。山本の乗った爆撃機が時間通りに飛び、暗号解読班からもたらされた情報が正しく、予定が変更されていなければ、という前提条件がすべて揃ったうえでのことではあるが。この任務には不確定な要素が多いが、そのこと自体はさほど珍しくない。困難な任務に対応し、チャンスを逃さず、敵を倒すのが彼の役割なのだ。

それでも彼は、山本五十六が時間通り現れることを一心に願っていた。

小谷飛行兵曹長は、予定よりも一分早く離陸したが、何も支障はなかった。ラバウルを離陸した後、七五〇〇フィート（二二八六メートル）の巡航高度で水平飛行に移り、五八マイル（約九三・三キロメートル）飛んでニューアイルランド島南海岸にあるセントジョージ岬に到達するまでの所要時間は二四分だった。ラクナイ飛行場を飛び立ったゼロ戦六機は、一式陸攻の後方一〇〇〇フィート（約三〇五メートル）上空の左右両側を三機ずつ二個小隊に分かれて飛んでいた。小谷は、青い空を背にあたかも守護霊のように付き従うゼロ戦の存在を時折大きなキャノピー越しに確認することができた。林二等飛行兵曹が操縦する二番機は、一番機の左側の少し上を翼長分だけ離れて飛んでおり、非常に接近していたので山本五十六の姿が見えたという。

コックピット内は、太陽の光に照らされて明るく、山本は、コックピットの右後方、正操縦員席の後ろにある偵察員席［訳注：指揮官席とも呼ばれる］に無言で座っていた。山本の真後ろの一段下がった場所にある狭く仕切られた空間は無線機を操作する電信員席であり、必要に応じて胴体上部銃座の九二式七・七ミリ機関銃を操作した。操縦員席後方、電信員席の左には折り畳み式のテーブルが付いた航法士席があり、機首の射爆員席との間を行き来しながら地上の目標を確認していた。電信員と同様、航法士も、戦闘になれば機首の七・七ミリ機関銃を操作することになっていた。コックピット後方の胴体中央部には、左右両側にブリスター風防付の銃座があり、九二式七・七ミリ機関銃を操作する銃手が二人配置されていた。長く伸びた機体尾部には、脆弱な六時方向からの攻撃を防ぐため九九式二〇ミリ機関砲の銃座が設けられており、尾部の隔壁に沿って小さな座席が設置されていた。

セントジョージ岬を通過してから四五分後、一番機がブカ島を超えたところで、左にブカの大規模な航空基地が見えてきた。九〇〇〇フィート（約二七四三メートル）のバルビ山頂上に機首を向けた小谷飛行兵曹長は、コナウ近くで海岸線を超えた後、南東方向に針路を変えて三日月型のエンプレスオーガスタ湾を目指した。この時点で一式陸攻とライトニングの編隊は、一〇〇マイル（約一六一キロメートル）足らずの海を隔てた場所から、毎分およそ六・五マイル（約一〇・五キロメートル）の速度でそれぞれおおよそ同じ地点に向け急速に接近しつつあった。ジョン・ミッチェルは、日本軍機が現れることを強く望んでいたが、一方の林と小谷は、自分たちが直面している危険な状況を全く認識できていなかった。

最後のチェックポイントで針路を変更した後、レックスはスロットルを最大にして操縦輪を右に大きく傾けた。そのままフィービーの上を飛び越えて右側に移り、右の尾翼よりも少し前の位置に付けた。ベスビー・ホームズとレイ・ハインも後方で旋回した後ランフィア機の左側に付いた。方位を〇二〇度に変え、ブーゲンビル島の海岸に機首を向けると、まばゆく熱い太陽光が右の頬に当たった。ブーゲンビル島まであと五分ほどだ。ミッチェルは、出撃前の打ち合わせで、最終チェックポイントを過ぎたら、三番機と四番機が編隊の左側に付く標準的な疎開隊形の四機編隊を組むよう指示していた。

間もなくブーゲンビル島の海岸線を超える。レックスは、これまで何度かこの島に来たことがあったが、今でもここに来るたびに口のなかが乾き、心臓の鼓動が早まる。彼は、コックピット内に視線を走らせ、燃料計の最終チェックを行った後、武装のスイッチに手を伸ばし、ＡＲＭの位置になっていることを確認した。それからシートの下にある燃料セレクターに手を伸ばし、前方のセレクターを増槽からメインタンクに切り替え、後方のセレクターも同様に切り替えた。この後増槽を捨てなければ、基地に帰還する際に残っている燃料を使うことができる。増槽を捨てる必要が生じたら、ボタンを押すだけでよい。レックスは上を見上げ、フィービーの翼端と急速に近づきつつある海岸線を交互に見た。

まるで窓のブラインドを上げたかのように突然靄が消え、機首の向こうにエンプレスオーガスタ湾の入り口が見えてきた。顎のように見える細い半島が湾の右側から海に突き出しており、ミッチェルは、湾の北側にあるサメの歯のような形の土地に機首を向けた。一六機のライトニングは、最後の方向転換を行った後互いの距離を詰めており、レックスの位置からも、ミッチェル機の右側を飛ぶジュリウス・ジャコブソンや、左側を飛ぶダグ・カニングとデルトン・ゲールケの機体を明瞭に見ることができた。ミッチェル少佐の航法は完璧であり、一度もミスをしなかったので、この地点に到達することができたのだった。日本軍機のパイロットも彼らが目印としている場所を通るはずであり、エンプレスオーガスタ湾は、バラレに向けて南下する際の基準点として申し分ない。

機首の左側に広がる山地でひときわ目立つのが岩肌を露出させた茶色の山で、その姿は、緑色のガムのなかから突き出た虫歯のようだった。左右両側に遮光シールドのついたキャノピーから外を見ると、靄のなかから黒々とした山塊が浮かび上がり、島の中央部に連なる山脈へと続いていた。ほどなく上空から荒々しい山肌の様子がはっきりと見えるようになり、地面から立ち上る熱が海上を覆う熱い空気と混ざり合い、数秒おきに機体をガタガタと揺さぶった。このような時、操縦輪を必死で押さえようとするのは最悪だ。腕を強張らせた状態で飛ぶのは、たとえ戦闘中であっても良い考えとは言えない。

特に戦闘中はまずい。操縦輪を抑えることに気を取られると、他のすべてのことが頭のなかから排除されてしまうからだ。敵の支配領域に深く入り込んでいて、燃料も限られており、しかも多数の日本軍戦闘機が近くにいる場合、パイロットは自分の周囲で起きているあらゆることに可能な限り気を配っておく必要がある。状況が逼迫してくると、比較的重要性の低い情報は少しずつ排除されていくものであり、その点はレックスも理解していた。実際、コックピット内に充満している皮製品や熱くなった金属、尿の臭いなどは気にならなくなっている。彼は少し前かがみになって左手をスロットルに伸ばし、フィービーの右の翼を注視した。一六機のライトニングがエンジン音を轟かせ、モトゥペナ岬周辺の白波が立っている海岸に機首を向けた。丘陵に遮られた東の海岸線は濃い青だったが、それははるか先にあり、今目の前には、エンプレスオーガスタ湾のキラキラと輝く波の上に太陽の光が斜めから差し込む様子が見えていた。

小谷飛行兵曹長からも、レックスたちが見ているのと同じこげ茶色の山の頂上が左翼の向こうに見えており、自分たちがブーゲンビル島の南海岸から一六マイル（約二五・七キロメートル）離れたところを飛んでいることが分かった。ここからあと一五マイル（約二四・一キロメートル）海上を飛べばバラレに到着するが、その前に高度を下げ、速度を落として、着陸の準備をする必要がある。曲線を描くエンプレスオーガスタ湾の海岸線の途中には、海に突き出た三角形の土地があり、これが良い目印になっていた。そろそろ高度を下げ始める時間だ。乗客に不快感を与えないよう、時間をかけてゆっくりと高度を下げなければならない。山本がパイロットとしての技量を有していることは小谷も知っていたが、もう何年も操縦桿を握っていないであろうことは想像できた。

混合気調整ノブをゆっくりと前に押すと、小谷はスロットルを数インチ後ろに戻し、いつものように機首を少し下げた。左手には島の南へと伸びる山の稜線が見えており、その向こうにいくつもの山の頂が連なっているのが見えた。一式陸攻のコックピットの外には、サメの歯のような三角形の土地の両側に緩やかな円を描くエンプレスオーガスタ湾の雄大な景色が広がっていた。湾の南には半島があり、その向こうには波静かな湾内とは対照的に白く波立つソロモン海が見えた。スロットルを静かに動かしながら時速二〇〇マイル（約三二二キロメートル）で降下を続けていたが、機首の向こうには、湾と青みがかった靄に覆われたブーゲンビル島の南海岸以外何も見えず、ただジャングルだけが広がっていた。

「一〇時方向に未確認機（＊3）」

声は落ち着いていていたが、レックスは身震いした。ヘッドセットからは二時間以上何も聞こえていなかったので、不意に流れてきた声に驚いたのだ。すぐに左上方を見た。戦闘機パイロットである彼は、優れた視力を有しており、瞬時に動く物体を発見した。

あそこだ。

湾の北東にある海岸から数マイル内陸、おそらく一〇マイル（約一六・一キロメートル）離れている。山の稜線上の青い空を背に浮かび上がったシルエットは、大型機のものだった。ランフィアが前を飛ぶミッチェル機を追って少し機首を上げたので、レックスも無意識のうちに後を追い、フィービーが急上昇するのに合わせてエンジンの出力を上げた。

「了解、目標を確認」、アメリカ南部の訛りがあるミッチェルの声は間違えようがなかった。

「こちらも確認した」とランフィアが答えた。

無線がさまざまな声であふれ返るなか、レックスの視線は、ランフィア機と未確認機の間を行き来していた。戦闘機ではない、大きすぎる。ここは、山本五十六の乗機が現れるとミッチェルが予測したまさにその地点だった。彼に違いない。ミッチェルは頭のなかで図を描き、一式陸攻の右側面に狙いを定めて飛んでも捕捉することはできないので、アメリカンフットボールでレシーバーにボールを投げる時のように、あるいは鳥を撃つ時のように、見越し射撃の要領で相手が向かおうとしている先に機首を向けた。周囲をライトニングが飛び交うなか、レックスは片翼を下げたランフィア機の動きに追随したが、機体を右に傾けて旋回に入ったフィービーが目の前に迫ってきたので、急いでスロットルを引き、右旋回しながら操縦輪を強く引いた。操縦輪がレックスのふくらはぎを擦ったところで、ランフィアは再び水平飛行に戻り、モトゥペナ岬南側の海岸に機首を向けた。錯綜する会話を破って、爆撃機は一機ではなく二機いるというミッチェルの落ち着いた声が響き、レックスのなかに失望感が広がった。あれは山本の乗る爆撃機ではない。事前の説明で一式陸攻は一機だと聞いていたが、今飛んでいるのは二機であり、誰か他の人間が乗っているに違いない。

その時、敵戦闘機を発見したミッチェルがタリホーと叫んだ。事前の説明通り、爆撃機の後ろ数マイル上方を三機編隊の戦闘機二個小隊が飛んでいた。やはりあの爆撃機には山本が乗っているのだ。

「オーケー、お前ら、奴らを近づけるな」

レックスは、ランフィア機から目をそらすことなく、武装のスイッチボックスに手を伸ばし、左手の親指でRELEASEボタンを押した。左の翼が揺れた後、右の翼が揺れて増槽が切り離され、わざわざ表示灯を見るまでもなかった。周囲では、他の機体から切り離された増槽がまるで風に舞う鱗のように落ちていった。

「オーケー、トム、奴はお前の獲物だ」

ミッチェル機は三〇度機首を上げ、彼に従う三機のライトニングも海岸線から離れて急上昇した。一方ランフィア機は、緩い角度で上昇を続けながら、出力を最大にして急加速した。バーバーは、二つの混合比制御レバーをいっぱいまで前進させた後、スロットルに手を伸ばして同じように動かした。最大出力で飛ぶP-38の機体がビリビリと振動し、レックスは両足のかかとと操縦輪を握る右手の指でそれを体感した。

海岸線を超えると翼下の景色が青から緑に変わり、レックスは後ろを振り返った。後に続く数機のP-38が上昇しているのが見えたが、それ以外の機体はもう見えなかった。ミッチェルは、カヒリの方角に機首を向け、可能な限り高度を上げてから、こちらに飛んでくることが確実なゼロ戦の群れに向かって急降下しようとしていた。

「了解、奴を捉えた」とランフィアが応答した。「タリホー」というパイロットたちの叫び声があふれ返る無線に、燃料をチェックする一人か二人の声が混じった。ベスビー・ホームズが片方の増槽を切り離せないことをランフィアに伝え、レックスの位置からも、二機のライトニングが海岸の方に引き返すのが見えた。今、この危険な空域に残っているのは、フィービーとミス・バージニアだけだ。

実際には彼らだけではなかったが、そのことについて深く考えている時間はなかった。海岸線を超えてから爆撃機に向かって徐々に高度を上げていたランフィア機は、時速三〇〇マイル（約四八三キロメートル）の対気速度を維持しながら、数秒おきに小さく左に舵を切っていた。斜め後方から敵機に接近しつつあった二機のライトニングは、爆撃機右側のおよそ七マイル（約一一・三キロメートル）離れた地点をやや低い高度で飛んでいた。任務を完璧に遂行しなければならない。

ランフィアが早すぎるタイミングで針路変更を行っていたら、爆撃機の前方に出てしまい、ライトニングを発見した敵機は、すぐに回避行動をとり始めたはずだ。また前方に出てしまえば、攻撃することもほぼ不可能だっただろう。攻撃を開始するのが早すぎると、爆撃機の背後から長時間追跡しなければならなくなり、この空域に留まっていられる時間が限られているライトニングにとっては不利だ。また、アメリカ軍機発見の警報が発せられれば、ブーゲンビル島にいる日本軍の戦闘機が一斉に飛び立つだろうし、少なくとも六機のゼロ戦が山本機の護衛に付いていることは分かっている。三対一の戦力差にレックスが怯むことはなかったが、護衛戦闘機と戦っている間に爆撃機が逃げてしまう可能性はある。カヒリの飛行場は、ここから東に二五マイル（約四〇・二キロメートル）足らずのところにあり、爆撃機が全速力で降下すればおよそ四分で着くうえ、三分後には七五機のゼロ戦が駆けつけてくるはずだ。

機体番号一六九のゼロ戦を操縦していた柳谷謙治飛行兵長は、爆撃機の右側を飛ぶ小隊のなかで最も海岸に近い位置にいた。小隊の三番機だった彼は、編隊長である日高義巳上等飛行兵曹の右三〇度後方をおよそ一五〇フィート（約四五・七メートル）離れて飛んでおり、長機の左後方には岡崎靖二等飛行兵曹機が飛んでいた。柳谷飛行兵長の位置は、山本機から最も遠く、海から来襲する敵機に最も近い位置であり、日高がこの位置に柳谷を配した理由もそこにあった。森崎武中尉、辻野上豊光一等飛行兵曹、杉田庄一飛行兵長のゼロ戦三機から成るもう一つの小隊は、爆撃機北側の一マイル（約一・六キロメートル）後方を飛んでいた。

柳谷たち護衛戦闘機のパイロットは、何らかの脅威があるとすれば、山側ではなく、ソロモン海側から来る可能性が高いという指示を受けていたが、そのようなことが実際に起こると予測した者は誰もいなかった。これまでもアメリカ軍機がブーゲンビル島を攻撃したことはあったが、それは空母から発進した艦載機かニューギニアの基地から飛来した航空機によるものだった。ガダルカナル島の基地にいるガル翼のコルセアやH型機体のライトニングがブーゲンビル島の南部まで飛んできたことはあるが、北部まで到達することはできなかった。常軌を逸した飛び方をすることが多いアメリカ軍のパイロットですら、そこまで大胆なことはしないだろう。そのうえ、柳谷たち護衛戦闘機のパイロットがこの任務に就くよう命令されたのは昨日の夜であり、アメリカ軍が今回の視察について知っているはずもない。

柳谷は、ライトニングが特に嫌いだった。

機体が大きく頑丈なうえ、ゼロ戦（＊4）よりも高速で、はるかに重武装だったが、恐れていたわけではなかった。柳谷は、一九四二年一〇月以降、一〇〇回もの戦闘任務をこなしてきた経験豊富なパイロットであり、今は友軍の支配地域を飛んでいる。今日一緒に飛んでいるゼロ戦の大半は、栄一二型発動機を搭載した二一型だったが、彼が乗っていたのは、栄二一型発動機と過給機を搭載した最新の三二型だった。新しいエンジンを搭載することで速度は少し上がったが、重量とサイズが増したことで、胴体内の燃料タンクの容量が二六ガロン（約九八・四リットル）から一六ガロン（約六〇・六リットル）に減ってしまった。ゼロ戦三二型の大半がラバウルからブカやカヒリの基地に移動したのは、重量増加と燃料搭載量の減少によって航続距離が短くなり、ガダルカナル島まで到達できなくなってしまったためだ。三二型は、主翼も改良されて折り畳み機構が省略されており、翼長が短くなったため高速域での運動性が向上した。このように改良が加えられたゼロ戦三二型だったが、武装は両翼の二〇ミリ機関砲二門と機首の七・七ミリ機関銃二挺のままだった（ただし、携行弾数は二倍近くに増えた［訳注：二〇ミリ機関砲弾はそれぞれ六〇発から一〇〇発に増えたが、七・七ミリ機銃弾は七〇〇発ずつのまま］。

前方を飛ぶ爆撃機が高度を下げ始めたが、日高たちは同じ高度で飛び続けており、これは賢明な判断だった。大型機は容易に見つけることができるため、一、二マイル以下に接近する必要はなく、高度を保つことでブーゲンビル島南部を見渡すこともできる。また脅威となる敵が現れた場合、護衛のゼロ戦は有利な高度で戦闘に入ることが可能であり、特に戦闘開始後の数秒間は極めて重要だった。ただし、数カ月前まで戦っていたワイルドキャットやエアラコブラなどと異なり、ライトニングやコルセアなど強力エンジンを搭載した新型機と戦う際にはさほど大きな利点ではなくなっていた。右に見えるエンプレスオーガスタ湾や海岸線の近辺で機影や動くものがあればすぐに見つけられるが、今のところ何も見えていない。しかし陸の方は分からない。特に、緑のジャングルの上を飛ぶ暗褐色のアメリカ軍機は見分けにくい。柳谷の時計は、東京時間の七時三〇分過ぎを示しており、バラレ到着予定の七時四五分は間もなくだった。

長いロープで引っ張られる水上スキーヤーのように、レックスは左に傾きながら上昇を続けるランフィアのP‐38を追いかけていた。フィービーが曲がろうとしている先に視線を転じると、一〇時方向の五マイル（約八キロメートル）先に二機の爆撃機が見えた。信じられないことに、二機は今もゆっくりと降下を続けていた。レックスは当初から感じていたが、日本側は誰もライトニングに気づいていないようだった。内陸を飛ぶ爆撃機の飛行経路と海岸線のちょうど中間のジャングルを飛んでいた彼の目には、まるで地面がせり上がってくるように見えた。ランフィアは、爆撃機よりも少し低い高度一五〇〇フィート（約四五七メートル）を維持するため機体を水平に保ったまま、相手の進路の少し前に機首を向けており、ごつごつとした山の稜線が後方へと飛び去るのが視界の端に見えた。この高度を保ったまま目標に接近するのは良い戦術だった。二機のP‐38が地平線の上に出てしまえば、上空を飛ぶゼロ戦の視界に入るので、発見される可能性が高まる。ジャングルの上をこの位の低高度で飛んでいけば、爆撃機から極めて近い位置に接近するまで見つけるのは困難だ。突然フィービーが右の翼を下げたので、レックスも素早く操縦輪を動かして右に旋回し、後に続いた。

前方を見ると、ランフィアが右旋回した理由が分かった。

彼は、敵機の前方に機首を向け、一一時方向のおよそ三マイル（約四・八キロメートル）先で爆撃機を捕捉できると考えていたのだ。これで、敵機を完璧に捉えることができる。数秒後、さらに右へと舵を切り、コックピットから尾翼まで二機の爆撃機の姿が良く見えるよう調整した。ランフィアが手前の一式陸攻、つまり二機編隊の南側を飛ぶ機体を攻撃しようと考えていることが分かったので、レックスは、その向こう側の機体を狙うことにした。彼は、二機の一式陸攻の後方を見て驚いた。ゼロ戦は、まだ二マイル（約三・二キロメートル）後方の爆撃機より三〇〇〇フィート（約九一四メートル）も上の高度を飛んでいた。彼は、スロットルに左手を伸ばし、ガタガタと揺れる操縦輪を右手で握ったまま、前かがみになってキャノピーの左右の支柱に視線を走らせ、日本軍機が照準器から外れないよう注意しながら飛び続けた。

あと二、三秒だ…。

ライトニングを最初に発見し、即座に反応したのは、南側を飛ぶ小隊を率いていた日高義巳だった。彼は翼を上下させ、胴体下の増槽を切り離すと同時に機体を翻し、スロットルをいっぱいまで倒した。しかし、彼の乗機には無線機が積まれていなかったので、目の前の状況を味方に伝える術がなく、僚機は不意を突かれて数秒間動けなかった。我に返った柳谷は、本能的にスロットルを前に倒し、左手を隔壁の赤い把手に伸ばして素早く引いた。増槽を切り離し、日高機に続いて急降下しながら、照準器の両側にある機関銃の撃発作動稈を引き、機首の下に広がるジャングルに視線を落とした。そこには、水平線の向こうからこちらに向かって飛んで来るP-38の見間違えようのない双胴のシルエットが見えた。ライトニングのパイロットが左に急旋回し、急降下しているゼロ戦の方に機首を向けると、その翼端が水蒸気の白い筋を描いた。

目標との距離を二マイル（約三・二キロメートル）まで縮め、あと三〇秒で追いつけるところまで近づくと、手前を飛ぶ一式陸攻のグレーに塗られた胴体下面や大きなブリスター風防の後ろに描かれた真っ赤なミートボールが見えた。太陽の光がキャノピーやその背後にある銃座の風防に反射しており、ドーム型の風防ガラスで覆われた機体尾部の様子が見て取れた。

あと二〇秒だ。

レックスは、機体尾部にも銃座があり、二〇ミリ機関砲が搭載されていることを思い出した。突然、ランフィア機が左に急旋回したので、レックスも本能的に後を追った。フィービーのシルエットが水平線を背に浮かび上がった瞬間、スズメバチの頭を思わせる機首から突き出た強力な武装、左右の翼の接合部まで伸びたコックピットの後端、さらには優美な曲線を描く胴体の下面にある降着装置格納扉の縁まで、機体の細部が明瞭に見えた。

フィービーの主翼と尾翼の間には、青くきらめくエンプレスオーガスタ湾が見え、機首の向こう側の北西方向三〇マイル（約四八・三キロメートル）先にはごつごつとした茶色の山頂が見えた。まさにその瞬間、胴体下の増槽を切り離し、太陽を背に急降下してくる三機のゼロ戦に気づいたレックスは、左に切った操縦輪を右方向に戻し、一式陸攻の方に機首を向けた。折しも、先行する爆撃機が不意に機首を下げ、ジャングルの方に向かって高度を下げ始めていた。ライトニングが二機ともゼロ戦の方に向かって行ったら、爆撃機が逃げてしまい、この任務全体が失敗に終わってしまう。ランフィア機は、機首を上げ、四五度以上の角度で上昇しようとしており、高度を上げ後方へと去ったその機体は、一マイル（約一・六キロメートル）先を飛ぶ二機の爆撃機を猛追するレックスの視界から消えた。

あと一五秒。

一式陸攻の二番機を操縦していた林二等飛行兵曹は、急角度で機首を下げた。二機の爆撃機は、三五〇〇フィート（約一〇六七メートル）以下まで高度を下げており、林は一番機の動きに驚きながらも、僚機のパイロットが通常やるように長機の後に続いた。彼は違和感を覚えていたが、それを問いただす術はなかった。視界の端では、北に向かって伸びる山脈が徐々に大きくなっており、右翼の一〇マイル（約一六・一キロメートル）先に見えていた海岸線と青い海は遠ざかっていた。前方に見えるのは、一番機の左の翼端と鬱蒼としたジャングルだけだった。

間近で見る一式陸攻は大きかった。

レックスは、一番機の右翼後方の少し下を飛んでいたが、速度が上がり過ぎていた。すぐにスロットルを戻して操縦輪を押し下げると、ライトニングが上下に揺れ、彼はシートからずり落ちた。素早く操縦輪を右に切り、右の方向舵ペダルを踏みこむと、機体が横滑りし始めた。操縦輪を強く引いて急上昇する以外、これが速度を素早く落とす唯一の方法であり、レックスはまさにこの技術を用いたのだった。彼の右側には爆撃機の大きな機体があり、レックスは、もう一機の一式陸攻を一瞥すると、操縦輪を手前に引きながら再び右に切り、右の方向舵ペダルを踏み込んだ。

レックスのP-38は、右の翼を下げた状態で爆撃機を後方およそ三〇〇フィート（約九一・四メートル）から少し見下ろす位置に付けた。もう一機の一式陸攻は、左エンジンの陰に隠れて見えなくなっており、彼はスロットルを前に倒して爆撃機の対気速度に合うよう調整した。操縦輪をさらに右に動かしてから左に戻し、手前に引くと、ミス・バージニアは上下にガタガタと揺れた。エンジンの振動とプロペラから生じる気流に揺さぶられながら、レックスは、ジャングルの上空およそ一五〇〇フィート（約四五七メートル）を飛ぶ一式陸攻の左エンジン後方二〇〇フィート（約六一メートル）まで接近した。この位置で機首を下げながら爆撃機の尾翼の先に狙いを定め、照準器の反射ガラスいっぱいに広がった機体に向け射撃を開始した。

「敵機だ」、谷本博明一等飛行兵曹が叫んだ。偵察員である彼の位置から、コックピットの風防ガラス越しに赤い曳光弾が一筋の流れとなって通過するのが見えた。驚いて後ろを振り返った林の目に、機体下面が薄いグレーに塗られたアメリカ軍のP-38ライトニングが右後方からこちらを見下ろしているのが映った。彼はスロットルを前に倒し、操縦輪を押しながら左に回して、敵戦闘機から逃れようとした。

ドン、ドン、ドン、ドン…、発射速度の高い四挺の五〇口径機関銃に比べやや間延びした機関砲の発射音が響き、ライトニングの機首が振動した。まだ十分に速度が落ちていなかったため距離がさらに縮まり、一式陸攻の翼が地平線と重なった。レックスはスロットルを細かく調整して速度を落とし、機関銃と機関砲の発射ボタンから手を離した。N-3光学照準器に太陽の光が当たって光像が見えなくなってしまったが、どのみちこの距離では使えない。曳光弾が命中した右のエンジンが煙を上げ始めたので、方向舵をそっと動かして風防ガラスで覆われたコックピットの右側に狙いを定め、一〇〇フィート（約三〇・五メートル）まで近づいて右手の人差し指と親指で機関銃と機関砲の発射ボタンを同時に押した。ミス・バージニアに搭載された四挺の五〇口径機関銃からは三秒間に一四四発の弾が発射され、二〇ミリ機関砲からは三〇発の弾が発射される。レックスが機体後部から機首まで弾丸を浴びせかけると、一度の斉射でおよそ二三ポンド（約一〇・四キログラム）の鉛が薄い外板を突き破って機体の内部に撃ち込まれた。金属の機体は引き裂かれ、シートのクッションは粉々になり、乗っている者たちは切り刻まれた。

日本軍のパイロットが機体を急降下させたので、レックスは、再びスロットルを最大出力まで上げ、加速する爆撃機を追った。左の翼を下げ、一式陸攻の後方で左に横滑りして、左側のエンジンに照準を合わせ、ジャングルの上で水平飛行に移った機体に再び斉射を浴びせた。爆撃機は、生い茂る木々の先端すれすれの高度を飛んでいたので、レックスは少し高度を上げ、機首をやや下に向けて機銃を発射しなければならなかったが、すでに一式陸攻の右エンジンからは大量の黒い煙が噴き出しており、ガソリンが燃えているか、オイルラインが破断したか、あるいはその両方の状態になっている様子だった。レックスは再度機体を横滑りさせ、左側から胴体に向け三秒間斉射を加えると、一式陸攻はよろめいた。

「一番機につけろ」、宇垣中将が林に向かって叫んだ。二番機は、九〇度左旋回しながら山脈の方へ向かっており、前方に山が迫ってきたところで機体を左に傾けた。二・五マイル（約四キロメートル）南で山本の乗る一番機が高度を下げ、低速で煙を引きながら飛んでいる様子は、林からもはっきりと見えたはずだ。機内の誰もが叫び声を上げており、機関銃手は必死の形相で撃発操作を行なっていた。「一番機に続け」、宇垣が再び叫び、林は、スロットルをいっぱいまで倒して機首を南に向けた。

恐怖で胃が空になり、口のなかがざらつくのを感じたレックスは、目を大きく見開いた。一式陸攻はまるで空中で止まっているように見えたが、その左の翼がジャングルに落下し、右の翼が千切れて後ろに飛んできた時、一〇〇フィート（約三〇・五メートル）後方まで接近していた彼が反応するまでの猶予は四分の一秒しかなかった。爆撃機はジャングルに向かって落ちていき、レックスは操縦輪を手前に引きながら右に回して一式陸攻の右翼の破片を間一髪でかわした。

彼は、前かがみになって荒く息をしながらシートから体を浮かせ、炎上するジャングルの上を飛び越えると、体をひねって左後方を振り返った。日本軍機のパイロットは、何とかして機体を立て直そうとしていたが、その姿は煙に覆われて見えず、墜落したようだった。

その時、ゼロ戦の姿が見えた。

林二等飛行兵曹も息を切らせながら敵の攻撃をかわそうとしていたが、急旋回を続けていた数秒の間に山本五十六の乗機は翼の下に隠れて見えなくなってしまった。木々の先端すれすれの高度で水平飛行に戻した彼の視線の先にブーゲンビル島南海岸の青い海が見えたので、機首をそちらに向けた。鬱蒼としたジャングルから立ち上る一本の黒い煙以外何も見えなかった。一番機が最初に急降下してから今に至るまでの激闘は、わずか二分ほどで終わった。

レックスは、上空一マイル（約一・六キロメートル）後方からまっすぐこちらに向かってくる機影を認めた。しかもゼロ戦は一機ではなく、左右両側に一機ずつ付き従っている。彼は機体を左に傾け、尾翼から機首まで機体の状況をいそいで確認した。この先に何があるのか皆目わからず、磁気コンパスは役に立たなかったが、左側に大きな山が見えていれば、今機首を向けている先に海岸があるということは分かっていた。その方向にはカヒリの基地があり、日本軍の戦闘機がいるので、そこを避け、敵のパイロットの顔にまっすぐ太陽の光が当たるようにするため少し右に針路を変えた。それからスロットルをいっぱいまで倒し、左腕でキャノピーを押さえて体を支え、視線の端でブーゲンビル島南東の岬を確認しながら飛び続けた。今や形勢が逆転し、追われる身になったレックスは、高速域でのゼロ戦の限界について以前聞いた話を思い出していた。敵の攻撃を数秒間凌ぐことができれば、優秀なアリソンエンジンが窮地から救い出してくれるはずだ。レックスが右に急旋回すると、ゼロ戦が左後方を通り過ぎた。この後彼らがライトニングの後方に付くためには、右に旋回しなければならないが、高速域でこの操作を行うのは困難だった。

突然太陽の光がちらついた。影が頭上をよぎり、頭を上げた瞬間に胸が苦しくなった。太陽を背にこちらに向かってきたのは二機のP-38で、安堵したレックスは文字通りシートに沈み込んだ。再び後ろを振り返ると、ゼロ戦が蹴散らされ、ジャングルから一本の煙が立ち上っているのが見えたが、戦闘中に何か一つのことに気を取られてしまうのは危険だ。左後方には何も見えず、左前方カヒリの上空にも機影はなかった。コックピット内に視線を移し、目を細めて燃料計の針見ると、二二〇ガロン（約八三三リットル）を指していた。ガダルカナル島へ帰るには、最も良い条件でも一八八ガロン（約七一二リットル）は必要であり、この残量では少し心許ない。

右前方には、海岸線と青い海、その上に広がる青い空以外何も見えなかった。視線をコックピット内に戻し、エンジン関係の計器をチェックしたが、いずれも正常だった。右の翼の先には二機のP-38が飛んでいるのが見えた。そのパイロットたちからは、陸から離れて海上を「サーフィン」

していうという連絡があり、レックスと並航する形で海岸線を南東方向に進んでいた。その時、彼の目が何か動くものを捉えた。ライトニングよりも大型の機体が同じ方向に進んでいたのだ。それが何なのか理解したレックスは、にやりと笑った。

それは一式陸攻の二番機だった。

林は、ライトニングが再び襲ってくるのを恐れ、全速力で海岸へと向かっていた。カヒリ基地にたどり着くためには、ブーゲンビル島の南端を横切る必要があるが、そこにはアメリカ軍の戦闘機が集まっているはずであり、搭乗者と自分自身の命を救うには、海上に出てバラレに向かうしかない。一式陸攻の最高速度は時速三〇〇マイル（約四八三キロメートル）に満たないが、対気速度計はこの値を示していた。眼下に広がるジャングルには木々が密集しており、その間を流れる幾筋もの濁った緑色の川面に時折日光が反射して光った。低空を全速力で飛び続けていると、突如地形が開け、細い黄褐色の海岸の向こうに広がる海が見えた。

一式陸攻の翼長は八二フィート（約二五メートル）であり、林は、地上から一〇〇フィート（約三〇・五メートル）の低空を飛んでいた。彼は機体を左に大きく傾け、先ほどと同じように操縦輪を手前に引いて南東の方向に機首を向けると、低い高度を保ちながら、スロットルをいっぱいまで倒し、波打ち際を海岸線に沿って飛んだ。このまま飛んでいけば、刻一刻と安全な空域に近づくことができる。そのうちカヒリ基地のゼロ戦も救援に駆けつけてくれるはずだ。一〇マイル（約一六・一キロメートル）足らず先にモイラ岬があり、その向こうがバラレの飛行場だ。この高度では、どちらも操縦席から見えないが、この先にあることは確かだ。その時、海岸線から数マイル離れた所を密集編隊で飛んでいた二機のライトニングが突然一式陸攻の方に針路を変えた。

林二等飛行兵曹はそれに気づかなかった。

一方、レックスは二機の動きに気づいた。

彼は、プロペラで波しぶきを巻き上げながら、波打ち際を海面すれすれに並航している一式陸攻にも目を配っていた。爆撃機の左後方五マイル（約八キロメートル）のところを飛んでいた彼は、ジャングルに生い茂る木々の先端すれすれの高度を時速四〇〇マイル（約六四四キロメートル）でモイラ岬に向け直進していた。ゼロ戦をやり過ごした後、彼の頭のなかにあったのは、ブーゲンビル島を離れ、比較的安全なニュージョージア海峡上空に出ることだけだったが、別の爆撃機を発見したことで考えが変わった。爆撃機が二機いることは誰も予想していなかったので、山本五十六がどちらに乗っているか分からないし、そもそも彼がここにいるかどうかも分からない。目の前にいる爆撃機が数分前二機編隊で飛んでいた機体のうちのどちらかではない可能性すらある。だがそんなことはどうでも良い。撃墜可能な距離に標的が飛んでいて、彼は戦闘機のパイロットなのだ。

レックスは、およそ三〇度右に直線を引いた地点を思い描いて、逃げていく敵機の前方に捕捉地点を想定し、そこに機首を向けた。コックピットから前方を眺めると、あと九〇秒ほどで四機の航空機が海に突き出た海岸線の上で交錯することが予想され、海の向こうには、ショートランド島と思われる大きな黒い陰が見えた。モイラ岬に近づいた一式陸攻は、少し高度を上げて右に旋回したが、距離があったので機体下面までは見えなかった。その後水平飛行に戻り、海面すれすれの低高度でバラレに向かった。これで、爆撃機と二機のP-38との距離が一気に縮まったが、日本軍のパイロットはまだ気づいていないようだった。レックスも一・五マイル（約二・四キロメートル）以内まで近づいたが、その時二機のライトニングが爆撃機への攻撃を開始した。

林二等飛行兵曹は、アメリカ軍機の攻撃は数秒間だったと考えており、すぐに上部銃座が反撃を開始した。アメリカ軍機はある程度の高度まで上昇し、爆撃機の上で機体を半分横転させ、攻撃を行うのに十分な高度に達したところで射撃を開始した。爆撃機に向けすべての火力を集中させているライトニングの機首がぱちぱちと弾ける花火のような光を放っていた。爆撃機後方の海面には等間隔で水柱が上がったが、機体にはほとんど命中しなかった。

一式陸攻を攻撃している二機のライトニングの〇・五マイル（約〇・八キロメートル）後方にいたレックスからは、長機の斉射が爆撃機の尾部に命中し、水柱が空中に上がるのが見えた。しかし、かれらは有効射程のかなり外から攻撃を開始し、高速で接近したため、急旋回した爆撃機に追随することができず、長機が減速できなければ取り逃がしてしまう可能性もあった。

実際には、どちらの懸念も取り越し苦労だった。長機は減速しなかったが、少なくとも完全に爆撃機を取り逃がしてしまうこともなかった。彼は機首を上げて急上昇してから機体を翻し、再び急降下したのだ。今度は十分に近づいてから射撃を開始し、長めの斉射によって跳ね上がった海水の飛沫が右のエンジンに降りかかった。白い水しぶきが爆撃機の後方に流れ、二機目のライトニングが射撃を行ったが、ほとんど命中しなかった。二機のP‐38は、爆撃機の右側を通り抜けながら急上昇した。二機のライトニングよりも上の高度を飛んでいたレックスは急降下し、スロットルを細かく調整しつつ左側から爆撃機に接近し、機体が照準器いっぱいに広がったところで左のエンジンに機首を向け機関銃を発射した。

この時点で爆撃機搭乗員の大半は戦死しており、生き残っている銃手もいなかった。山本五十六の参謀将校の一人である室井捨治中佐〔訳注：当時の階級は少佐で、戦死後中佐に特別進級〕は、偵察員席の机の上に横たわっており、爆撃機が揺れるたびに頭が上下に動いていた。林の位置からは、右の翼に開いた穴から気化したガソリンが漏れているのが見えたはずだ。レックスが五秒間斉射を行い、四〇ポンド（約一八・一キログラム）を超える高初速の弾丸を胴体左側面とコックピットに撃ち込んだときも、林は何とか機体を制御しようと奮闘していた。しかし燃料タンクが爆発し、左の翼が折れたため、機体は急激に左へ傾き、時速三〇〇マイル（約四八三キロメートル）で海に突っ込んだ。彼が最後に見たのは、大量の水を被った風防と、機体を離れ波間に吹き飛んだ左エンジンだった。

曳光弾の筋が一式陸攻を捉え、レックスの顔の前に破片が飛んできたので思わず瞬きしたその瞬間、黄色い炎と黒い煙が機体を包み込んだ。即座に反応したレックスは、スロットルを前に倒し、操縦輪を引いて飛び散る破片を避けようとしたが、僅かに遅かった。爆撃機の破片が翼やコックピットに当たり、ミス・バージニアの機体はガタガタと揺れた。操縦輪をしっかりと握ったまま燃え盛る炎のなかを突っ切り、残骸の嵐を抜けて清浄な空間に出たレックスは、ショートランド島の北端に機首を向けた。

　プロペラは回っていたが、機体が左に引っ張られる感じがした。彼は、スロットルを手前に引き、右ひざの前にあるエンジンの回転計、油温計、油圧計を念入りにチェックして、いずれも正常であることを確認した。右目が何か動くものを捉えたので、右旋回して上を見上げると、ほぼ垂直に上昇しながらゼロ戦を追いかけているP‐38が目に入った。次の瞬間、機首から赤い曳光弾が発射され、ゼロ戦は吹き飛んだ。さらに右に目を向けると、かなり離れた所で光が点滅していた。目を凝らすと、およそ三マイル（約四・八キロメートル）先で別のP‐38が煙の筋を引きながら南西方向の海に向かって飛んでいるのが見えた。

　そのとき、一機のゼロ戦が機首右側五〇〇フィート（約一五二メートル）先の低空を通り過ぎるのが見えた。そのゼロ戦は、失速反転し降下してからショートランド島西側の海岸に向かって飛んでいるP‐38を狙っていたのだった。レックスは右旋回を続けながら機首を下げて距離を詰め、長めの斉射を浴びせた。弾は防弾装備のない左翼の燃料タンクに命中、機体は爆発し、燃え盛る破片が海に落ちていった。レックスは、水平飛行に戻し、この空域から離脱しながら、南の方向を素早く確認し、損傷を受けながらミラ岬から沖合の岩礁に向け飛んでいたP‐38を探した。しかし、撃墜された二機のゼロ戦から立ち上る黒い煙と、一式陸攻の機体から上がる油臭い煙以外何も見えなかった。

　その時、どこか上空を飛んでいるミッチェルの声がヘッドセットから聞こえた。

「任務完了。全機速やかに帰投せよ」

彼のライトニングは飛び去り、レックスは、誰もいない空域に一人取り残されたことに気づいた。

空中戦とはこういうものだ。多くの航空機が入り交じり、あちこちで爆発が起こり、そして何も無くなる。レックスは、左の翼を持ち上げ、体をひねって後方を確認し、左右両側の上空、同高度、低高度を見回してから翼に開いた穴をチェックした。ブーゲンビル島南端に目を転じると、ジャングルが途切れた場所から埃が舞い上がるのが見え、そこがカヒリだと分かった。埃は、緊急発進する航空機のものであり、今離陸しているのは、自分を探すゼロ戦だろう。左翼のおよそ五マイル（約八キロメートル）先にあるのがショートランド島であり、レックスはその上空を横切りたいという誘惑に駆られたが、近くの基地にゼロ戦がいると分かっていたのでやめておいた。南に針路を変えながら、彼は束の間静かに佇んで機体の感触を味わった。

左の翼は損傷しており、インタークーラーは無くなっていたが、ミス・バージニアは問題なく飛んでおり、所々弾痕が空いていたが支障はなかった。インタークーラーは、過給機で空気の圧力を上げる際に生じる過度の熱を除去するためのエンジン部品であり、これがないと過給機も使えない。またマニホールドの圧力も三〇インチに留まっており、この後また空中戦になった場合には問題になるだろう。そもそも、空中戦を行うだけの燃料は残っていなかったが。一万二〇〇〇フィート（約三五五八メートル）までゆっくりと上昇していくと、トレジャリー諸島が眼下に見え、左翼の先には南東方向へと延びるソロモン諸島を望むことができた。ここまでは以前来たことがあり、ガダルカナル島はおよそ三〇〇マイル（約四八三キロメートル）先だということも分かっていた。ただしそれは、ニユージョージア海峡をまっすぐ下るコースを辿った場合であり、今日はそのコースではなく、ベララベラ島、レンドバ島、ニュージョージア島、ラッセル諸島の上空を横切ってガダルカナル島に戻る予定だ。

コンパスの隣にある時計を見てレックスは驚いた。「奴はお前の獲物だ」というミッチェルの声を聞いてからまだ一〇分も経っていなかったからだ。戦闘というものは、一般に考えられているよりも早く進むことが多く、ある種のずれが生じたり、燃料の消費量が事前の予想を上回ったりすることも少なくない。燃料計に目を転じ、残量をチェックして計算を行ったところで一瞬呼吸が早まった。増槽を捨てた時点で機体内の燃料タンクには二七六ガロン（約一〇四五リットル）の燃料が残っていたが、その後一〇分間フルスロットルで戦闘を行ったため、燃料の残りは一九六ガロン（約七四二リットル）になった。計器盤の下にあるメインタンクの燃料計は一〇六ガロン（約四〇一リットル）、その上にある予備タンクの燃料計は九〇ガロン（約三四一リットル）だった。レックスは、機体をゆっくりと左に傾け、ショートランド島の先端を横切って、ベララベラ島の南側にあるウィルソン海峡に向かうことにした。そこからは、ニュージョージア島の南東端を通り、ニュージョージア海峡を避けてガダルカナル島に戻るつもりだ。

戦闘機パイロットは、乗っている機体の最大航続距離を覚えているものであり、絶えず燃料不足に悩まされていたレックスも同様だった。進路変更後、彼は左右のエンジンのマニホールド圧を二七インチに下げ、エンジンの回転数を毎分二一〇〇回転に設定して、対気速度計の針が時速二二〇マイル（約三五四キロメートル）で安定するようにした。これで、左右両方のエンジンが一分間に消費する燃料は二・二ガロン（約八・三リットル）になる。ガダルカナル島は、南東方向へ九〇分飛んだところにあり、必要な燃料は一九八ガロン（約七五〇リットル）だ。

残っている燃料では二ガロン（約七・六リットル）足りない。

しかし、海上の様子を見ると、白い波頭が今飛んでいるのと同じ方向に倒れており、追い風に助けられる可能性があった。また、エンジンの出力をアイドリング状態まで落とし、滑走路のかなり手前からゆっくり高度を下げていけば燃料を一〇ガロン（約三七・九リットル）程度節約することもできる。おそらく、それで十分だろう。もしガダルカナル島までたどり着けなければ、ファイターツーよりも四〇マイル（約六四・四キロメートル）近いラッセル島に滑走路があるので、そこに降りることもできる。彼は座席に深く座り直し、ゼロ戦に行く手を遮られ、どこだか分からないジャングルに墜落する可能性や眼下の海にいるサメについて考えないようにした。

戦闘にはいつも危険が付きまとう。コックピットに座るパイロットは常に危険と隣り合わせであり、無事に帰れる可能性はかなり低いので、正気を保ちたいと思うのなら、その確率ついて考えないようにした方が良い。そのうえ今日の任務は、これまでの任務に比べ危険を冒す価値が大いにあった。報復こそが任務の目的だったからだ。二機の一式陸攻は撃墜されたが、山本五十六がそのうちのどちらかに乗っていたのかどうか知る術はなく、彼が死んだかどうか確かめることもできない。しかし、炎上して墜落した爆撃機に乗っていた者が生き残れるとは思えず、少なくともジャングルに墜落した一機目の爆撃機では誰も助からなかったはずだ。一方、レックス・バーバーは生き残っており、この後ゼロ戦が現れない限り、基地に帰れるチャンスは十分にあると感じることができた。昼近くの太陽に照らされた海の色が明るい碧に変わり、前方の空は晴れ渡って嵐が来る気配もなかった。

少なくとも彼の周囲には何も見えなかった。

＊1　この日破壊した航空機の数については見解が分かれており、二式水上戦闘機八機という説もあれば、零式観測機五機から七機という説もある。いずれの航空機も水上機であり、早朝の薄明時に見分けるのは困難だっただろう。

＊2　パイロットたちは駆逐艦だと思っていたが、実際には小型駆逐艦によく似た第二八号型駆潜艇であり、ショートランド諸島の近海で哨戒任務に就いていた。この駆潜艇は沈んでおらず、アメリカ軍の任務詳報には、攻撃により船体は傾いたと書かれているものの、攻撃対象は駆逐艦よりもかなり小型の船舶であると指摘している。

＊3　山本機撃墜までの間に無線で交わされた会話は、いずれもジョン・ミッチェル、レックス・バーバー、ダグ・カニングへのインタビューで本人たちから聞き取ったものをそのまま引用している。

＊4　ゼロ戦とは、パイロットたちが使っていた零式戦闘機の略称。

第一二章　弔鐘

山本五十六は確かに戦死した。

しかし、墜落後しばらくは機体が見つからず、二四時間以上経っても発見できなかったため、その消息は不明だった。柳谷謙治飛行兵長を含む第二〇四航空隊のゼロ戦五機は、カヒリ基地に着陸した後報告を行って燃料の補給を受けたが、残る一機はエンジントラブルでバラレ基地に緊急着陸していた。護衛戦闘機のパイロットだった日高義巳上等飛行兵曹は、山本が乗っていた一式陸攻の一番機がカヒリ西方のジャングルに墜落したと報告し、一九四三年四月一八日正午前、電報一八一一〇九が極秘扱いの暗号文で第一一航空艦隊司令部に送られた。

連合艦隊司令長官一行の搭乗せる陸攻二機は、〇七四〇頃一〇機を超えるP-38と空戦。一番機は、モイラ岬近くの海に墜落。……一番機は、火を吐きつつRXP（ブイン）の西方一一海里の密林に浅い角度で突入。目下捜救中。

日本側は、この知らせに驚き、動揺した。四月一八日正午前（東京時間）、ラバウルの南東方面艦隊司令部に一報が入ると、山本の参謀だった渡辺安次は、すぐにブーゲンビル島に向かおうとしたが、激しい風雨に阻まれ出発が遅れた。ラバウルで待機を強いられた渡辺と草加中将は、以下のような文言を含む電報一八一四三〇を東京に送った。

南東方面艦隊司令官より

甲第一報

連合艦隊司令長官の搭乗せる陸攻一番機は火を吐きつつQBV(ブイン)の西方一一海里密林中に浅き角度にて突入、二番機はモイガ(原文のまま)の南方海上に不時着せり。…目下捜索救助手配中(*1)。

この電報は、一四時三〇分にラバウルから発信され、一七時〇八分に海軍省の東京電信隊が受信した。二時間後、平文に直されたものが軍令部総長である永野修身大将の先任副官である柳澤蔵之介大佐の元に届けられ、偉大な提督が行方不明になっているという事実が嶋田繁太郎海軍大臣をはじめとする日本海軍の幹部全員に知れ渡った。一方、二番機の生存者三人は救助された。意識を取り戻したとき、林二等飛行兵曹は、燃え続けている一式陸攻の左翼付け根部分と共にモイラ岬沖三〇〇フィート(約九一・四メートル)の海上を漂っていた。海岸まで泳いで行ける距離だったが、ふと気づくと、自分の周囲に水柱が立っており、海岸にいた日本軍の兵士が自分の方に向けて銃を撃っているのが見えた。

その時林の背後から「合図しろ」という叫び声が聞こえた。林は重い飛行服を着たまま何とか泳いで海岸までたどり着き、海岸にいた兵士たちも友軍のパイロットであることにようやく気づいた。海岸に上がって服を脱ぎ捨てた林は、再び海に飛び込み、後ろで叫んでいた人物の所まで泳いで戻った。海岸線に沿って流されていたこの人物が宇垣中将であることに気づいた林は、海岸まで引っ張っていき、二人とも陸軍衛生兵の応急手当てを受けることができた。一式陸攻二番機は、銃撃を受けてキャノピーが破壊され、林と宇垣は機首の左側に投げ出された。宇垣は、右腕を複雑骨折し、橈骨動脈も損傷していた。林は、口を切っており、打撲傷もあったが重症ではなかった。もう一人の生存者である北村元治主計少将はのどに穴があいた状態だったが、海軍の水上機に救助され、宇垣と共にブイン基地に運ばれ治療を受けた。

ブインに駐屯していた佐世保鎮守府第六特別陸戦隊の吉田雅維少尉指揮下の分遣隊は、山本五十六大将捜索のため一一時〇〇分に出動した。一方、浜砂盈栄（はますなみつよし）少尉率いる陸軍建設部隊は、ブインとボクを結ぶ道路のカヒリ西方一八マイル（約二九キロメートル）の地点で空中戦を目撃していた。彼らが見たのはP-38がゼロ戦に追われている状況であり、ジャングルから上がっている一本の黒い煙は、撃墜されたアメリカ軍機のものと考えていた。しかし、それから数時間後、浜砂は連隊司令部から「海軍の高級将校の乗った飛行機が墜落した。貴官は捜索隊を編成し、機体の捜索に当たれ。貴官は空中戦の模様を見ていたので、おおよその墜落場所が分かるはずだ」という指示を口頭で受けた。

浜砂は、軍曹一人と兵士九人で構成される部隊を率いてその日の午後一杯捜索を行ったが、何も見つけることができなかった。夕刻、浜砂少尉はアクの村に戻り、その場で翌朝再度捜索を行うよう命じられた。

アメリカ側では、作戦に参加したパイロットがガダルカナル島に帰還し始めてから、事態がはるかに早く進展していた。島に戻ってくるパイロットは、戦闘機隊指揮官である「RECON」と交信し、尾翼に書かれている機体番号、状態、任務に関連する情報などを伝達することになっている。一方RECONからは、島周辺の気象条件や着陸する滑走路などの情報が伝えられる。通常はぶっきらぼうで日常的かつ事務的な手続きに過ぎないやりとりだが、今日は違った。トム・ランフィア大尉が明瞭に聞き取ることができる秘匿性の低い周波数で戦果を報告し、RECONとの交信を聞いていた者たちを狼狽させたのだ。

「俺が山本を殺した。俺があの野郎を殺った。もう奴はホワイトハウスに行って講和条件を押し付けることができなくなった」

この日RECONの当直将校だったアメリカ海軍のエドワード・C・ハッチソン中尉は、軍人として、また個人としてもこの振る舞いに当惑した。この時点では根拠がなく、裏付けを取ることもできない内容だったとはいえ、敵が傍受可能な周波数の電波を使い明瞭な音声で情報を発信してしまったのだ。ミッチェル少佐がエンプレスオーガスタ湾に到達するまで厳格な無線封止を続けていた理由は、まさしくここにあった。今日本軍が無線を傍受していれば、山本大将が飛行機でブーゲンビル島上空を飛んでいるという事実をアメリカ軍がどうやって知ったのかという疑いが即座に生じるはずだ。

第一二戦闘機隊のパイロットであるジョー・ヤング中尉は、エンジンを停止してキャノピーを開けたランフィアと顔を合わせていた。ヤングは、「彼は明瞭な言葉で、山本提督に勝利したと言った。私はその反応に驚き、少し理性を失っているように感じた。彼は明らかに動揺していたが、自分自身の戦果については断固として譲らないという感じだった」と述懐している。

支援部隊のなかで一番先頭の四機編隊に加わっていたロジャー・エイムズ中尉は、後日ガダルカナル島へ帰還したときのことを回想し、「私が覚えているのは、誰でも受信可能な無線でトム・ランフィアが自分の戦果を主張したためかなり動転したことだけだ」書いている。

しかしこの時点では、トム・ランフィアの大げさな自慢話よりももっと重要な問題があった。基地には一二機のライトニングが二機編隊あるいは単機で帰還していたが、ダグ・カニング、ベスビー・ホームズ、レイ・ハイン、レックス・バーバーの四人が戻っていなかったのだ。

モイラ岬の上空で一式陸攻の二番機を最初に攻撃したのは、ベスビー・ホームズとレイ・ハインだった。この一式陸攻は搭載していた機銃で反撃していたが、ハインの乗機は攻撃を行って南西方向に抜けた後に損傷した。このためホームズとハインは、ラバウルから一式陸攻を護衛してきたゼロ戦のうちの三機やカヒリ基地を発進した戦闘機のいずれか、もしくは両方と戦闘になった可能性がある。護衛のゼロ戦を操縦していた柳谷謙治飛行兵長は、急降下して山本が乗る一式陸攻から離れた後、海岸の上空を飛んでいる二機のP‐38を発見し、そのうちの一機を攻撃したと証言している。P‐38の機体から気化したガソリンが出ているのを見た柳谷は、戻って再度攻撃を行うことはせず、ショートランド諸島の上空を通ってカヒリ基地に着陸した。このライトニングは、レイ・ハインの乗機である可能性が高い。いずれにしてもレックス・バーバーは、ホームズが一式陸攻の二番機に損害を与えた後、ゼロ戦を一機撃墜したと証言していた。

後にレックスは、「私がホームズ機を目撃したとき、彼は一機のゼロ戦の背後に回り込み…、ぴたりと後ろに付いて撃墜した。…彼の攻撃を受けてそのゼロ戦が爆発するのを見た。この点については疑問の余地がない」と語った。レイ・ハインは、この空域にいたゼロ戦のいずれかに攻撃されたが、編隊長のホームズはヘッドセットのジャックを抜いていたため、無線で交信することができなかった。ハインは、長機とはぐれてしまったが、それはホームズ機を攻撃しようとしていたゼロ戦をレックスが撃ち落としたほんの数秒間のことだった。彼は、「南から飛んできたこのゼロ戦は、おそらくここで行われていた空中戦を目撃していたはずだ。というのも、ゼロ戦は私の右下方を飛んでいたからだ。私は、機体を翻してこのゼロ戦に機首を向け、右後方から近づき…すぐ後ろまで接近して…長めの連射を行ったところ、爆発した」と述べている。

戦闘が終わった時点でベスビー・ホームズはヘッドセットのプラグを無線機に差し込んだが、ハインの姿はどこにも見えなかった。その後ダグ・カニングを見つけて合流し、南東の方角に機首を向けた。ホームズから「ダグ、問題が起きた。燃料が足りないのでガダルカナル島まで戻れない」

という連絡を受けたカニングは、ホームズ機の左側に付いて、「一緒に行こう……心配するな」と答えた。その後九〇分間、ホームズは燃料タンクを切り替えながら何とか飛んでいたが、ファイターツーまで帰るのは不可能なので、ラッセル諸島に降りることを決断し、最大の島であるパブブ島を飛び越え、隣接するムバニカ島北東の海岸近くにあるサンライト飛行場を目指した。

車輪を出し、フラップを下げたP-38を見た建設部隊の隊員たちは驚いたが、緊急事態であることを察知して滑走路から退避し、建設機械も移動させた。ホームズは、サンゴの破片が敷き詰められた建設途中の滑走路に降りた。彼は、「滑走路の端まで行ってようやく止まった。キャノピーを開けると、飛行服から汗が滴っていた」と語っている。一方、上空支援部隊だったダグ・カニングのライトニングには燃料が十分に残っていたので、ムバニカ島から五九マイル（約九五キロメートル）先のファイターツーまで飛び、無事帰還することができた。数時間後、ワーンハム湾にやってきた魚雷艇の艇長が動けなくなっていたホームズ機を発見した。魚雷艇に搭載されているパッカード社のV型一二気筒エンジンは、高出力の航空機エンジンを改良したものであり、一〇〇オクタンの燃料はP-38のアリソンエンジンでも使用可能だった。そこでホームズは、魚雷艇から一二〇ガロン（約四五四リットル）の燃料を融通してもらい、ガダルカナル島に帰ることができた。

レイ・ハインは、モイラ岬でゼロ戦の攻撃をかわした後、ニュージョージア島の南東にあるブランチ海峡の入り口付近まで飛んでいた。行方不明の航空機搭乗員に関する報告書（MACR）六〇九号には、九時四〇分（ガダルカナル時間）にショートランド島南部で蒸気あるいは煙をたなびかせながら、ニュージョージア島の北西、ベララベラ島沖のウィルソン海峡に向かって南東の方角に飛んでいるハイン機を最後に目撃したベスビー・ホームズの証言が記載されている。この日の一一時頃、PBYカタリナ飛行艇が連合軍側の沿岸監視員に物資を届けた後、ニュージョージア島のセギ湾を飛び立ちエスピリッツサント島に向かっていた。

飛行艇のパイロットで、海軍第四四哨戒飛行隊に所属していたハリー・メトケ中尉はブーゲンビル島から戻る途中のミッチェル少佐のP-38部隊を目撃し、パイロットたちが無線で会話しているのを聞いていたので、ニュージョージア島の南で損傷したライトニングが飛んでいるのを発見してもさほど驚かなかった。左エンジンのプロペラはフェザリング状態［訳注：エンジンが故障した際、プロペラの空気抵抗を最小限にするためピッチ角を最大にすること］になっており、カウリングに穴が開いているのも見えたが、共通の緊急無線周波数で呼びかけると、ハインから基地に帰還できるだけの燃料が残っているという答えが返ってきた。またガダルカナル島の方角を聞かれたので、メトケが教えると、ライトニングは翼を振って合図し、片方のエンジンでゆっくりと機体を傾けてガダルカナル島がある南東の方角に機首を向けた。レイ・ハイン中尉が目撃されたのはこれが最後だった。

一方、レックス・バーバーは無事基地に帰還した。

彼は、コックピットから身を乗り出してエンジンを絶えずチェックし、できるだけ近道をしながら島々の海岸に沿って飛び、エスペランス岬の南にあるギャレゴ火山の上空を通過してガダルカナル島に戻ってきた。眼下には、血まみれの激戦が展開された島が広がっており、三〇マイル（約四八・

三キロメートル）前方にはルンガ岬が見えた。ルンガ岬手前のドマ湾に面しているのがククム飛行場、その南にあるのがヘンダーソン飛行場とエドソンの丘だ。太陽の光を浴びた鉄底海峡が澄み切った空色の水を湛え、藍色の海岸線に寄せる波がきらきらと光っているドマ湾の光景からは、その海底にねじ曲がった船や燃え尽きた航空機、死んだ兵士たちが沈んでいることなどとても想像できない。機首の右側にはオーステン山、左には曲がりくねったマタニカウ川見えており、ここでも多くの海兵隊員が死んでいった。左翼の向こうにあるサボ島を横目で見ながら、レックスはごつごつとした岩が露出している西海岸と日本陸軍第一七軍が終焉を迎えた地の上空を横切った。

ほんの二カ月前、日本軍の残存部隊は、アメリカ軍が間近に迫るなか、カミンボ、ボネギ、セギラウの海岸から駆逐艦に収容されて撤退した。ここを飛んでいると、銃剣と弾薬がなければ、カクタス空軍がいなければ、ガダルカナル島での勝利はなく、今日の任務も実行不可能だったということを否応なく想起させられる。鉄底海峡に沿って飛びながら、レックスのライトニングは、ファイターツーの滑走路の端を飛び越えた。最後に帰還したパイロットは彼だった。この時点では知る由もなかったが、一九四三年四月一八日に行われたこの作戦は、彼にとって南西太平洋における最後の戦闘任務となった。エンジンを停止させ、燃料と弾薬の匂いにまみれたコックピットから降りた。ゼロ戦が放った弾丸は、胴体、翼、尾翼などに五二発命中し、機首から尾翼まで全部で一〇四個の穴があいていた。左翼の前縁には二機目の一式陸攻から飛んできた破片による傷が残っており、機体にめり込んでいる破片もあった。

その日の午後、十分な情報が集まったところで、ミッチャー提督の参謀将校の一人であるウィリアム・A.リード海軍少佐は、任務の結果を詳述した最初の公式報告書を作成し、電報一八〇二二九号でヌーメアにいるハルゼー提督に送信した。

イタチを狩る
アメリカ陸軍航空軍J.ミッチェル少佐の指揮するP-38部隊がカヒリ地域を飛行した。〇九三〇頃、六機のゼロ戦に護衛され密集編隊で飛んでいた二機の爆撃機を撃墜した。試験飛行中と思われる別の爆撃機も一機撃墜した。このほかゼロ戦を三機撃墜しており、全部で六機の日本軍機を撃墜した。P-38は一機が未帰還。四月一八日の戦闘は我が軍の勝利と思われる。

四月一八日は、日本人にとって確かに忘れることのできない日となった。

一年前のこの日、ジミー・ドゥーリトル大佐率いる爆撃機隊が東京を空襲し、日本中に大きな衝撃を与えた。空母ホーネットの艦長で、日本本土を攻撃できる距離までドゥーリトル隊を運んだミッチャー提督は、あの日のことを思い出していた。山本大将が本当に死んだのであれば、東京空襲よりもはるかに大きな意味を持つ新たな致命傷となり、日本の精神の中核を成す部分に深刻な打撃を与えることになったはずだ。しかし、今回の作戦に参加したパイロットたちの戦果は爆撃機の破壊に関連することだけであり、搭乗していた者たちのことは分からない。

パイロットでもあるミッチャーは、この任務に参加するパイロットの肉体面、精神面、感情面の負担を十分に理解しており、全幅の信頼を寄せるに値する優れた飛行技術、射撃技術、勇気を備えた人物を選ぶよう求めていた。中将まで昇進して退役したリードは後に、「(ミッチャーから)議会名誉勲章と特別昇進の推薦状を準備しておくよう指示された」と書いている。

渡辺安次中佐は、四月一九日月曜日の未明、南東方面艦隊の軍医長である大久保信大佐とともにラバウルを飛び立った。八時過ぎにブーゲンビル島に降り立った二人は、その足で野戦病院へと向かい、宇垣中将を見舞ったところ、すぐに墜落現場に向かうよう懇願された。山本大将が生存している可能性はあるのだろうか。二番機も一番機と同じような状態で墜落したが、二番機に乗っていた宇垣中将は助かった。渡辺は、三座の開放型コックピットを有する羽布張りの九四式水上偵察機に乗り、友人でもあった山本を捜索するため飛び立った(＊2)。この間、林二等飛行兵曹はラバウルに戻って海軍情報部の聴取を受け、この件は他言しないよう厳命された。(＊3)

渡辺は、四月一九日の午前中ジャングルの上を飛び回り、地上で墜落現場を探していた部隊への伝達事項を記した紙を網の袋に入れて投下した。吉田少尉率いる佐世保鎮守府第六特別陸戦隊の分遣隊と浜砂少尉率いる一一名の陸軍捜索隊は、「有史以来だれも踏み入ったことのない未開の」密林を切り開きながら進んでいた。木々に厚く覆われ地上の様子が見えない状況にイライラを募らせていた渡辺は、水上偵察機を海岸近くに着水させ、待機していた掃海艇に移乗した。掃海艇には、兵員六〇人で編制された捜索隊が乗っており、渡辺は曲がりくねったワマイ川河口のマングローブが茂る低湿地から川をさかのぼることにした。

　四月一九日の日没が迫っても、何も見つからなかった。その頃、浜砂少尉の部隊に加わっていた兵士の一人がガソリンの臭いに気づいた。蔓が絡み合った密林を切り開いて進むと、ブインとブカを結ぶ道路からおよそ二・五マイル（約四キロメートル）南、モイラ岬の一一・五マイル（約二〇・一キロメートル）北西の地点で新たな焼け跡の残る空き地に出た。ここで浜砂は、「破壊された一式陸攻の大きな尾翼…日の丸が描かれた機体の一部とその前に横たわる破壊された大きな胴体…残骸の周囲に散らばる遺体」を発見した。

　北東から機体に近づいた浜砂は、尾翼の部分に大きな白文字で「三二三」と書かれているのに気づいた。その北側数ヤード前方に燃え尽きた残骸と化した胴体があり、数百フィート前方、尾部から東に向かって引いた直線上に機体前部が横たわっていた。左右の翼は失われていたが、密生した木々を見上げると、墜落の際に千切られた木々の痕跡をはっきりと認めることができた。左の翼はどこにも見えなかったが、右の翼は、機体前部の右前方およそ一五フィート（約四・六メートル）のところにあった。機体後部と前部の間には、二人の高級将校の遺体があり、いずれも将官だった。一人は地面に横たわっており、身に着けていた白い制服と緑の草とのコントラストが際立っていた。仰向けに横たわっていたその人物は、少将であることを示す金色の肩章をつけていた。

　その左にもう一人の遺体があった。

　奇妙なことに、この人物はシートベルトで座席にしっかりと固定されていたが、体は機体の後方を向いており、まるで眠っているかのように首を前に傾けていた。この士官は、胸に略綬のついた緑の制服を着ており、帽子はかぶっていなかったが、航空隊員用の黒い半長靴をはいていた。浜砂が近づいてよく見ると、その人物は短く刈った銀髪で、肩章を着けており、そこには桜の花が三つ付いていた。この人物は海軍大将であり、太腿の脇にまっすぐ立てかけた軍刀を白い手袋をはめた左手でしっかりと握りしめていた(*4)。右手は、膝の上に置かれていたが、浜砂が再び左の手袋に視線を移すと、中指と人差し指が縫い合わせてあった。指が二本欠けている海軍大将、浜砂少尉はこの人物が誰なのか理解した。

この遺体が山本五十六だった。

浜砂少尉率いる捜索隊は、細い木を伐り出し、機体尾部近くの開けた場所に屋根付きの小屋を建て、ここに山本五十六とほとんどがひどく焼け焦げていた一〇人の遺体を集め、バニヤンの葉で覆った。死者に末期の水を与えた後、浜砂と一〇人の兵士たちは北東の方角にあるアクの集落まで移動し、翌朝ここに戻って遺体を収容することにした。移動の途中で、疲れ切った佐世保鎮守府第六特別陸戦隊の分遣隊と遭遇し、機体を発見した旨伝えた。吉田少尉は、現在地での野営を選択し、翌日早朝に戻ってきて墜落現場まで案内するよう浜砂少尉に頼んだ。そのはるか東では、渡辺中佐がワマイ川の両岸に沿って進みながら真夜中まで捜索を続けた末、疲れ切って野営していた。

機体発見の報告は、アクの浜砂少尉からブインの連隊司令部に口頭で行われ、そこからラバウルの南東方面艦隊司令部に伝達された。草加中将は第二報を作成し、電報一八一九四一(極秘)が海軍軍令部総長と海軍大臣宛てに送られた。この電報には、「一番機は、モイラ岬より方位三〇三度、九・八海里離れた地点に不時着したもよう。二番機の搭乗者三名は、警戒要員と動力艇により速やかに救助されたが、他の搭乗者は脱出不能だったもよう。現在海岸から一〇〇メートル沖合に沈んでいる機体を引き上げるべく準備中」と書かれていた。

四月二〇日の朝、浜砂少尉率いる陸軍部隊と吉田少尉率いる特別陸戦隊分遣隊は、遺体を収容するため墜落現場に戻った。彼らは、ジャングルを切り開きながら南下し、上空の航空機から合図を受け取った渡辺中佐もワマイ川の下流へと戻った。遺体は、担架で海岸へと運び出され、その後陸軍部隊は、北方のアクへと戻った。渡辺がワマイ川の河口で吉田少尉の部隊と合流したのは一六時過ぎであり、一二名の遺体は、沖合で待機していた第一五号掃海艇に収容された（＊5）。モイラ岬へと向かう掃海艇では、艦首に設置された天幕の下で大久保大佐による山本五十六の予備的な検死が行われた。

山本大将の体には、金属片によって生じた二カ所の傷があった。金属片の一つは、座席を貫通し左の肩甲骨を貫いて体内に入っていた。もう一つの金属片は、左の下顎骨の下から体内に入り、頭蓋骨のなかを通って右目付近のこめかみから体外に出ていた。大久保の報告書には、「これだけで山本大将を殺害するのに十分だった」と書かれている。掃海艇は、海岸に沿って一八マイル（約二九キロメートル）南下し、モイラ岬を回ってカング海岸の桟橋に到着した。遺体はその場で棺に納められ、トラックで七マイル（約一一・三キロメートル）北のブインへと運ばれた。四月二〇日の日没後、第一根拠地隊の軍医長である田淵義三郎少佐が司令部の外に張られたテントで山本大将の正式な検死を行い、以下のような報告書を作成した。

一．左肩甲骨ほぼ中央部に示指頭大の創面ありて射管は内前上方に向かう。

二．左下顎角部に小指頭大の射入口右外眥部に拇指圧痕大の射出口を認む。

阿川弘之によると、「山本の身体には、左下顎角から右外眥部へ抜ける小指頭大の機銃弾のあとと、左肩胛骨の中央部に人差指頭大の射入口とがあって、後者は射管が前右上方に向いたまま出口がなく、盲管になっていた」という。

山本の体を貫いた弾丸は、レックス・バーバーが撃った五〇口径機関銃か二〇ミリ機関砲の弾丸の破片だと思われる。どちらの弾丸も破片でなければ胸や頭が吹き飛んでしまったはずだ。山本の左肩から体内に入った弾丸は、水平に設置されたシート支持架に当たって上に跳ね、背中に命中したようだ。検死の際に観察された角度や体外に抜けた穴が見られない点は、これで説明できる。渡辺は、山本の銃創を指で探ったが、弾丸の破片は体内に深く入り込んでいて見つからなかったという。左顎の下から体内に入ったもう一発の弾丸の破片は、山本の頭蓋骨を貫通しており、検死の際に観察された通り、山本の命を即座に奪ったのだった。

検死の後、第一根拠地隊の農場に粗朶と薪を敷きつめた火葬用の穴が一〇人分掘られ、道路を隔てた場所に山本五十六専用の穴が掘られた。棺は薪の上に安置され、その上にも薪が積み上げられて、ガソリンがまかれた。兵士が厳重に警護するなか、点火された棺は一晩中燃え続けた。四月二一日一五時頃、温度が十分に下がったところで遺灰が集められ、山本の遺灰は渡辺が自らの手で回収した(*6)。骨壷を用意できなかったので、遺灰は小さな木箱に納められ、名前の書かれた白い布で包まれた。火葬に使われた穴は埋め戻され、山本の遺体を焼いた穴の脇には、彼が好きだったパパイヤの木が二本植えられた。

渡辺は疲れ切り、デング熱にも罹っていたが、一九四三年四月二二日午後、遺灰を納めた一二個の箱とともにラバウルに戻った。司令長官が悲劇的な最後を遂げたというニュースは、連合艦隊とラバウルにいるすべての部隊に多大な衝撃を与えると予想されたため、山本の遺灰は密かに南東方面艦隊司令部へと運ばれた。その夜遅く、司令部の向かいにある防空壕に蝋燭が灯され、一部関係者による通夜が営まれた。防空壕は、四日前まで山本が寝起きしていたコテージのすぐ近くにあった。

一九四三年四月二三日朝、渡辺は全員の遺灰をトラック島に運び、その日の午後、山本の遺灰は、日本へと帰る長い航海に備えて待機していた戦艦武蔵の長官室へと戻った。

山本五十六の遺灰がラバウルからトラック島に向かって最後の旅をしていた頃、レックス・バーバーとトム・ランフィアも、休暇と療養という山本とは全く異なる理由で空を飛んでいた。二人はまずヌーメアで第一三空軍麾下の戦闘機隊の総司令官であるディーン・C・ストローサー大佐と会った後、彼を加えた三人でニュージーランドのオークランドに行き、清潔なベッドで眠り、ゴルフをしたりしながら休暇を楽しんだ。この間、アメリカ海軍の許可を得たうえで、AP通信のベテラン記者J.ノーマン・ロッジの取材を受けた。

レックスは、「彼は任務についてい話をしたがっており、何らかの事実を提示したうえで、『これはおおよそ正しいのかな?』と尋ねてきた。彼は、任務の詳細について概ね把握していた」と述懐している。ロッジは記事を書いたが、ストローサーは海軍の検閲を通ることはないと断言しており、実際その通りだった。記事は、ハルゼー大将のオフィスに届けられ、無理からぬことだが、彼は激怒した。記事の大部分は、急いで書かれた出来の良くない典型的なプロパガンダだったが、そうでない部分もあり、海軍の将校たちはそれを見て凍り付いた。そこには、「いずれかの爆撃機に乗っていたのが山本であると信じる十分な根拠がある…我々は、山本がトラック諸島に入ってからの動向を追跡しており、**その後の五日間の彼の動きを分単位で把握していた…**」(太字の部分はロッジが付け加えたもの)と書かれていた。

ハルゼーは、記事の写しをすべて回収し、海軍情報部で保管するよう命じるとともに、真珠湾にあるアメリカ太平洋軍最高司令部にも報告した。ニミッツ大将からすぐに調査を行うよう命じられた彼は、ヌーメアに戻ってきたストローサー、ランフィア、バーバーの三人を自分のオフィスに出頭させた。

レックスは、四五年経った後もなお不機嫌な様子でこの時のことを思い起こし、「彼は、我々をじっと見ていた。それから、これまで聞いたことのないような下品な言葉で長広舌を振るい始め、わが国に対する裏切りだとか、アメリカ軍の制服を着る権利のないばか者だとか、思いつく限りのありとあらゆる言葉で我々を非難したうえ、山本五十六殺害任務についてロッジに話した件で軍法会議にかけるとか、一兵卒に降格するとか、刑務所に入れるとか言い出した。この間我々に何か問いかけることはなく、こちらから何か言ったり、申し開きをしたりする機会も与えなかった」と語った。

ハルゼーは、ぞんざいに手を振って部屋から出ていくよう指示し、三人が敬礼しても答礼しなかった。ハルゼーのオフィスを出た後、ランフィアとレックスはガダルカナル島へ戻ったが、すぐに本国への帰還命令を受け取った。ランフィアは、父親のコネで、ワシントンのアメリカ陸軍航空軍司令部に職を得た。一方、レックスは、マサチューセッツ州のウェストオーバー航空予備基地の教官という閑職に追いやられた。こうしてハルゼーは、「ブル（雄牛）」というあだ名にふさわしい人物であることを疑う余地なく実証したのだった。攻撃的で、決断力に富む彼は、戦闘部隊の指揮官として貴重な人物であり、戦争のさなか、彼のような立場の人物が細かな気配りをしているような時間はなかったのだろう。しかし、この場面は例外だった。彼が罵倒した男たちは、日本軍にとってかけがえのない存在である連合艦隊司令長官を殺害するため、誰もが自殺的と考えるような任務に身を投じたのだった。任務を達成して生還した彼らが、ハルゼーから受けたような粗野で大人げない扱いを受けるいわれは無かった。

ハルゼーではなく、まず考えを巡らせてから行動するような人物であれば、ノーマン・ロッジの方を取り調べ、その場で情報源について問いただすという対応もできたはずだ。また、元々この作戦は海軍の任務であり、山本五十六の視察日程に関して漏れ伝わった情報はいずれも陸軍ではなく、海軍から出たものだという点にも思い至ったことだろう。ランフィアとバーバーは記者の取材に対してもっと慎重に振る舞うべきではあったが、ロッジの取材が自分たちの所属する部隊の総司令官であるストローサー大佐同席のもとで行われた以上、記事が陸軍の第一三空軍と海軍の南太平洋方面軍司令部の検閲を受けると考えるのは当然のことだ。検閲を踏まえた記事を書くことができないのなら、従軍記者としての資質を問われることになる。

機密保持に関わる過誤に対して警戒心を持つという点で、ハルゼーやニミッツをはじめとする関係者の態度は正しいものだった。この作戦に反対する意見の主な論拠は、JN-25［訳注：日本海軍暗号書D］が使われなくなる可能性があるという点にあり、実際日本軍将校のなかには、アメリカ側が暗号を解読しているのではないかと考える者もいた。ラバウルで指揮を執っていた南東方面艦隊司令官の草加仁一中将は、アメリカ軍によって暗号が解読されたという確信を抱いていた。当時暗号を管理していたのは海軍軍令部第四部であり、草加は山本が戦死するかなり前に暗号が解読されている可能性を指摘する文書を送っていたが、返答はなかった。これも、日本側の思い上がりがアメリカ側に有利に働いた例の一つであり、その姿勢は「アメリカ軍はどうやって我が軍の暗号を解読することができたのだ」という宇垣中将自身が示した公式見解に集約されている。しかし、ロッジの記事が表に出ていれば、暗号が解読されたという事実を日本側も認識することになっただろう。

結局ロッジの記事が新聞に掲載されることはなかった。沿岸監視員がラバウルを飛び立つ日本軍の一式陸攻を監視しているというアメリカ海軍公認の特集記事は十分にもっともらしいもので、日本側もこの事件は偶然起きたものと信じ込んでいた。実際にはそうならなかったが、アメリカ軍の暗号解読能力が失われることになったとしても、それはニミッツが当初から容認していたリスクであり、この任務に加わったパイロットたちを叱責しても無益だ。四月一八日には、ミッチャーがケリー・ターナーに対し「あの悪党を鎖につないでペンシルベニア大通りを引き回し、みんなで急所を蹴ったりできれば良いと思っていた」と発言したことが報じられ、これを聞いたハルゼーは肝を冷やした。

ハルゼーは、バーバーたちを無作法なしぐさで追い返す前に紙の束を引っ張り出して放り投げ、「これが何かわかるか。ミッチェル、ランフィア、バーバー、ホームズ、ハインに名誉勲章を授与するよう求める推薦状だ。私としては、お前たちのやったことは航空勲章にすら値しないと考えている。お前たちには、裁判資料の方がふさわしいが、任務の重要性に鑑み、海軍十字章の推薦状は書いてやる」と言った。彼はこれだけで満足せず、任務に参加した他のパイロットたちに授与する勲章まで格下げした。

ミッチャーの参謀将校だったリード中佐は、ミッチャー提督の指示通り、名誉勲章の推薦状を作成しており、海兵隊第一二航空群の承認を得た後ハルゼーのところに送られ承認を得るだけの状態になっていた。レックス・バーバーの推薦状には以下のように書かれていた。

アメリカ陸軍航空軍中尉　レックス・T.バーバー
第三三九戦闘機隊のパイロットとして戦闘に参加し、並外れた功績をあげるとともに、傑出した勇気、優れた射撃技術、顕著な勇敢さを示した。一九四三年四月一八日、バーバー中尉は、成功裏に遂行された史上最長距離の戦闘機による迎撃任務に参加した。…彼は、撃墜した爆撃機の破片が翼に食い込むほどの距離まで肉薄し、強い決意と卓越した射撃技術で攻撃を行った。極めて困難な任務であったが全くひるむことなく、敵との交戦において最高度の勇敢さと大胆さを示し、生命の危険も顧みず求められる以上の働きをした。…彼は、アメリカ軍人の優れた伝統を受け継ぎつつ、連合国の大義のため並外れた貢献をした。

ミッチャー提督も、推薦状の承認を強く推奨し、以下のような署名入りの意見を付けた。

ソロモン諸島方面航空司令官として、この任務が完璧に近い形で遂行された点、およびカヒリの敵戦闘機基地から数分で到達可能な地点において、極めて重要な目標に対しこの種の攻撃を行うには最高度の技量と勇気が必要であるという点を考慮する。

勲章の推薦に関してハルゼーが示した狭量さは、困難な任務に身を投じたパイロットを軽視する最も恥ずべき態度だった。ジミー・ドゥーリトルは、東京を空襲したことで名誉勲章を授与されたが、ベンジェンス作戦の危険性や困難さはそれに匹敵するものであり、太平洋戦争の帰趨により大きな影響を及ぼしたのは確かだった。ベンジェンス作戦に参加したパイロットのうちの五人が名誉勲章に推薦されていたが、本書執筆時点でこの五人に対する不当な扱いを正し、ジョン・ミッチェルやレックス・バーバーが示した「技量と勇気」を認めるような動きは出ていない。

月日は流れ、戦争は終わった。

トム・ランフィア以外のパイロットにとって、あの作戦は数ある任務の一つに過ぎなかった。戦闘機パイロットは、訓練で会得した技量を生かして太平洋戦域での任務を遂行した。ジョン・ミッチェルは後に、「私は特に意識しなかった。我々は、やるべきことをやっただけだ。山本提督の乗機を撃墜したからといって何も変わらなかった」と回想している。残念なことに、ランフィアはこのように考えることができなかった。かつて彼は、「レックス、お前は国を愛しているからここにいる。もちろん俺も国を愛しているからここにいるが、もう一つ理由がある。俺は合衆国大統領になりたいんだ。俺は、大統領になるチャンスを与えてくれるような立派な戦績を残すことに命を懸けるつもりだ」と言ったという。

作家のキャロル・グラインズによると、ランフィアは、四月一八日の夜、戦闘機要撃報告書（FIR）を自分で作成し、彼の視点で書かれた任務の記録が公式の文書として残るよう手を打ったという。その際、作戦計画を立案し、指揮を執ったジョン・ミッチェル少佐が相談を受けることはなく、レックス・バーバーや作戦に参加した他のパイロットも同様だった。これは極めて異例なことだった。この種の報告書は、通常情報将校がパイロットの証言を基に作成するものであり、パイロットが自分で作成することはないのだが、この時はランフィアが作成した。彼は、報告書を自分で書いたことをバーバーとストローサー大佐に打ち明けており、その報告書自体、簡潔かつ直接的で、可能な限り事実に即して記述される通常の戦闘報告書とは異なる新聞記事のような文章になっていた。報告書では、ランフィアの名前がパイロットのリストの先頭に記載されており、一機目のゼロ戦を撃墜したことを含め彼自身の行動が極めて詳細に記述されている。

実際ランフィアは、以前から自分の戦果を誇張する傾向があった。一九四三年三月二八日に「駆逐艦」（実際には駆潜艇）を撃破した際も、戦果は自分一人であげたものと主張していた。この駆潜艇は沈んでおらず、攻撃に加わったレックスは、乗機の左の翼端を四〇インチ（約一〇・二センチメートル）失う羽目になった。一九四二年にB-17に搭乗した際には、胴体に積まれていた機銃で零戦を一機撃墜したと吹聴していた。この戦果は、爆撃機の乗組員に否定されており、この日爆撃機が攻撃されたという記録も残っていないが、それでもランフィアの戦績に加えられた。一九四二年のクリスマスイブには、第七〇戦闘機隊のエアラコブラで零戦を一機撃墜したと主張したが、空中戦の戦史を研究しているフランク・オリニク博士によると、戦果があれば必ず記録されるはずの戦闘機隊の記録を調べても、この件についての記述は見つからなかったという。

トム・ランフィアは、合計七機を撃墜したと主張しており、エースと呼ばれるために必要な条件を二機上回っている。彼は、エースパイロットの称号を是が非でも得ようとしていたが、アメリカ空軍が公式に認めた記録は五・五機だった(＊7)。一時期、空軍歴史研究所(AFHRA)が彼の公式撃墜記録を四・五機に減らしたこともあったが、柳谷謙治の供述や日本側の公式記録と矛盾しているにもかかわらず、四月一八日に撃墜したとされるゼロ戦一機が彼の戦果として復活した。AFHRAの組織歴史部門責任者であるダニエル・ホールマン博士は、「この戦果は以前から認められていたものであり、我々にはこれを除外する権限がない。我々の仕事は、公式に認められた戦果を記録しておくことであり、戦績に加えるのが妥当かどうか判断することではない」と述べた。ホールマン博士は著名な研究者であり、その説明は至極正当なものだが、アメリカ空軍が戦績評価委員会を招集し、過去に申告された戦果の見直しを行うことで、その信頼性をより確かなものにするといった対応も可能なはずだ。ベンジェンス作戦についても、同様の見直しを行う必要性が以前から指摘されている。

この作戦では、他にもゼロ戦撃墜の戦果が報告されており、一九四三年四月一八日に日本軍の戦闘機や偵察機がブーゲンビル島上空を飛んでいたのは事実だ。しかし、これらの航空機のほとんどが無線を使っていなかったという点や、所属する部隊が異なっている場合、日本軍にはアメリカ軍のように異なる部隊が協同で作戦を行うための手段がなく、それぞれの部隊が独自に行動していたという点も指摘しておかなければならない。戦争中は日本語を理解できる将校として活動し、戦後は海軍の戦史研究者として名を馳せたフランク・ギブニーとロジャー・ピノーは、一九四九年六月、かつてブーゲンビル島にいた日本軍パイロットの一人を取材し、その内容を記録していた(＊8)。

このパイロットは、ブーゲンビル島に飛来する山本大将の乗機を出迎え、「護衛」するよう命じられ、水上機一四機で編隊を組み飛んでいたという。この編隊には、復座の水上偵察機一〇機と三座の水上偵察機四機が加わっており、いずれも武器は積んでいたが戦闘機ではなかった。

日本軍には、様々な種類の水上偵察機があるが、復座の機体は零式観測機（三菱F1M1、連合軍のコード名は「ピート」）、三座の機体は九四式水上偵察機（川西E7K、連合軍のコード名は「アルフ」）か零式水上偵察機（愛知E13、連合軍のコード名は「ジェーク」）である可能性が高い。トゥーハ海峡の基地に展開していた第九五八航空隊はすべての航空機を発進させており、日本軍の水上機部隊は、異なる機種を一緒に運用することが多かった。これらの水上偵察機がアメリカ軍機と戦うことはなかったが、P-38が爆撃機を攻撃する様子は目撃していた。水上機ではP-38に対抗することができず、アメリカ軍機もこれらの水上機に気づかなかったため、一四機の水上偵察機はエンプレスオーガスタ湾北部のトロキナ岬周辺の空域に留まり、戦闘には加わらなかった。

しかし、水上機が山本大将を出迎えるために送り出されていたのなら、カヒリ基地の戦闘機も飛んでいたか、飛ぶ準備をしていたのは確かだろう。カヒリ基地には、い号作戦に参加するため、空母龍鳳の艦載機や第五八二航空隊、第二〇一航空隊、第二〇四航空隊が展開していた。ある資料には、少なくとも一六機のゼロ戦が護衛のため発進したと書かれており、確認は取れていないものの、その可能性は十分ある。とはいえ、この日カヒリとバラレの基地では、地上要員が礼装に着替えて山本大将の到着を待ち構えており、護衛戦闘機を発進させたといっても、その目的はあくまでも連合艦隊司令長官を歓迎するためだった。

レックス・バーバーは、ベスビー・ホームズがゼロ戦を撃墜した時の状況を詳しく説明していたが、水上機については全く言及しておらず、彼が見逃す可能性は低い以上、やはりこの時撃墜されたのは地上基地に配備された戦闘機だったと思われる。ホームズも、ハインとバーバーの両名がゼロ戦を撃墜したと証言しているが、水上機については何も語っていない。ラバウルから飛んできた護衛のゼロ戦六機は、いずれも基地に戻ったことが確認されており、この事実は柳谷謙治が確認しているほか、この後の戦いで戦死した五人のパイロットの記録からも裏付けられている（＊9）。

このため、四月一八日に撃墜されたゼロ戦があるとすれば、それはカヒリかバラレの基地から飛び立った機体である可能性が高い。ランフィアが撃墜したと主張するゼロ戦はラバウルから飛んできた護衛戦闘機のうちの一機だが、これは全くの誤りだ。彼は急上昇する途中で、急降下してくるゼロ戦と最初にすれ違った際、そのうちの一機に損害を与えた可能性があり、それはエンジントラブルでバラレ基地に着陸したゼロ戦かもしれない。ランフィアは、「最後に見た時には、その機体は殆ど墜落寸前で、煙を吐いていた」と語っていた。しかし、このゼロ戦は撃墜されなかった可能性が極めて高い。彼は、他の戦闘機との空中戦について一切言及していないうえ、ガダルカナル島には一番早く帰還しており、ブーゲンビル島上空に長く留まっていなかったことは明らかだ。

一九四三年五月七日、戦艦武蔵はトラック諸島の春島を離れ、北西に針路を取って日本へと向かった。白い布にくるまれた遺灰入りの箱を一一個積んだ戦艦は、一四日後の五月二一日、木更津沖の東京湾に錨を降ろし、山本五十六はようやく故国に戻ることができた。

この日、大本営は日本国民に向け山本の死を正式に発表した。声明文には「連合艦隊司令長官海軍大将山本五十六は、本年四月前線に於いて全般作戦指導中敵と交戦、飛行機上にて壮烈な戦死を遂げたり」と書かれていた。

五月九日正午前、山本五十六たちの遺灰は駆逐艦夕雲に移され、東京湾を横断して一〇マイル（約一六・一キロメートル）先の横須賀海軍基地に運ばれた（＊10）。渡辺安次が遺灰を持って陸に上がると、桟橋で山本の長男である義正が迎えた。その後遺灰は、特別列車で二八マイル（約四五・一キロメートル）先の東京駅へと向かい、一四時四三分に到着した列車を数千人の人々が出迎えた。ホームには二〇〇人以上の軍幹部や政府高官が集まっており、そのなかには皇族や東条英機首相、山本の妻である礼子もいた。山本の遺灰を運ぶ葬列は、内堀通りから皇居の桜田門を通り、南に下って芝の水交社に到着し、その後一四日間安置されることになっていた。

遺灰の入った箱を開けると、なかにはブーゲンビル島にあったパパイヤの葉が入っており、まだ緑色のままだった。

山本五十六は海軍元帥に昇進し、一九四三年六月五日に国葬が執り行われた。国葬当日の八時五〇分、山本の棺は黒い砲車に乗せられ、ショパンの葬送行進曲が奏でられるなか、厳かに東京の街を進み、皇居の堀を渡って日比谷公園へと運ばれた。祭壇は、簡素な木の骨組みで作られ、周囲に白と黒の幕が張られた天幕のなかに設けられており、ムッソリーニから送られた赤いバラだけが異彩を放っていた。式典が終わると、数万人の人々が祭壇に詣でて敬意を示し、その後遺灰は二つの骨壺に分けて納められた。骨壺の一つは東京西部の多磨霊園にある東郷平八郎元帥の墓の隣に埋葬された。一九〇五年の日本海海戦で山本は指を二本失ったが、このとき艦隊を指揮していたのが東郷元帥だった。もう一つの骨壺は、山本が生まれ育った長岡に運ばれ、七八歳の異母姉に引き取られて曹洞宗の長興寺に埋葬された。

こうして山本五十六の戦争は終わり、その死は大日本帝国滅亡の予兆となった。その影響を定量化するのは不可能だが、彼がいなくなったことで、太平洋における連合国との戦いの趨勢はある程度見通せるようになった。山本が生きていたとしても、後任の連合艦隊司令長官である古賀峯一と同様、速やかに絶対国防圏へと後退する道を選んだだろう。しかし山本が生きていたら、アメリカ軍がはるかに多くの出血を強いられるような厳しい戦いが続いた可能性は高い。それを確かめる術はないが、彼が死んだことで、連合軍側の戦場における戦術レベルの損害は減り、勝利へと至る道は多少平たんになったと言える。山本五十六の死がもたらした影響をおそらく最も的確に表現していたのは、日本帝国最後の海軍大臣だった米内光正の「山本自身は自分が死んだ時期や場所に納得していただろうが、日本と海軍の両方にとって彼は非常に惜しむべき人物であった」という言葉だろう。

＊1　「モイガ」は、「モイラ」の誤記。

＊2　機体略符号は川西E7K、連合軍側のコード名は「アルフ」。渡辺が乗った機体は、ショートランド島のトゥーハ海峡にある水上機基地に展開していた九三八航空隊の偵察機である可能性が高い。

＊3　林浩二等飛行兵曹はこの戦争を生き延び、九州南端から南に四〇マイル下った離島の屋久島で余生を送った。

＊4　この軍刀は、山本五十六のすぐ上の兄である高野季八から贈られたもので、山本の実父である高野貞吉と同じ名前の刀匠である天田貞吉が製作したものだった。山本は、この軍刀が幸運のお守りになっており、前線でも身を守ってくれると信じていたが、そうではなかった。

＊5　全長二四二フィート、喫水七フィート未満の第一三号型掃海艇は、沿岸部での作戦行動に最適な艦艇だった。第一五号掃海艇は、一九四五年三月五日、南西諸島近海でアメリカ海軍の潜水艦タイルフィッシュ（SS-07）の攻撃を受けて損傷し、放棄された。

＊6　阿川弘之によると、このとき渡辺は山本ののどぼとけも回収したという。

＊7　アメリカファイターエース協会は、七機撃墜の記録を持つエースパイロットとしてランフィアをリストに加えているが、この団体は公的機関ではなく、初代会長はランフィアだった。

＊8　戦後ギブニーは『タイム』誌の東京事務所に勤務し、ピノーはアメリカ国務省極東情報部門の責任者を勤めていた。両名とも優れた研究者であり、多くの著作を残している。

＊9　日高義巳は一九四三年六月七日、森崎武は一九四三年六月一六日、岡崎靖二は一九四三年六月七日、辻野上豊光は一九四三年七月一日、杉田庄一は一九四五年四月一五日に戦死している。

＊10　五ヵ月足らず後、駆逐艦夕雲は、山本五十六終焉の地から一〇〇マイルも離れていないニューギニアのベラベラ島沖で行われた海戦でアメリカ海軍の駆逐艦シャヴァリアとセルフリッジに撃沈された。

終章

一九四三年四月一八日、山本五十六大将を乗せてラバウルからバラレに向かっていた一式陸攻一一型（機体略符号G4M1、機体番号三二三）を撃墜した人物をめぐる論争は、不幸であると同時に不必要なものであった。任務は完遂され、山本は死亡して日本は回復不能な打撃を受け、アメリカに対し背後からナイフを突き刺すような行為に及んだ人物に対する復讐が成し遂げられたがゆえにこうした論争は不必要であり、トム・ランフィアが勇敢な男であり、レックス・バーバーの言葉を借りれば「ミスを犯すことがない、優れたパイロット」であるがゆえに不幸なことだった。

ランフィアは、自分たちの方に向かってくるゼロ戦に機首を向けたが、おかげでバーバーは、山本の乗る一式陸攻に食らいつき、撃墜するチャンスを手にすることができた。ランフィアがゼロ戦を迎え撃たなかったら、彼らが山本機に追いすがる二機のP-38の背後に回り、爆撃機と山本を救うことができた可能性が高い。この時ランフィアは、戦闘空域で祖国のために任務を遂行している軍人として十分な働きをしたと言えるが、彼にとっては不十分だった。全米の注目を集めるような戦果をあげたいと考えていた彼にとって、山本の乗る爆撃機を撃墜する任務は「絶対にやり遂げなければならないもの」だった。

結局のところ、空間的見地、幾何学的見地、数学的見地から判断する限り、トム・ランフィアと彼が操縦するフィービーが一式陸攻の一番機を撃墜することは不可能だったという点に議論の余地はない。地理空間の幾何学的分析には図解が必要だが、計算自体は単純かつ明白であり、論争を葬るため棺桶に打ち込む三本の釘の一本目となるものだ。レックス・バーバーと柳谷謙治によると、二機のP-38は低高度から上昇しているところを日本軍機に発見されたという。それまでアメリカ軍機が低空から攻撃を行うことは滅多になかったうえ、暗いジャングルの上を飛んでいる暗い色に塗られた機体を上空から発見するのは極めて困難だった。

この二つの理由により、柳谷たちが発見した時点で、二機のライトニングは爆撃機まで一・五マイルか（約二・四キロメートル）ら二マイル（約三・二キロメートル）の距離に迫っており、およそ一五秒から二五秒で追いつくことができる状況だった。このとき上空のゼロ戦はすぐに機体を翻して増槽を切り離しており、これを見た一式陸攻一番機の機長である小谷立は、事前の打ち合わせ通り、急降下して安全を確保しようとした。ランフィアもゼロ戦を発見したが、この時彼が可能だった唯一の対応は機首を翻してゼロ戦を迎え撃つことだった。

エンジンを最大出力まで上げたことで、ランフィアとバーバーのライトニングは時速二八〇マイル（約四五〇キロメートル）から三〇〇マイル（約四八三キロメートル）、秒速およそ四四〇フィート（約一三四メートル）まで増速しており、ランフィアが左に急旋回して離れた後も、レックスは一番機の右側からおよそ九〇度の角度で直進していた。急速に距離を詰めた彼は、一番機の上を飛び越えたが、二〇秒ほどの間に二番機の上で急旋回し一番機を狙える位置に付けた。爆撃機は高度を下げながら直進しており、エンジンの出力を最大にしたことで速度も時速二〇〇マイル（約三二二キロメートル）から三〇〇マイル（約四八三キロメートル）に上がっていた。

その後の二〇秒でレックスは一番機の後方に付け、スロットルを調整しながら距離を詰め照準を合わせた。一方彼の左下を飛んでいた二番機は左に旋回し、急降下して攻撃を逃れた。二機のライトニングが二手に分かれてからここまでで四〇秒が経過しており、この間ランフィア機はゼロ戦と正面から対峙する形ですれ違った後、四五〇〇フィート（約一三七二メートル）から六〇〇〇フィート（約一八二九メートル）まで急上昇し、日本軍機は急降下した。ランフィア機は急上昇したことでエネルギーを失い、対気速度も低下していた。急上昇をはじめた時点で時速三〇〇マイル（約四八三キロメートル）だったが、シャンデル［訳注：水平飛行の状態から機体を四五度傾け、斜め上方宙返りを行って高度を上げる空戦機動］で高度を上げ、機首を翻して急降下に入る直前には時速一七〇マイル（二七四キロメートル）まで落ちていた。彼はここで機体を翻しながら、自分の航跡を振り返ってゼロ戦や一式陸攻を見つけようとした。ランフィアは、垂直に近い角度で急上昇を続けたが、この間水平方向にも移動しており、秒速二三五フィート（約七一・六メートル）の平均速度で四〇秒間飛んだとすると、一式陸攻と反対方向の北西におよそ九四〇〇フィート（約二九〇〇メートル）移動したことになる。

レックス・バーバーが一式陸攻を攻撃する準備を整えていたこの四〇秒間、バーバー機と一式陸攻は、ランフィア機と反対方向の南東に二・五マイル（約四キロメートル）進んでいた。このため、ランフィアが宙返りしながら下を見た時点で、バーバーとの距離は少なくとも四・三マイル（約六・九キロメートル）に広がっていた。おそらく彼は爆撃機を発見し、急降下して追いかけようとしたはずだ。時速一七〇マイル（約二七四キロメートル）から四〇〇マイル（約六四四キロメートル）に加速するには一六秒かかり、この間に三四六八フィート（約一〇五七メートル）進むが、時速三〇〇マイル（約四八三キロメートル）で飛んでいる一式陸攻の方は四八〇〇フィート（約一四六三メートル）進む。戦闘開始から五六秒経過した時点で、バーバー機と一式陸攻はいずれも木々の先端すれすれの高度を飛んでおり、ランフィアは、方位一四〇度で南西のモイラ岬に向け飛んでいた両機から少なくとも二万四〇三六フィート（約七・二キロメートル）北西の位置にいた（＊1）。ランフィアは、一式陸攻よりも時速一〇〇マイル（約一六一キロメートル）／秒速一四七フィート（約四四・八メートル）速く飛ぶことができるため、一式陸攻の後をまっすぐ追いかければ、一五七秒で一〇〇〇フィート（約三〇五メートル）の有効射程距離内まで近づくことができる。

一五七秒は二分三七秒である。

しかし、この時点で戦闘開始からすでに五六秒が経過していた。一九七五年に宣誓のうえ収録されたビデオインタビューのなかで柳谷謙治は、「P-38を最初に発見してから山本大将の乗機がジャングルに墜落するまでの時間は二分弱だった」と証言している。

一式陸攻がこの後さらに六四秒飛び続けてからジャングルに墜落したとしても、ランフィアは、目標との距離を一万四二五六フィート（二・七マイル／約四・三キロメートル）まで縮めることができただけで、攻撃可能な距離まで接近することは不可能だった（＊2）。このため彼にできたことと言えば、二機いた一式陸攻のうちの一機がジャングルに墜落したのを見届けるだけであり、実際にその様子を目撃し、後にレックス・バーバーの戦果として確認していた。明らかになっている墜落現場から逆算してみると、ランフィアが後方から追跡を始めた後爆撃機が飛行していた時間はおよそ六〇秒だった。このため、バーバーが攻撃を開始してから爆撃機が墜落するまでの間にランフィアが一式陸攻の一番機を撃墜するのは計算上不可能であり、この戦果がバーバーのものであるという事実はランフィア自身も確認していたことになる。

ランフィアが山本機を攻撃する時間はほとんどなかった。

彼は当初から、レックス・バーバーが一式陸攻を撃墜したのを見たと言っていた。彼が書いた戦闘機要撃報告書（一九四三年四月二一日付）には、「彼（バーバー）は二機の爆撃機のうちの一方に向かったが、少し追い越してしまった。しかし素早く攻撃可能な位置に戻り、複数のゼロ戦に追われながら、爆撃機を捕捉して撃破した」と書かれている。四月一八日の朝ブーゲンビル島の上空を飛んでいた一式陸攻は二機だけであり、山本五十六が乗っていた機体を撃墜したのがバーバーであるという点に議論の余地はない。また、ベスビー・ホームズと共同で二機目の一式陸攻を葬ったのが彼であるという点も同様である。

後にランフィアが行った説明は時間の経過とともに内容が少しずつ変化し、相互に矛盾する点も少なくなかったが、後方からではなく、右九〇度から一式陸攻を攻撃したという主張は断固として守り通した。彼は、「ほぼ直角の位置から、爆撃機の飛行コースに対して長く間断のない射撃を行った。爆撃機の右のエンジン、次いで右の翼が吹き飛び炎に包まれた…」と語っていた。

　山本の乗る爆撃機は、本来のコースから二〇度ほど右に逸れ、およそ一四〇度の方位に機首を向けた状態でジャングルに突っ込んだが、これ以上の進路変更は行っていない。このため、戦闘が始まった後、ランフィア機が一式陸攻の一番機に対して直角の方向から接近するのは幾何学的に考えても不可能だ。一式陸攻の二番機は旋回したが、ランフィアはこの機体を見ておらず、仮に見えたとしても攻撃はしていない。柳谷は、「最初に見たのは、山本大将の乗機の背後から攻撃を行っている一機のP-38だった」と明確に述べている。バーバーとランフィアのP-38は、二機とも針路を変えずに飛んでいた山本機の背後におり、直角の方向から攻撃した機体は存在しなかった。

　山本機撃墜にまつわる論争を葬るため棺桶に打ち込む二本目の釘は、残骸に関する各種の法医学的分析だ。ランフィアの報告書には、「山本が乗る爆撃機の機関砲の射界に移動した瞬間、その翼がちぎれた。爆撃機はジャングルに突っ込み、爆発した。これが山本五十六の最後だった」と書かれている。

　この主張には、さまざまな点で問題がある。まず、二機の爆撃機のうちのいずれか一方に山本が実際に乗っているということを知っていた者は当時のアメリカ軍のなかに存在せず、どちらに乗っているのか知る術もなかった。また、レックス・バーバーが撃墜したことをランフィアが確認していないの爆撃機は、ジャングルに墜落した唯一の機体だったが、左右の翼は付いており、ちぎれてはいなかった。この日撃墜されたもう一機の一式陸攻は、モイラ岬沖の海に墜落している。

バーバーが撃墜した一式陸攻は、一九七二年以降チャールズ・ダービー博士の手で行われた極めて信頼性の高い墜落現場調査の対象になっていた。ニュージーランドの海洋生物学者であるダービー博士は、以下のような重要な所見を示していた。
(一)墜落した航空機は、機首をおよそ四〇度下げた状態でジャングルに突っ込んだが、その時も両翼は水平に保たれた状態だった。左右の翼は付いており、機体の横転を制御する操作は行われなかったと思われる。左の翼は、木にぶつかってちぎれ、主要部分の残骸の後方およそ一五〇フィート(約四五・七メートル)の場所で発見された。ランフィアが主張するように、右の翼が飛行中にちぎれたとすれば、機体が水平な状態を保ったままジャングルに突っ込むことはなく、きりもみ状態あるいは側方に回転していた可能性が高い。また右翼がちぎれていたとすると、数百フィート離れた場所に落ちていたはずだが、実際には胴体右側の前方一五フィート(約四・六メートル)の地点で見つかった。また右翼の翼桁は、胴体の軸線に沿う形で後方に曲がっており、機体が木にぶつかった際、水平方向にせん断されたことを示している。一九八八年に行われた航空技術者による検証では、飛行中に翼がちぎれた場合、機体の上を流れる気流によって翼が上方に引きちぎられるため、翼桁は上に曲がるという見解が示されていた。
(二)左右両方のエンジンは墜落現場で発見され、左のエンジンは、胴体から五〇ヤード(約四五・七メートル)離れた場所で左翼と一緒に見つかった。しわくちゃになった翼前縁には、ひっかき傷や損傷があり、複数の物体すなわち木々が前方からぶつかったことを示していた。

(三)左のプロペラは「フェザリング状態」(羽の角度が進行方向と平行な状態)になっていなかったため、必要に応じて抗力を減らし、滑空距離を延ばすことができなかった。このため、瞬時に抗力が作用し、まさしくレックス・バーバーが目撃した通りの状態になった。すなわち、左のエンジンが止まると同時に左の翼が突然下がり、左の方向に曲がりながら急減速し、右の翼が上がったのだ。バーバーの攻撃で油圧系統と油圧ポンプが破壊されたため、主操縦士の小谷や副操縦士の大崎は、プロペラをフェザリング状態にする時間がなかったのだろう。

ブーゲンビル島にあるグッドイヤー・タイヤ&ラバー社の事業所に勤務していたオーストラリア人のロス・チャノンは、一九八五年に墜落現場を訪れて機関銃と機関砲の貫通孔を調査し、以下のようなレポートをまとめた。

(a)尾翼前方の胴体上部にははっきりそれと分かる弾痕があり、…そのなかには細長いものもあり、胴体中心線の右側におよそ一五度の角度で貫通している。この所見は、攻撃が後方のやや上から行われ、右から左に掃射されたという説明と一致する。

(b)翼は、前縁がしわだらけになるような損傷のためにちぎれたと思われ、…胴体の部分からおよそ一五〇フィート(約四五・七メートル)後方にあった。低空であっても、攻撃によって翼がちぎれた場合、胴体からもっと離れた場所に落ちたはずである。

一九八八年、オーストラリアの作家でパイロットでもあるテリー・グウィン＝ジョーンズは、スミソニアン協会の国立航空宇宙博物館でこの問題に関する講演を行い、「一式陸攻一番機の右翼は飛行中にちぎれたのではなく、高木に接触したことによってちぎれた」という見解を示した。

なおランフィアは、一式陸攻の銃座から激しい反撃を受けたが、ひるむことなく肉薄し撃墜したと主張していた。彼は、「銃座からの反撃が続いて手を焼き、敵機（一式陸攻）を飛び越えそうになったが、まさにその瞬間ジャングルのなかに機首を突っ込み爆発した」と書いている。またランフィアは、戦後ニューヨークタイムズに掲載された記事のなかでも、「（爆撃機の）尾部の銃座から間断なく機関砲弾が発射されていた」と述べていた。しかし、墜落現場に最も早く到着した浜砂少尉も、数年後に現地を訪れた他の調査団も、山本を乗せていた一式陸攻の残骸のなかから機関銃などを発見することはできなかった。護衛戦闘機を伴う輸送任務であり、すでに重量超過だったこともあり、七・七ミリ機関銃四挺と九九式二〇ミリ機関砲一門は、おそらく搭載されていなかったのではないか。

また、たとえこれらの火器が積まれていたとしても、射撃可能な状態になっていなかった可能性があり、いずれにしても墜落現場で発見されなかった理由は不明だ。地元の住民が重火器を使用することはなく、軍の装備品を所有していることが発覚すると日本軍に殺されてしまうため、持ち去ることもなかったはずだ。山本の乗機が反撃を行った証拠はなく、この日レックス・バーバーが乗っていたミス・バージニアの機体の損傷は、いずれも後方からの攻撃によるものだ。機体の前方には機銃弾や機関砲弾が命中した痕跡はなく、一〇〇フィート（約三〇・五メートル）まで接近していた大型のライトニングを狙って撃った機関銃の弾がすべて外れるとは考えにくい。二番機は、標準装備の防御火器を搭載していたが、パイロットの林浩によると、重量を減らすため、いずれの機銃も弾薬は弾帯一本分しか積んでいなかったという。

一九九一年、ダービー博士はアメリカを訪れ、山本機撃墜任務に関連する軍の記録を修正するため特別に招集された空軍の委員会で証言した。委員会での議論を記録した報告書の要旨は、以下の二点である。

ⓐどれほど想像力を働かせても、右翼の大部分が飛行中に失われたと断言することはできない。

ⓑランフィアがこれまでに行ったすべての説明に関して、墜落現場に残っている残骸には、爆撃機が右側面から攻撃を受けたことを裏付ける証拠は残っていなかった。

山本機撃墜にまつわる論争の棺桶に打ち込む三本目の釘は、田淵義三郎少佐と大久保信大佐が作成した検死報告書に詳しく記載されている山本五十六の傷だ。バーバーは、一式陸攻の一番機に対して四回斉射を行ったが、そのうちの三回は、電信員席、電信員、コックピットと胴体中央部を隔てている隔壁に阻まれ、コックピット右側の正操縦員席のすぐうしろに座っていた山本に命中しなかったようだ。最初の斉射は、爆撃機の尾部上方を左から右に薙ぎ払い、右翼に命中した弾が火災を発生させた。一式陸攻の左右の翼桁の間には防漏機能のない燃料タンクが八個収められており、左右両翼の胴体とエンジンの間に一個ずつ、エンジンの外側に三個ずつ配置されている。最初の斉射で、バーバーが放った五〇口径機関銃弾と二〇ミリ機関砲弾は右翼に命中し、エンジンの外側にあるタンクと燃料配管を貫き、火災を発生させた。二度目の斉射では、右のエンジンと胴体の間のタンクを撃ち抜くとともに、コックピット内の山本の前方の座席にも命中し、これで副操縦員の大崎朋春が死亡した可能性が高い。三回目の斉射は左のエンジン周辺に命中し、四回目の斉射が胴体を貫いた。

一式陸攻の一〇〇フィート（約三〇・五メートル）後方左側のやや低い高度を飛んでいたレックスは、四回目の斉射を行う際、機首を少し右に向けた。浅い角度で打ち込まれた弾は、翼の上を通過して胴体を左から右、後ろから前へと薙ぎ払った。打ち込まれた弾の多くは、元の状態を保ったまま機体を貫いたが、一部は機体内部の翼桁や隔壁、固定されている機器などに当たった。三秒間の斉射で胴体を左側から貫いた弾は、割れたり、削られたりしながらもさらに飛び続け、そのうちの二つが山本の左肩甲骨と左の下顎骨に命中した。

一九九一年に行った証言のなかでダービー博士は、「機体には非常に多くの弾痕が残っていた。しかし、機体を破壊するうえで主な役割を果たしたのは、命中時の衝撃で溶けた弾丸や機体の破片などの金属片だった。こうした金属片は、機体後部から前部まで至る所にある」と述べた。

山本の命を奪ったのはこれらの金属片だった。二〇ミリ機関砲弾はもちろん、五〇口径機関銃弾でも、発射直後の状態を保ったまま命中すれば人体がバラバラになってしまったはずだ。また銃創の位置も多くの証言と一致する。二つの金属片は、左側から山本の体に入り込んでいるが、ランフィアは、爆撃機の右側面から攻撃を行ったという主張を一貫して繰り返していた。この点に関する彼の証言は変わっておらず、彼自身が認めているように、爆撃機を左側から攻撃することはなかったため、実際にはそうならなかったが、たとえ攻撃可能な位置まで接近できていたとしても、彼が山本大将を殺害することは不可能だった。

一九八八年五月二五日にロジャー・ピノー海軍大佐が作成した報告書には、ウォルター・リード病院の軍病理学研究所に勤務していたスティーブン・ソーン博士（海軍大佐）とゴードン・N・ワグナー海軍中佐が示した所見が詳しく記載されている。

（3）各種の症状から、山本に命中した発射体は、左下方から右上方、背後から前方に向かって飛来し、中脳を貫通して致死障害を生じさせ緊張性死体硬直へと至らしめたと思われる。攻撃を受けたことによる極度の精神的な緊張状態を保ったまま死亡したことで瞬時に死後硬直が発生し、刀を強く握りしめた姿勢は、墜落時に大きく動揺しても緩むことがなかったものと思われる。

空中戦が行われた時間、残骸の損傷状態に関する法医学的分析、山本大将が受けた致命傷などの情報を総合すれば、ランフィアの主張に正当性がないことは明らかだ。誰が山本五十六の乗機を撃墜したのかという、これまで八〇年間にわたって続いていたこのいわゆる論争は、山本の殺害というこの任務の真の目的や、作戦に参加したすべての将兵が誇ることのできた戦果という本来焦点を当てられるべきテーマから歓迎されざる形で論点をずらしてしまったのだった。この任務に携わったすべての将兵の技量と勇気は、アメリカ軍の全将兵に誇りの感情を呼び起こさせる源泉の一つと言える。この任務に関する真の論争は存在しておらず、これまでも存在していなかった。三二三という機体番号の書かれた一式陸攻を攻撃し、ブーゲンビル島のジャングルに墜落させ、山本五十六を殺害したパイロットは、レックス・セオドア・バーバー中尉だった。

一九四三年五月二六日、山本大将の遺灰が東京に戻り国葬を待っていた頃、任務に参加したジョン・ミッチェルやレックス・バーバーなど七人のパイロットは、配置転換のため本国に戻るよう命じられた。ジョン・ミッチェルは、その後六カ月間陸軍航空軍司令部に勤務した後、一九四三年一二月、新たに活動を開始した第四一二戦闘航空群の司令官に就任した。極秘扱いのこの部隊は、アメリカ初のジェット戦闘機ベルP‐59エアラコメットの運用試験と評価に携わっていた。その後一九四五年五月まで、コンバット・オブザーバーとしてヨーロッパ戦域に派遣され、それまでに学んだ戦訓を伝えたり、ヨーロッパでの戦訓を学んだりしていた。

スピットファイヤやハリケーンに乗って欧州戦域での戦闘任務をこなした後、ミッチェルは太平洋戦域への復帰を願い出た。第一五戦闘航空群でP‐51ムスタングに乗ることになった彼は、日本が降伏するまでの数週間、B‐29爆撃機の護衛任務で日本本土上空を飛んでいた。一九四五年六月二六日、ミッチェルは、山本五十六が眠る長岡市から一〇〇マイル（約一六一キロメートル）足らずしか離れていない木曽地域の上空でゼロ戦後期型を一機撃墜し、撃墜記録を九機に伸ばした。その二〇日後には、三重県の津市上空で日本軍が製造した最良の戦闘機の一つと言われる紫電二機と空中戦を行い、二機とも撃墜した（＊3）。その後第二一戦闘航空群の指揮官に昇進した彼は、終戦まで硫黄島の基地に留まり、B-29の護衛任務に就いていた。

大尉に昇進したレックス・バーバーも、戦争が続くなか、勝利の栄冠に安住して安穏な日々を送ることに我慢できなくなっていた。戦闘に参加するチャンスを逃し、前線で活躍している将兵に腹を立てるという最悪のタイプの将校に対して嫌悪感を抱いた彼は、すぐにウェストオーバー航空予備基地での生活に嫌気がさしてしまった。狭量で愚劣な者たちへの反抗心を募らせたレックスは、日頃から不満を募らせていた三人の士官とともに、余っている導爆線を盗み出し、金曜日の夜士官クラブで即席の花火大会を開催した。これを見た上官は憤慨したが、海軍十字章の受賞者を罰することはできなかった。その翌週の月曜朝、手に負えない部下たちに怒りを募らせていた指揮官の中佐は、直立不動の姿勢で並ぶ四人の士官に向かって「ここから出ていきたがっていたお前たちの望みがようやくかなったぞ。さっさと出ていけ」と叫んだ。

四人は、その日のうちにウェストオーバー基地を後にした。

一九四三年末、レックス・バーバーは喜び勇んでマサチューセッツ州の訓練部隊を離れ、二度と戻らなかった。本来の居場所である戦場に復帰した彼は、中国南東部河西省の遂川基地に展開していた第四四九戦闘機隊で再びP-38に乗ることになり、一九四四年一月から近接航空支援や護衛の任務に就いたが、今度の相手は日本陸軍航空隊の三式戦闘機（キ六一、連合軍のコード名は「トニー」）や一式戦闘機（キ四三、連合軍のコード名は「オスカー」）だった。この間三機「撃墜確実」の戦果をあげ、四月一日には少佐に昇進、それ以降も二八回の戦闘任務をこなしていたが、不運にも一九四四年四月二九日に江西省九江上空で被弾してしまった。彼は脱出するためシートの上に立ち上がったが、パラシュートを開くためのDリングがキャノピーに引っかかり、逆さまの状態でコックピットの外に放り出された。このため尾翼に激突して右腕の肘の骨を折り、体が回転して足首の骨まで折ってしまったうえ、四〇〇フィート（約一二二メートル）という低高度で燃え上がる機体から脱出したためパラシュートが十分開かないまま地上に落下した。空中戦の様子を見ていた日本軍の地上部隊がいち早く墜落現場に向かって動き出しており、彼らに捕らえられた場合の運命、特に山本機撃墜任務で果たした役割を知られた場合の運命について、レックスはいかなる幻想も抱いていなかった。

しかし幸運なことに、中国人の十代の少年二人もこの空中戦を目撃しており、日本軍が到着する前に湖に落ちたレックスを助け出し、溝のなかに隠した。数時間後、日が暮れてから戻ってきた二人は、この後五週間彼を匿い、可能な限り手を尽くしてけがの手当てを続けながら時間をかけて南に移動し、連合軍の支配地域を目指した。体重を一五ポンド（約六・八キログラム）減らした彼がアメリカ軍の支配地域に戻ったのは一九四四年六月六日、連合軍がフランスのノルマンディに上陸した日だった。治療を受けるためアメリカに戻ったレックスは、その後六カ月間ロサンゼルスの病院に入院し、腕と足の関節を直すための手術を何度か受けた。このとき医師から二度と空を飛ぶことはできないと言われたが、持ち前のユーモアでこの宣告を受け止め、懸命のリハビリを行って医師の見立てが間違っていたことを実証しようとした。

彼は実際にそれを実証して見せた。一九四五年にはパイロットとして任務に復帰できる状態にまで回復し、第四一二戦闘航空群に配属されて、ジョン・ミッチェルが太平洋戦域に移るまでの短い間だったが、再びその指揮下に入った。二人は、ソ連第八親衛軍に包囲されたベルリンの総統官邸地下壕で四月三〇日にアドルフ・ヒトラーが拳銃自殺を遂げたニュースを聞き喜び合った。ドイツは五月八日に降伏したが、太平洋戦域での戦いは続いており、日本が降伏することなど考えられない状況だった。アメリカ軍が日本周辺で圧力を強めるなか、日本軍の戦いぶりはさらに無謀、冷酷、自暴自棄なものとなっていた。

一九四五年四月一日、アメリカ軍が沖縄本島への上陸を開始した。沖縄は、日本列島のなかで比較的小さな島だが、日本の領土であることに変わりはない。侵攻した部隊は、陸軍第一〇軍と海兵隊第三水陸両用軍団で、このなかにはガダルカナルで戦った第一海兵師団と第二海兵師団も含まれていた。太平洋戦争における最大規模の上陸作戦となったこの戦いでは、二〇万人近いアメリカ軍の戦闘部隊が九〇日にわたる凄惨な戦いに投入され、ノルマンディ上陸作戦を上回る戦死者を出した。九州の南端から三五〇マイル（約五六三キロメートル）も離れていないこの島を足がかりにして日本本土侵攻作戦の準備が進められるなか、アメリカ統合参謀本部は、実際に作戦が行われた場合のアメリカ軍の死傷者は一二〇万人に達すると予測していた。本土決戦で死ぬ覚悟を固めていた日本人の方は、男女、子供合わせて五〇〇万人が命を落とすと見られていたが、それでも天皇のために命を投げ打つ意思は揺るがなかった。

一九四五年八月六日、第六二任務部隊がソロモン諸島近海に姿を現してから三年の月日が流れたこの日の二時四五分、マリアナ諸島北部テニアン島の基地を一機の航空機が飛び立った。第五〇九混成航空群の司令官であるポール・ティベッツ大佐が指揮し、「ディンプルズ82」というコールサインが付与されたこのB-29スーパーフォートレス爆撃機は、離陸後ゆっくりと北西に針路を変えながら上昇を続け日本へと向かった。それからおよそ六時間後の八時一五分、ティベッツの母親にちなんでエノーラ・ゲイと名付けられたこの機体は、全長一〇フィート（約三メートル）、TNT火薬一六キロトンに相当する威力の原子爆弾を投下した。「リトル・ボーイ」と名付けられたこの爆弾は、広島市の上空一九六八フィート（約六〇〇メートル）で爆発した。その威力に衝撃を受けながらも、現実から目をそらし続ける日本人は、依然として頑迷で傲慢だった。三日後、ボックスカーと呼ばれるもう一機のB-29がテニアン島の基地を飛び立ったが、第一目標の小倉には投下することができず、第二目標である港湾都市の長崎に「ファット・ボーイ」と名付けられた二発目の原子爆弾を投下した。ここまで来てようやく、抵抗は無意味であり、この新兵器に対抗する手段はないということを日本人も受け入れるようになった。しかし前首相の東条英機は、アメリカと四年間戦った後ですら、アメリカ人は飲酒とセックスに溺れる軟弱者という認識を変えておらず、「大東亜戦争は正当かつ正義の戦いである」という考えを終戦まで持ち続けていた。

一九四三年四月一八日にレックス・バーバーが山本五十六を殺害していなかった場合にアメリカ軍が強いられる犠牲について考える際には、多くの日本人が東条と同様の考えを共有し、深く根付かせていたという事実を踏まえなければならない。アメリカに関して豊富な知識を有する人物が生きていて、防衛計画を練っていたら、タラワ島、サイパン島、フィリピン、硫黄島、沖縄の戦いではるかに多くの出血を強いられることになったはずだ。山本が指揮する日本軍により太平洋戦域で父や祖父が戦死させられなかったおかげで、今この世に生を受けている子孫は相当な数になるのではないか。

二発目の原子爆弾が長崎を灰燼に帰した後、昭和天皇裕仁は無条件降伏の受諾を指示し、一九四五年九月二日、山本五十六の遺灰が到着した横須賀からほど遠くない東京湾内の海域に浮かぶアメリカ海軍の戦艦ミズーリの艦上で降伏文書の調印式が行われた。言葉がほとんど発せられることもなく進んだ三〇分ほどの短い式典が終わると、八人の小柄な日本側代表は救命艇に乗ってその場を去った。

第二次世界大戦がようやく終わった。

ジョン・ミッチェルは、朝鮮戦争が続いていた一九五二年、韓国ソウル近郊の水原空軍基地に駐留する有名な第五一戦闘迎撃航空団の司令官となり、前線に復帰した。この年の一月から一九五三年五月まで、伝説的なF-86セイバー戦闘機を駆って北朝鮮軍のMiG-15戦闘機を四機撃墜し、通算の撃墜機数を一五機に伸ばした。エース・パイロットの条件は撃墜機数五機以上だが、その三倍の戦果を挙げた彼は、五年後の一九五八年七月、空軍大佐の最終階級で退役した。優れた技量と統率力、勇気でベンジェンス作戦を見事に成し遂げたジョン・ウィリアム・ミッチェルは、一九九五年一一月一五日、八一歳で亡くなった。今彼は、サンフランシスコ湾を望むカリフォルニア州のゴールデンゲート国立墓地に妻のアンと共に眠っている。

レックス・バーバーは戦後故郷に帰り、同世代の数百万人の若者と同様、戦争前の暮らしを可能な限り取り戻そうとした。彼らの多くは元の日常に戻ることができたが、戻ることができなかった者もいた。レックスは、一九四七年に妻のジーンと離婚した（＊4）。空を飛ぶことが生活の一部となり、真の慰めとなった彼は、パイロットとして軍に残り、ジェット機の時代が到来するなか、カリフォルニア州にあるマーチ空軍基地の第一戦闘航空群に勤務していた。この頃彼は、フィリピンで死亡した元同僚ヘンリー・H．トロロープの妻だったマーガレット・スミス・トロロープと恋に落ち、一九四七年末に結婚した。朝鮮戦争が勃発すると、中佐に昇進していたバーバーは韓国南部大邱市郊外の基地に赴任し、ジェット戦闘機による近接航空支援戦術の改善に尽力した。

一九五二年に帰国すると、ワシントンD．C．にあるラカーズ・アカデミーに通ってスペイン語を学び、妻と共に南米のコロンビアに渡って、一九五六年六月まで駐在武官を務めた。当時生後六週間だった息子のレックス・セオドア・バーバー・ジュニアを連れてフロリダ州パナマ・シティに戻った一家は、ほどなく第三五四昼間戦闘航空団の基地があるサウスカロライナ州マートルビーチに移った。

レックスは、退役するまでマートルビーチ空軍基地でF-100スーパーセイバー戦闘機に乗っており、古い友人で、大佐に昇進したボブ・ペティットが航空団の司令官として赴任してきたときもこの基地に勤務していた。一九四三年夏、ペティットは山本機撃墜任務に参加するバーバーに乗機のミス・バージニアを貸し、この機体とパイロットが戦争の趨勢を変えたのだが、それ以降二人が顔を合わせることはなかった。金曜夜の士官クラブでは、壁際のほの暗いテーブルに座っている二人のベテランパイロットの姿がしばしば目撃された。若いパイロットたちが歌をうたい、地元の女性とふざけあったりしているクラブの片隅で、レックスとボブは、戦闘の赤裸々な現実を体験したガダルカナル島での日々を思い出していたのだろう。二人はお互いをたたえ、愛するライトニングをたたえ、帰還できなかった戦友をたたえて乾杯を重ね、テーブルの上にショットグラスを並べたのだった。

一三八回の戦闘任務をこなし、海軍十字章、二度のシルバースター、名誉戦傷章など多くの勲章を授与されたレックス・バーバーは一九六一年に退役した。退役の直前、彼はスーパーセイバーでアメリカ大陸を横断し、実家のあるオレゴン州カルバーを訪れた。フィジーからニュージーランド、中国まで、彼がそれまで訪れた世界のさまざまな場所のなかで、残りの人生を送るための故郷と呼ぶべき場所はオレゴン州以外にないと思い定めたのはこのときだった。

そして彼は故郷に帰った。

その後四〇年間、レックスと妻のマーガレットはカルバーやポートランドで暮らした後、最終的にテルボンヌ近くの農場に落ち着き、広い空の下、セージの花が香るデシューツ渓谷の澄んだ空気のなかで子供を育てた。彼は、事業を成功させ、消防団で活躍しながら広大な地所を購入しており、今もその場所で彼の息子と孫が農場を営んでいる。またこの地域の治安判事としても活動しており、一九六九年八月から一九七六年九月までカルバーの町長も務めた。コミュニティ、とりわけ子供たちを愛する彼は、晩年になっても指導者として野球のリトルリーグに多くの情熱を注いでいた。オレゴン州の人々も彼を愛した。

山本機撃墜から六〇周年となった二〇〇三年、当時の州知事テッド・クロンゴスキは、四月一八日をレックス・T．バーバー記念日と宣言し、戦争から帰還して平和な暮らしを見つけ出すことができた息子たちのなかの一人に対しオレゴン州に住む全ての人々が敬意を表することができるよう取り計らった。一九二八年にレックスが屋根から飛び降りた実家の建物は無くなったが、農場の跡地には当時のままの木が何本か残っており、この家の少年がかつてそうしたように空に向かって枝を伸ばしている。現在の家も同じ敷地内にあり、家を出て畑を横切れば、クルックド川渓谷の向こうにあるブラックビュートの黒々とした丘陵を見ることができる。レックスが少年時代に川を泳ぎ渡った場所の近くには、彼が子供の頃使っていたハイ・ブリッジを架け替えて建設されたレックス・T．バーバー・ベテランズ・メモリアル・ブリッジがある（＊5）。

息子のレックス・バーバー・ジュニアも実業家、農場主として成功をおさめ、父親同様地元に愛情を注いでいる。彼の息子であるレックス・バーバーⅢ世は、家族を敬い、友と忠実に接し、自由な国を子孫に残すため多くの兵士が払った犠牲を忘れないという父から学んだ教えを守って生きている。戦争を生き延び、満ち足りた人生を送ったレックス・バーバーは、二〇〇一年七月二六日、八一歳で亡くなった。現在彼は、レドモンド記念墓地のなかにあるセイヨウネズの生垣で区切られた静かな芝生墓地に眠っており、墓石には二機のP‐38ライトニングが刻まれている。ビュートから涼しい風が吹き降ろすこの場所で空を見上げると、鷲がゆっくりと円を描いているのが見える。中国や南太平洋の戦場も、彼が太平洋戦争の帰趨とその後の世界を変えることになったブーゲンビル島のジャングルも、はるか彼方だ。

結局のところ、日本は自らが培った文化が原因で敗れた。

確かに、技術的、軍事的な問題も敗因ではあったが、驚異的なペースで近代への移行が進んだことにより、これらの障害は、第二次世界大戦前の時点でほとんど克服されていた。大日本帝国は、大きな野心と固い決意を抱き、自らの運命を確信していた。日本の戦士たちは、強固な精神的動機を有し、極めて強靭で粘り強かった。砲兵や航空部隊、海軍の支援部隊と連携しながら陸軍の部隊を効果的に投入していれば、一九四二年秋のガダルカナル島で圧倒的な勝利を収めることができた可能性が高い。しかし、兵力を逐次投入する戦術、傲慢さに起因する敵戦力の過小評価、戦術的な柔軟性の低さ、制空権確保の失敗といった要因により、アメリカ軍がこの島に足場を築くのを許してしまったうえ、その排除にも失敗したことで、全てが変わってしまった。

この局面における山本五十六の役割は極めて重要だった。彼は、日本が直面しているリスクを十分に理解していたが、一九四二年八月の危機的な時期に戦力を集中させることができず、ソロモン諸島への上陸作戦を展開していた連合軍を打ち破ることができなかった。このような事態に陥った原因の一端は、珊瑚海海戦でアメリカ軍から平手打ちを食らい、その後のミッドウェイ海戦で正規空母四隻喪失という大損害を受けたことにあるが、それ以上に陸軍と海軍の敵対関係という日本独特の重大な問題が影を落としていた。内部の陰謀や裏切り、私利私欲のぶつかり合いなどに背後を脅かされている状況で外部の敵と戦い勝利を収めることができた例は一つもない。昭和天皇が史実と異なるタイプの指導者だったら、このような事態は回避できたかもしれないが、そうはならなかった。実質的な日本の支配者は東条英機であり、陸軍将校としてキャリアを積んできた彼の陸軍寄りの姿勢は明らかだった。山本五十六は、東条の狂信的な国粋主義と拮抗することができるだけの十分な力を現実的にも本来的にも有していた唯一の人物であり、彼が殺害されたことで日本の命運は尽きた。

アメリカにとって、山本五十六は排除しなければならない人物だった。

山本五十六殺害に関する倫理的な問題をめぐる議論は、その後何十年にもわたって続いているが、いずれ差しさわりのない形で棚上げされることになるだろう。山本は現役の将官であり、軍服を着て戦闘地域に足を踏み入れていた以上、暗殺されたことを非難しても意味がない。義務や名誉、国家は彼の人生の基本理念だったが、ニュルンベルク裁判や東京裁判での戦争犯罪をめぐる論争が示すように、彼の暗殺をめぐる議論を利用して残虐行為を正当化することはできない。いずれにしても、戦闘地域にいる敵の士官は有効な標的であり、逆の立場になったとしたら、山本大将もためらうことなく同様の試みを実行したはずだ。また、当時アメリカは自分たちが望んだわけではなく、自分たちから仕掛けたわけでもない戦争を自らの存亡をかけて戦っており、敵に大きな打撃を与えるチャンスがあれば、絶対に利用しなければならない状況だった。

レックス・バーバーやジョン・ミッチェルをはじめとする数多くの勇敢な兵士たちは、必要とあれば自らの命を懸けても大日本帝国と戦いたいと思っていた。これらの兵士たちは、この目的のため自分自身の未来と命を危険にさらしており、彼らの献身により戦争に勝利することができた。彼らの行動と犠牲があったからこそ、我々アメリカ人は専制政治を逃れ、生まれ持った権利である自由を手にすることができたのだ。また彼らは、アメリカ合衆国に関する忘れてはならない教訓を世界に示した。すなわち、この国を過小評価するのは致命的な過ちであり、攻撃を行えば、必ずや恐るべき報復を受けることになるという教訓だ。

人は誰しも死へと至る道を辿っているわけだが、そこへ至るまでの道筋はある程度自分で選ぶことが可能であり、これは山本五十六にも当てはまることだった。一九四一年一二月が終った時点で生きていた世界中の人々のうち、自分自身の手で異なる道を選び取ることができた者は何人いただろうか。山本五十六の人格は、その生い立ち、歴史、修練により作り上げられたものだが、当時の多くの日本人とは違い、彼は優れた知識を有しており、正しくないと分かっている戦争を支えることこそ最大の蛮行であるということを理解していたはずだ。いずれにしても、晴れ渡った四月の朝、レックス・バーバーが山本大将を死に追いやったことにより、一九四三年以降日米双方でどれほどの数の命が救われたことか。

エンジンの音が遠ざかり、太平洋の空は静かになった。かつて血にまみれていた砂浜には波が打ち寄せ、ジャングルは静まり返っている。かつて多くの艦船や航空機の残骸、兵士たちの死体を飲み込んだ海も、今は穏やかに揺蕩っている。レックス・バーバーとジョン・ミッチェルも、第二次世界大戦で戦い、死んでいった何百万もの兵士たちと共に永遠の眠りについている。この大戦は恐ろしいものだったが、人間性の底知れぬ深淵と高邁さ、人類の最悪の側面と最良の側面を未来永劫伝える記念碑でもある。

---

*1 この数字は、二万二七〇四フィート（四・三マイル）に、爆撃機が一六秒間に水平移動する距離である四八〇〇フィートを加え、ランフィアが一六秒間に水平移動する距離三四六八フィートを引いた距離。

*2 P-38の性能に関するデータは、一九八九年六月五日に、ライトニングの元パイロットであるジョージ・T.チャンドラーが実際に飛行機を飛ばして山本機迎撃と撃墜の状況を分析した際に得られたものである。

*3 略符号N1K-J、水上戦闘機である強風（川西N1K1、連合軍のコード名は「レックス」）をベースに開発された陸上戦闘機で、一九四四年から配備が始まった。

*4 レックスの最初の息子であるリチャード・バーバーは、サンフランシスコ市警察で射撃教官を務めていた。すでに退職しているが、兄弟であるレックス・バーバー・ジュニアと現在も親密な関係を保っている。

*5 一九四六年、彼はP-80シューティングスター戦闘機でこの渓谷を飛び、橋の下をくぐって見せた。

謝辞

出版企画を進める際、調査を行う過程で、特定のテーマに関し私が一生かけて集められる量をはるかに上回るような深い知識を有する専門家に会うことができ、嬉しい驚きを味わうことがよくある。このような専門家は、作家にとって天の恵みであり、その情熱と高度な専門知識のおかげで細かな間違いや見落としに気づくことができ、大いに感謝することも稀ではない。

本書を書くに当たり、亡父の書簡、地図、写真を提供し、週末オレゴン州を訪れた私に長時間付き合い、生誕の地や子供時代に良く遊んだ場所などレックス・バーバーの人格形成に影響を与えたさまざまなものに触れる機会を提供してくれたレックス・T・バーバー・ジュニア氏に深甚な感謝を捧げる。また、完全に飛行可能な状態のP-38Fライトニング、ホワイト33を使うことができるよう手配してくれた国立第二次世界大戦航空機博物館のフィル・ヒースコック氏、同じく飛行可能なP-38L、タンジェリンに触れる機会を提供してくれたオレゴン州マドラスにあるエリクソン博物館にも大変お世話になった。実戦経験のある最年長のP-38パイロット、スチュアート・〝ブート〟・ゴードン氏は、直接経験したこと、目にした光景、感じた臭気、そのほかパイロットでなければ気づくことのできない多くの詳細な情報を提供するという極めて重要な役割を担ってくれた。

以下の方々にもこの場を借りて感謝の意を示したい：空軍歴史研究所（AFHRA）の組織歴史部門責任者であるダニエル・ホールマン博士、第二次世界大戦中の第十三空軍戦闘機隊司令部に関する優れた著書の執筆者であるビル・ウルフ博士、マックスウェル空軍基地の航空戦力部門責任者であるジョン・テリノ博士、AFHRAのフランク・オリニク博士、旅行ガイドブック出版社ロンリー・プラネットの創立者で、航空分野に造詣が深く、山本機墜落現場を訪れた際の経験を話してくれたトニー・ウィーラー氏、兄弟を紹介してくれたデビッド・ホールマン大佐、全米P-38協会の歴史家スティーブ・ブレイク氏、戦闘で行方不明になった兵士などに関する情報提供を目的とする非営利団体パシフィック・レックスの歴史家ジャスティン・テイラン氏、キャロル・V・グラインズ氏の論文を閲覧できるよう便宜を図ってくれたテキサス大学ユージン・マクダーモット・ライブラリー、アビエーション・アーカイブの学芸員パトレジア・ナヴァ氏、ニミッツ財団が所蔵する山本機撃墜任務に関する一次資料の調査を許可してくれたテキサス州フレデリクスバーグにある国立太平洋戦争博物館の記録文書保管員クリス・マクドウガル氏、貴重な写真や珍しい写真を提供し、私を支援してくれた旧友のガイ・アセート氏。

いつものように私の大雑把な着想を出版物へとまとめ上げるため、優れた専門知識を提供してくれたハーパーコリンズの編集者ピーター・ハバード氏とニック・アンフレット氏にも感謝したい。また、準備段階の原稿を精読し、貴重な意見を寄せてくれたドン・ピーズ博士、バーバラ・クリーガー博士、サウル・レルチャック教授にも感謝しなければならない。最後に、いつも私を支えてくれる忍耐強く、寛容な家族に感謝したい。いかなる作家も家族の支えがなければ、成功を収めることはできない。

参考文献

1 Abrams, Richard. *F4U Corsair at War.* London: Ian Allen, 1977.

2 Adams, Michael C. C. *The Best War Ever: America and World War II.* Baltimore: Johns Hopkins University Press, 1994.

3 Agawa, Hiroyuki. *The Reluctant Admiral.* Tokyo: Kodansha International,1979. (阿川弘之『山本五十六』新潮社、1965年の英訳版).

4 Allen, Frederick Lewis. *Only Yesterday: An Informal History of the 1920s.* New York: Harper & Brothers, 1931.

5 *American Machinist.* July 6, 1944: 16–17.

6 Ames, Roger J. "Yamamoto Mission." Letter to George T. Chandler, September 8, 1988.

7 Argyle, Christopher. *Chronology of World War II.* London: Marshall-Cavendish, 1980.

8 *Army Battle Casualties and Nonbattle Deaths in World War II—Final Report.* Washington, DC: Department of the Army, GPO, 1953.

9 Asprey, Robert B., and General Alexander A. Vandegrift. *Once a Marine: The Memoirs of General A. A. Vandegrift.* New York: Norton, 1964.

10 Astor, Gerald. *Wings of Gold: The U.S. Naval Air Campaign in World War II.* New York: Random House, 2005.

11 Aviation History Online Museum. http://www.aviation-history.com (2019年2月～7月閲覧).

12 Barber, Colonel Rex T., interview by George Chandler. Operation Vengeance (September 12–13, 1987).

13 Barber, Colonel Rex T. "Letter to Carroll V. Glines." Carroll V. Glines, January 5, 1989.

14 Barber, Rex, Jr. Interview by Dan Hampton. Life and Times of Colonel Rex Barber (February 1–3, 2019).

15 ———. Interview by Dan Hampton. Life of Colonel Rex T. Barber (November 18–22, 2018).

16 ———. Interview by Dan Hampton. Rex Barber's Childhood and Background (December 20, 2018).

17 ———. Interview by Dan Hampton. Rex Barber's Family (December 7, 2018).

18 ———. Interview by Dan Hampton. Wartime Experience of Colonel Rex T. Barber (February 1–3, 2019).

19 Barber, Rex, Jr., and Rex Barber III. Interview by Dan Hampton. Rex Barber's Formative Years in Oregon (January 16–17, 2019).

20 Barber, S. B. *Naval Aviation Combat Statistics: World War II, OPNAV-P-23V No. A129.* Washington, DC: Air Branch, Office of Naval Intelligence, 1946.

21 Baritz, Loren. *The Culture of the Twenties.* Indianapolis: Bobbs-Merrill, 1970.

22 Blom, Philipp. *Fracture: Life & Culture in the West, 1918–1938.* New York: Perseus, 2015.

23 Bodie, Warren M. *The Lockheed P-38 Lightning.* Hayesville, NC: Widewing, 1991.

24 Boyne, Walter, and Philip Handleman. *Brassey's Air Combat Reader.* London: Batsford Brassey, 1999.

25 Brand, Max. *Fighter Squadron at Guadalcanal.* Annapolis, MD: Naval Institute Press, 1996.

26 Bridman, Leonard, ed. *Jane's Fighting Aircraft of World War II.* London: Studio, 1946.

27 Bryson, Bill. *One Summer: America 1927.* New York: Anchor Books, 2014.

28 Bulwer-Lytton, Victor. "Appeal by the Chinese Government." *Report of the Commission of Enquiry. C.663.M.320. 1932. VII.* Geneva: League of Nations, October 1, 1932.

29 Burkman, Thomas W. *Japan and the League of Nations: Empire and World Order, 1914–1938.* Honolulu: University of Hawaii Press, 2007.

30 Burns, Eric. *1920: The Year That Made the Decade Roar.* New York: Pegasus Books, 2015.

31 Caidin, Martin. *Fork-Tailed Devil: The P38.* New York: ibooks, 1971.

32 Canning, Lieutenant Colonel Douglas. Interview by Bill Cox of the National Museum of the Pacfic War, October 4, 2001.

33 "Carriers: Airpower at Sea." http://www.sandcastlevi.com/sea/carriers (2013年5月15日閲覧).

34 Cate, Wesley F., and James L. Craven. *The Army Air Forces in World War II*, Vol. 2. Chicago: University of Chicago Press, 1949.

35 Chandler, George T. "Analysis of Possibility of Lanphier Attacking the Yamamoto Bomber." Memorandum, June 5, 1989.

36 Channon, Ross. "Report on Yamamoto Crash Site." Arawa, Bougainville: Carroll V. Glines, December 1, 1985.

37 Chater, Eric. *The Chater Report.* Situation Report, Lae, Papua New Guinea: Guinea Airways Limited, 1937.

38 Claringbould, Michael John. *P-39/P-400 Airacobra vs A6M*2/3 *Zero-Sen.* Oxford: Osprey, 2018.

39 Clemens, Martin. *Alone on Guadalcanal.* Annapolis, MD: Naval Institute Press, 1998.

40 Commander, Air Solomons. "Pop Goes the Weasel." Message No. 180229. U.S. Navy, April 18, 1943.

41 Conn, Dr. Stetson. *Highlights of Mobilization, World War II, 1938–1942.* Washingon, DC: Department of the Army, 1959.

42 Costello, John. *The Pacific War: 1941–1945.* New York: HarperCollins, 1981.

43 Craven, W. F., and J. L. Cate. *The Army Air Forces in World War II. Volume Six: Men and Planes.* Washington, DC: Office of Air Force History, 1983.

44 Crocker, Mel. *Black Cats and Dumbos.* Crocker Media Expressions; 2 edition (August 1, 2002).

45 Darby, Dr. Charles. *Pacific Wrecks.* Victoria, Australia: Kookaburra Technical Publications, 1979.

46 "Transcript Docket: 91–02347." Air Force Board for Correction of Military Records. Washington, DC: USAF, October 17–18, 1991.

47 Davis, Burke. *Get Yamamoto.* New York: Random House, 1969. (吉本晋一郎訳『山本五十六死す―山本長官襲撃作戦の演出と実行』原書房、1976年).

48 Davis, Donald A. *Lightning Strike.* New York: St. Martin's Griffin, 2005.

49 Doolittle, James H., and Carroll V. Glines. *I Could Never Be So Lucky Again.* New York: Bantam Books, 2001.

50 Dunn, Susan. *A Blueprint for War: FDR and the Hundred Days That Mobilized America.* New Haven, CT: Yale University Press, 2018.

51 Everett, Susan. *The Two World Wars*, Vol. I. Bison Books, 1980.

52 Farago, Ladislas. *The Broken Seal.* New York: Random House, 1967.

53 Feldt, Eric A. *The Coastwatchers; Operation Ferdinand and the Fight for the South Pacific.* Oxford: Oxford University Press, 1946.

54 Fleming, Nicholas. *August 1939: The Last Days of Peace.* Pasadena, CA: Davies, 1979.

55 Frank Gibney, ed. *Senso: The Japanese Remember the Pacific War.* Armonk, NY: M. E. Sharpe, 1995.

56 Frank, Richard B. *Guadalcanal: The Definitive Account of the Landmark Battle.* New York: Random House, 1990.

57 Glines, Carroll V. *Attack on Yamamoto.* Atglen, PA: Schiffer, 1993.（岡部いさく訳『巨星「ヤマモト」を撃墜せよ!―誰が山本GF長官を殺ったのか!?』光人社、1992年）.

58 Gordon, Stuart "Boot." Interview by Dan Hampton. Flying the P-38 in World War II (August 25, 2019).

59 ———. Interview by Dan Hampton. P-38 Operations in the South Pacific (May 16, 2019).

60 ———. Interview by Dan Hampton. P-38 Systems and Procedures (January 28, 2019).

61 Groom, Winston. *1942: The Year That Tried Men's Souls.* New York: Grove Press, 2005.

62 Grossnick, Roy A. *Dictionary of American Naval Aviation Squadrons,* Vol. 2. Washington, DC: Naval Historical Center, Department of the Navy, 1999.

63 Grossnick, Roy, and William J. Armstrong. *United States Naval Aviation, 1910–1995.* Annapolis, MD: Naval Historical Center, 1997.

64 Gunston, Bill. *The World Encyclopaedia of Aero Engines.* Sparkford, England: Patrick Stephens, 1995.

65 Halsey Admiral William F., III and Lieutenant Commander J. Bryan. *Admiral Halsey's Story.* New York: McGraw-Hill, 1947.

66 Hampton, Dan. *Lords of the Sky.* New York: HarperCollins, 2014.

67 Harrison, Mark. "Resource Mobilization for World War II: The USA, UK, USSR, and Germany, 1938–1945." *Economic History Review* 41, no. 2 (1988).

68 Harvey, Henry Finder, ed. *The 1940s: The Story of a Decade.* New York: Modern Library, 2014.

69 Hata, I., Y. Izawa, and C. Shores. *Japanese Army Fighter Aces.* London: Grub Street, 2002.

70 Hata, Ikuhiko, and Izawa Yasuho. *Japanese Naval Aces and Fighter Units in World War II.* Annapolis, MD: Naval Institute Press, 1975.（秦郁彦、井沢保穂『日本海軍戦闘機隊―戦歴と航空隊史話』大日本絵画、2010年）.

71 Hata, Ikuhiko, Yashuho Izawa, and Christopher Shores. *Japanese Army Fighter Aces, 1931–1945.* Mechanicsburg, PA: Stackpole Books, 2012.（秦郁彦、井沢保穂『日本陸軍戦闘機隊―戦歴と航空隊史話』大日本絵画、2022年）.

72 Herman, Arthur. *Freedom's Forge: How American Business Produced Victory in World War II.* New York: Random House, 2013.

73 Hoffman, Jon T. *Once a Legend: "Red Mike" Edson of the Marine Raiders.* Novato, CA: Presidio Press, 1994.

74 Holland, James. *The Allies Strike Back 1941–1943: The War in the West.* New York: Grove Atlantic, 2017.

75 ——— . *The Allies Strike Back: 1941–1943.* New York: Atlantic Monthly Press, 2017.

76 ——— . *The Rise of Germany 1939–1941.* London: Bantam, 2015.

77 Hornfischer, James D. *Neptune's Inferno.* New York: Bantam Books, 2011.

78 Hoyt, Edwin P. *Yamamoto: The Man Who Planned the Attack on Pearl Harbor.* Guilford, CT: Lyons Press, 2001.

79 Hutcheson, Edward C. "From a note left at the Nimitiz Museum reception desk." Fredericksburg, TX: Glines, note 4, p. 217, October 6, 1979.

80 Ienaga, Saburo. *The Pacific War, 1931–1945: A Critical Perspective on Japan's Role in World War II.* New York: Random House, 1978. (家永三郎『太平洋戦争』岩波書店、1968年の英訳版).

81 Jackson, Robert. *Fighter Pilots of World War II.* New York: Barnes & Noble, 1976.

82 "JN Message 006430." Japanese Navy. Honolulu: Hawaii, April 13, 1943.

83 Keegan, John. *The Second World War.* New York: Penguin, 1989.

84 Kennedy, David M. *World War II Companion.* New York: Simon & Schuster, 2007.

85 King, Dan. *The Last Zero Fighter.* Irvine, CA: Pacific Press, 2012.

86 Klingaman, William K. *The Darkest Year.* New York: St. Martin's Press, 2019.

87 Kyvig, David E. *Daily Life in the United States, 1920–1940.* Chicago: Ivan R. Dee, 2004.

88 Layton, Edwin T., Roger Pineau, and John Costello. *And I Was There: Pearl Harbor and Midway—Breaking the Secrets.* New York: William Morrow, 1985. (毎日新聞社外信グループ訳『太平洋戦争 暗号作戦―アメリカ太平洋艦隊情報参謀の証言』上下、ティービーエス・ブリタニカ、1987年).

89 Leckie, Robert. *Challenge for the Pacific.* New York: Bantam Books, 1965.

90 ——— . *Helmet for My Pillow.* New York: Random House, 1957.

91 Liverpool, Lord Russell of. *The Knights of Bushido: A History of Japanese War Crimes During World War II.* New York: Skyhorse, 2008.

92 Lundstrom, John B. *The First Team and the Guadalcanal Campaign: Naval Fighter Combat from August to November 1942.* Annapolis, MD: Naval Institute Press, 2005.

93 Maurer, M. *Air Force Combat Units of World War II.* Washington, DC: Office of Air Force History, 1983.

94 Meek, Lieutenant Colonel H. B. "Marines Had Radar Too." *Marine Corps Gazette*, 1945.

95 Merriam, Ray, ed. *Fighter Combat Tactics in the Southwest Pacific Area.* Bennington, VT: Merriam Press, 1988.

96 Merrilat, Herbert Christian. *Guadalcanal Remembered.* New York: Dodd, Mead, 1982.

97 ——— . *The Island: A History of the First Marine Division on Guadalcanal, August 7–December 9, 1942.* Boston: Houghton Mifflin, 1944.

98 Military Analysis Division. *Air Campaigns of the Pacific War.* United States Strategic Bombing Survey. Washington, DC: U.S. Government Printing Office, 1947.

99 Miller, Thomas G. *The Cactus Air Force: The Story of the Handful of Fliers Who Saved Guadalcanal.* New York: Harper & Row, 1969.

100 Minohara, Toshihiro, and Matsato Kimura. *Tumultuous Decade: Empire, Society, and Diplomacy in 1930s Japan.* Toronto: University of Toronto Press, 2013.

101 Mitchell, Colonel John. Interview by George Chandler. Operation Vengeance (September 12–13, 1988).

102 ——— . Interview by Carroll V. Glines. Yamamoto Mission Interview (October 16, 1988).

103 Morison, Samuel Eliot. *Coral Sea, Midway and Submarine Action* (*History of United States Naval Operations in World War II*, vol. 4). Boston: Little, Brown, 1960. (中野五郎訳『アメリカ海軍太平洋作戦史－珊瑚海・ミッドウェー島・潜水艦各作戦』上下、仲台文庫、1951年).

104 ——— . *The Rising Sun in the Pacific* (*History of United States Naval Operations in World War II, vol. 3*) . Boston: Little, Brown, 1959. (中野五郎訳『アメリカ海軍太平洋作戦史－太平洋の旭日』上下、仲台文庫、1950年).

105 ——— . *The Struggle for Guadalcanal* (*History of United States Naval Operations in World War II, vol. 5*) . Boston: Little, Brown, 1959. (服部康治訳『アメリカ海軍太平洋作戦史-ガダルカナル』仲台文庫、2011年).

106 Naval Analysis Division. *The Campaigns of the Pacific War.* United States Strategic Bombing Survey (Pacific). Washington, DC: U.S. Government Printing Office, 1946.

107 Naval History and Heritage Command. "Logistics and Support Activities, 1950–53." http://www.history.navy.mil (2013年8月閲覧).

108 ——— ."Telegram 131755." April 1943.

109 ——— ."Yamamoto Itinerary." IJN, April 1943

110 Nelson, Craig. *The First Heroes: The Extraordinary Story of the Doolittle Raid—America's First World War II Victory.* London: Penguin Press, 2002.

111 Newcomb, Richard F. *Savo: The Incredible Naval Debacle off Guadalcanal.* New York: Holt, Rinehart & Winston, 1961.

112 Newton, Wesley P. Jr., and Calvin F. Senning. *USAF Credits for the Destruction of Enemy Aircraft, World War II.* Study, Maxwell Air Force Base: Air Force Historical Research Agency, 1985.

113 *New York Times.* Archives. http://query.nytimes.com (2019年1月～5月閲覧).

114 Nijboer, Donald. *P-38 Lightning vs. Ki-61 Tony.* Oxford: Osprey, 2010.

115 Nimitz, Chester, and E. B. Potter. *Sea Power.* New York: Prentice Hall, 1960.

116 Okrent, Daniel. *Last Call: The Rise and Fall of Prohibition.* New York: Scribner, 2010.

117 Okumiya, Masatake, Jiro Horikoshi, and Martin Caidin. *Zero: The Story of Japan's Air War in the Pacific—As Seen by the Enemy.* New York: J. Boylston, 1956.

118 O'Neill, Robert, ed. *The Pacific War: From Pearl Harbor to Okinawa.* Oxford: Osprey, 2015.

119 *Pacific Wrecks.* January 30, 2019. https://www.pacificwrecks.com/airfields/png/sulphur/index.html (2019年7月20日閲覧).

120 Parshall, J., and A. Tully. *Shattered Sword: The Untold Story of the Battle of Midway.* Dulles, VA: Potomac Books, 2005.

121 Paterson, Michael. *Voices of the Code Breakers.* Barnsley, UK: Greenhill Books, 2018.

122 Phillips, Cabell. *The 1940s: Decade of Triumph and Turmoil.* New York: Macmillan, 1975.

123 "Pilot Training Manual for the P-38." *AAF Manual 51–127–1.* Washington, DC: Headquarters, Army Air Forces, August 1, 1945.

124 Pisano, Dominic A. *To Fill the Sky with Pilots; The Civilian Pilot Training Program, 1939–1946.* Washington, DC: Smithsonian Institution Press, 2001.

125 Postan, M. M. *History of the Second World War—British War Production.* London: H. M. Stationery's Office, 1952.

126 Potter, John Deane. *Yamamoto: The True Account of How He Plotted Pearl Harbor.* New York: Viking Press, 1967.

127 Prados, John. *Combined Fleet Decoded.* New York: Random House, 1995.

128 Rabaul Historical Society. 2016. https://www.avi.org.au/inspiring-partners/rabaul-historical-society/（2019年8月15日閲覧）.

129 Radio Transmitter No. 13C and 13CB Supplement. Supplemental, Warren, NJ: Western Electric, 1936.

130 *Rare and Early Newspapers.* http://www.rarenewspapers.com（2018年12月～2019 年3月閲覧）.

131 Rearden, Jim. "Koga's Zero." *Invention & Technology*, Fall 1997: 56–63.

132 Reischauer, Edwin O. *Japan: Past and Present.* New York: Knopf, 1964.（国広正雄訳『ライシャワーの日本史』講談社、2001年）.

133 Rottman, G. L. *US Marine Corps Pacific Theater of Operations.* London: Osprey, 2004.

134 Rottman, Gordon L. *U.S. Marine versus Japanese Infantryman.* Oxford: Osprey, 2014.

135 Sakai, Saburo. *Samurai.* New York: E. P. Dutton, 1957.

136 Sakaida, H. *Aces of the Rising Sun, 1937–1945.* London: Osprey, 2002.

137 Salecker, Gene E. "Cultural Clash in New Caledonia." Warfare History Network, warfarehistorynetwork.com/2019/01/21/cultural-clash-in-new-caledonia.

138 Schlesinger, Arthur M. *The Coming of the New Deal: 1933–1935.* New York: Houghton Mifflin, 1958.（佐々木専三郎訳『ローズヴェルトの時代II ニューディール登場』ぺりかん社、1966年）

139 "Selected Equipment Loss Statistics World War II (1937–1945)." http://www.taphilo.com/history/WWII/Loss-Figures-WWII（2013年5月30日閲覧）.

140 Sherrod, Robert. *History of Marine Corps Aviation in World War II.* Washington, DC: Combat Forces Press, 1952.

141 Sherwood, Robert E. *Roosevelt and Hopkins: An Intimate History.* New York: Grosset & Dunlap, 1950.

142 Short, Walter C. *Pearl Harbor Attack, Part 39.* Military After Action Report. Washington: USAAF, 1942.

143 Sickels, Robert. *The 1940s.* Westport, CT: Greenwood Press, 2004.

144 Stanaway, John. *P-38 Lightning Aces 1942–43.* Oxford: Osprey, 2014.

145 Stille, Mark. *USN Battleship vs IJN Battleship.* Oxford: Osprey, 2017.

146 ——— . *USN Carriers vs IJN Carriers: The Pacific 1942.* New York: Osprey, 2007.

147 Stillwell, Paul, ed. *Air Raid, Pearl Harbor! Recollections of a Day of Infamy.* Annapolis, MD: Naval Institute Press, 1981.

148 Sullivan, Mark. *Our Times, the Twenties.* New York: Scribner's, 1935.

149 Swanborough, Gordon, and Peter M. Bowers. *United States Navy Aircraft Since 1911.* Annapolis, MD: Naval Institute Press, 1990.

150 Tassava, Christopher J. *The American Economy during World War II.* [N.p.]: Backend, 2010.

151 Taylor, Theodore. *The Magnificent Mitscher.* Annapolis, MD: Naval Institute Press, 1991.

152 Toll, Ian W. *The Conquering Tide: War in the Pacific Islands, 1942–1945.* New York: Norton, 2015.（村上

和久訳『太平洋の試練　ガダルカナルからサイパン陥落まで』上下、文藝春秋、2016年)

153 ——— . *Pacific Crucible: War in the Pacific, 1941–1942.* New York: Norton, 2012. (村上和久訳『太平洋の試練　真珠湾からミッドウェイまで』上下、文藝春秋、2016年)

154 Tolland, John. *The Rising Sun: The Decline and Fall of the Japanese Empire, 1936–1945.* New York: Random House, 1970. (毎日新聞社訳『大日本帝国の興亡2:昇る太陽』毎日新聞社、1971年)

155 Tregaskis, Richard. *Guadalcanal Diary.* New York: Modern Library, 2000.

156 アメリカ合衆国国勢調査局、http://www.census.gov (2018年11月〜2019年5月閲覧).

157 *USAAF Casualties in European, North African and Mediterranean Theaters of Operations, 1942–1946.* Army Battle Casualties in World War II—Final　Report. Washington, DC: Department of the Army, GPO, 1953.

158 USAAF. "Circular X-608." *USAAC Requirements Proposal.* Washington, DC: Headquarters, USAAC, February 1937.

159 *U.S. Army Air Forces Statistical Digest.* Washington, DC: Office of Statistical Control, 1945.

160 ——— . "K-14 Gyroscopic Gunsight." *Pilot Training Manual for the Thunderbolt P-47N.* Headquarters, Army Air Forces, September 1945.

161 ——— . "Pilot's Flight Operating Instructions for Army Models P-38D through P-38G Series." *T.O. No. 01–75F-1.* Washington, DC: USAAF, October 1, 1942.

162 USAF. "DD-214." *Rex Theodore Barber.* USAF, March 31, 1961.

163 ——— . "Form 11 for Colonel Rex Theodore Barber." *Officer Military Record.* USAF, March 31, 1961.

164 Velocci, Anthony L., Jr. "Naval Aviation: 100 Years Strong." *Aviation Week and Space Technology,* April 4, 2011: 56–80.

165 Walton, Francis. *The Miracle of World War II: How American Industry Made Victory Possible.* New York: Macmillan, 1956.

166 Watkins, T. H. *The Great Depression: America in the 1930s.* New York: Back Bay Books, 1993.

167 Wheelan, Joseph. *Midnight in the Pacific.* Boston: Da Capo Press, 2017.

168 Wible, John T. *The Yamamoto Mission: Sunday, April 18, 1943.* Fredericksburg, VA: Admiral Nimitz Foundation, 1988.

169 Wiener, Willard. *Two Hundred Thousand Flyers: The Story of the Civilian-AAF Pilot Training Program.* Washington, DC: Infantry Journal, 1945.

170 Wink, Jay. *1944: FDR and The Year That Changed History.* New York: Simon & Schuster, 2015.

171 Wolf, William. *13th Fighter Command in World War II: Air Combat over Guadalcanal and the Solomons.* Atglen, PA: Schiffer Military History, 2006.

172 "World Carrier Lists." http://www.hazegray.org/navhist/carriers/ (2013 年6月5日閲覧).

173 Wyant, William K. *Sandy Patch: A Biography of Lt. Gen. Alexander M. Patch.* New York: Praeger, 1991.

174 Yanagiya, Kenji, interview by the National Museum for the Pacfic War. Interview with Kenji Yanagiya (April 15, 1988).

175 Young, Edward M. *F6F Hellcat vs A6M Zero-Sen.* Oxford: Osprey, 2014.

176 Zimmerman, Major John L. *The Guadalcanal Campaign.* Washington, DC: Historical Branch, U.S. Marine Corps, 1949.

付録

現地調査で浮かび上がる山本長官機墜落時の状況

坂井田洋治

本書では、連合艦隊司令官・山本五十六大将が搭乗していた一式陸攻一番機（以下長官機）撃墜の模様が、主に米軍側の視点で詳細に描かれている。本解説ではそれを別の視点から補完するため、筆者がブーゲンビル島の墜落地点で調査した結果を踏まえ、いまだ不明な点が多い長官機、および山本長官の最期の姿を、現在（二〇二三年一〇月）可能な範囲で検証・推察してみたい。

事件の舞台となったブーゲンビル島

ブーゲンビル島はパプアニューギニア本島の北東、赤道に近いソロモン海に位置し、南北におよそ二五〇キロメートル、幅六〇キロメートルほどの大きさで、中央に三〇〇〇メートル級の山岳部を持つ細長く起伏に富んだ島である。

現在、同島はパプアニューギニア独立国のブーゲンビル自治州となっており、州都のある「ブカ島」と「ブーゲンビル島」で構成されている。両島は共にほぼ全域がジャングルであり、電気、水道などはほとんど供給されておらず、それらは小型の発電機と雨水で賄われている。人口はおよそ二五万人で、一平方キロメートルあたりの人口密度は東京の約一〇〇〇分の一の六・六人ほどである。

一八八五年にドイツ帝国の植民地となったブーゲンビル島は、太平洋戦争では日米の戦場となった。さらにその後もこの島の受難は続き、一九七五年にパプアニューギニア独立国の一部として独立したものの、外国企業が運営する銅山に端を発した内戦（ブーゲンビルクライシス）が勃発した。この内戦は一〇年間続き、一九九八年の停戦以降、現在に至るまで、当時破壊された施設や空港などは完全に復旧していない。このような苛酷な運命に翻弄されてきたブーゲンビル島の人々であるが、日常での彼らはフレンドリーで、またとても親日的でもある。この島の歴史、文化、自然は、ここを訪問する日本人にとって代えがたい魅力を持っている。

昭和一八（一九四三）年四月一八日、長官機はこのブーゲンビル島で米軍のP‐38ライトニングの編隊から攻撃を受けて墜落、山本長官は戦死した。墜落地点はブーゲンビル島南端部にあり、海軍航空隊基地として知られるブインからわずか二五キロメートルの位置にある。太平洋戦争中の地図にもある最寄りの道路からはわずか三・五キロメートルほどであった。当時現地には多くの日本軍将兵が駐屯しており、多数の者が長官機の遭難を目撃者した。最初に墜落地点に到着した浜砂隊もさほど遠くない位置から空中戦と墜落する長官機を目撃していたのだ。

撃墜された機体に山本五十六大将が搭乗していたことは秘されたまま、複数の捜索隊が山側と海側から墜落地点を目指した。しかし不思議なことに四月一八日当日はどの隊も長官機のもとに到達できなかった。

墜落地点となったジャングルは最寄りのココポ村中心から三キロメートルほどで、村に住む古老は今でも頭上を燃えながら通過した大型機のことを憶えていた。彼らは長官機のことを「ヤマモト・バルス」と呼ぶ。バルスは現地語で鳥を意味する。また墜落地点は彼らが「アタナ」と呼ぶ、古くから戦士やチーフの眠る神聖な土地だった。

日本側の調査報告に見る墜落間際の長官機

防衛研究所戦史研究センター保管の「山本元帥国葬関係綴」の中に、「空戦状況想像図」と題する資料が残されている。この資料は「事故調査概報」の一部で、長官機遭難から五日後に当たる昭和一八年四月二三日に南東方面艦隊司令部にて発行された

これによると六時五分にラバウル東飛行場を出発した陸攻二機と護衛戦闘機六機は、高度二〇〇〇メートルで編隊を組みバラレを目指すが、七時四〇分ごろ、ムッピナ岬に差し掛かったところで米戦闘機隊と遭遇する。一番機は降下増速・左旋回（左ページ上図A）し、ブインを目指す（実際はブインより北へ向かっていた）。被弾した一番機はブインへ向かうが（同B）、着陸を断念、海上への離脱を試みる（同C）。

この時二番機主操縦員の林二等飛行兵曹は黒煙を吐きながら水平飛行する一番機を目撃する（上図D）。しかし機体は炎に包まれつつ約五度の浅い角度で滑空しつつジャングルに突入して炎上が認められた。

一方、二番機はアンテナ支柱の不具合で減速したことからムッピナ岬手前から一番機との距離が離れ、一番機の回避行動を見て敵機の接近を知る。攻撃を避けつつ高度二〇〇メートルで海岸線に出るが、海上で右エンジンに被弾したことで不時着を決意してモイラ岬南方五〇メートルの海上に着水した。

以上の内容は、操縦室に被弾し、山本長官と搭乗員は即死したとする通説および本書の描写と一部食い違う部分がある。パイロットが被弾後すぐに死亡していれば、「海上への離脱を試みる」ことはできないはずである。もちろん、この「事故調査概報」が事実を正確に反映したものである保証はない。果たして、事実はいかなるものであったのだろうか。

長官機の構造――山本五十六はどこに座っていたのか？

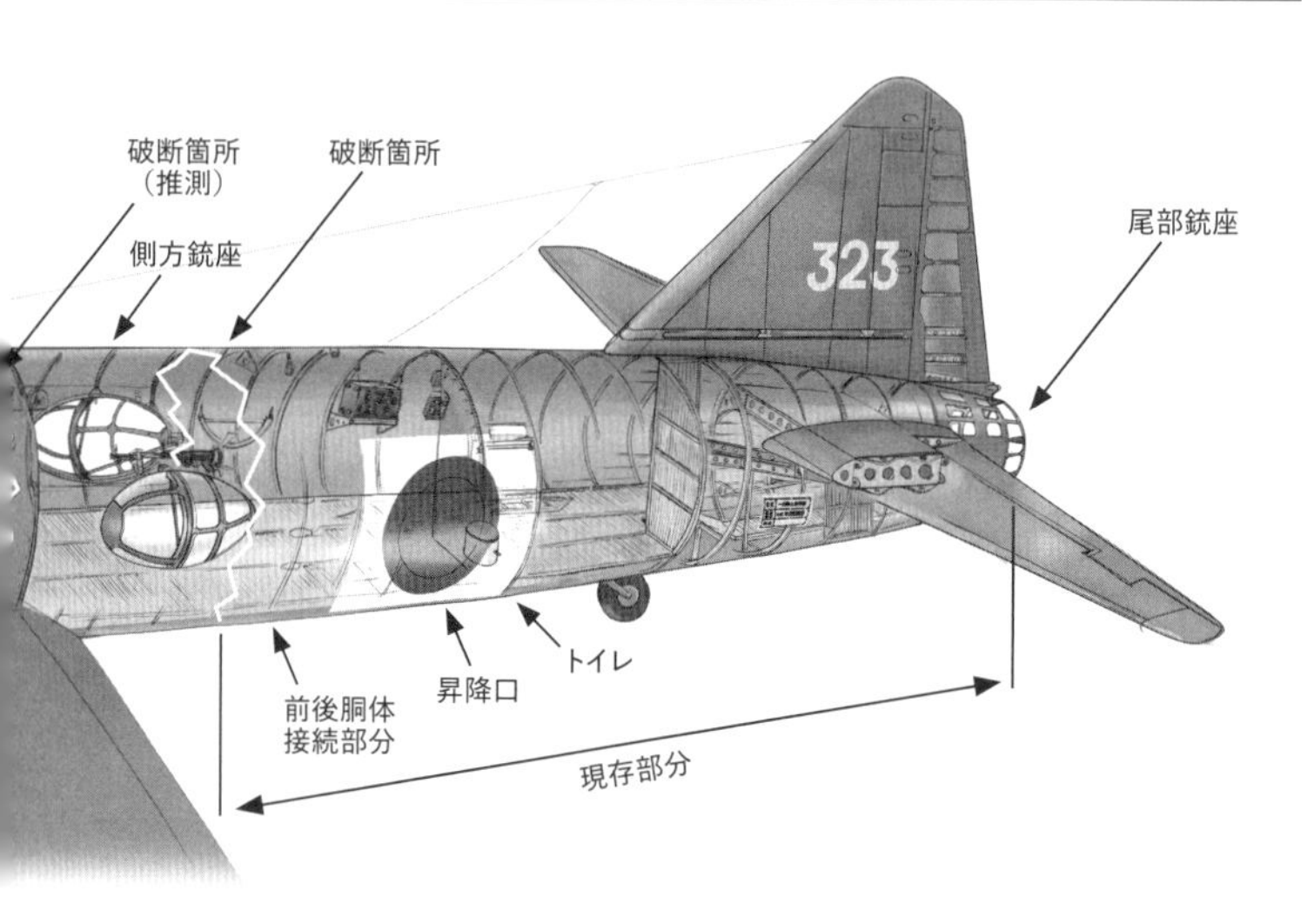

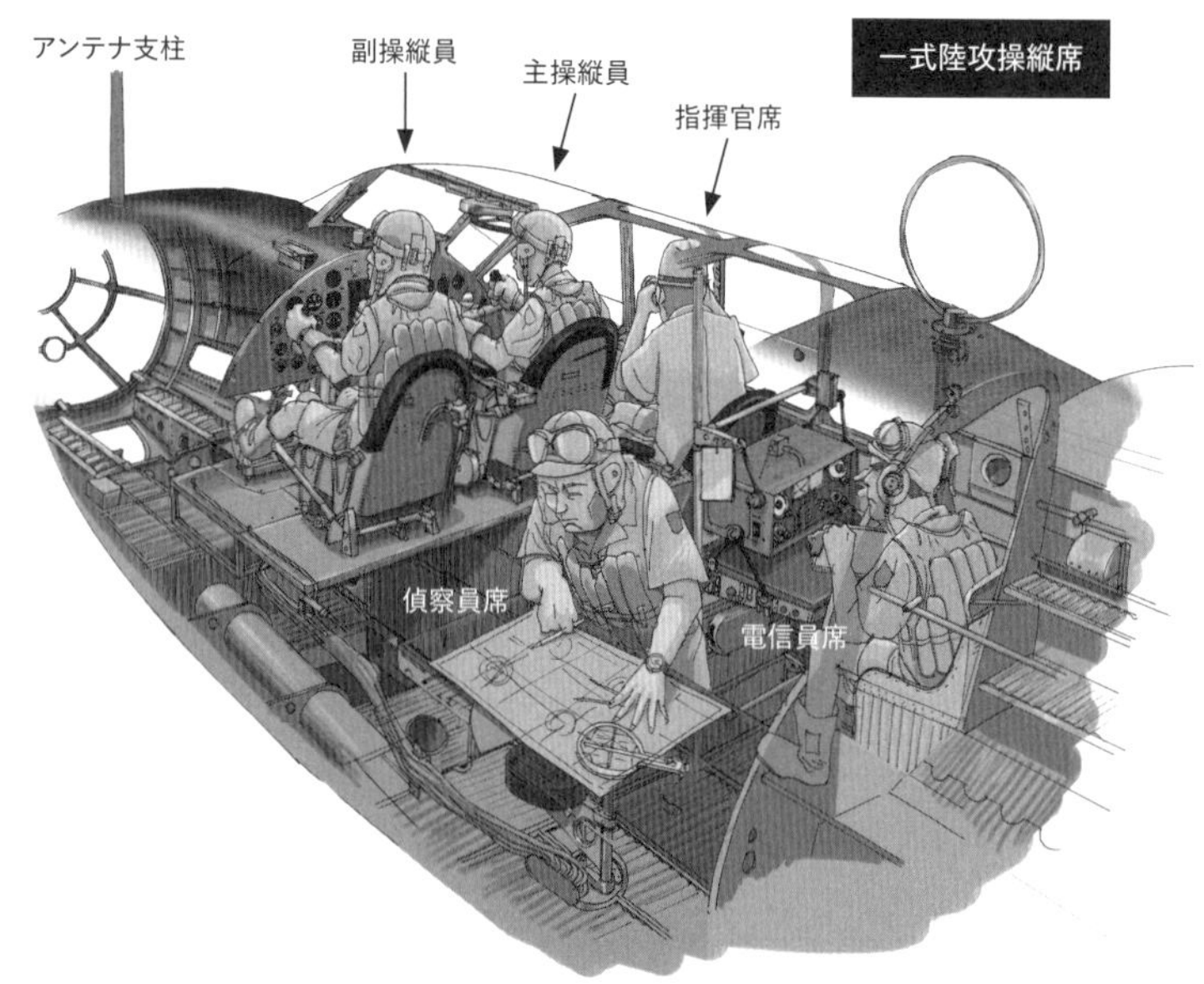

一式陸攻の操縦席はまず主／副操縦員席があり（現在の航空機と逆で右座席がメインパイロット）、主操縦員の後ろに指揮官席、その後ろの前部電信席には九六式空四号無線機（受信機）が吊るされていた。左舷側は偵察員が航空図を広げて航法を行う航法机があり、机の下には丸い座面の椅子が格納されていた。
操縦席の後部、上部銃座のある区画が機関席となる。一式陸攻は胴体を貫く主翼主桁構造部分が左右燃料タンクとなり、主桁後部から燃料、エンジン関係の計器が並ぶ。機関席は壁面に取り付けられ、折りたたみ式となっていた。機関席の後ろは電信席で、無線機と左舷側に机と座席が設置されていた。左後部の日の丸部分は一式陸攻唯一の昇降口で、扉は機内側に開く。

一式陸攻は通常ペアと呼ばれる七人の搭乗員で運用される。長官機の場合、主操縦員：小谷立飛行兵曹長（機長）、副操縦員：大崎明春飛行兵長、偵察員：田中実上等飛行兵曹、正電信員：畑信雄一等飛行兵曹、副電信員：上野光雄飛行兵長、攻撃員：小林春政飛行兵長、搭乗整備員：田中春雄上等整備兵曹の七名に加え、山本五十六大将、軍医長高田六郎少将、航空甲参謀樋端久利雄中佐、副官福崎昇中佐の合計一一名が搭乗していた。通常指揮官席は空席で、他に座席はないため、山本長官が指揮官席に座り、他の乗客は操縦室内に立っていたか側方銃座より前方主翼近くの機体重心位置に腰を下ろしていたと想像される。

落下した破片分布から推測する長官機墜落の様子

現在、墜落地点に残る長官機の残骸は側方銃座から尾部銃座までの部分となる。長官機尾部のある地点からココポ村までの距離はおよそ三キロメートルで、ジャングルを歩いて一時間ほどの距離である。

GPSによる長官機の破片の分布図

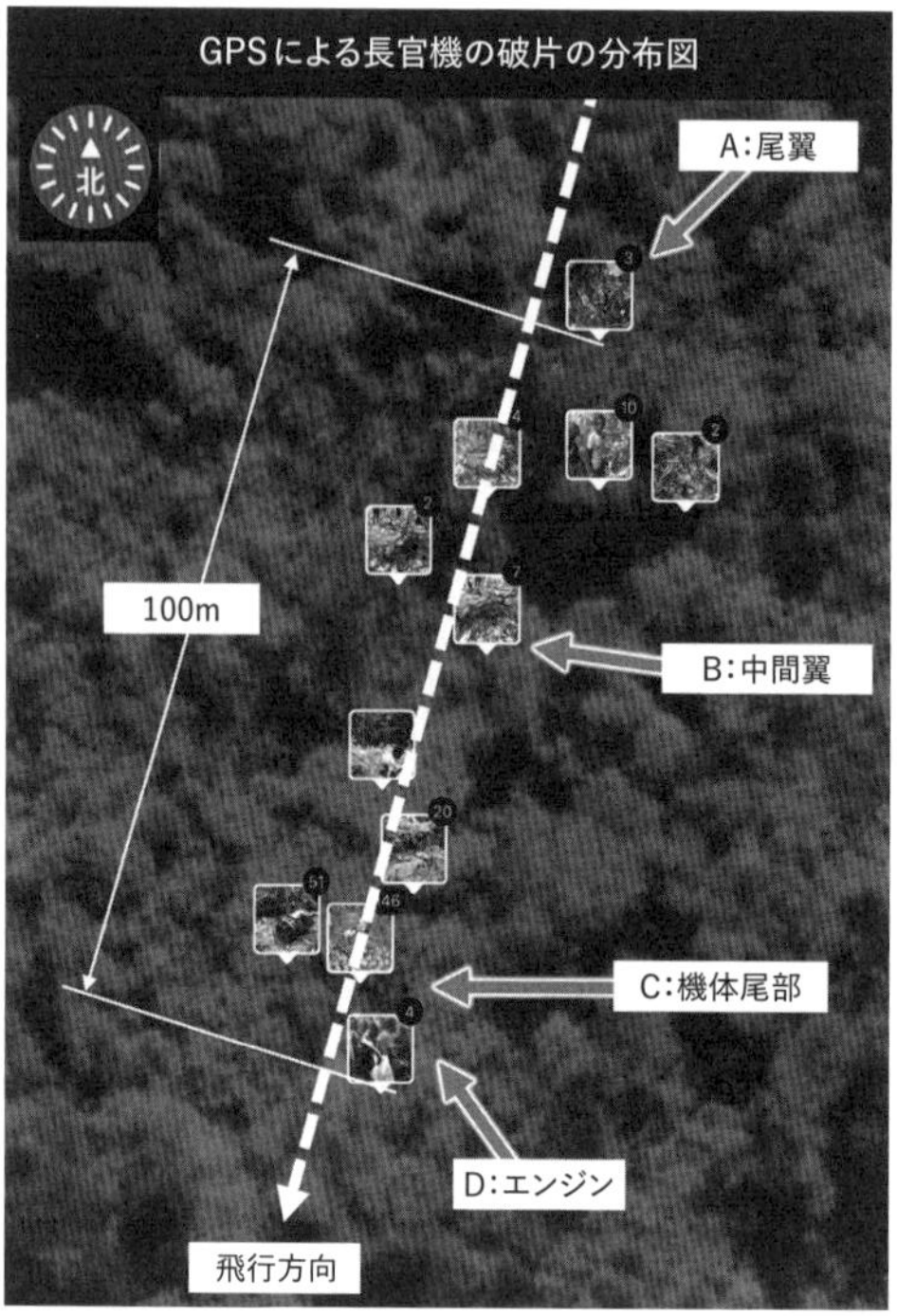

墜落地点では、機体尾部に近づくにつれて地面に散乱したアルミ製の部品が目につくようになる。これは八〇年前、長官機がジャングルに突入する際に樹木への接触で落としていった破片である。

スマートフォンで写真を撮ると位置情報が記録され、その写真をアプリで表示すると上図のようになる。スマートフォン内蔵のＧＰＳの精度に疑問はあるが、落下物の写真は概ね一直線に並んでいることがこれでわかる。

最初の部品が見られるのは尾部から一〇〇メートル手前（右図A）で、尾部の水平尾翼の一部であった。先の「事故調査概報」では五度の角度で突入したとあり、一〇〇メートル手前では高さおよそ九メートルの木に尾翼が接触したと考えられる。

続いて五〇メートルほど手前で中間翼の接合部を発見した（同B）。他にもさほど破損していない主翼のフラップが見られ、尾部から五〇メートル手前で主翼の半分が失われたことがわかる。

そして原型を留めた機体として現存する尾部の周り（同C）には、二つのエンジン（同D）のほかに、胴体内に設置された主翼燃料タンク（1番タンク）や側方銃座の壁、操縦席下の壁、主翼オイルタンクや操縦席天蓋の一部など、本来この場所にあるはずのない部品が見られる。

墜落当時に長官機を発見した者の複数の証言によれば、機体は三つに分かれ、それぞれが離れた場所にあったとされるため、上記の部品は元あった場所から集められたことは確実だ。しかし、それがいつ誰によって、何のために集められたのかは不明である。

一方、「事故調査概報」には機体尾部の横にエンジンが二つ描かれており、この点は現状に近い形となっている。しかしこれが実際の配置を反映したものかはっきりしない。

ただ、現状の部品の分布から推察することができる長官機の最期は、少なくとも墜落の一〇〇メートル手前までは操縦員も機体も健全であり、最後まで不時着を試みた姿である。

機体の残骸を検証する

一式陸攻の特徴を残す機体尾部の残骸は、破断した前部はともかく、尾部銃座のある機体後部は窓枠の歪みもなく、墜落時にほとんど衝撃を受けなかったと想像される。 そのおかげで昭和一七年五月生産機以降の特徴である射角が大きくとられた尾部銃座の形状がよくわかる。現在残る機体尾部は垂直尾翼部分から二つに割れているが、これは墜落当時の破損ではなく、老朽化により最近破損したものである。

垂直尾翼に見える穴はかつて「323」の番号が書かれていた。この部分は戦時中に防諜のために切り取られたものか、戦後盗難されたものかわからない。同様に左舷水平尾翼下の製造番号記入欄も切り取られ現存しない。

1かつて「323」の機体番号が書かれていた垂直尾翼。

2機体尾部の製造番号などが書かれていた部分。3尾部銃座を左舷側から見る。後部のフレームなど変形はほとんど見られない。4機体尾部近くに集められた残骸の中に左舷中間翼とフラップ(手前下)が見える。

❺機体尾部を左舷後方から見る。❻機体尾部を左舷前方から見る。手前のつっかえ棒がある部分は円形の昇降口。❼尾翼翼端部分。ここには水平尾翼の部品が多く見られる。❽フラップ。本来は五メートルの長さだが、木との衝突で外翼が脱落した際に破損したと思われる。❾製造番号の入った外板。長官機である三菱二六五六号機は昭和一八年三月の製造。遭難時は製造後一ヶ月も経っておらず、長官一行が搭乗した際は真新しい機体であったはずだ。

⓾高熱にさらされたためか、中央翼右舷側は右舷側のタンクが失なわれ、上面に見える床は熔けて垂れ下がっている。⓫機首先端のドーム型風防部分。手前のグリップを握って風防を回転させた。⓬機体中央にあった側方銃座窓枠。⓭尾部銃座内部を後方から見る。通常右舷側には二〇ミリ機銃の弾倉運搬装置があるはずだがこの機体には見られない。⓮昇降口から機内後方を見る。一式陸攻の機内床は五〇センチメートル角の波板パネルが敷かれていた。

⓯垂直尾翼付け根の開口部は経年劣化で破断したもの。⓰右舷操縦席下外板。ここに弾痕は見られない。⓱〜㉑尾部近くにある二つの火星エンジンは約八メートル離れて転がっているが、墜落時の位置とは考えにくい。⓱〜⓳はエンジンカウルの半分が失われているものの、外板の状態は比較的健全だ。それに対して⓴㉑は大小の破口が見られ、外板も前者と比べ劣化が見られることから、被弾して火災を起こした右舷エンジンと思われる。

山本五十六は機上戦死だったのか？

筆者は二〇二三年四月の調査時、機体尾部と周囲の3Dスキャンによって機体に残された弾痕の分布を確認した。この調査結果によって、墜落時の状況のより詳細な検証が期待できる。

ただし、遭難から八〇年経った機体の劣化は激しく、機体の開口部が全て弾痕であると言い切ることは困難である。そのことを意識しつつ、現存する機体に残る、明らかに刃物や亀裂によるものと見られる破損箇所は注意深く除外してマーキングしてみた。すると地表から確認できるものだけで一八箇所の開口部があり、それらは機体後部左舷側から右舷エンジン方向に向かう直線上に分布していた（左ページ上図）。

長官機を撃墜した「ミス・バージニア」に搭載されていた四挺の五〇口径機関銃は三秒間に一四四発を発射することができた。二〇ミリ弾三〇発が発射されたとすると、機体後部の一八発と、右舷エンジンまでの着弾を考慮しても、有効弾を与えた時間はせいぜい〇・五秒程度だろうか？　長官機の撃墜は、まさに一瞬の出来事だったと想像される。

前述のように、機体尾部の弾痕を射線として延長すると右舷エンジンに向かい、この場合その内側にある二番燃料タンクにも着弾する。長官機を発見した捜索隊が、右舷側が黒焦げになり日の丸が見えなかったと証言していることや、現在残されている中央翼一番燃料タンクに火災の跡が見ら

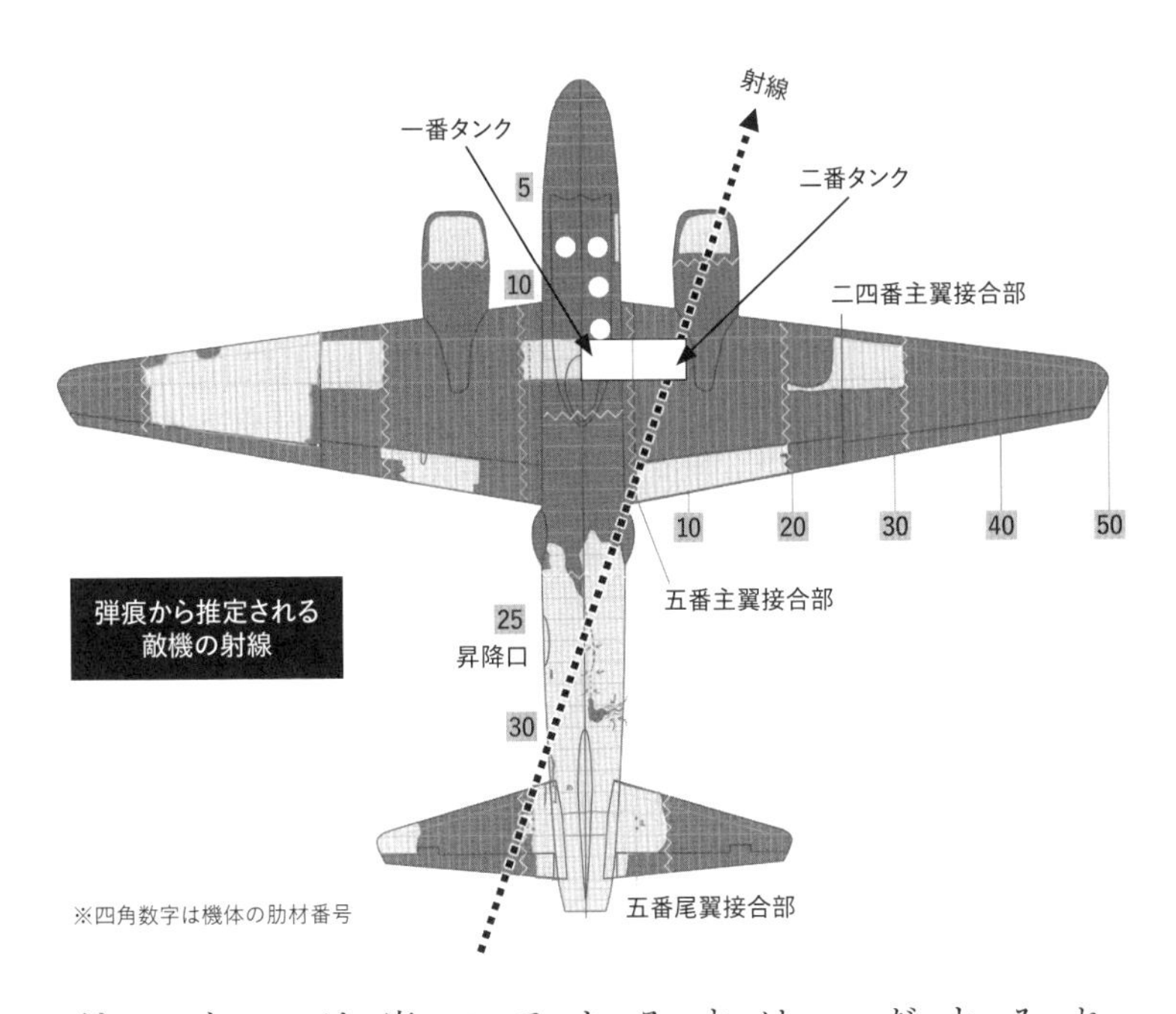

れること、残されたエンジンのうち片側のみ損傷が激しいことからも、右舷エンジンと燃料タンクが火災を起こしたことは確実だろう。

ここで気づくのは、この射線から操縦席は外れるため、パイロットは機銃弾で負傷することはなかったはず、ということである。やはり、「事故調査概報」に記されたように、機体が被弾した後も操縦室は無事であり、健在であったパイロットは機体をコントロールして海へ変針し、その後、五度という浅い角度で強行着陸を試みたのではないだろうか?

上記の推察は現時点ではあくまで仮説であり、確実な裏付けはまだ見つかっていないのが事実である。しかし、操縦室が無傷だった可能性をほのめかす手がかりはほかにも存在している。前述の残骸が残る操縦席天蓋のフレームや主操縦員席直下にある外板、そして新潟県長岡市の山本五十六記念館に保存されている山本長官が座っていた椅子にも弾痕が見当たらないのだ。謎とされる、山本長官の遺体に残されていたP‐38の大口径機銃の銃創とは思えない負傷は、炸裂弾の破片によるものと考えるのが自然かもしれない。

これまでに行った墜落地点の調査からは、本書の描写にあるような長官機が再三の銃撃を受けた痕跡は認められなかった。しかし、レックス・バーバーが射撃を加えたとされる操縦席周りの床や計器盤やエンジン後部の主翼周り、ちぎれ飛んだという右翼はまだ見つかっておらず、したがってそれらが今後発見される可能性は否定できない。現地では先日もアタナエリアの捜索が行われ、新たに米軍機の残骸が発見された。今後のさらなる調査により歴史の新たな真実が明らかになるかもしれない。

訳者あとがき

一九四三年四月一八日朝、南太平洋の前線を視察するためラバウルの基地から飛行機で移動中だった山本五十六連合艦隊司令長官は、ブーゲンビル島上空でアメリカ軍戦闘機の攻撃を受け戦死した。日本側が海軍甲事件と呼ぶこの事件を、アメリカ側はベンジェンス（復讐）作戦と呼んでおり、そこには真珠湾攻撃への報復という意思が明確に示されている。本書は、この作戦で山本五十六大将が搭乗する日本海軍の一式陸上攻撃機を撃墜したレックス・バーバー中尉と山本五十六にスポットライトを当てながら作戦立案から実行までの動きを詳細に描いたもので、第一次世界大戦後の国際情勢、日中戦争、真珠湾攻撃以降の戦い、ガダルカナル島での凄惨な攻防戦についても詳述し、歴史の流れのなかでこの作戦が持つ意味を明らかにしようとしている。

著者のダン・ハンプトンは、一九六四年四月七日にアメリカで生まれた。一〇代で自家用機操縦士の資格を取得し、一九八六年にテキサスA&M大学を卒業した後アメリカ空軍に入隊してF-16戦闘機のパイロットとなった。空軍では、敵防空網の制圧という危険な任務を担うワイルドウィーゼル部隊に所属しており、湾岸戦争、コソボ紛争、イラク戦争などで一五一回の戦闘任務に参加し、二一カ所の地対空ミサイルサイトを破壊している。また、一九九六年六月には、サウジアラビア東部のアルホバルで起きた多国籍軍兵士居住地区爆破事件に巻き込まれ負傷するという経験もしている［＊1］。

　二〇〇六年に中佐の階級で退役した後は、パイロット時代の経験を生かした著書を執筆しており、二〇一二年に出版された『Viper Pilot: A Memoir of Air Combat』（邦訳『F-16―エースパイロット戦いの実録』）などベストセラーを連発している。また、コロラド州に本社を置く民間軍事会社MVIインターナショナルの最高経営責任者（CEO）としても活動しており、二〇二二年二月に始まったロシアによるウクライナ侵攻でアメリカがウクライナにF-16を供与した場合、パイロットの訓練を行うだけではなく、自身も現地に赴いて作戦に参加する意思を示している［＊2］。

　前述のように、本書はレックス・バーバーにスポットライトを当てたもので、一九八〇年代末に行われた本人へのインタビューのみならず、二〇一八年から一九年にかけてハンプトン自身が行ったバーバーの家族に対するインタビューの内容も随所に反映されている。バーバーと共に作戦に参加したトム・ランフィアは、作戦直後から自分が単独で山本機を撃墜したと主張し、以降長年にわたってバーバーと対立していたが、ハンプトンは、ランフィアが山本機を撃墜するのは不可能であり、戦果はバーバー一人のものであるとの見解を示しており、政界進出を目論むランフィアが虚言を弄した可能性も示唆している。

　その一方でハンプトンは、この作戦を成功へと導いた指揮官のジョン・ミッチェルを高く評価している。ミッチェルがソロモン諸島方面の航空戦力を統括していたマーク・ミッチャーから山本五十六の前線視察に関する情報を知らされたのは、作戦決行前日の午後だった。山本機撃墜という重大な任務を命じられた彼は、大急ぎで作戦計画を練り上げ、作戦に参加するパイロットを選抜した。また、急遽届けられた大容量の増槽を機体に取り付けるよう整備担当者に指示し、整備員たちは徹夜で作業を行って間に合わせた。ただし、急いで作業を行った為、攻撃部隊に加わっていたジョー・ムーア中尉の機体は、増槽からの燃料供給に問題が生じて離陸後間もなく基地に引き返さざるを得ず、予備機として作戦に参加し、ムーアの穴を埋めることになったベスビー・ホームズ中尉の乗機もブーゲンビル島上空で増槽を切り離すことができないというトラブルに見舞われた。

ミッチェルは、作戦成功の確率は一〇〇〇分の一程度と考えていたようだが、彼が作戦を立案するまでの過程を見れば、この作戦がいかに困難なものだったか理解できる。作戦当日は、早朝ガダルカナルの基地を飛び立ち、片道六六〇キロ離れたブーゲンビル島まで日本軍に察知されないよう海面すれすれを飛びながら、何も目印の無い海上で進路変更を四回行って目標地点に到達し山本五十六の乗機がやってくるのを待ち構えることになる。目標地点に留まっていられる時間は限られており、その間に山本機が現れなければ、何の戦果もなしに引き返さなければならない。山本の乗る一式陸攻で何らかのトラブルが発生して出発が遅れたり、天候悪化などの理由でコースが変更になったりすれば、作戦は失敗に終わる可能性が高い。このように極めて困難な作戦を成功させ、生還したミッチェルは、優れた技量を有していただけではなく、大変な強運も持ち合わせていたと言える。

ベンジェンス作戦の後前線を離れていたバーバーとミッチェルが後日前線に復帰し、戦争終結後も空軍に残って戦闘機パイロットとしてのキャリアを積み上げた経緯については本書の最終章に詳述されているが、バーバーと共に攻撃部隊に加わったランフィアはその後どのような人生を歩んだのだろうか。

一九一五年一一月生まれのトーマス・ジョージ・ランフィアJr.は、レックス・バーバーより二歳年上、ジョン・ミッチェルより一歳年下だった。父親は、陸軍航空隊の草創期に教官としてパイロットの養成に携わっており、大西洋横断飛行で名を馳せたチャールズ・リンドバーグにも飛行機の操縦を教えている。

ベンジェンス作戦の後も前線での勤務を希望し、戦闘任務に復帰したミッチェルやバーバーと異なり、教育訓練部隊である第二空軍に勤務していたランフィアは、一九四五年二月中佐に昇進し、戦争が終わるとアイダホ空軍州兵に移って一九五〇年には大佐に昇進、一九七一年に退役した。

スタンフォード大学でジャーナリズムを学び、空軍に入隊する直前の一九四一年一月に卒業していたランフィアは、戦後空軍州兵に将校として勤務する傍らアイダホ州の新聞社で記者としても活躍していた。一九五〇年代から六〇年代にかけては、空軍長官や国家安全保障資源委員会議長の特別補佐官に就任し、航空機メーカーであるコンベア社の副社長や工業用計量器メーカーであるフェアバンクス・モースの社長を務めるなど、政府機関や企業で要職に就き着々とキャリアを積み上げていった。

しかし結局のところ、ガダルカナル島の基地でレックス・バーバーに漏らした合衆国大統領になるという野望を実現することはできなかった。戦後山本五十六を殺した男として一躍注目を集め、空軍に関係する組織や企業で要職を歴任し地位を築いていったものの、時間の経過と共に大戦時の英雄という輝かしい経歴は色あせていった。一九六〇年、初代空軍長官で上院議員だったスチュアート・サイミントンが民主党の大統領候補争いに名乗りを上げ、ランフィアは副大統領候補として指名を受けるはずだったが、民主党の予備選挙でサイミントンがジョン・F・ケネディに敗れたことにより野望は潰えた。

困難な任務を共に戦った戦友たちとの関係も途絶えてしまった。戦後間もない一九四五年九月、ニューヨークタイムズにランフィアの手記が掲載された。作戦を終え、ガダルカナル島に帰還した後作成した戦闘機要撃報告書を下敷きにしたこの手記のなかで彼は、山本五十六の乗機を単独で撃墜したと主張しており、これを読んだミッチェルやバーバーは記事の訂正を求めた。しかしランフィアが自身の主張を変えることはなく、彼が一躍マスコミの寵児となり講演依頼が殺到するという状況のなか不毛な論争が延々と続くことになった。

本書の終章で詳細に検討されているが、ランフィアが単独で山本機を撃墜したという主張には無理がある。しかしハンプトンも認めているように、あの日ブーゲンビル島上空で山本五十六の乗る一式陸攻を懸命に追いかけている時、上空から急降下してくる護衛のゼロ戦に気づいたランフィアが機首を翻し、正面から迎え撃たなかったなら、二機のP-38はゼロ戦に背後を取られて撃墜され、山本機は難を逃れていた可能性もある。その意味でランフィアは「戦闘空域で祖国のために任務を遂行している軍人として十分な働きをした」というハンプトンの評価は妥当なものと言えるだろう。

レックス・バーバーは、戦後故郷に帰り平穏な暮らしを取り戻そうとしたが、離婚を経験するなどその道のりは平坦なものではなかった。それでもガダルカナル島で共に戦った戦友との関係が途絶えることはなかった。退役するまで勤務したマートルビーチ空軍基地の士官クラブの片隅で、ボブ・ペティットと静かに語らっていたという逸話や、一九九〇年代にジョン・ミッチェルと笑顔で再会した際の写真はそれを物語っている。一方のランフィアは、ミッチェルやバーバーとの関係を修復することができないまま、一九八七年一一月二六日、がんのためカリフォルニア州サンディエゴで死去し、アーリントン国立墓地に埋葬された。享年七一歳だった。

＊1　一九九一年に湾岸戦争が終結した後、イラク南部の飛行禁止区域監視任務に就いていた多国籍軍兵士が宿舎として使っていた建物の近くでタンクローリーに積まれた爆弾が爆発し、アメリカ空軍兵士一九人とサウジアラビア人一人が死亡し、アメリカ人三七〇人以上が負傷した事件。

＊2　https://www.voanews.com/a/russia-s-war-in-ukraine-exposes-risks-posed-by-private-military-groups/7059533.html

HJ軍事選書 011

山本五十六撃墜作戦

オペレーション・ベンジェンス

ダン・ハンプトン
沼尻勲 訳

2023年12月12日　初版発行

編集人　木村学
発行人　松下大介
発行所　株式会社ホビージャパン
〒151-0053　東京都渋谷区代々木2-15-8
Tel.03-5304-7601（編集）
Tel.03-5304-9112（営業）
URL;https://hobbyjapan.co.jp/
印刷所　大日本印刷株式会社

定価はカバーに記載されています。

乱丁・落丁（本のページの順序の間違いや抜け落ち）は購入された店舗名を明記して当社出版営業課までお送りください。送料は当社負担でお取り替えいたします。ただし、古書店で購入したものについてはお取り替えできません。

ISBN978-4-7986-3006-9 C0076

Publisher/Hobby Japan Co., Ltd.
Yoyogi 2-15-8, Shibuya-ku, Tokyo 151-0053 Japan
Phone +81-3-5304-7601 +81-3-5304-9112